"十二五"职业教育国家规划教材
经全国职业教育教材审定委员会审定

Yingyong Lixue

应用力学

(第二版)

孔七一 主编
郭应征[东南大学]
谢海涛[湖南省高速公路建设开发总公司] 主审

内 容 提 要

本书是“十二五”职业教育国家规划教材，通过多年的教学改革实践积累，根据行动导向的职业教育教学理念，按照交通职业教育教学指导委员会路桥工程专业指导委员会制订的新课程标准编写而成。

本教材以工程结构件与受力分析计算相结合，共设置了十个学习情境，主要内容包括：结构计算简图与特体受力分析；静定结构的支座反力计算；轴向拉压杆的强度计算；梁的弯曲内力与强度计算；连接件与圆轴的强度问题分析；组合变形构件的强度分析；细长压杆的稳定性分析；典型静定结构的受力分析；移动荷载作用下结构的内力分析；超静定结构的内力分析。

本书主要供高等职业教育道路桥梁工程技术专业教学使用，也可作为土建类工程技术人员的培训教材或自学用书。

课程资源网址为 http: //www. icourses. cn/coursestatic/course_3521. html。

本书配套习题集预计 2019 年 8 月出版，敬请关注。

图书在版编目(CIP)数据

应用力学/孔七一主编. —2 版. —北京：人民交通出版社股份有限公司，2014.12

“十二五”职业教育国家规划教材

ISBN 978-7-114-11879-1

Ⅰ.①应… Ⅱ.①孔… Ⅲ.①应用力学—高等职业教育—教材 Ⅳ.①O39

中国版本图书馆 CIP 数据核字(2014)第 277849 号

“十二五”职业教育国家规划教材

书　　名：应用力学(第二版)

著 作 者：孔七一

责任编辑：刘　倩

出版发行：人民交通出版社股份有限公司

地　　址：(100011)北京市朝阳区安定门外外馆斜街 3 号

网　　址：http://www. ccpress. com. cn

销售电话：(010)59757973

总 经 销：人民交通出版社股份有限公司发行部

经　　销：各地新华书店

印　　刷：大厂回族自治县正兴印务(有限)公司

开　　本：787 × 1092　1/16

印　　张：20.75

字　　数：440 千

版　　次：2012 年 1 月　第 1 版
2014 年 12 月　第 2 版

印　　次：2019 年 6 月　第 2 版　第 5 次印刷　总第 8 次印刷

书　　号：ISBN 978-7-114-11879-1

定　　价：49.00 元

第二版前言

本书是在第一版的基础上，按照教育部"十二五"职业教育国家规划教材编写的指导思想和有关原则修改后编写而成。

本教材编写以道路桥梁工程技术专业的课程标准为依据，教材内容覆盖课程标准中的知识内容要求和技能内容要求。编写模式充分体现工学结合的原则，实现工作与学习的整合，理论与实践的整合，专业能力、方法能力和社会能力的整合。为适应目前高职教育"校企合作，工学结合"的人才培养模式改革和课程教学改革，本书进一步探索了专业基础理论课程学习"做中学"的教学要求，设计了 10 个学习情境和 36 项学习任务，以满足培养交通土建施工、管理、服务第一线的高素质技术技能型人才的力学素养的需要。通过学习情境设计和学习任务的实施，使学生具有一定的力学知识的应用能力，尤其是能将力学分析方法与交通土建类专业的其他相关课程相结合的能力；具备今后在生产第一线运用力学方法分析解决工程中遇到的简单力学问题的能力。为方便教师和学生，本课程有丰富的网络教学资源供师生选用。课程资源网址为http: //www. icourses. cn/coursestatic/course_3521. html。

本书编写人员如下：湖南交通职业技术学院孔七一（导论、学习情境一、二、四、附录）、邹宇峰（学习情境三）、曾婧（学习情境六）、邓林（学习情境九、十）；甘肃交通职业技术学院张宁峰（学习情境五）；浙江交通职业技术学院虞文锦（学习情境七）；山西交通职业技术学院郭秀峰（学习情境八）。本书由孔七一担任主编，由东南大学郭应征和湖南高速公路建设开发总公司谢海涛担任主审。

由于编者水平有限，难免出现错误和不妥之处，恳请读者批评指正。

编　者

2014 年 8 月

第一版前言

本教材为高职高专工学结合、课程改革规划教材。本教材的编写以交通职业教育教学指导委员会路桥工程专业指导委员会编写的道路桥梁工程技术专业的最新课程标准为依据,教材内容覆盖课程标准中给出的知识要求和技能要求。本教材的编写模式充分体现工学结合的原则,即"学习的内容是工作,通过工作实现学习",实现工作与学习的整合,理论与实践的整合,专业能力、方法能力和社会能力的整合。为适应目前高职教育"校企合作,工学结合"的人才培养模式改革和基于工作过程的课程体系开发,结合道路桥梁工程技术等专业的建设与改革,本书进一步探索了专业基础理论课程学习"做中学"的教学要求,以满足培养交通土建施工、管理、服务第一线的高技能人才的力学素养的需要。通过学习情境设计和学习任务的实施,使学生具有一定的力学知识的应用能力,尤其是能将力学分析方法与道路桥梁工程技术专业的其他相关课程相结合的能力;具备今后在生产第一线运用力学方法分析解决工程中遇到的简单力学问题的能力。

本书以工程结构构件为载体,以工程所需力学知识为主线,共设置了十个学习情境,主要内容包括:绘制工程实物结构的受力图;静定结构的支座反力计算;轴向拉压杆的强度计算;梁的弯曲内力与强度计算;连接件与圆轴的强度问题分析;组合变形构件的强度分析;细长压杆的稳定性分析;典型静定结构的受力分析;结构最不利荷载位置的确定;超静定结构的内力分析。

本书由湖南交通职业技术学院孔七一教授担任主编。东南大学郭应征教授、湖南省高速公路建设开发总公司谢海涛高级工程师主审。具体编写分工为:学习情境一至学习情境七由湖南交通职业技术学院孔七一编写,学习情境八至学习情境十由湖南交通职业技术学院邓林编写。

由于编者水平有限,书中难免存在错误和不妥之处,恳请读者批评指正。

编　者

2011 年 10 月

目录

导　论

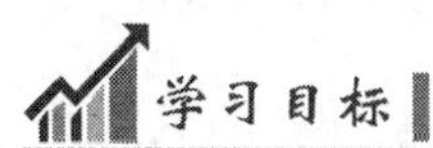

学习目标

1. 叙述应用力学的研究对象、研究内容及任务；
2. 会解释结构、刚体、力、荷载、强度、刚度、稳定性的概念；
3. 能描述杆件的四种基本变形形式；
4. 知道变形固体的基本假设；
5. 正确进行荷载的分类、荷载的简化和计算；
6. 能叙述静力学基本公理；
7. 会判断二力构件。

任务描述

列举生活中强度不足的现象；叙述一件建筑工程、路桥工程中的因变形、破坏引起的工程事故。

学习引导

本学习任务沿着以下脉络进行：

认识结构类型和力学模型 → 强度、刚度、稳定性概念 → 力的概念与荷载类型 → 杆件的四种基本变形形式 → 静力学基本公理

一、相关知识

应用力学是将理论力学中的静力学、材料力学、结构力学等课程中的主要内容，依据道路、桥梁及土建类各专业培养目标的需要，按照知识自身的内在联系，重新组织形成的力学知识体系，以满足工程施工一线对力学知识的应用能力要求，为建筑结构的受力分析和计算提供理论基础，是一门重要的技术基础课。掌握应用力学的基础理论和计算方法，是进一步学习专业课程的必要基础。

1. 应用力学的研究对象

在公路工程中有大量的构筑物,如桥梁、涵洞、房屋、水工结构物,都是由构件(梁、桁架、拱、墙、柱、基础等)所组成。这些构件在建筑物中互相支承、互相约束,直接地或间接地、单独地或协同地承受各种荷载作用,构成了一个结构整体——建筑结构。工程中各种各样的建筑物都是由若干构件按照一定的规律组合而成的,称为结构。组成结构的各单独部分称为构件。结构一般按其几何特征分为以下三种类型。

(1)杆系结构。杆系结构是由杆件组成的结构。杆件的几何特征是其长度方向的尺寸远大于横截面的宽度和厚度尺寸(5 倍以上),如建筑结构中的梁、柱,机械传动中的轴。

(2)薄壁结构。薄壁结构的几何特征是其厚度远远小于另外两个方向的尺寸,如薄板(楼板)、薄壳等。

(3)实体结构。实体结构的几何特征是三个方向的尺寸基本相仿,如挡土墙、水坝等。

应用力学的研究对象主要是杆系结构。工程中常见的杆系结构按其受力特性不同,可分为以下几种。

(1)**梁**。梁是一种受弯杆件,其轴线通常为直线。在图 0-0-1a)、c)中所示的为单跨梁,在图 0-0-1b)、d)中所示的为多跨梁。

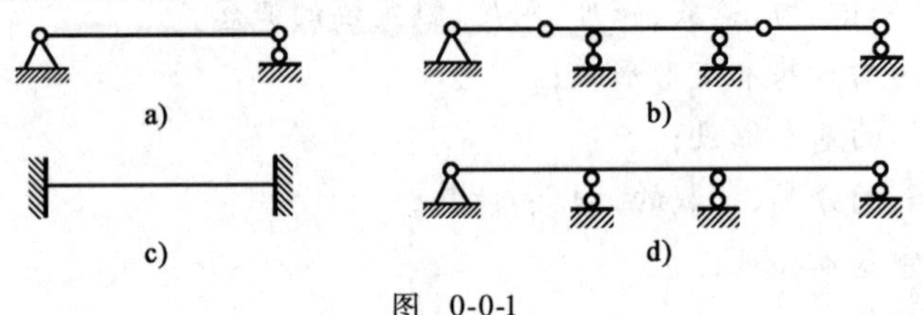

图 0-0-1

(2)**拱**。拱是由曲杆构成,在竖向荷载作用下能产生水平反力的结构。图 0-0-2a)、b)所示分别为三铰拱和无铰拱。

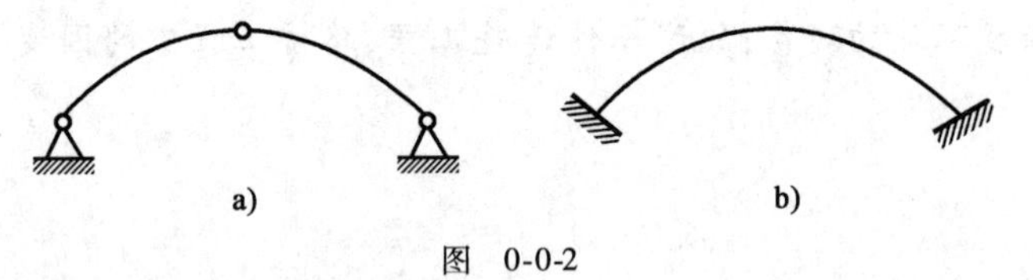

图 0-0-2

(3)**刚架**。刚架是由梁和柱组成的结构。刚架结构具有刚结点。图 0-0-3a)、b)所示的结构为单层刚架,图 0-0-3c)所示的结构为多层刚架。图 0-0-3d)所示的结构称为排架,也称铰接刚架或铰接排架。

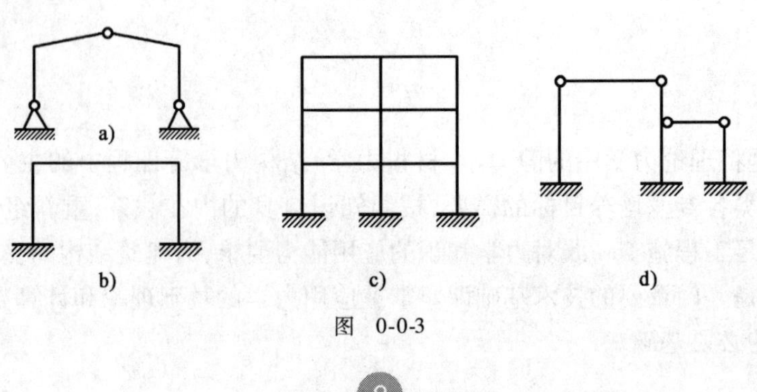

图 0-0-3

(4)**桁架**。桁架是由若干直杆用铰链连接组成的结构(图0-0-4)。

(5)**组合结构**。组合结构是桁架与梁或桁架与刚架组合在一起形成的结构(图0-0-5)。

(6)**悬索结构**。悬索结构的主要承重构件为悬挂于塔、柱上的缆索,索只受轴向拉力,可最充分地发挥钢材强度,且自重轻,可跨越很大的跨度,如悬索屋盖、悬索桥、斜拉桥(图0-0-6)等。

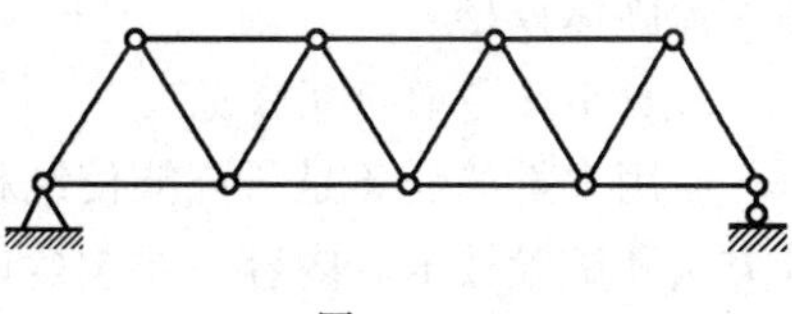

图 0-0-4

2.应用力学的力学模型

结构和构件可统称为物体。在应用力学中,将物体抽象为两种计算模型:刚体模型、理想变形固体模型。

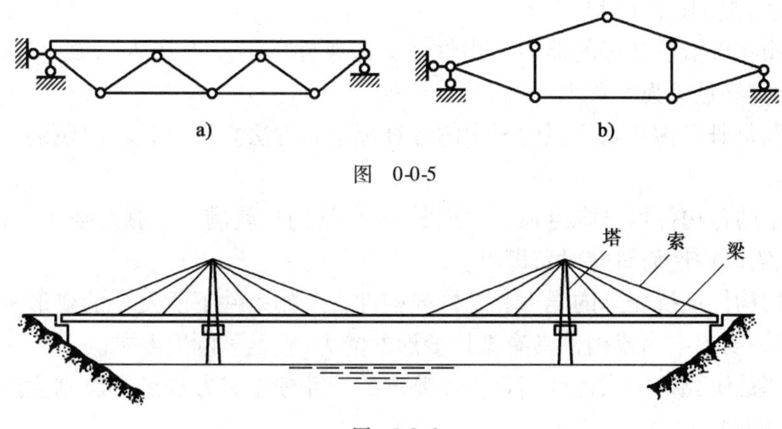

图 0-0-5

图 0-0-6

(1)刚体。刚体是受力作用后而不产生变形的物体。实际上,任何物体受力作用时都会发生或大或小的变形,但在一些力学问题中,物体变形这一因素与所研究的问题无关或对所研究的问题影响甚微,这时就可以不考虑物体的变形,故将物体视为刚体,从而使所研究的问题得到简化。

在微小变形情况下,变形因素对求解平衡问题和求解内力问题的影响甚微。因此,研究平衡问题和求解内力问题时,可将物体视为刚体,即研究这些问题时,应采用刚体模型。

(2)变形固体及其基本假设。在另一些力学问题中,物体变形这一因素是不可忽略的主要因素,如不予考虑就得不到问题的正确解答。这时,可将物体视为理想变形固体。所谓理想变形固体,是将一般变形固体的材料性质加以理想化,并作出以下假设:

①连续性假设。认为物体的材料结构是密实的,物体内材料是毫无空隙地连续分布。

②均匀性假设。认为材料的力学性质是均匀的,从物体上任取或大或小的一部分,材料的力学性质均相同。

③各向同性假设。认为材料的力学性质是各向同性的,材料沿不同的方向具有相同的力学性质。有些材料沿不同方向的力学性质是不同的,称为各向异性材料。本教材中仅研究各向同性材料。

按照连续、均匀、各向同性假设而理想化了的一般变形固体,称为理想变形固体。采用理想变形固体模型,不但可使理论分析和计算得到简化,且在大多数情况下,其所得结果的精度能满足工程的要求。

在研究强度、刚度、稳定性问题以及超静定结构问题时,即使在小变形情况下,变形因素也是不可忽略的重要因素。因此,研究这些问题时,需将物体视为理想变形固体,应采用理想变形固体模型。

3. 应用力学的研究任务

应用力学的任务是研究能使结构安全、正常地工作,而又经济实用的理论基础知识、计算方法和试验技术。内容主要包含以下几部分。

(1)静力学基础。研究物体的受力分析、力系简化与平衡的理论以及杆系的组成规律等。

(2)内力分析。研究静定结构和构件的内力计算方法及其分布规律。

(3)强度、刚度和稳定性问题。

强度是指构件抵抗破坏的能力。构件在工作条件下不发生破坏,即说明该构件具有抵抗破坏的能力,满足了强度要求。

强度问题是研究构件满足强度要求的计算理论和方法。解决强度问题的关键是作构件的应力分析。

当结构中的各构件均已满足强度要求时,整个结构也就满足了强度要求。因此,研究强度问题时,只需以构件为研究对象即可。

刚度是指构件抵抗变形的能力。结构或构件在工作条件下所发生的变形未超过工程允许的范围,即说明该结构或构件具有抵抗变形的能力,满足了刚度要求。

刚度问题是研究结构或构件满足刚度要求的计算理论和方法。解决刚度问题的关键是求结构或构件的变形。

稳定性是指结构或构件的保持原有形状的稳定平衡状态的能力。结构或构件在工作条件下不会突然改变原有的形状,以致发生过大的变形而导致破坏,即说明满足稳定性要求。

(4)超静定结构问题。

超静定结构在工程中被广泛采用。对于超静定结构,只应用静力学平衡不能完全确定其支座反力和内力,必须考虑结构的变形条件,从而获得补充方程才能求解。因此,求静定结构的变形是研究超静定结构问题的基础。

4. 杆件变形的基本形式

杆系结构中的杆件,其轴线大多为直线,也有轴线为曲线和折线的杆件。杆件分为直杆、曲杆和折杆,分别如图0-0-7a)、b)、c)所示。横截面相同的杆件称为等截面杆(图0-0-7),横截面不同的杆件称为变截面杆(图0-0-8)。

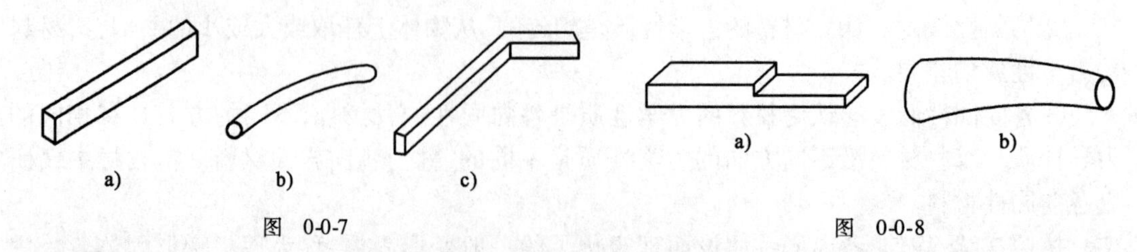

图 0-0-7　　图 0-0-8

杆件受外力作用将产生变形。变形形式是复杂多样的,它与外力施加的方式有关。无论何种形式的变形,都可归结为下面四种基本变形之一,或者是基本变形形式的组合。

(1)轴向拉伸或压缩[图0-0-9a)]。在一对大小相等、方向相反、作用线与杆件轴线重合的外力作用下,杆件的长度将发生改变,即发生伸长或缩短变形,这种变形形式称为轴向拉伸或压缩。

(2)剪切[图0-0-9b)]。在一对相距很近、方向相反的横向外力作用下,杆件的横截面将沿外力的作用方向发生错动,这种变形形式称为剪切。

(3)扭转[图0-0-9c)]。在一对大小相等、转向相反、位于垂直杆轴线的两平面内的力偶作用下,杆的任意横截面将发生绕轴线的相对转动,这种变形形式称为扭转。

(4)弯曲[图0-0-9d)]。在一对大小相等、转向相反、位于垂直杆的纵向平面内的力偶作用下,杆的任意两横截面将发生相对转动,此时杆件的轴线也将由直线变为曲线,这种变形形式称为弯曲。

5. 力与荷载类型

1)力的概念

力是物体间相互的机械作用,这种作用使物体的运动状态发生改变或引起物体变形。其效应有两种:一种是使物体的运动速度大小或运动方向发生变化的效应,称为力的运动效应或外效应;另一种是使物体变形的效应,称为力的变形效应或内效应。例如踢球或打铁,由于人对物体施加了力,则使球的速度大小或运动方向发生改变或使铁块产生了变形。

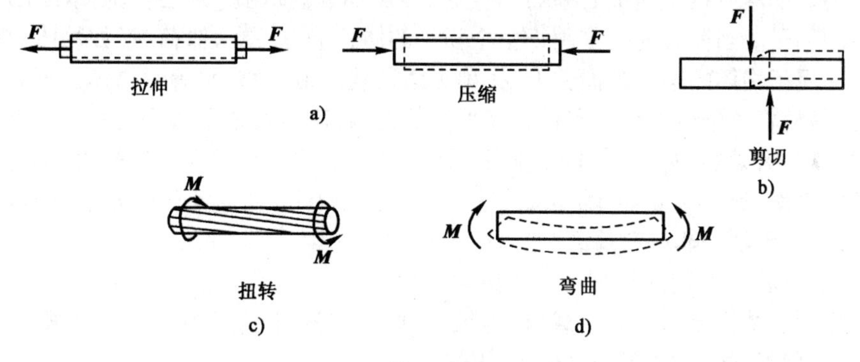

图 0-0-9

力的大小、方向、作用点称为力的三要素。实践表明,力对物体的作用效果,完全取决于以下三个因素:力的大小、方向(方位与指向)和作用点。如果改变这三个因素中的任一个因素,都会改变力对物体的作用效果。

力是一个既有大小又有方向的量,即力是矢量。通常用一个带箭头的线段表示力的三要素。线段的长度(按选定的比例)表示力的大小;线段的方位和箭头表示力的方向;带箭头线段的起点或终点表示力的作用点(图0-0-10)。通过力的作用点并沿着力的方位的直线,称为力的作用线。本书中用黑体字如 $\boldsymbol{F}$、$\boldsymbol{P}$ 等表示力矢量,用普通字母如 F、P 等表示力矢量的大小。

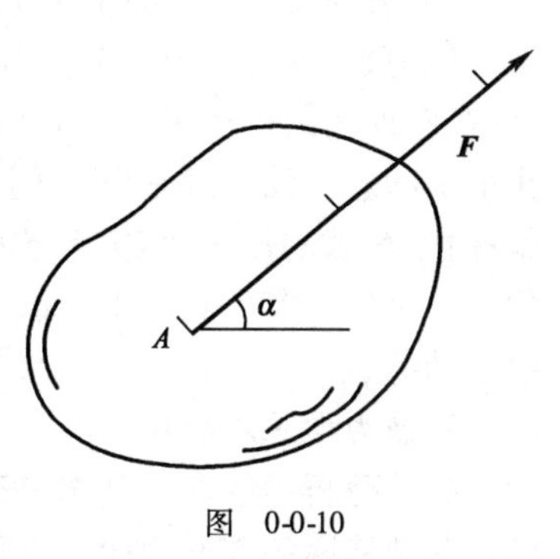

图 0-0-10

本书采用国际单位制。力的国际单位制是牛顿(N)或千牛顿(kN)。

2)力系

作用在同一物体上的一群力称为**力系**。一个较复杂的力系,总可以用一个和它作用效果相等的简单力系来代替。在不改变作用效果的前提下,用一个简单力系代替复杂力系的过程称为**力系的简化**或**力系的合成**。对物体作用效果相同的力系,称为**等效力系**。如果一个力与一个力系等效,则此力称为该力系的**合力**,而力系中的各个力都是其合力的分力。合力对物体的作用效果等效于所有分力的作用效果。使物体保持平衡的力系,称为**平衡力系**。要使物体处于平衡状态,就必须使作用于物体上的力系满足一定的条件,这些条件叫作力系的**平衡条件**。物体在各种力系作用下的平衡条件在建筑、路桥工程中有着广泛的应用。

3)荷载类型

主动使物体产生运动或运动趋势的力叫作**主动力**,如重力、风压力、土压力等。主动作用于结构的外力在工程上统称为**荷载**。荷载可分为不同的类型。

(1)按荷载作用的范围可分为集中荷载和分布荷载。

力的作用位置实际上是一块面积,当作用面积相对于物体很小时,可近似地看作一个点。作用于一点的力,称为**集中力**或**集中荷载**,如火车车轮作用在钢轨上的压力。面积较小的柱体传递到面积较大的基础上的压力等,都可看作是集中荷载。如果力的作用面积大,就称为**分布力**。如堆放在路面上的砂石、货物对于路面、路基的压力,建筑物承受的风压等都是分布力的例子。当荷载连续作用于整个物体的体积上时,称为**体荷载**(如物体的重力);当荷载连续作用于物体的某一表面积上时,称为**面荷载**(如风、雪、水等对物体的压力);当物体所受的力,是沿着一条线连续分布且相互平行的力系,称为**线分布力**或**线荷载**。例如梁的自重,可以简化为沿梁的轴线分布的线荷载(图0-0-11)。单位长度上所受的力,称为分布力在该处的**荷载集度**,通常用 $\boldsymbol{q}$ 表示,其单位是 N/m 或 kN/m。如果 $\boldsymbol{q}$ 为一常量,则该分布力称为**均布荷载**,否则就是**非均布荷载**。

(2)按荷载作用时间的长短可分为恒载和活载。

长期作用在结构上的不变荷载,称为**恒载**,如结构的自重、土压力等。**活载**是暂时作用于结构上的可变荷载,如列车、人群、风、雪等。

(3)按荷载的作用位置是否变化,可分为固定荷载和移动荷载。

恒载或某些活载(如风、雪等)在结构上的作用位置可以认为是不变动的,称为**固定荷载**;而有些活载如列车、汽车、吊车等在结构上是移动的,称为**移动荷载**。

(4)按荷载对结构所产生的动力效应大小,可分为静荷载和动荷载。

静荷载是指其大小、方向和位置不随时间变化或变化很慢的荷载。静荷载的基本特点是:在施加荷载过程中,结构上各点产生的加速度不明显;荷载达到最后值以后,结构处于静止平衡状态。**动荷载**是随时间迅速变化的荷载。它将引起结构振动。动荷载的基本特点是:由于荷载的作用,结构上各点产生明显的加速度,结构的内力和变形都随时间而发生变化。如打桩机产生的冲击荷载,动力机械产生的振动荷载,风及地震产生的随机荷载等,都属于动荷载。

6. 静力学基本公理

静力分析中的几个基本公理是人类经长期经验积累与总结,又经实践反复检验、证明是符合客观实际的普遍规律。它阐述了力的一些基本性质,是静力学的基础。

1）二力平衡公理

刚体在两个力作用下保持平衡的必要和充分条件是：此两力大小相等，方向相反，作用在一条直线上。这个公理说明了刚体在两个力作用下处于平衡状态时应满足的条件（图0-0-12）。

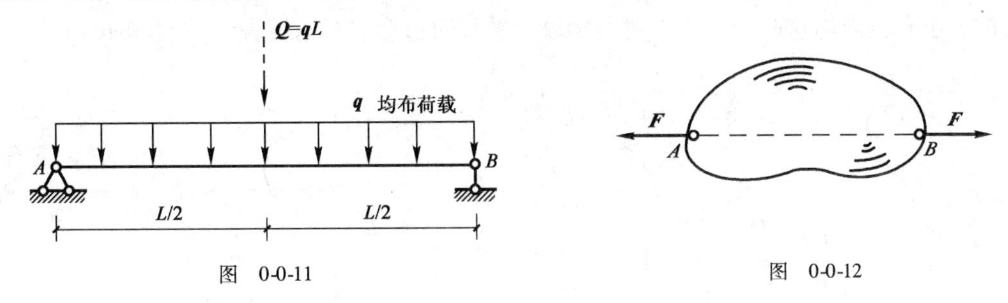

图 0-0-11　　　　图 0-0-12

对于只受两个力作用而处于平衡的刚体，称为**二力构件**（图 0-0-13）。根据二力平衡条件可知：二力构件不论其形状如何，所受两个力的作用线必沿二力作用点的连线。若一根直杆只在两点受力作用而处于平衡，则此两力作用线必与杆的轴线重合，此杆称为**二力杆件**（图 0-0-14）。

必须指出的是，二力平衡公理只适用于刚体，不适用于变形体。例如，绳索的两端受到大小相等、方向相反，沿同一条直线作用的两个压力，是不能平衡的。

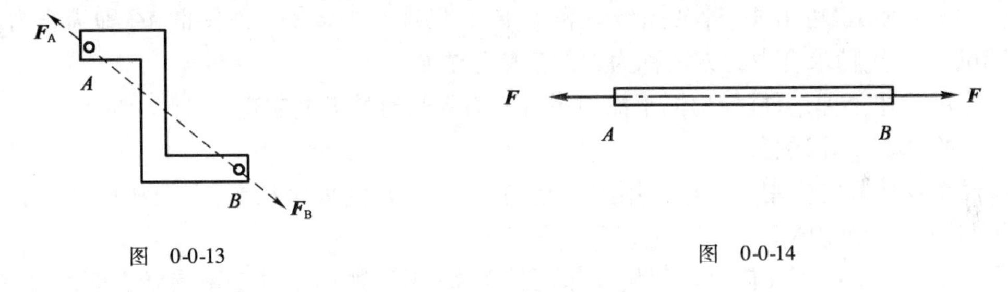

图 0-0-13　　　　图 0-0-14

2）加减平衡力系公理

在作用于刚体的力系中，加上或去掉一个平衡力系，并不改变原力系对刚体的作用效果。这是因为一个平衡力系作用在物体上，对物体的运动状态是没有影响的，即新力系与原力系对物体的作用效果相同。

由上述两个公理可以得出一个推论：作用在刚体上的力，可沿其作用线移动到刚体内任一点，而不改变该力对刚体的作用效果。这个推论称为**力的可传性**。

证明：

（1）设力 $\boldsymbol{F}$ 作用在物体上的 A 点［图 0-0-15a）］。

（2）根据加减平衡力系公理，可在力的作用线上任取一点 B，加上一个平衡力系 $\boldsymbol{F}_1$ 和 $\boldsymbol{F}_2$，并使 $F_1 = F_2 = F$［图 0-0-15b）］。

（3）由于 $\boldsymbol{F}$ 和 $\boldsymbol{F}_2$ 是一个平衡力系，可以去掉，所以只剩下作用在 B 点的力 $\boldsymbol{F}_1$［图 0-0-15c）］。

（4）力 $\boldsymbol{F}_1$ 和原力 $\boldsymbol{F}$ 等效，就相当于把作用在 A 点的力 $\boldsymbol{F}$ 沿其作用线移到 B 点。

由此，力的可传性得到了证明。

力的可传性只适用于刚体而不适用于变形体。因为如果改变变形体所受力的作用点，则物体上发生变形的部位也将随之改变,这也就改变了力对物体的作用效果。

3)平行四边形公理

作用于物体上同一点的两个力,可以合成为一个合力,合力的作用点也作用于该点,合力的大小和方向用这两个力为邻边所构成的平行四边形的对角线表示[图0-0-16a)]。

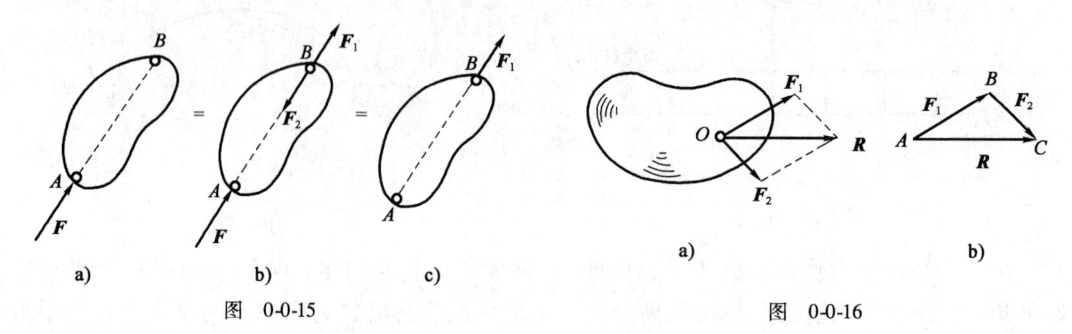

图 0-0-15

图 0-0-16

力的平行四边形法则是力系合成与分解的基础。这种求合力的方法,称为矢量加法。其矢量式为:

$$\boldsymbol{R} = \boldsymbol{F}_1 + \boldsymbol{F}_2$$

即作用于物体上同一点的两个力的合力,等于这两个力的矢量和。

为了方便,也可由 A 点作矢量 $\boldsymbol{F}_1$,再由 $\boldsymbol{F}_1$ 的末端作矢量 $\boldsymbol{F}_2$,则矢量 AC 即为合力 $\boldsymbol{R}$[图0-0-16b)]。这种求合力的方法称为**力的三角形法则**。

应用上述公理,可推导出同平面不平行**三力平衡时的汇交定理**。

4)作用与反作用公理

两个物体间的作用力和反作用力总是同时存在,它们大小相等,方向相反,沿同一直线分别作用在两个物体上。

这个公理概括了任何物体间相互作用的关系,不论物体是处于平衡状态还是处于运动状态,也不论物体是刚体还是变形体,该公理都普遍适用。力总是成对出现的,有作用力必有反作用力。

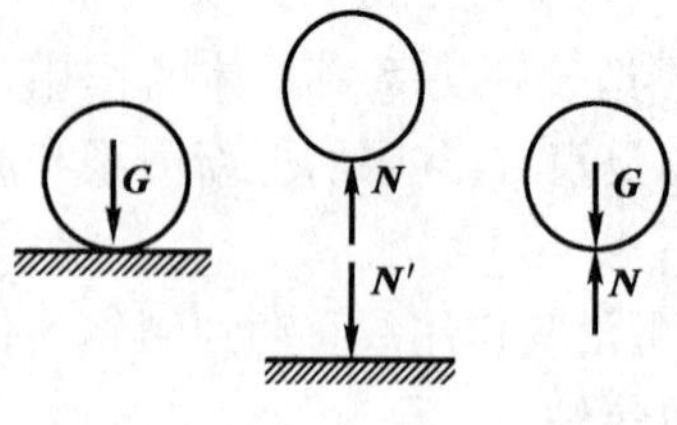

图 0-0-17

例如,地面上有一个物体处于静止状态(图0-0-17),物体对地面有一个作用力 $\boldsymbol{N}'$ 作用在地面上,而地面对物体也有一个反作用力 $\boldsymbol{N}$ 作用在物体上,力 $\boldsymbol{N}'$ 和 $\boldsymbol{N}$ 大小相等,方向相反,沿同一条直线分别作用在地面和物体上,是一对作用力和反作用力。物体上作用两个力 $\boldsymbol{P}$ 和 $\boldsymbol{N}$ 处于平衡,因此力 $\boldsymbol{P}$ 和 $\boldsymbol{N}$ 是一对平衡力。

需要强调的是,作用与反作用的关系与二力平衡条件有本质的区别:作用力和反作用力是分别作用在两个不同的物体上;而二力平衡条件中的两个力则是作用在同一个物体上,它们是平衡力。

二、任务实施

以2人为一组,各自列举一例因强度不足引起的事故说给对方听,或列举一个实例,叙述静力学的基本公理。

三、学习效果评价反馈

学生自评	1.力对物体的作用效果取决于力的(　　　　)、(　　　　)和(　　　　)三个因素。□ 2.平衡力系是合力等于(　　　　)的力系;物体在平衡力系作用下总是保持(　　　　)或(　　　　)运动状态;(　　　　)是最简单的平衡力系。□ 3.杆件的四种基本变形是(　　　　)、(　　　　)、(　　　　)、(　　　　)。□ 4.荷载按作用的范围大小分为(　　　　)和(　　　　)。□ 5.若一个力对物体的作用效果与一个力系等效,则(　　　　)为的合力;(　　　　)是(　　　　)的分力。□ (根据本人实际情况填写:A.会;B.基本会;C.不会)
学习小组评价	团队合作□　交流沟通能力□　获取信息能力□　表达能力□ (根据小组完成任务情况填写:A.优秀;B.良好;C.合格;D.有待改进)
教师评价	

本单元主要讨论应用力学的研究对象与研究任务、静力学基本概念与公理。

一、应用力学的研究对象与研究任务

(1)应用力学的研究对象主要是杆系结构。工程中常见的杆系结构按其受力特性不同分为梁、刚架、桁架、拱、组合结构和悬索结构。

(2)应用力学的任务是研究使结构既能安全、正常地工作又经济实用的理论基础知识、计算方法和试验技术。

(3)强度是指构件抵抗破坏的能力。刚度是指构件抵抗变形的能力。稳定性是指结构或构件的保持原有形状的稳定平衡状态的能力。

(4)荷载是指主动作用于结构上外力的统称。

(5)杆件变形的四种基本形式是:轴向拉伸与压缩、剪切、扭转、弯曲。

二、静力学的基本概念

(1)力是物体间相互的机械作用,这种作用使物体的运动状态发生改变(外效应),或使物体变形(内效应)。力对物体的外效应取决于力的三要素:大小、方向和作用点(或作用线)。

(2)力系是指同时作用在物体上的一组力。

(3)刚体是指受力后大小和形状都不改变的物体,是一种假想的力学模型。

三、静力学公理

静力学公理揭示了力的基本性质,是静力学的理论基础。

(1)二力平衡公理说明了作用在一个刚体上的两个力的平衡条件。

(2)加减平衡力系公理是力系等效代换的基础。

(3)力的平行四边形公理反映了两个力合成的规律。

(4)作用与反作用公理说明了物体间相互作用的关系。

(5)力的可传性原理说明力对刚体的作用与刚体的大小无关。

复习思考题

0-1　以下说法对吗?

(1)处于平衡状态下的物体都可以抽象为刚体。

(2)当研究物体在力系作用下的平衡规律和运动规律时,可将物体视为刚体。

(3)在微小变形的情况下,处于平衡状态下的变形固体也可以视为刚体。

0-2　二力平衡公理和作用反作用公理有何不同?

0-3　什么叫二力构件?分析二力构件受力时与构件的形状有无关系。

0-4　凡两端用光滑铰链连接的杆都是二力杆件吗?凡不计自重的杆都是二力杆件吗?

0-5　指出图示(思 0-5 图)哪些杆件是二力构件(未画出重力的物体都不计自重)。

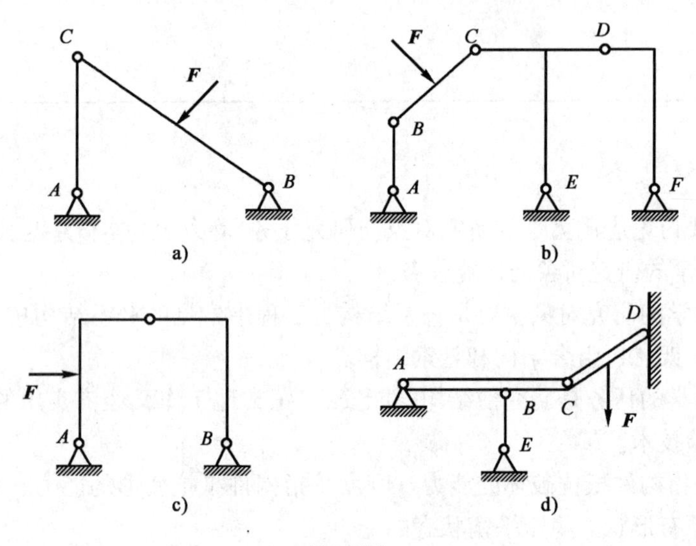

思 0-5 图

学习情境一　结构计算简图与物体受力分析

学习任务一　绘制房梁的计算简图

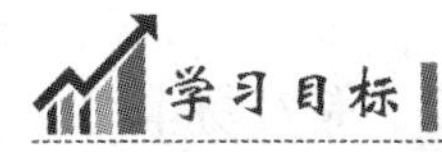

学习目标

1. 能识别工程中常见约束的基本类型和特性；
2. 能叙述约束反力的类型以及各种约束反力的表示方法；
3. 能识别支座类型并说明其反力的绘制方法；
4. 能描述工程结构的简化原则；
5. 会判断二力杆件(或二力体)；
6. 能够对工程结构进行简化并绘制其计算简图。

任务描述

如图1-1-1所示，一根梁两端搁在砖柱上，上面放一重物。考虑梁的自重，试绘制梁的计算简图。通过完成该学习任务，学生可以识别支座的类型，确定支座的约束反力，并且能够确定梁所承受的荷载类型。完成该任务，首先是将梁进行简化，然后对支座简化，最后是分析梁上所受荷载并对其进行简化。

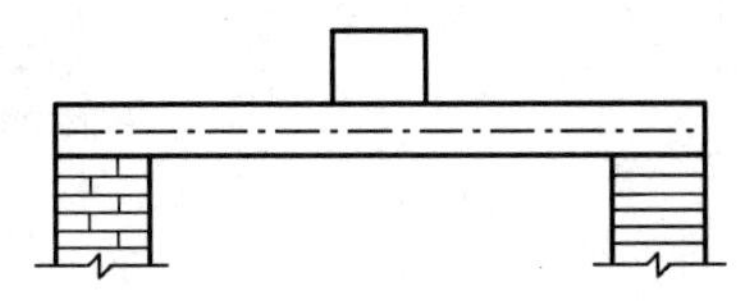

图　1-1-1

学习引导

本学习任务沿着以下脉络进行：

确定几种常见类型的约束及其约束反力→杆件的简化→支座与结点的简化→荷载的简化

一、相关知识

1. 约束与约束反力

在工程中,将能自由地向空间任意方向运动的物体称为**自由体**,如工人上抛的砖块、在空中自由飞行的飞机等。实际上,任何构件都受到与它相联系的其他构件的限制,而不能自由运动。例如,大梁受到柱子的限制,柱子受到基础的限制,桥梁受到桥墩的限制等。这些在空间某一方向运动受到限制的物体称为**非自由体**。

通常将限制物体运动的其他物体叫作**约束**。如上面所提到的柱子是大梁的约束,基础是柱子的约束,桥墩是桥梁的约束。

物体受到的力一般可分为两类。一类是使物体产生运动或运动趋势的力,称为**主动力**,例如重力、风压力、水压力、土压力等。另一类是约束对于被约束物体的运动起限制作用的力,称为**约束反力**,简称**反力**。约束反力的方向总是与约束所能限制的运动方向相反。例如,用一根绳索悬挂的重物,在其自重的作用下有沿铅垂方向向下运动的趋势,而绳对重物的约束反力的方向是垂直向上的。

通常主动力是已知的,约束反力则是未知的。因此,正确地分析约束反力是对物体进行受力分析的关键。现从工程上常见的几种约束来讨论约束反力的特征。

2. 几种常见的约束及其反力

1)柔体约束

绳索、链条、皮带等用于阻碍物体的运动时,称为**柔体约束**。由于柔体只能承受拉力,而不能承受压力,所以它们只能限制物体沿着柔体伸长的方向运动。因此,柔体对物体的约束反力是通过接触点,沿柔体中心线作用的拉力,常用字母 $\boldsymbol{T}$ 表示,如图 1-1-2 所示。在图 1-1-3 所示的皮带轮中,皮带对两轮的约束反力分别为 $\boldsymbol{F}_1$、$\boldsymbol{F}_2$ 和 $\boldsymbol{F}'_1$、$\boldsymbol{F}'_2$。

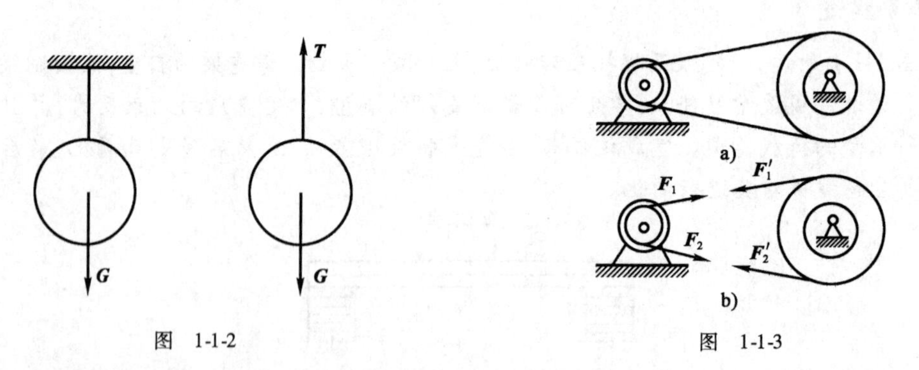

图 1-1-2

图 1-1-3

2)光滑面约束

当物体在接触处的摩擦力很小,即可以忽略不计时,两物体彼此的约束就是光滑面约束。这种约束只能限制物体沿着接触面的公法线指向接触面的运动,而不能限制物体沿着接触面的公切线或离开接触面的运动。所以,光滑面的约束反力是通过接触点,沿公法线方向指向被约束物体,是一个压力,常用字母 $\boldsymbol{N}$ 表示,如图 1-1-4 所示。

实际生活中,理想的光滑面并不存在。当接触面的摩擦力很小,在所研究的问题中可忽略时,接触面可视为光滑面。

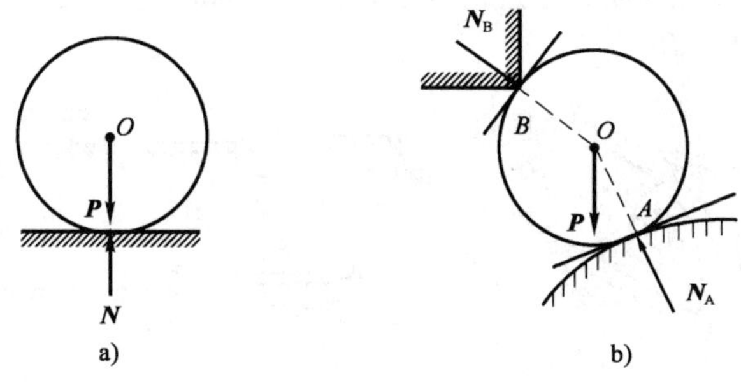

图 1-1-4

3)圆柱铰链约束

圆柱铰链约束简称铰链,门窗用的合页便是铰链的实例。圆柱铰链是由一个圆柱形销钉插入两个物体的圆孔中构成[图 1-1-5a)],且认为销钉与圆孔的表面都是光滑的。圆柱铰链连接的力学简图如图 1-1-5b)所示。

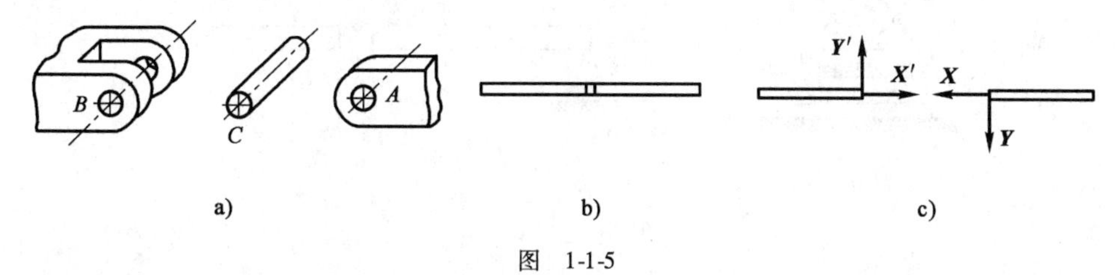

图 1-1-5

根据圆柱铰链连接的构造,其约束特征是:销钉不能限制物体绕销钉的相对转动(角位移),只能限制物体在垂直于销钉轴线的平面内沿任意方向的相对移动(线位移)。当物体相对于另一物体有运动趋势时,销钉与孔壁便在某处接触,且接触处是光滑的,由光滑面约束反力可知,销钉反力沿接触点与销钉中心的连线作用,但由于接触点随主动力而变,所以,圆柱铰链的约束反力在垂直于销钉轴线的平面内,通过销钉中心,而方向未定。这种约束反力有大小和方向两个未知量,可用两个互相垂直的分力来表示[图 1-1-5c)]。

工程上应用铰链约束的装置有以下几种。

(1)链杆约束。所谓链杆约束,就是两端用销钉与物体相连且中间不受力(自重忽略不计)的直杆。这种约束只能限制物体沿着链杆中心线的相对移动,反力指向未定。链杆的力学简图及其反力如图 1-1-6 所示。

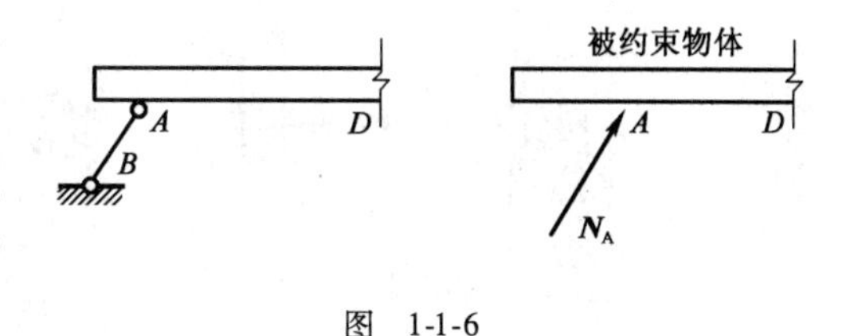

图 1-1-6

(2)固定铰支座。用圆柱铰链连接的两个构件中,如果有一个固定不动,就构成固定铰支座。这种支座能限制构件沿圆柱销半径方向的移动,而不能限制其转动,其约束反力与圆柱铰链相同。固定铰支座的简图及其反力如图 1-1-7 所示。

(3)可动铰支座。将铰链支座用几个辊轴在水平面上即构成可动铰支座,如图 1-1-8a)所示。这种支座不能限制被支承构件绕销钉的转动和沿支承面方向的运动,而只能阻止构件在垂直于支承面方向向下运动;在附加特殊装置后,也能阻止其向上运动。因此,可动铰支座的约束反力垂直于支承面且通过销钉中心,其大小和方向待定。这种支座的计算简图和约束反力如图 1-1-8b)所示。

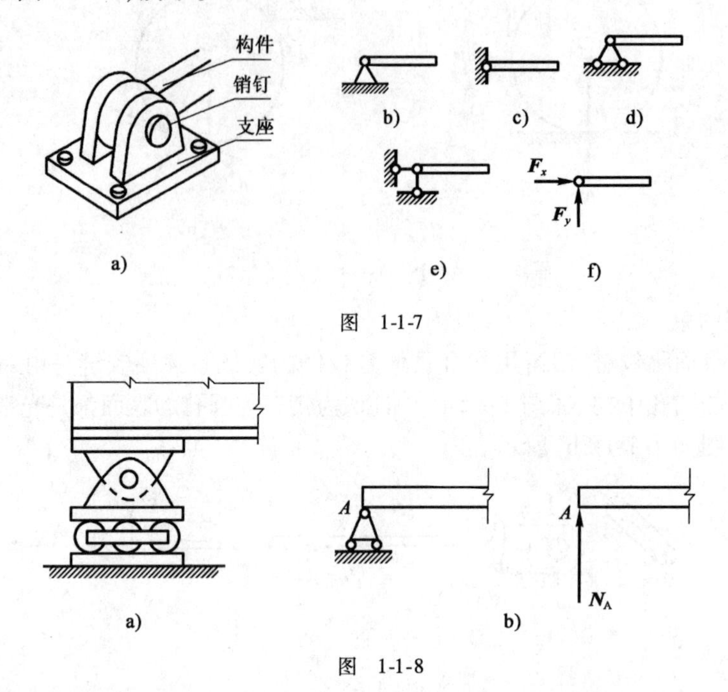

图 1-1-7

图 1-1-8

4)固定端支座

如房屋建筑中的挑梁[图 1-1-9a)],它的一端嵌固在墙壁内,墙壁对挑梁的约束,既限制它沿任何方向移动,又限制它的转动,这样的约束称为固定端支座。它的构造简图如图 1-1-9b)所示,计算简图如图 1-1-9c)所示。由于这种支座既限制构件的移动,又限制构件的转动,所以,它除了产生水平和竖向约束反力外,还有一个阻止转动的约束反力偶,如图 1-1-9d)所示。

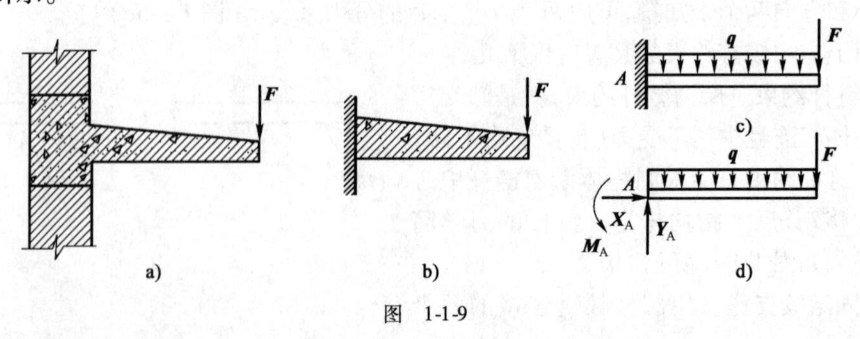

图 1-1-9

3. 绘制结构计算简图

实际结构是比较复杂的,无法按照结构的真实情况进行力学计算。因此,进行力学分析时,必须选用一个能反映结构主要特性的简化模型来代替真实结构,这样的简化模型称作结构计算简图。结构计算简图忽略了真实结构的许多次要因素,保留了真实结构的主要特点。

确定一个结构的计算简图,通常要进行荷载的简化、构件的简化、支座的简化、结点的简化、结构系统的简化等。

下面用示例作简要说明：

1）支座简化示例

可动铰支座、固定铰支座、固定端支座等都是理想的支座。实际上，在土建工程中，很难见到这些理想支座。为了便于计算，在确定结构的计算简图时，要分析实际结构支座的主要约束功能与哪种理想支座的约束功能相符合，据此将工程结构的真实支座简化为力学中的理想支座。

图 1-1-10 中所示的预制钢筋混凝土柱置于杯形基础中，基础下面是比较坚实的地基土。如杯口四周用细石混凝土填实［图 1-1-10a)］，柱端被坚实地固定，其约束功能基本上与固定支座相符合，则可简化为固定支座。如杯口四周填入沥青麻丝［图 1-1-10b)］，柱端可发生微小转动，其约束功能基本上与固定铰支座相符合，则可简化为固定铰支座。

2）结点简化示例

结构中杆件相互连接处称为结点。在结构计算简图中，通常有铰结点和刚结点两种。

铰接点上的各杆件用铰链相连接。杆件受荷载作用发生变形时，结点上各杆件端部的夹角会发生改变。图 1-1-11a)中的结点 A 为铰结点。

刚结点上的各杆件刚性连接。杆件受荷载作用发生变形时，结点上各杆件端部的夹角保持不变，即各杆件的刚接端部都有一相同的旋转角度 φ。图 1-1-11b)中的结点 A 为刚结点。

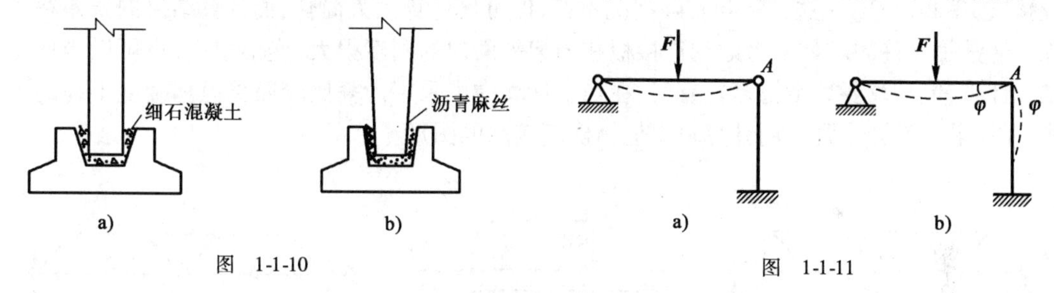

图 1-1-10　　图 1-1-11

如图 1-1-12a)所示的屋架端部和柱顶设置有预埋钢板，将钢板焊接在一起，构成结点。由于屋架端部和柱顶之间不能发生相对移动，而且连接不可能很严密牢固，因而杆件之间有微小转动的可能，故可以将此结点简化为铰结点，如图 1-1-12b)所示。又如图 1-1-12c)中的钢筋混凝土框架顶层的结点，梁与柱的结点可简化为刚结点，如图 1-1-12d)所示。

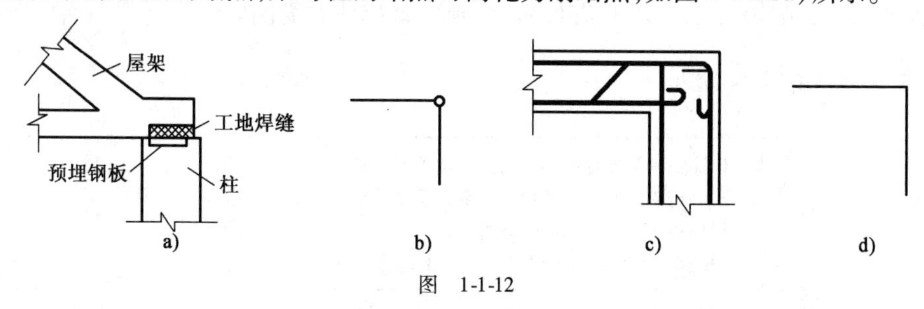

图 1-1-12

二、任务实施

作出结构的计算简图，通常包括三个方面：①杆件的简化；②支座和结点的简化；③荷载的简化。

(1)绘制房梁的计算简图。如图 1-1-13 所示，一根梁两端搁在墙上，上面放一重物［图

1-1-13a)]。简化时,梁本身用其轴线来代表,重物可近似看作集中荷载,梁的自重力则可看作均布荷载梁两端的反力,假定为均匀分布,并以其作用于墙宽中点的合力来代替。考虑到梁端支承面有摩擦,梁不能左右移动,但受热膨胀时仍可伸长,故可将其一端视为固定铰支座而另一端视为活动铰支座。简化后得到的计算简图见图 1-1-13b)。

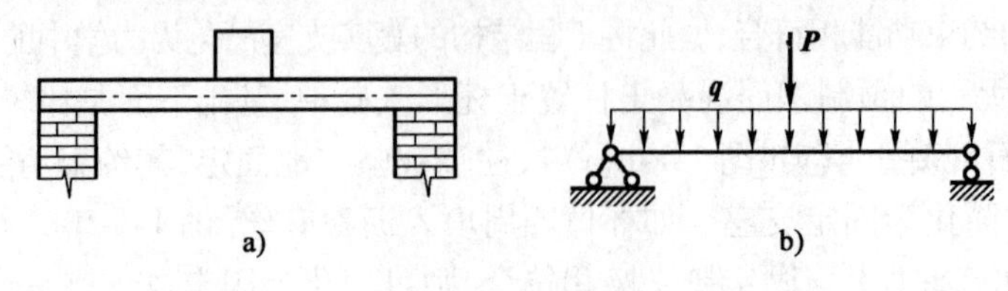

图 1-1-13

(2)绘制焊接钢桁架的计算简图。图 1-1-14a)所示一焊接钢桁架,其结点 K 的构造情况如图 1-1-14b)所示。各杆由角钢组成,焊接于钢连接板上,各杆轴线汇交于一点。桁架受荷载后,除各杆发生变形外,也要发生变形。因此,各杆间夹角要改变,不是刚结点。但夹角不能自由改变,因而也不是铰结点。

如果我们只反映桁架主要承受轴力这一特点,则计算时可将各杆之间的连接均假定为铰接[图 1-1-14c)]。这虽然与实际情况不符,但可使计算大大简化,而计算结果的误差在工程上通常是允许的。如果考虑到连接板在桁架平面内的刚度很大,变形很小,也可以当作刚结点计算,但计算要繁杂得多。有时,在初步计算中可采用计算比较简单但精确度不高的图形,而在最后设计中则采用计算较繁但精确度较高的图形。

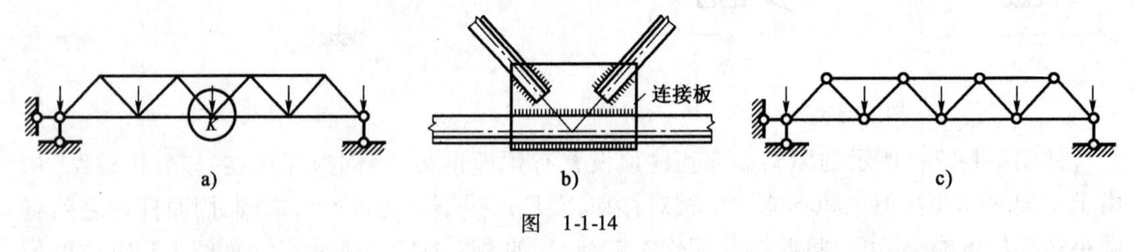

图 1-1-14

(3)分组练习。以 2 人为一组,观察教室内的房梁、立柱,分析讨论其承受的荷载、两端约束特征和梁、柱结构形式,并对其进行简化,画出梁或柱的简图。

三、学习效果评价反馈

学生自评	1. 能识别梁或柱两端约束的基本类型和特性 □ 2. 确定支座的约束类型并说明其反力的绘制方法 □ 3. 描述工程结构的简化原则 □ (根据本人实际情况填写:A. 会;B. 基本会;C. 不会)
学习小组评价	团队合作□ 工作效率□ 交流沟通能力□ 获取信息能力□ 写作能力□ 表达能力□ (根据小组完成任务情况填写:A. 优秀;B. 良好;C. 合格;D. 有待改进)
教师评价	

学习任务二 绘制三铰拱的受力图

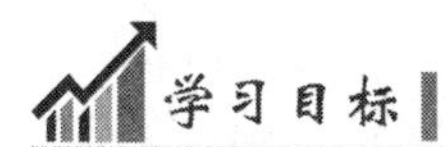

学习目标

1. 能够确定约束反力的类型以及各种约束反力的表示方法；
2. 会准确判断二力杆件（或二力体）；
3. 能够对工程结构进行简化并绘制其受力图。

任务描述

三铰拱受力如图 1-2-1 所示，试绘制三铰拱 *ABC* 整体的受力图。完成任务应首先会解除研究对象的约束，其次能确定主动力，最后要会准确判断约束类型和约束反力。

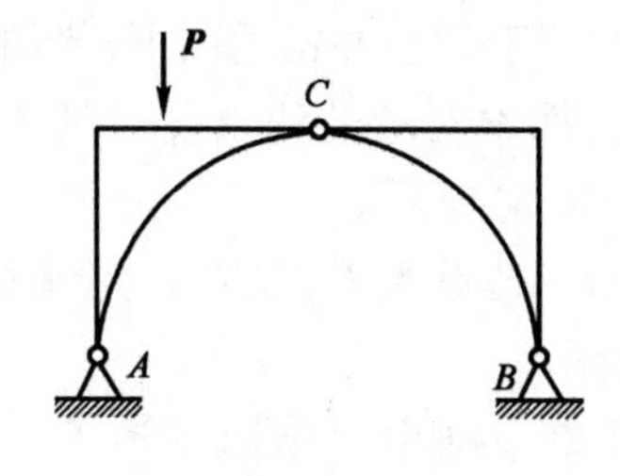

图 1-2-1

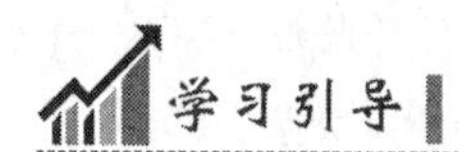

学习引导

本学习任务沿着以下脉络进行：

确定研究对象 → 画出分离体简图 → 确定并画出主动力 → 确定二力杆件（或二力体）→ 确定约束类型 → 画出约束反力

一、相关知识

1. 受力图

在工程实际中，为了进行力学计算，首先要对物体进行受力分析，即分析物体受了哪些力的作用，哪些是已知的、哪些是未知的，每个力的作用位置和力的作用方向，这个分析过程称为物体的受力分析。

为了清晰地表示物体的受力情况，我们把需要研究的物体从周围物体中分离出来，单独画出它的简图，这个步骤叫作取**研究对象**。被分离出来的研究对象称为**分离体**。在研究对象上画出它受到的全部作用力（包括主动力和约束反力）。这种表示物体的受力的简明图形称为**受力图**。正确地画出受力图是解决力学问题的关键，是进行力学计算的依据。

2. 单个物体的受力图

在画单个物体受力图之前，先要明确研究对象，再根据实际情况，弄清与研究对象有联系的是哪些物体，这些和研究对象有联系的物体就是研究对象的约束；然后根据约束性质，用相应的约束反力来代替约束对研究物体的作用。经过这样的分析后,就可画出单个物体的受力图。其一般步骤是:先画出研究对象的简图,再将已知的主动力画在简图上,最后在各相互作用点上画出相应的约束反力。

3. 物体系统的受力图

物体系统受力图的画法与单个物体的受力图画法基本相同,区别只在于所取的研究对象是由两个或两个以上的物体联系在一起的物体系统。研究时,只需将物体系统看作为一个整体,在其上画出主动力和约束反力,注意物体系统内各部分之间的相互作用力属于作用力和反作用力,其作用效果互相抵消,可不画出来。

例 1-2-1 重为 $\boldsymbol{G}$ 的球,用绳索系住靠在光滑的斜面上,如图 1-2-2a)所示。试画出球的受力图。

解:以球为研究对象,将它单独画出来。与球有联系的物体有地球、光滑斜面及绳索。地球对球的吸引力就是重力 $\boldsymbol{G}$,作用于球心并铅垂向下;光滑斜面对球的约束反力是 $\boldsymbol{N}_B$,它通过切点 B 并沿公法线指向球心;绳索对球的约束反力是 $\boldsymbol{T}_A$,它通过接触点 A 沿绳的中心线而背离球。球的受力图如图 1-2-2b)所示。

例 1-2-2 图 1-2-3a)中的梯子 AB 重为 $\boldsymbol{G}$,在 C 处用绳索拉住,A、B 处分别搁在光滑的墙及地面上。试画出梯子的受力图。

解:以梯子为研究对象,将其单独画出。作用在梯子上的主动力是已知的重力 $\boldsymbol{G}$,该力作用在梯子的中点,铅垂向下;光滑墙面的约束反力是 $\boldsymbol{N}_A$,它通过接触点 A,垂直于梯子并指向梯子;光滑地面的约束反力是 $\boldsymbol{N}_B$,它通过接触点 B,垂直于地面并指向梯子;绳索的约束反力是 $\boldsymbol{T}_C$,其作用于绳索与梯子的接触点 C,沿绳索中心线,背离梯子。梯子受力图如图 1-2-3b)所示。

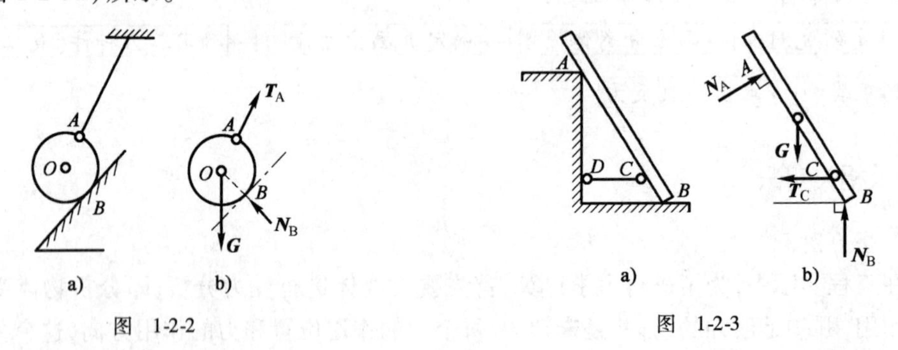

图 1-2-2　　图 1-2-3

例 1-2-3 AB 梁自重不计,其支承和受力情况如图 1-2-4a)所示,试画出梁的受力图。

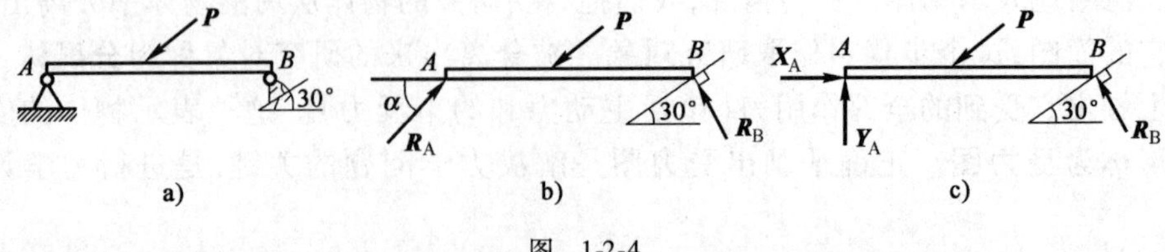

图 1-2-4

解:以梁为研究对象,将其单独画出。作用在梁上的主动力是已知力 $\boldsymbol{P}$。A 端是固定铰支座,其约束反力 $\boldsymbol{R}_A$ 的大小和方向未知,如图 1-2-4b)所示,也可用两个互相垂直的分力

X_A、Y_A 表示，如图1-2-4c）所示；B 端为可动铰支座，其反力是与支承面垂直的 R_B，其指向不定，因此可任意假设指向上方（或下方）。

例1-2-4 已知支架如图1-2-5a）所示，A、C、E 处都是铰链连接。在水平杆 AB 上的 D 点放置了一个重力为 **G** 的重物，各杆自重不计。试画出重物、横杆 AB、斜杆 EC 及整个支架体系的受力图。

解：（1）画重物的受力图。取重物为研究对象，在重物上作用有重力 **G** 及水平杆对重物的约束反力 N_D，如图1-2-5b）所示。

（2）画斜杆 EC 的受力图。取斜杆 EC 为研究对象，杆两端都是铰链连接，其约束反力应当通过铰中心而方向不定。但斜杆 EC 中间不受任何力作用，只在两端受到 R_E 和 R_C 两个力的作用且平衡，所以 R_E 和 R_C 必定大小相等，方向相反且作用在同一条直线上（即沿两铰中心的连线）。根据主动力 **G** 分析，杆 EC 受压，因此 R_E 和 R_C 的作用线沿 E、C 的连线且指向杆件，如图1-2-5c）所示。当约束反力的指向无法确定时，可以任意假设。

（3）画横杆 AB 的受力图。取横杆 AB 为研究对象，与它有联系的物体有 A 点的固定铰支座，D 点的重物和 E 点通过铰链与 EC 杆连接。A 点固定铰支座的反力用两个互相垂直的未知力 X_A 和 Y_A 表示；D、E 两点则根据作用与反作用关系，可以确定 D、E 处的约束反力分别为 N_D' 和 R_E'，它们分别与 N_D 和 R_E 大小相等，方向相反，作用线相同。横杆 AB 的受力图如图1-2-5d）所示。

（4）画整个支架的受力图。整个支架体系是由斜杆 EC、横杆 AB 及重物三者组成的，应将其看成一个整体作为研究对象。作用在支架上的主动力是 **G**。与整个支架相连的有固定铰支座 A 和 C。在支座 A 处，约束反力是 X_A 和 Y_A；在支座 C 处，因 CE 杆是二力杆，故支座 C 的约束反力是沿 CE 方向但大小未知的 R_C；整个支架的受力图如图1-2-5e）所示。实际上，我们可将上述重物、斜杆 EC 和横杆 AB 三者的受力图合并，即可得到整个支架的受力图。

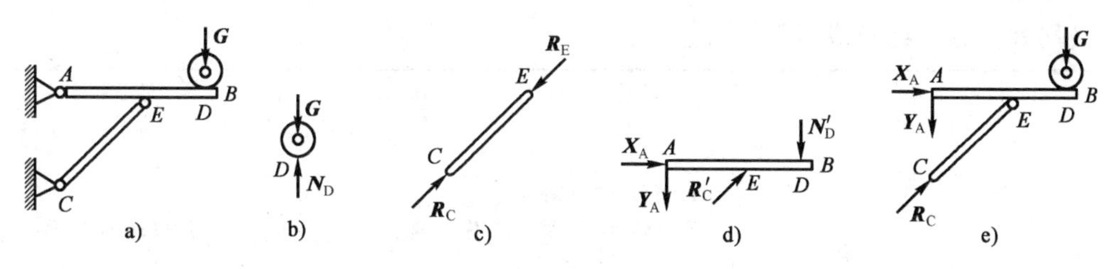

图 1-2-5

通过以上各例的分析，画受力图的步骤可归纳如下：

（1）明确研究对象。即明确画哪个物体的受力图，然后将与它相联系的一切约束（物体）去掉，单独画出其简单轮廓图形。注意，既可取整个物体系统为研究对象，也可取物体系统的某个部分作为研究对象。

（2）先画主动力。指重力和已知外力。

（3）再画约束反力。约束反力的方向和作用线一定要严格按约束类型来画，约束反力的指向不能确定时，可以假定。但要注意一定要先确定二力构件。

（4）检查。不要多画、错画、漏画了力。注意作用与反作用关系。作用力的方向一旦确定,反作用力的方向必定与它相反,不能再随意假设。此外,在以几个物体构成的物体系统为研究对象时,系统中各物体间成对出现的相互作用力不再画出来。

二、任务实施

(1)三铰拱 ACB 受已知力 $\boldsymbol{P}$ 的作用,如图 1-2-6a)所示,若不计三铰拱的自重,试画出 AC、BC 和整体(AC 和 BC 一起)的受力图。

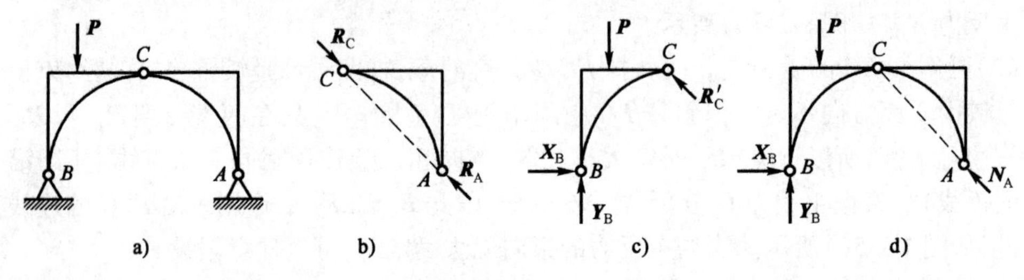

图 1-2-6

解:①画 AC 的受力图。取 AC 为研究对象,由 A 处和 C 处的约束性质可知其约束反力分别通过两铰中心 A、C,大小和方向未知。但因为 AC 上只受 $\boldsymbol{R}_A$ 和 $\boldsymbol{R}_C$ 两个力的作用且平衡,它是二力构件,所以 $\boldsymbol{R}_A$ 和 $\boldsymbol{R}_C$ 的作用线一定在一条直线上(即沿着两铰中心的连线 AC),且大小相等,方向相反,其指向是假定的,如图 1-2-6b)所示。

②画 BC 的受力图。取 BC 为研究对象,作用在 BC 上的主动力是已知力 $\boldsymbol{P}$。B 处为固定铰支座,其约束反力是 $\boldsymbol{X}_B$ 和 $\boldsymbol{Y}_B$。C 处通过铰链与 AC 相连,由作用和反作用关系可以确定 C 处的约束反力是 $\boldsymbol{R}'_C$,它与 $\boldsymbol{R}_C$ 大小相等,方向相反,作用线相同。BC 的受力图如图 1-2-6c)所示。

③画整体的受力图。将 AC 和 BC 的受力图合并,即得整体受力图,如图 1-2-6d)所示。

(2)每 2 人一组完成以下学习任务:

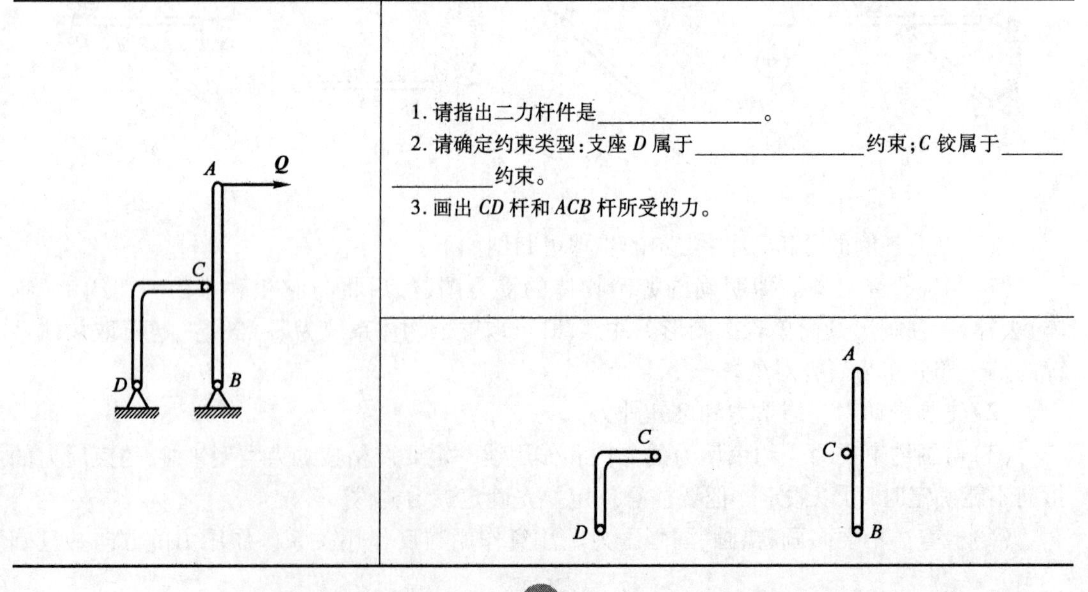

三、学习效果评价反馈

学生自评	1. 能确定结构中的二力杆件 □ 2. 能绘制构件的受力图 □ （根据本人实际情况填写：A. 会；B. 基本会；C. 不会）
学习小组评价	工作效率□ 交流沟通能力□ 获取信息能力□ 表达能力□ （根据小组完成任务情况填写：A. 优秀；B. 良好；C. 合格；D. 有待改进）
教师评价	

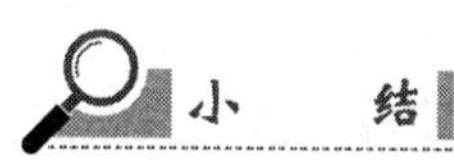

小　结

一、常见的约束类型及物体的受力分析

阻碍物体运动的限制物称为约束。约束阻碍物体运动趋向的力，称为约束反力。约束反力的方向根据约束的类型来确定，它总是与约束所能阻碍物体的运动方向相反。

(1)柔体约束。绳索、皮带、链条等构成的约束。柔体约束只产生沿着索线方向的拉力。

(2)光滑面约束。约束与被约束物刚性接触，忽略接触面的摩擦。这种接触约束的约束力沿着两接触面的公法线方向，恒为压力。

(3)圆柱铰链约束。由圆孔和销钉构成的约束，它只提供一个方向不确定的约束力，该约束力也可以分解为互相垂直的两个分力。

(4)固定端约束。与被约束物连接较为牢固，约束物不允许被约束物在约束处有任何相对运动——包括移动和转动。固定端约束有两个互相垂直的约束力分量和一个约束力偶。

二、结构的计算简图

(1)在对实际结构进行计算之前，通常对其进行简化，表现其主要特点，略去次要因素，用一个简化图形来代替实际结构。这种图形称为结构的计算简图。

(2)确定一个结构的计算简图，通常包括：荷载的简化、构件的简化、支座的简化、结点的简化、结构系统的简化等。

三、受力图的画法及步骤

物体的受力分析：将物体从系统中隔离出来；根据约束的性质分析约束力，并应用作用与反作用定理分析隔离体上所受各力的位置、作用线及可能方向；画出受力图。

(1)根据题意选取研究对象，用尽可能简明的轮廓单独画出，即取分离体。

(2)画出该研究对象所受的全部主动力。

(3)在研究对象上所有原来存在约束(即与其他物体相接触和相连)的地方,根据约束的性质画出约束反力。对于方向不能预先独立确定的约束反力(例如圆柱铰链的约束反力),可用互相垂直的两个分力表示,指向可以假设。

(4)有时可根据作用在分离体上的力系特点,如利用二力平衡时共线等理论,确定某些约束反力的方向,简化受力图。

四、画受力图应注意的事项

(1)当选取的分离体是互相有联系的物体时,同一个力在不同的受力图中用相同的方法表示;同一处的一对作用力和反作用力,分别在两个受力图中表示成相反的方向。

(2)当画作用在分离体上的全部外力时,不能多画也不得少画。内力一律不画。除分布力代之以等效的集中力、未知的约束反力可用它的正交分力表示外,所有其他力一般不合成,不分解,并画在其真实作用位置上。

复习思考题

1-1　应用力学主要研究什么问题?

1-2　什么是集中荷载和均布荷载?

1-3　画受力图时要注意哪些问题?

习　　题

1-1　试画出题1-1图中各物体的受力图。假定各接触面都是光滑的,未注明重力的物体都不计自重。

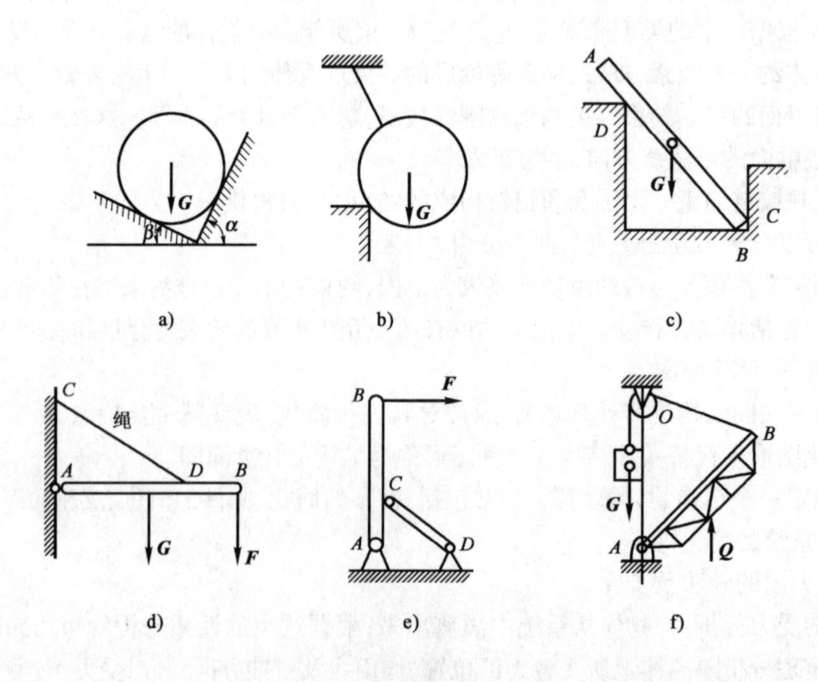

题1-1图

1-2 试作题 1-2 图中各梁的受力图，梁的自重不计。

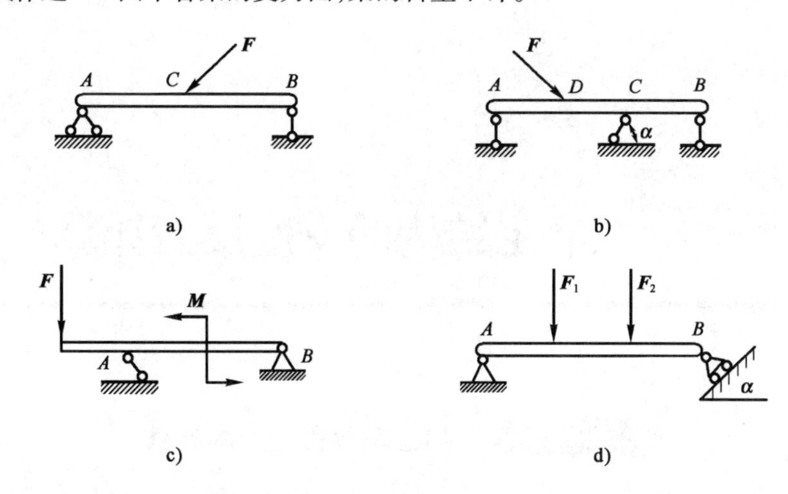

题 1-2 图

1-3 试作题 1-3 图示刚架的受力图，结构自重不计。

1-4 如题 1-4 图所示结构自重不计，作曲杆 *AB* 和 *BC* 的受力图。

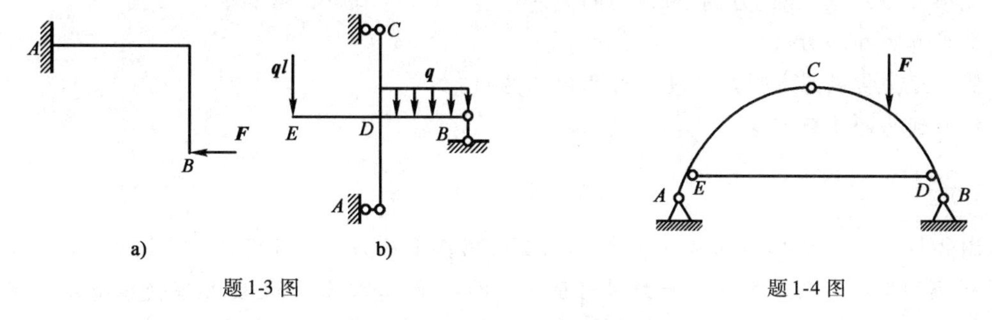

题 1-3 图

题 1-4 图

1-5 作题 1-5 图所示结构指定部分的受力图，自重不计。a) *ABC* 杆、*CDE* 杆和整体；b) *AB* 杆和 *DC* 杆；c) *AC* 杆、*CB* 杆和 *ACB* 整体；d) *BD* 杆和 *DC* 杆。

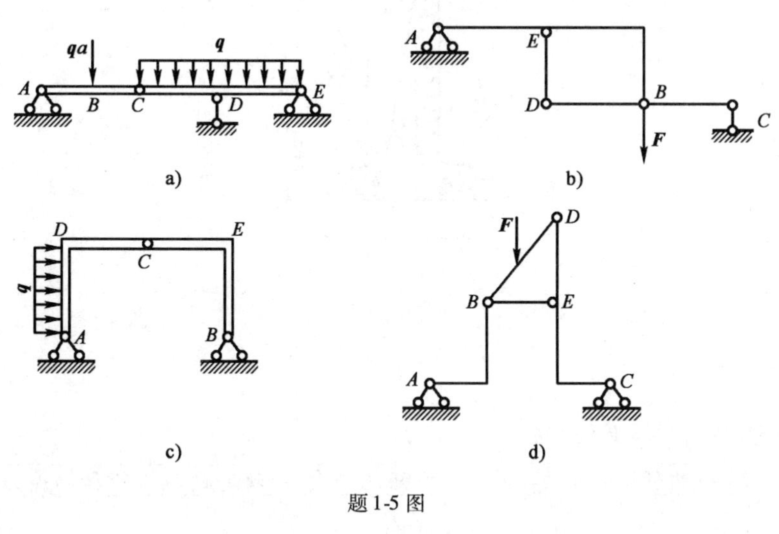

题 1-5 图

学习情境二 静定结构的支座反力计算

学习任务一 挡土墙倾覆力矩的计算

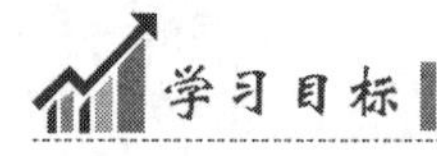

学习目标

1. 能解释力对点之矩、力偶、力偶矩的概念；
2. 会计算力矩和力偶矩；
3. 能阐述力偶的基本性质及其在计算中的应用；
4. 能叙述力的平移定理。

任务描述

如图 2-1-1 所示，已知挡土墙重力 $G_1=75\text{kN}$，铅垂土压力 $G_2=120\text{kN}$，水平土压力 $P=90\text{kN}$。根据力矩的定义计算这三个力对前趾点 A 的力矩，并指出：哪些力矩有使墙绕 A 点倾倒的趋势？哪些力矩使墙趋于稳定？

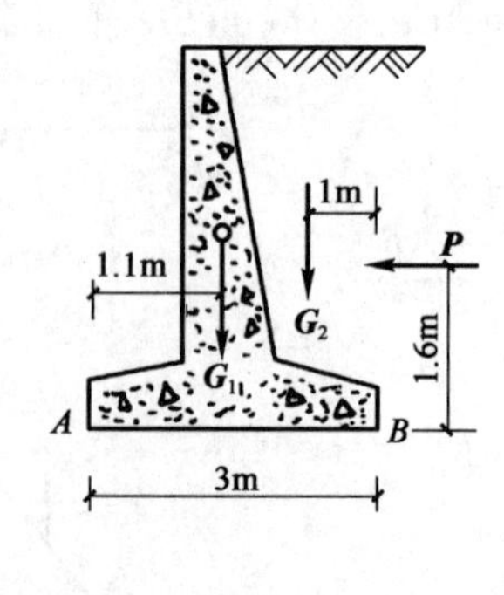

图 2-1-1

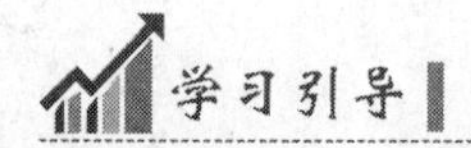

学习引导

本学习任务沿着以下脉络进行：

力矩的计算 → 力偶矩的计算 → 分析力矩的转向 → 确定稳定力矩和倾覆力矩

一、相关知识

1. 力矩

从生活和实践中可知，力除了能使物体移动外，还能使物体转动。例如用扳手拧螺母时，加力可使扳手和螺母绕螺母轴线转动。其他如：杠杆、定滑轮等简易机械也是力使其绕一点转动的实例。

力使物体产生转动效应与哪些因素有关呢？例如用扳手拧螺母时（图 2-1-2），力 $\boldsymbol{F}$ 使扳手绕螺母中心 O 转动的效应，不仅与力 $\boldsymbol{F}$ 的大小成正比，还与螺母中心 O 到该力作用线的垂直距离 d 成正比。此外，扳手的转向可能是逆时针方向，也可能是顺时针方向。因此，我们用力的大小与力臂的乘积 $F \cdot d$，再加上正负号来表示力 $\boldsymbol{F}$ 使物体绕 O 点转动的效应（图 2-1-3），称为力 $\boldsymbol{F}$ 对 O 点的矩。用符号 $m_O(\boldsymbol{F})$ 或 $\boldsymbol{M}_O$ 表示。

一般规定：使物体产生逆时针转动的力矩为正；反之为负。所以，力对点之矩为代数量，并记作：

$$m_O(\boldsymbol{F}) = \pm Fd \tag{2-1-1}$$

力 $\boldsymbol{F}$ 对点 O 的力矩值，也可用△OAB 面积的 2 倍表示，如图 2-1-3 表示，即

$$m_O(\boldsymbol{F}) = \pm 2\triangle OAB \tag{2-1-2}$$

上两式中：O——矩心，即转动中心；

d——力臂，即力的作用线到矩心的垂直距离。

按国际单位制，力矩的单位是牛顿·米（N·m）或千牛顿·米（kN·m）。

力矩为零的两种情形：(1) 力等于零；(2) 力的作用线通过矩心。

由式(2-1-1)可知，一般同一个力对不同点之矩是不同的，因此，不指明矩心来计算力矩是没有意义的。所以在计算力矩时，一定要明确是对哪一点之矩。矩心的取法很灵活，根据需要可以任意取在物体上，也可取在物体外。

例 2-1-1 试求图 2-1-4 中三力对 O 点的力矩。已知 $P_1 = 2\text{kN}$，$P_2 = 3\text{kN}$，$P_3 = 4\text{kN}$。

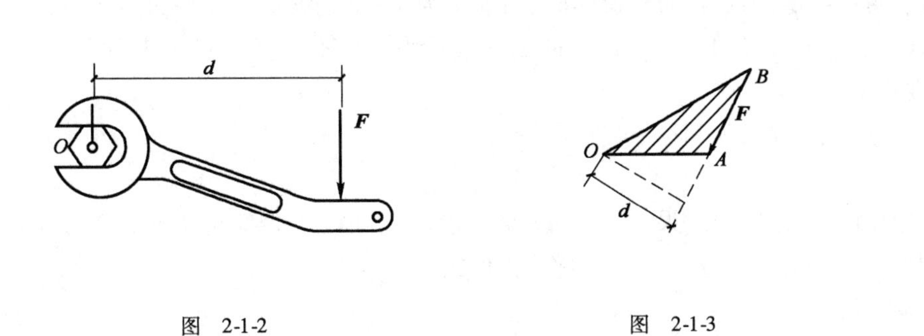

图 2-1-2　　图 2-1-3

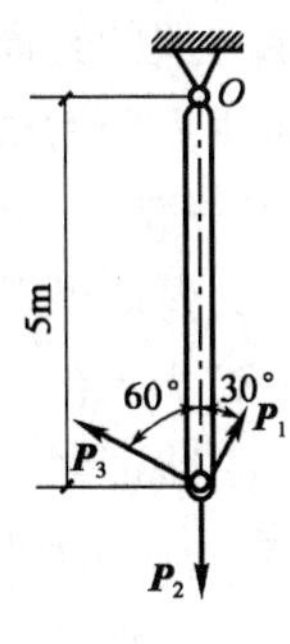

图 2-1-4

解：根据力矩的定义可写成：

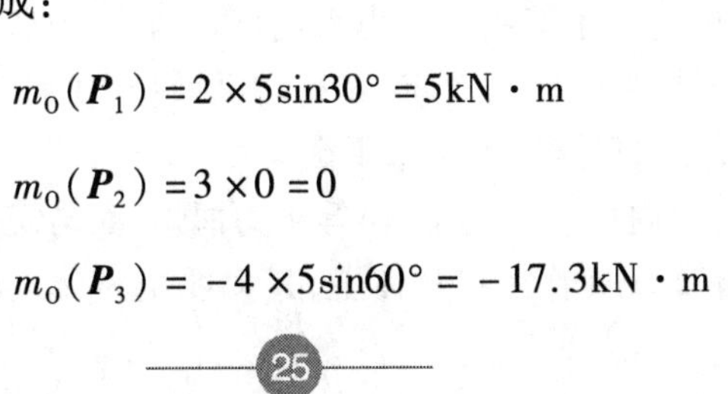

$$m_O(\boldsymbol{P}_1) = 2 \times 5\sin 30° = 5\text{kN} \cdot \text{m}$$

$$m_O(\boldsymbol{P}_2) = 3 \times 0 = 0$$

$$m_O(\boldsymbol{P}_3) = -4 \times 5\sin 60° = -17.3\text{kN} \cdot \text{m}$$

2. 力偶

1)力偶的概念

物体受到大小相等、方向相反的两共线力作用时,物体保持平衡状态。但是,当两个力大小相等、方向相反、不共线而平行时,物体能否保持平衡呢？实践告诉我们,物体将产生转动。汽车驾驶员用双手转动转向盘,工人师傅用双手去拧丝攻扳手,人们用手指旋转钥匙或水龙头等(图2-1-5),都是上述受力情况的实例。在力学上,把大小相等、方向相反、作用线不重合的两个平行力组成的力系,称为**力偶**,并记作($\boldsymbol{F}$,$\boldsymbol{F}'$)。力偶对物体只产生转动效应,而不产生移动效应。力偶中两力所在的平面叫**力偶作用面**,两力作用线间的垂直距离 d 称**力偶臂**(图2-1-6)。

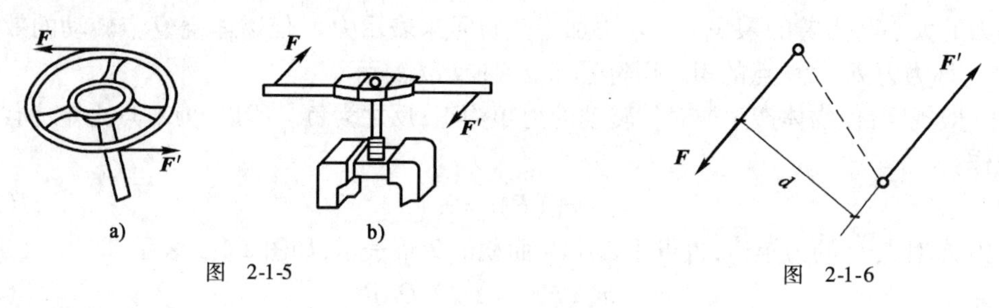

图 2-1-5

图 2-1-6

2)力偶矩

由经验知,力偶对物体的转动效应,取决于力偶中力和力偶臂的大小以及力偶的转向。因此,在力学中,以乘积 $F \cdot d$ 加上 ± 号作为度量力偶对物体转动效应的物理量,称为力偶矩。以符号 $m(\boldsymbol{F},\boldsymbol{F}')$ 或 m 表示,即

$$m(\boldsymbol{F},\boldsymbol{F}') = \pm F \cdot d$$

或

$$m = \pm F \cdot d \tag{2-1-3}$$

式(2-1-3)表示力偶矩是一个代数量,其绝对值等于力的大小与力偶臂的乘积,正负号表示力偶的转向。通常规定,力偶逆时针旋转时,力偶矩为正;反之为负。在平面问题中,力偶可用力和力偶臂表示,也可以用一个带箭头的弧线表示力偶(图2-1-7),箭头表示力偶的转向,$\boldsymbol{M}$ 表示力偶矩的大小。

力偶矩的单位与力矩相同,为 kN · m 或 N · m。

3)力偶的三要素

实践证明,力偶对物体的作用效果,由以下三个因素决定:(1)力偶矩的大小;(2)力偶的转向;(3)力偶作用面的方位。这三个因素称为力偶的三要素。

4)力偶的基本性质

根据前面的讲述,将力偶的基本性质归纳如下:

(1)力偶无合力,即力偶不能用一个力来代替。因此,力偶对物体只有转动效应,而无移动效应。力一般情况下是既有移动效应,又有转动效应,所以力偶既不能与一个力等效,也不能与一个力来平衡,力偶只能用力偶来平衡。

(2)力偶对其作用面内任一点之矩,恒等于力偶矩,而与矩心位置无关。

证明:设有一力偶($\boldsymbol{F}$,$\boldsymbol{F}'$)作用在物体上,其力偶矩为 $m = Fd$,如图2-1-8所示。在力偶

的作用面内任取一点 O 为矩心，显然，力偶使物体绕 O 点转动的效应可以用组成力偶的两个力对 O 点之矩的代数和来表示。用 x 表示从 O 点到力 $\boldsymbol{F}$ 的垂直距离，则两个力对 O 点之矩的代数和为：

$$m_O(\boldsymbol{F},\boldsymbol{F}') = F'(d+x) - F \cdot x = m$$

此值即等于力偶矩。

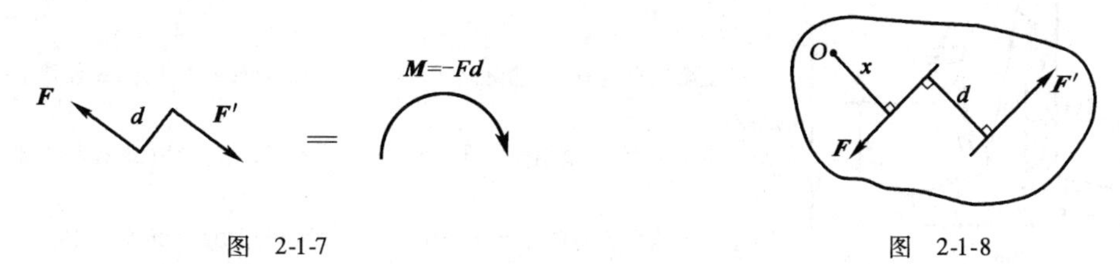

图 2-1-7　　　　图 2-1-8

(3)在同一平面内的两个力偶，如果它们的力偶矩大小相等，力偶的转向相同，则这两个力偶是等效的。这称为**力偶的等效性**。

根据力偶的等效性，可得出下面两个推论：

推论1　力偶可在其作用面内任意移转，而不改变它对刚体的转动效应，即力偶对刚体的转动效应与其在作用面内的位置无关。

推论2　在保持力偶大小和转向不变的情况下，可任意改变力偶中力的大小和力偶臂的长短，而不改变它对刚体的转动效应。

3. 力的平移定理

力对物体的作用效应取决于力的三要素，若改变其中的任一要素，例如：使力离开其作用线，平行移动到任一点，就会改变它对物体的作用效应。那么，要想把力平移而又不改变其作用效应，需要附加什么条件呢？

在图2-1-9a)中，物体上 A 点作用有一个力 $\boldsymbol{F}$，如将此力平移到物体的任一点 O，而又不改变物体的作用效应，可根据加减平衡力系公理，在 O 点加上一对平衡力 $\boldsymbol{F}'$ 和 $\boldsymbol{F}''$，并使 $\boldsymbol{F}'=\boldsymbol{F}''=\boldsymbol{F}$，且作用线与力 $\boldsymbol{F}$ 平行[图2-1-9b)]。因此，力 $\boldsymbol{F}$ 和 $\boldsymbol{F}''$ 组成了一个力偶 $m(\boldsymbol{F},\boldsymbol{F}'')$，其力偶矩 $m=F \cdot d=m_O(\boldsymbol{F})$。于是，原作用于 A 点的力 $\boldsymbol{F}$ 就与作用于 O 点的力 $\boldsymbol{F}'$ 和力偶($\boldsymbol{F}$，$\boldsymbol{F}''$)等效，即相当于将力 $\boldsymbol{F}$ 平移到 O 点[图2-1-9c)]。

力的平移定理：作用于刚体上的力 $\boldsymbol{F}$，可以平行移动到该刚体的任一点 O，但必须同时附加一个力偶才能与原力等效，其力偶矩等于原力 $\boldsymbol{F}$ 对新作用点 O 的矩。

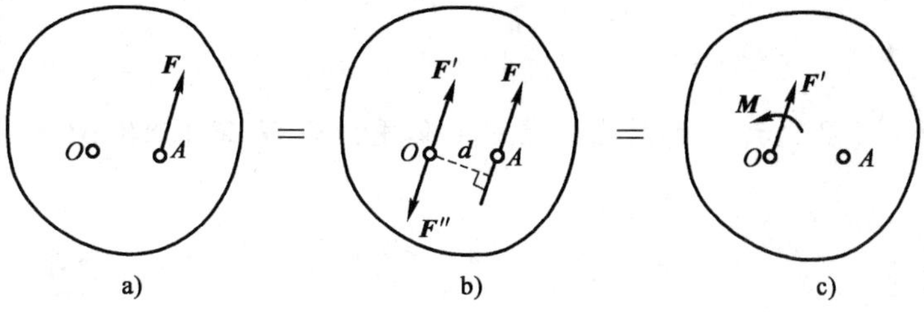

a)　b)　c)

图 2-1-9

二、任务实施

(1)2人一组分析并计算挡土墙的倾覆力矩。已知挡土墙重力 $G_1=75\text{kN}$，铅垂土压力

$G_2=120\text{kN}$,水平土压力 $P=90\text{kN}$。试求这三个力对前趾点 A 的矩,并指出:哪些力矩有使墙绕 A 点倾倒的趋势?哪些力矩使墙趋于稳定?

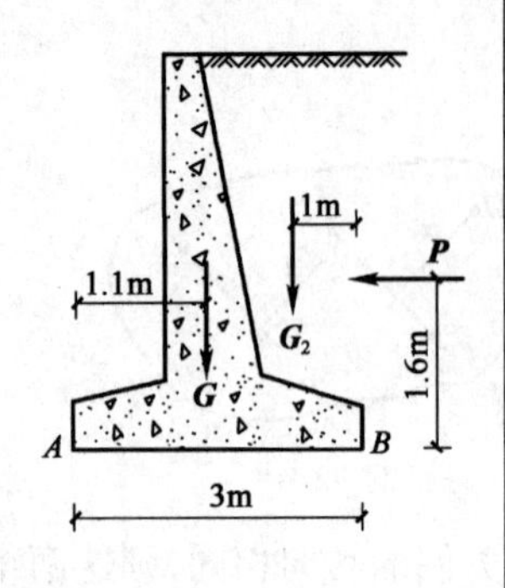

根据力矩的定义可写成:

$m_A(G_1)=-G_1\times1.1=-75\times1.1=-82.5\ \text{kN}\cdot\text{m}$(顺时针转向)

$m_A(G_2)=$

$m_A(P)=$

1. 挡土墙的自重 $\boldsymbol{G}_1$ 对前趾点 A 产生(　　)时针转向的力矩,是使挡土墙(　　)的力矩。

2. 铅垂土压力 $\boldsymbol{G}_2$ 对前趾点 A 产生(　　)时针转向的力矩,是使挡土墙(　　)的力矩。

3. 水平土压力 $\boldsymbol{P}$ 对前趾点 A 产生(　　)时针转向的力矩,将使挡土墙产生绕 A 点(　　)的趋势。

1~3 选择答案:A. 顺,稳定;B. 逆,倾倒

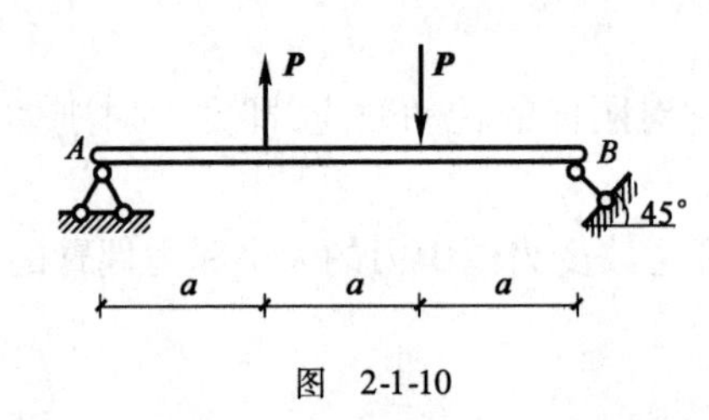

图　2-1-10

(2)梁的受力情况如图 2-1-10 所示,试计算梁所受的力偶矩和该力偶分别对 A、B 点的力矩。

解:根据力偶矩的定义可写成

$$m(\boldsymbol{P},\boldsymbol{P})=-Pa$$

根据力偶的性质可知,力偶对其作用面内任一点之矩恒等于力偶矩,而与矩心位置无关。所以该力偶对 A、B 两点的力矩相等且都等于力偶矩 $-Pa$,即

$$m_A(\boldsymbol{P},\boldsymbol{P})=m_B(\boldsymbol{P},\boldsymbol{P})=m(\boldsymbol{P},\boldsymbol{P})=-Pa$$

学习任务二　三角支架的受力计算

学习目标

1. 能描述工程实际中的平面力系问题;
2. 会应用解析法计算力在直角坐标轴上的投影;
3. 会计算平面汇交力系的合力和合力矩;
4. 能应用平面汇交力系的平衡条件分析三角支架的受力问题。

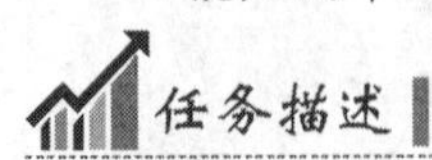

任务描述

三角支架如图 2-2-1 示,已知挂在 B 点的物体重力为 $\boldsymbol{G}$,试求 AB、BC 两杆所受的力。

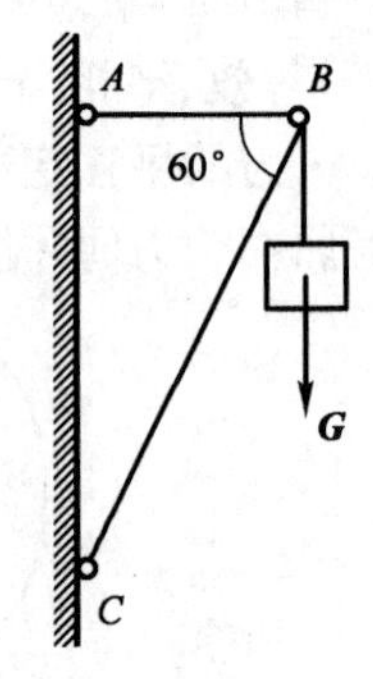

图　2-2-1

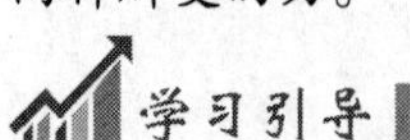

学习引导

本学习任务沿着以下脉络进行:

平面汇交力系的合成与平衡条件 → 合力投影定理与合力矩定理的应用 → 列平面汇交力系的平衡方程 → 解决三角支架的受力问题

一、相关知识

1.平面力系的概念

为了便于研究问题,将力系按其各力作用线的分布情况进行分类:凡各力作用线都在同一平面内的力系称为**平面力系**,凡各力作用线不在同一平面内的力系称为**空间力系**。在实际问题中,有些结构所受的力虽是空间力系,但在一定的条件下可简化为平面力系来处理。

在工程中,把厚度远远小于其他两个方向上尺寸的结构称为**平面结构**。作用在平面结构上的各力,一般都在同一结构平面内,因而组成了一个平面力系。例如,图2-2-2所示的平面桁架,受到屋面传来的竖向荷载$\boldsymbol{P}$、风荷载$\boldsymbol{Q}$以及A、B支座反力$\boldsymbol{X}_A$、$\boldsymbol{Y}_A$、$\boldsymbol{R}_B$的作用,这些力就组成了一个平面力系。

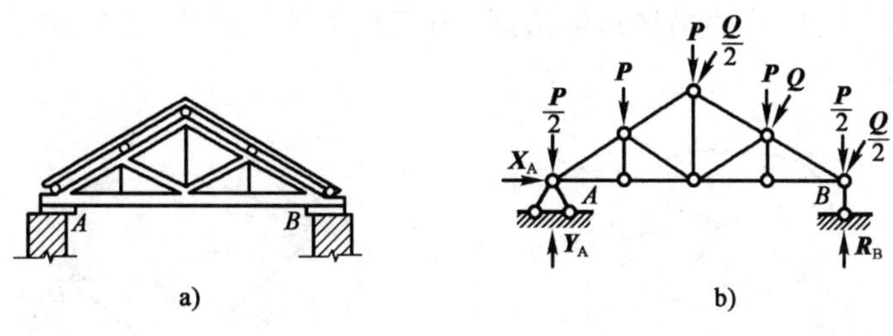

图 2-2-2

工程中有些结构所承受的力本来不是平面力系,但可以简化为平面力系来处理。例如水坝(图2-2-3)、挡土墙等,都是纵向很长、横断面相同,其受力情况沿长度方向大致相同,因此可沿其纵向截取1m的长度为研究对象。此时,将简化后的自重、地基反力、水压力等看作是一个平面力系。

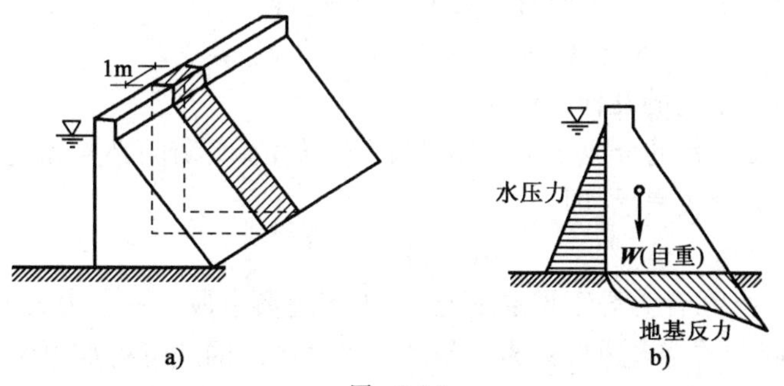

图 2-2-3

建筑工程中所遇到的很多实际问题,都可以简化为平面力系来处理,平面力系是工程中最常见的力系。平面力系又分为:平面汇交力系、平面力偶系和平面一般力系。若作用在刚体上各力的作用线都在同一平面内,且汇交于同一点,该力系称为**平面汇交力系**。若作用于刚体上的各个力偶都分布在同一平面内,这种力偶系称为**平面力偶系**。若作用在刚体上各力的作用线都在同一平面内,且任意分布,该力系称为**平面任意力系**。

平面一般力系总是可以看成是平面汇交力系和平面力偶系的组合。因此,可称平面汇交力系和平面力偶系为基本力系。

2.平面汇交力系的合成与平衡

1)平面汇交力系合成的几何法

设在刚体上的 O 点作用一个由力 $\boldsymbol{F}_1$、$\boldsymbol{F}_2$、$\boldsymbol{F}_3$、$\boldsymbol{F}_4$ 组成的平面汇交力系[图2-2-4a)],为求该力系的合力,可以连续应用力的平行四边形法则,依次两两合成各力,最后求得一个作用线也通过力系汇交点的合力 $\boldsymbol{R}$。下面介绍几何作图法求平面汇交力系的合力。

在力系所在的平面内,任取一点 A,按一定的比例尺,先作矢量 $\overrightarrow{AB}$ 平行且等于力 $\boldsymbol{F}_1$,再从所作矢量的末端 B 作矢量 $\overrightarrow{BC}$ 平行且等于力 $\boldsymbol{F}_2$,连接矢量 $\overrightarrow{AC}$,求得它们的合力 $\boldsymbol{R}_1=AC$;再过 $\boldsymbol{R}_1$ 的末端作矢量 $\overrightarrow{CD}$ 平行且等于力 $\boldsymbol{F}_3$,连接矢量 $\overrightarrow{AD}$,求得它们的合力 $\boldsymbol{R}_2=AD$;依此类推,最后将 $\boldsymbol{R}_2$ 与 $\boldsymbol{F}_4$ 合成,即得到该平面汇交力系的合力大小和方向 $\boldsymbol{R}$,如图2-2-4b)所示。多边形 $ABCDE$ 称为此平面汇交力系的**力多边形**,矢量 AE 称为力多边形的封闭边。封闭边矢量 $\overrightarrow{AE}$ 表示此平面汇交力系合力 $\boldsymbol{R}$ 的大小和方向,合力 $\boldsymbol{R}$ 的作用线通过原力系的汇交点 A。上述求合力的几何作图方法,称为**力多边形法则**(力三角形法的推广)。它也适用于求任何矢量的合成,即矢量和。

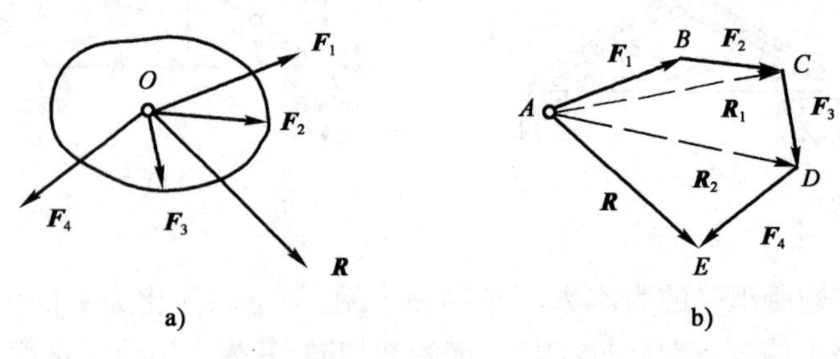

图 2-2-4

上述结果表明:平面汇交力系合成的结果是一个合力,合力作用线通过各力的汇交点,合力的大小与方向等于原力系中所有各力的矢量和,即

$$\boldsymbol{R}=\boldsymbol{F}_1+\boldsymbol{F}_2+\boldsymbol{F}_3+\cdots+\boldsymbol{F}_n=\sum\boldsymbol{F}$$

2)平面汇交力系平衡的几何条件

由以上平面汇交力系的合成结果可知,平面汇交力系平衡的必要和充分条件是:该力系的合力等于零。用矢量式表示,即

$$\boldsymbol{R}=\sum\boldsymbol{F}=0$$

按力多边形法则,在合力等于零的情况下,力多边形中最后一个力矢的终点与第一个力矢的起点相重合,此时的力多边形称为封闭的力多边形。因此可得如下结论:**平面汇交力系平衡的必要和充分条件是该力系的力多边形自行封闭**。这就是平面汇交力系平衡的几何条件。

3.平面汇交力系合成与平衡的解析法

1)力在直角坐标轴上的投影

如图2-2-5所示,设力 $\boldsymbol{F}$ 从 A 指向 B。在力 $\boldsymbol{F}$ 的作用平面内取直角坐标系 xOy,从力 $\boldsymbol{F}$ 的起点 A 及终点 B 分别向 x 轴和 y 轴作垂线,得交点 a、b 和 a_1、b_1,并在 x 轴和 y 轴上得线段 ab 和 a_1b_1。线段 ab 和 a_1b_1 的长度加正号或负号叫作 $\boldsymbol{F}$ 在 x 轴和 y 轴上的**投影**,分别用 X、Y 表示。即

$$X = \pm ab = \pm F\cos\alpha$$
$$Y = \pm a_1 b_1 = \pm F\sin\alpha$$

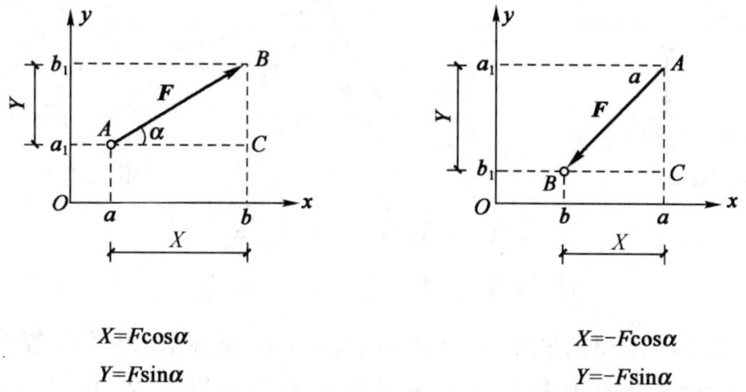

$X=F\cos\alpha$
$Y=F\sin\alpha$

$X=-F\cos\alpha$
$Y=-F\sin\alpha$

图 2-2-5

投影的正负号规定如下:从投影的起点 a 到终点 b 与坐标轴的正向一致时,该投影取正号;与坐标轴的正向相反时,取负号。因此,力在坐标轴上的投影是代数量。

当力与坐标轴垂直时,力在该轴上的投影为零;当力与坐标轴平行时,其投影的绝对值与该力的大小相等。

如果力 $\boldsymbol{F}$ 在坐标轴 x、y 上的投影 X、Y 为已知,则由图 2-2-4 中的几何关系,可以确定力 $\boldsymbol{F}$ 的大小和方向:

$$\left.\begin{aligned} F &= \sqrt{X^2 + Y^2} \\ \tan\alpha &= \left|\frac{Y}{X}\right| \end{aligned}\right\} \tag{2-2-1}$$

式中,α 为力 $\boldsymbol{F}$ 与 x 轴所夹的锐角,力 $\boldsymbol{F}$ 的具体指向由两投影正负号来确定。

例 2-2-1 试求出图 2-2-6 中各力在 x、y 轴上的投影。已知 $F_1 = 100\text{N}, F_2 = 150\text{N}, F_3 = F_4 = 200\text{N}$。

解:

$$X_1 = F_1\cos45° = 100 \times 0.707 = 70.7\text{N}$$
$$Y_1 = F_1\sin45° = 100 \times 0.707 = 70.7\text{N}$$
$$X_2 = -F_2\cos30° = -150 \times 0.866 = -129.9\text{N}$$
$$Y_2 = F_2\sin30° = 150 \times 0.5 = 75\text{N}$$
$$X_3 = F_3\cos60° = 200 \times 0.5 = 100\text{N}$$
$$Y_3 = -F_3\sin60° = -200 \times 0.866 = -173.2\text{N}$$
$$X_4 = F_4\cos90° = 0$$
$$Y_4 = -F_4\sin90° = -200 \times 1 = -200\text{N}$$

2)合力投影定理

平面汇交力系的合力在任一坐标轴上的投影,等于它的各分力在同一坐标轴上投影的代数和,这就是**合力投影定理**。简单证明如下。

设在平面内作用于 O 点有力 $\boldsymbol{F}_1$、$\boldsymbol{F}_2$、$\boldsymbol{F}_3$、$\boldsymbol{F}_4$,用力多边形法则求出其合力为 $\boldsymbol{R}$,如图 2-2-7 所示。取投影轴 x,由图可见,合力 $\boldsymbol{R}$ 的投影 ae 等于各分力的投影 ab、bc、$-dc$、de 的代数和。这一关系对任何多个汇交力都适合,即

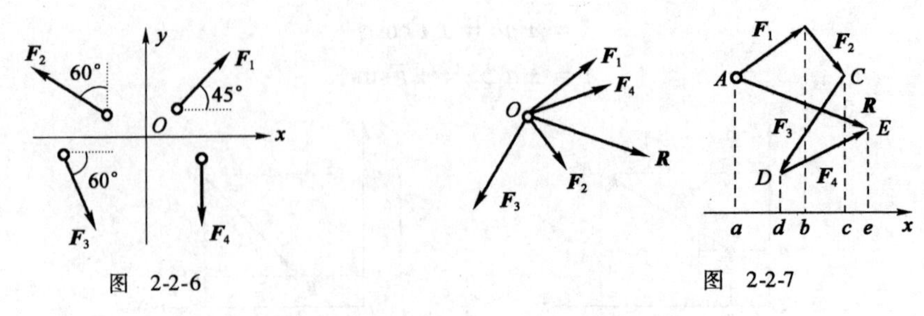

图 2-2-6　　　　图 2-2-7

$$
\begin{aligned}
R_x &= X_1 + X_2 + \cdots + X_n = \sum X \\
R_y &= Y_1 + Y_2 + \cdots + Y_n = \sum Y
\end{aligned}
\tag{2-2-2}
$$

当平面汇交力系为已知时,我们可以选定直角坐标系求出力系中各力在 x 和 y 轴上的投影,再根据合力投影定理求出合力 $\boldsymbol{R}$ 在 x 轴和 y 轴上的投影 R_x 和 R_y,即

$$
\left.
\begin{aligned}
R &= \sqrt{R_x^2 + R_y^2} = \sqrt{(\sum X)^2 + (\sum Y)^2} \\
\tan\alpha &= \left|\frac{R_x}{R_y}\right| = \left|\frac{\sum Y}{\sum X}\right|
\end{aligned}
\right\}
\tag{2-2-3}
$$

由前述可知,平面汇交力系平衡的必要和充分条件是该力系的合力等于零,即 $\boldsymbol{R} = 0$。因此,由式(2-2-3)可得

$$
\left.
\begin{aligned}
\sum X &= 0 \\
\sum Y &= 0
\end{aligned}
\right\}
\tag{2-2-4}
$$

即平面汇交力系平衡的必要和充分条件是,力系中各力在坐标轴上投影的代数和等于零。这就是平面汇交力系平衡的解析条件。

3)合力矩定理

若平面汇交力系有合力,则其合力对平面上任一点之矩,等于所有分力对同一点**力矩的代数和**。即

$$
\begin{aligned}
m_O(\boldsymbol{R}) &= m_O(\boldsymbol{F}_1) + m_O(\boldsymbol{F}_2) + \cdots + m_O(F_n) \\
&= \sum m_O(\boldsymbol{F}_n)
\end{aligned}
\tag{2-2-5}
$$

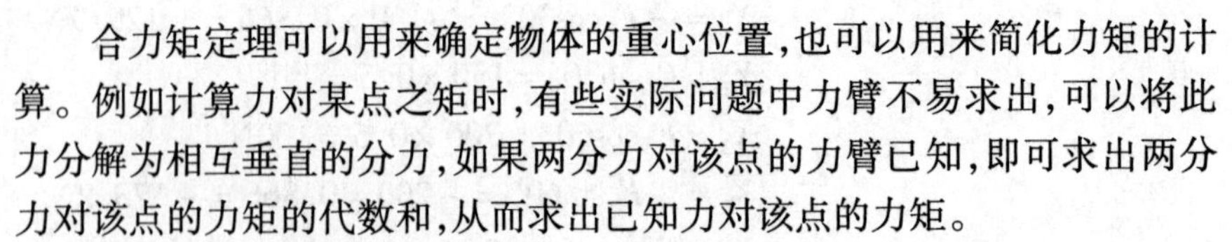

合力矩定理可以用来确定物体的重心位置,也可以用来简化力矩的计算。例如计算力对某点之矩时,有些实际问题中力臂不易求出,可以将此力分解为相互垂直的分力,如果两分力对该点的力臂已知,即可求出两分力对该点的力矩的代数和,从而求出已知力对该点的力矩。

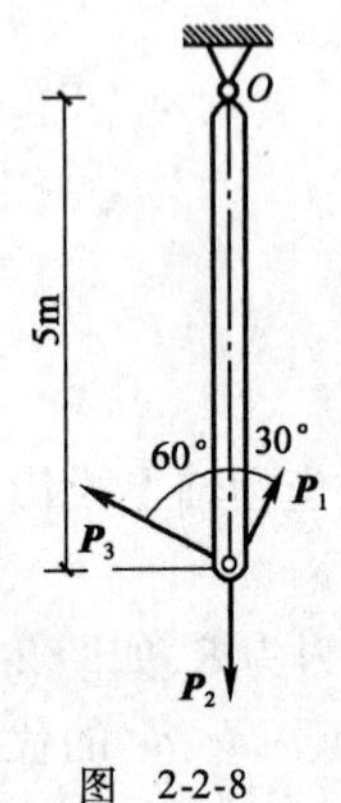

图 2-2-8

例 2-2-2　如图 2-2-8 所示,已知 $P_1 = 2\text{kN}$,$P_2 = 3\text{kN}$,$P_3 = 4\text{kN}$,求合力矩。

解:根据合力矩定理,有:

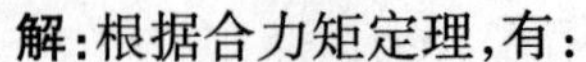

$$
\begin{aligned}
m_O(\boldsymbol{R}) &= m_O(\boldsymbol{P}_1) + m_O(\boldsymbol{P}_2) + m_O(\boldsymbol{P}_3) \\
&= 2 \times \sin 30° \times 5 + 5 \times 0 - 4 \times \sin 60° \times 5 \\
&= 5 + 0 - 17.3 \\
&= -12.3\text{kN} \cdot \text{m}
\end{aligned}
$$

例 2-2-3 均布荷载对其作用面内任一点的力矩如图 2-2-9 所示,求均布荷载对 A 点的力矩。均布荷载的作用效果可用其合力 $Q=ql$ 来代替,合力 $\boldsymbol{Q}$ 作用在分布长度 l 的中点,即作用在 $l/2$ 处。已知 $q=20\text{kN/m}, l=5\text{m}$。

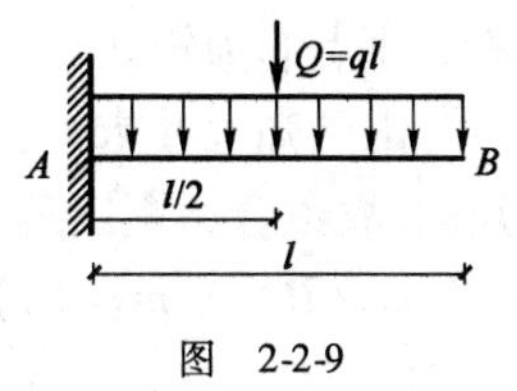

图 2-2-9

解:根据合力矩定理,可得

$$m_A(\boldsymbol{Q}) = -ql \times \frac{l}{2} = -\frac{ql^2}{2} \text{(顺时针转向)}$$

二、任务实施

(1)三角支架如图 2-2-10 所示,已知挂在 B 点的物体重力为 $\boldsymbol{G}$,试求 AB、BC 两杆所受的力。

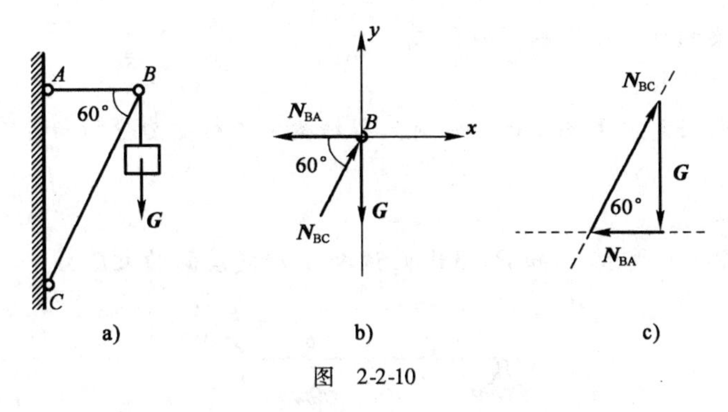

图 2-2-10

解一:取铰 B 为研究对象,由于 AB、BC 两杆为二力杆件,因此 B 点受已知力 $\boldsymbol{G}$ 和未知约束反力 $\boldsymbol{N}_{BA}$、$\boldsymbol{N}_{BC}$ 三个力作用而处于平衡,受力图如图 2-2-10b)所示。因三力作用于同一点 B,该力系为平面汇交力系,求两个未知力只需列两个投影方程即可得解。

$$\sum X = 0, -N_{BA} + N_{BC}\cos 60° = 0$$

$$\sum Y = 0, N_{BC}\sin 60° - G = 0$$

$$N_{BC} = \frac{G}{\sin 60°} = 1.16G$$

$$N_{BA} = N_{BC}\cos 60° = G\cot 60° = 0.577G$$

解二:此题也可应用平面汇交力系平衡的几何条件,作一个自行封闭的力三角形,再解这个三角形即可得解。根据力的多边形自行封闭,首先按已知力 $\boldsymbol{G}$ 的方向作出 $\boldsymbol{G}$ 的作用线,再过 $\boldsymbol{G}$ 的起点和终点分别作出力 $\boldsymbol{N}_{BA}$、$\boldsymbol{N}_{BC}$ 的作用线,依各力首尾相接,力三角形自行封闭可确定 $\boldsymbol{N}_{BA}$、$\boldsymbol{N}_{BC}$ 的指向,如图 2-2-10c)所示。

解直角三角形,可得:

$$N_{BC} = \frac{G}{\sin 60°} = 1.16G$$

$$N_{BA} = G\cot 60° = 0.577G$$

(2)如图 2-2-11 所示,每 1m 长挡土墙所受土压力的合力为 $\boldsymbol{R}$,$R=150\text{kN}$,方向如图所示。试求土压力 $\boldsymbol{R}$ 使墙倾覆的力矩。

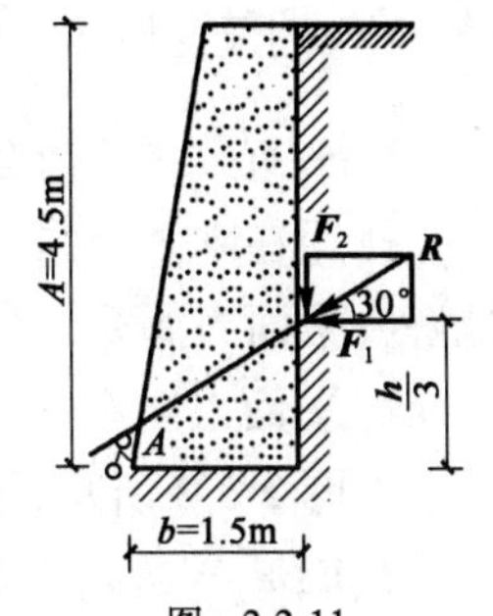

图 2-2-11

解:土压力 $\boldsymbol{R}$ 欲使墙绕 A 点倾覆,故求 $\boldsymbol{R}$ 使墙倾覆的力矩,即求

$\boldsymbol{R}$ 对 A 点的力矩。

由已知尺寸求力臂 d 不方便,但如将 $\boldsymbol{R}$ 分解为 $\boldsymbol{F}_1$ 和 $\boldsymbol{F}_2$ 两个分力,则两分力的力臂是已知的,故由合力矩定理得:

$$\begin{aligned} m_A(\boldsymbol{R}) &= m_A(\boldsymbol{F}_1) + m_A(\boldsymbol{F}_2) \\ &= F_1 \frac{h}{3} - F_2 b \\ &= 150 \times \cos30° \times 1.5 - 150 \times \sin30° \times 1.5 = 82.4\text{kN} \cdot \text{m} \end{aligned}$$

学习任务三　梁和刚架的受力计算

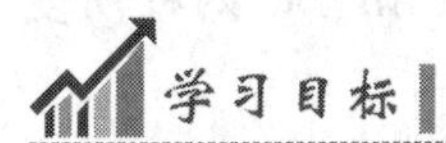

学习目标

1. 能够叙述梁的计算简图的基本形式;
2. 会计算合力偶矩;
3. 能利用平面任意力系的平衡条件对工程结构件进行受力分析与计算。

任务描述

外伸梁如图 2-3-1 所示,已知 $P = 30\text{kN}$,试求 A、B 支座的约束反力。

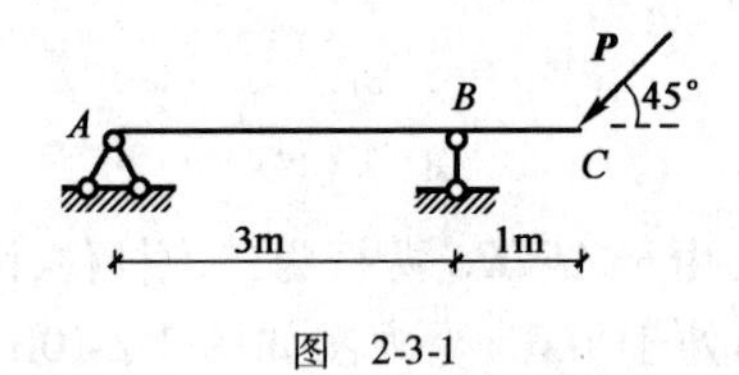

图 2-3-1

学习引导

本学习任务沿着以下脉络进行:

平面任意力系向一点简化成平面汇交力系 + 平面力偶系 → 平面任意力系的平衡条件 → 平面任意力系平衡方程 → 确定研究对象 → 画研究对象的受力图 → 选取矩心和坐标系 → 列平衡方程 → 解平衡方程

一、相关知识

1. 平面力偶系的合成与平衡

作用在刚体上同一平面内的几个力偶称为**平面力偶系**。利用力偶的性质,可以很容易地解决平面力偶系的合成和平衡的问题。

1)平面力偶系的合成

如图 2-3-2 所示,设在物体的同一平面上有两个力偶 $\boldsymbol{m}_1$ 和 $\boldsymbol{m}_2$ 作用,其力偶矩分别为 $m_1 = F_1 d, m_2 = F_2 d$,求其合成结果。在两力偶的作用面内,任取一线段 $AB = d$,于是可将原力偶变换为两个等效力偶$(\boldsymbol{F}_1, \boldsymbol{F}_1')$和$(\boldsymbol{F}_2, \boldsymbol{F}_2')$。显然,$\boldsymbol{F}_1$、$\boldsymbol{F}_2$ 的大小分别为:

$$F_1 = \frac{m_1}{d}, \qquad F_2 = \frac{m_2}{d}$$

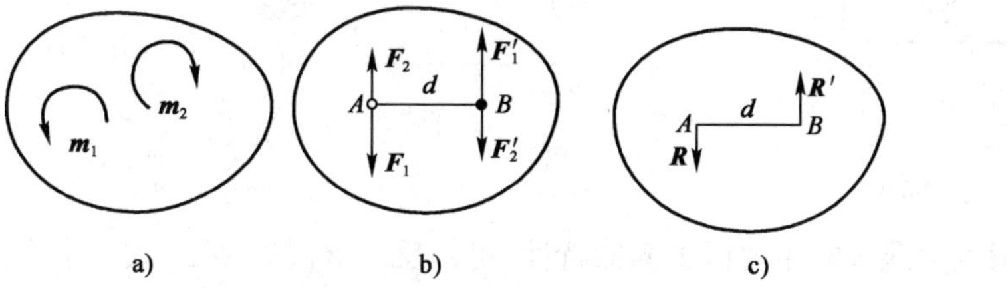

a)　b)　c)

图 2-3-2

将 $\boldsymbol{F}_1'$、$\boldsymbol{F}_2'$和 $\boldsymbol{F}_1$、$\boldsymbol{F}_2$ 分别合成，则有：

$$\boldsymbol{R} = \boldsymbol{F}_1 - \boldsymbol{F}_2, \qquad \boldsymbol{R}' = \boldsymbol{F}_1' - \boldsymbol{F}_2'$$

$\boldsymbol{R}$ 与 $\boldsymbol{R}'$等值、反向且平行，组成一个新力偶。此新力偶即为原两个力偶的合力偶，合力偶矩用 $\boldsymbol{M}$ 表示，其力偶矩为：

$$M = Rd = (F_1 - F_2)d = m_1 - m_2$$

若作用在同一平面内有 n 个力偶，则其合力偶矩应为：

$$M = m_1 + m_2 + \cdots + m_n = \sum m \tag{2-3-1}$$

即平面力偶系的合成结果为一个合力偶，合力偶矩等于各个分力偶矩的代数和，也等于组成力偶系的各力对平面中任一点的力矩的代数和，即：

$$M = \sum m_0(\boldsymbol{F}_n) \tag{2-3-2}$$

2）平面力偶系的平衡条件

当合力偶矩等于零时，则力偶系中各力偶对物体的转动效应相互抵消，物体处于平衡状态。因此，平面力偶系的平衡条件是：

$$\sum m = 0 \tag{2-3-3}$$

平面力偶系平衡的必要和充分条件是：力偶系中各力偶之力偶矩的代数和等于零。考虑到本学习情境中学习任务一所述的力偶的性质2，此条件也可表述为：力偶系中各力对平面内任一点之矩的代数和为零，即：

$$\sum m_0(\boldsymbol{F}_n) = 0 \tag{2-3-4}$$

例 2-3-1　如图 2-3-3 所示，在物体的某平面内受到三个力偶的作用。已知 $F_1 = 200\text{N}$，$F_2 = 600\text{N}$，$d_1 = 1\text{m}$，$d_2 = 0.25\text{m}$；$m = 100\text{N}\cdot\text{m}$，试求其合力偶的力偶矩。

解：计算各分力偶矩为：

$$m_1 = F_1 \times d_1 = 200 \times 1 = 200\text{N}\cdot\text{m}$$

$$m_2 = F_2 \times d_2 = 600 \times \frac{0.25}{\sin 30^\circ} = 300\text{N}\cdot\text{m}$$

$$m_3 = -m = -100\text{N}\cdot\text{m}$$

合力偶矩　$M = \sum m = m_1 + m_2 + m_3 = 200 + 300 - 100 = 400\text{N}\cdot\text{m}$

即合力偶的矩的大小等于 $400\text{N}\cdot\text{m}$，转向为逆时针方向，与原力偶系共面。

例 2-3-2　在梁 AB 的两端各作用一力偶，其力偶矩的大小分别为 $m_1 = 150\text{kN}\cdot\text{m}$，$m_2 = 275\text{kN}\cdot\text{m}$，力偶转向如图 2-3-4 所示。梁长 $l = 5\text{m}$，重力不计。试求 A、B 的支座反力。

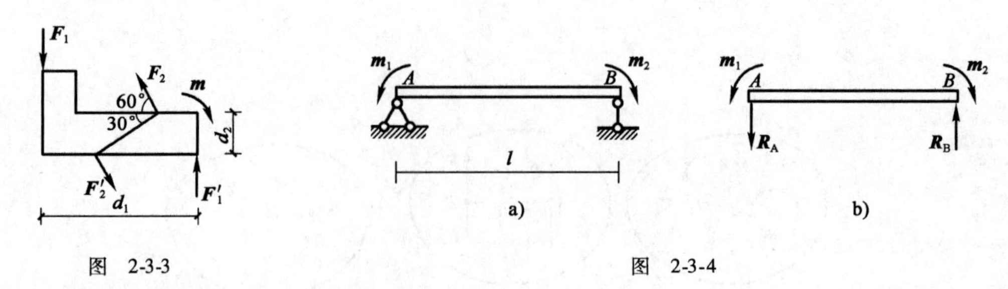

图 2-3-3　　　　图 2-3-4

解:根据力偶只能用力偶平衡的特性,可知反力 $\boldsymbol{R}_A$、$\boldsymbol{R}_B$ 必组成一个力偶,假设的指向如图所示。

由平面力偶系的平衡条件得:

$$\sum m = 0,\ m_1 - m_2 + R_A l = 0$$

故

$$R_A = \frac{m_2 - m_1}{l} = \frac{275 - 150}{5} = 25\text{kN}(\downarrow)$$

$$R_B = 25\text{kN}(\uparrow)$$

2. 平面任意力系的简化

1)平面任意力系向一点简化

应用力的平移定理,可将刚体上平面一般力系中各力的作用线全部平行移动到力系作用面内某一给定点 O,从而使该力系被分解为一个平面汇交力系和一个平面力偶系。这种等效变换的方法,称为力系向任一点的简化,点 O 称为简化中心。

设在刚体上作用一个平面任意力系 $\boldsymbol{F}_1$、$\boldsymbol{F}_2$、…、$\boldsymbol{F}_n$,其作用点分别为 A_1、A_2、…、A_n,如图 2-3-5a)所示。在力系作用平面内任取一点 O,应用力的平移定理将各力依次向点 O 平移,于是得到作用于 O 点的一个平面汇交力系 $\boldsymbol{F}'_1$、$\boldsymbol{F}'_2$、…、$\boldsymbol{F}'_n$和一个附加力偶系,其相应的附加力偶矩分别为 $\boldsymbol{M}_1$、$\boldsymbol{M}_2$、…、$\boldsymbol{M}_n$,如图 2-3-5b)所示,这些附加力偶的力偶矩分别等于相应的力对 O 点的矩。这两个基本力系对刚体的效应与原力系 $\boldsymbol{F}_1$、$\boldsymbol{F}_2$、…、$\boldsymbol{F}_n$ 对刚体的效应是相等的。于是,原平面任意力系就被分解为两个基本力系:平面汇交力系和平面力偶系。

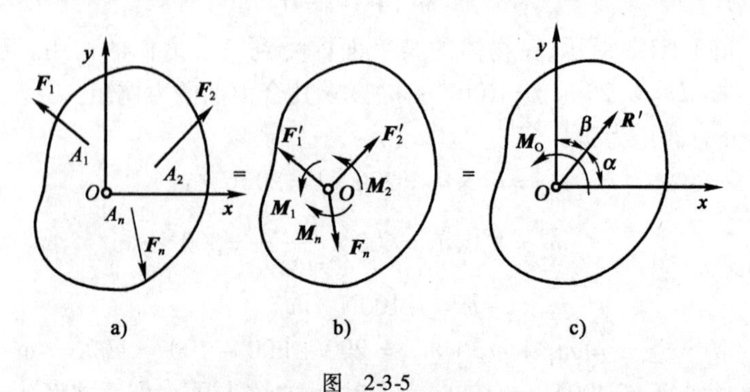

图 2-3-5

平面汇交力系 $\boldsymbol{F}'_1$、$\boldsymbol{F}'_2$、…、$\boldsymbol{F}'_n$可合成为合力 $\boldsymbol{R}'$,即:

$$\boldsymbol{R}' = \boldsymbol{F}'_1 + \boldsymbol{F}'_2 + \cdots + \boldsymbol{F}'_n$$

因

$$\boldsymbol{F}_1' = \boldsymbol{F}_1, \boldsymbol{F}_2' = \boldsymbol{F}_2, \cdots, \boldsymbol{F}_n' = \boldsymbol{F}_n$$

所以

$$\boldsymbol{R}' = \boldsymbol{F}_1 + \boldsymbol{F}_2 + \cdots + \boldsymbol{F}_n = \sum \boldsymbol{F}_i \tag{2-3-5}$$

由附加力偶所组成的平面力偶系$\boldsymbol{M}_1$、$\boldsymbol{M}_2$、…、$\boldsymbol{M}_n$可以合成为一个力偶$\boldsymbol{M}_O$，如图2-3-5c）所示，这个力偶的力偶矩$\boldsymbol{M}_O$等于各附加力偶矩的代数和，也就是等于原力系中各力对简化中心O点之矩$m_O(\boldsymbol{F}_1)$、$m_O(\boldsymbol{F}_2)$、…、$m_O(\boldsymbol{F}_n)$的代数和，即：

$$M_O = M_1 + M_2 + \cdots + M_n = m_O(\boldsymbol{F}_1) + m_O(\boldsymbol{F}_2) + \cdots + m_O(\boldsymbol{F}_n) = \sum m_O(\boldsymbol{F}_n) \tag{2-3-6}$$

将上述简化结果归纳如下：

平面任意力系向一点简化的一般结果是一个力和一个力偶，力$\boldsymbol{R}'$等于原力系中各力的矢量和，称为原力系的主矢；力偶矩$\boldsymbol{M}_O$等于原力系中各力对简化中心之矩的代数和，称为原力系的主矩。

由式(2-3-5)和式(2-3-6)可以看出，力系主矢的大小和方向都与简化中心的位置无关，而主矩的值一般与简化中心的位置有关。这是因为力系中各力对于不同的简化中心之矩的代数和是不相等的。因此，当提到主矩时，必须用下标O指明简化中心。

主矢可用解析法来计算。

主矢的大小为：

$$R' = \sqrt{R_x^2 + R_y^2} = \sqrt{(\sum X)^2 + (\sum Y)^2} \tag{2-3-7}$$

方向为：

$$\tan\alpha = \left|\frac{\sum Y}{\sum X}\right|$$

主矩可直接利用式(2-3-6)计算，即：

$$\boldsymbol{M}_O = \sum m_O(\boldsymbol{F}_n) \tag{2-3-8}$$

2）平面任意力系的简化结果分析

平面任意力系向任意一点简化后，一般可得到一个力和一个力偶，而其最终结果为以下三种情况。

(1)力系可简化为一个合力。

当$\boldsymbol{R}' \neq 0$，$\boldsymbol{M}_O = 0$时，力系与一个力等效，即力系可简化为一个合力。合力等于主矢，合力作用线通过简化中心。当$\boldsymbol{R}' \neq 0$，$\boldsymbol{M}_O \neq 0$时，根据力的平移定理逆过程，可将$\boldsymbol{R}'$和$\boldsymbol{M}_O$简化为一个合力。合力的大小、方向与主矢相同，合力作用线不通过简化中心。

(2)力系可简化为一个合力偶。

当$\boldsymbol{R}' = 0$，$\boldsymbol{M}_O \neq 0$时，力系与一个力偶等效，即力系可简化为一个合力偶。合力偶矩等于主矩。此时，主矩与简化中心的位置无关。

(3)力系处于平衡状态。

当$\boldsymbol{R}' = 0$，$\boldsymbol{M}_O = 0$时，力系为平衡力系。

例 2-3-3 图2-3-6a）中所示一桥墩顶部受到两边桥梁传来的铅垂力$F_1 = 1\,940\text{kN}$，$F_2 =$

800kN,以及机车传递来的制动力 $F_H=193kN$。桥墩自重 $G=5\,280kN$,风力 $F_W=140kN$,各力作用线如图所示。求这些力向基础中心 O 简化的结果;若能简化为一个合力,试求出合力作用线的位置。

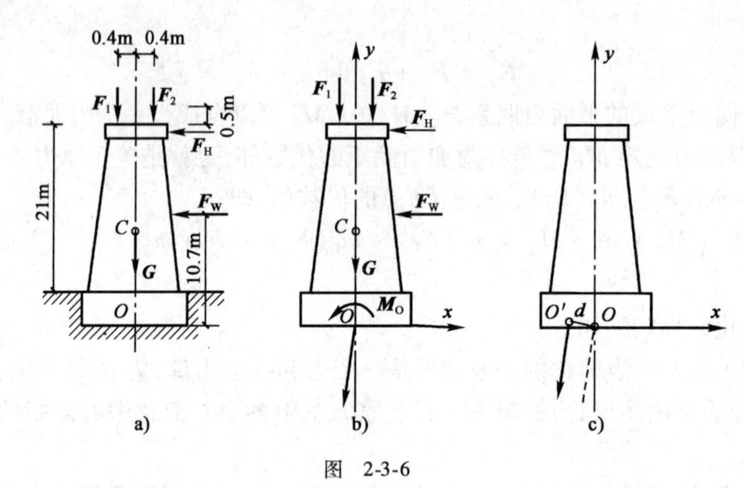

图 2-3-6

解:以桥墩基础中心 O 为简化中心,以点 O 为原点取直角坐标系 xOy,如图 2-3-6b)所示。

根据式(2-3-7)求主矢的大小和方向:

$$\sum X=-F_H-F_W=-333kN$$

$$\sum Y=-F_1-F_2-G=-8\,020kN$$

得主矢大小为:

$$R'=\sqrt{R_x^2+R_y^2}=\sqrt{(\sum X)^2+(\sum Y)^2}=8\,027kN$$

主矢的方向为:

$$\tan\alpha=\left|\frac{\sum Y}{\sum X}\right|=\left|\frac{-8\,020}{-333}\right|=24.084$$

$$\alpha=87°37'(\boldsymbol{R}'\text{与 }x\text{ 轴所夹锐角})$$

因为 $\sum X$ 和 $\sum Y$ 均为负值,所以 $\boldsymbol{R}'$ 应在第三象限。

根据式(2-3-6)求力系对 O 点的主矩为:

$$\boldsymbol{M}_O=\sum m_O(\boldsymbol{F}_n)=F_1\times0.4-F_2\times0.4+F_H\times21.5+F_W\times10.7=6\,103.5kN\cdot m$$

因 $R'\neq0$,$M_O\neq0$,故此力系简化的最后结果是一个合力 $\boldsymbol{R}$,它的大小和方向与主矢相同,作用线位置可由力的平移定理推出,得:

$$d=\frac{|M_O|}{R'}=0.76m$$

因为主矩为正值(即逆时针转动),故合力 $\boldsymbol{R}$ 在简化中心的左边 O' 点处,如图 2-3-6c)所示。

该合力 $\boldsymbol{R}$ 全部由基础承受,根据此合力可进行基础强度校核,并进一步研究基础的沉降和桥墩的稳定问题。

3. 平面任意力系的平衡条件及其应用

1)平衡条件和平衡方程

如果平面任意力系向任一点简化后的主矢和主矩都等于零,则该力系为平衡力系。反之,要使平面任意力系平衡,主矢和主矩都必须等于零。若主矢和主矩之中即使只有一个不等于零,则力系简化为一个力或一个力偶,而力系不能平衡。由此可知,**平面一般力系平衡的必要和充分条件是:力系的主矢和力系对任一点的主矩都等于零**。即:

$$\boldsymbol{R}' = 0$$

$$\boldsymbol{M}_0 = 0$$

上两式可表示为以下代数方程:

$$\left.\begin{aligned} \sum X &= 0 \\ \sum Y &= 0 \\ \sum m_0(\boldsymbol{F}_n) &= 0 \end{aligned}\right\} \tag{2-3-9}$$

式(2-3-9)称为**平面任意力系的平衡方程**。可见,平面任意力系的平衡条件是:力系中所有各力在两个坐标轴上投影的代数和分别等于零,这些力对力系所在平面内任一点力矩的代数和也等于零。

当$\sum X = 0$且$\sum Y = 0$时,表明物体沿x轴和y轴方向不能移动;当$\sum m_0(\boldsymbol{F}_n) = 0$时,表示物体绕任意点$O$不能转动,这样的物体处于平衡状态。平面任意力系的平衡方程包含三个独立的方程。其中前两个是投影方程,后一个是力矩方程。因此,用平面一般力系的平衡方程可以求解不超过三个未知力的平衡问题。

2)平面任意力系的几个特殊情形

(1)平面汇交力系。平面汇交力系中各力的作用线在同一平面内且交于一点。对于平面汇交力系,式(3-9)中的力矩方程自然满足,因此其平衡方程为:

$$\left.\begin{aligned} \sum X &= 0 \\ \sum Y &= 0 \end{aligned}\right\} \tag{2-3-10}$$

平面汇交力系只有两个独立的平衡方程,只能求解两个未知量。

(2)平面平行力系。平面平行力系中各力的作用线在同一平面内且互相平行。对于平面平行力系,式(2-3-9)中必有一个投影方程自然满足。如图2-3-7所示,设力系中各力作用线垂直于x轴,则$\sum X \equiv 0$,因此其平衡方程为:

$$\left.\begin{aligned} \sum Y &= 0 \\ \sum m_0 &= 0 \end{aligned}\right\} \tag{2-3-11}$$

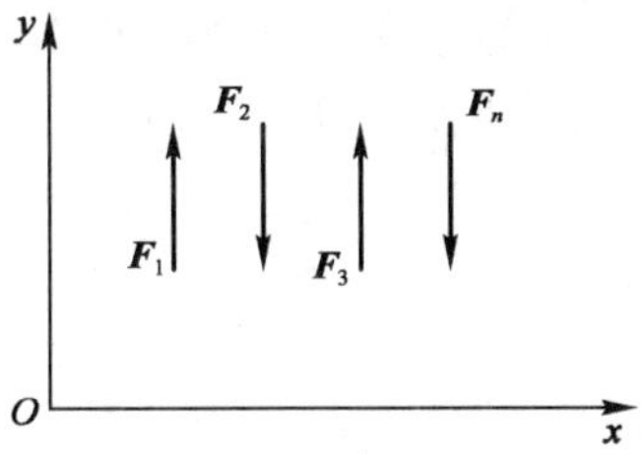

图 2-3-7

或为二力矩式:

$$\left.\begin{aligned} \sum M_A &= 0 \\ \sum M_B &= 0 \end{aligned}\right\} \tag{2-3-12}$$

二、任务实施

(1)外伸梁如图2-3-8a)所示,已知$P = 30\text{kN}$,试求A、B支座的约束反力。

解:以外伸梁为研究对象,画出其受力图,并选取坐标轴,如图2-3-8b)所示。

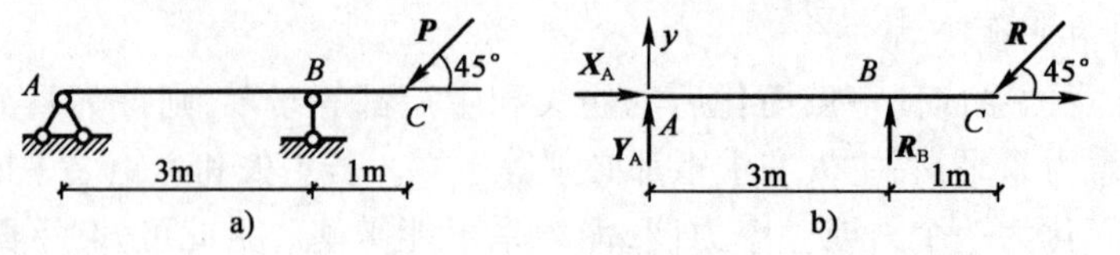

图 2-3-8

作用在外伸梁上的有已知力 $\boldsymbol{P}$,未知力 $\boldsymbol{X}_A$、$\boldsymbol{Y}_A$ 和 $\boldsymbol{R}_B$,支座反力的指向是假定的。以上四力组成平面一般力系,可列出三个独立的平衡方程,来求解三个未知力。

$$\sum m_A = 0, R_B \times 3 - P\sin45° \times 4 = 0$$

$$R_B = \frac{4}{3} \times P\sin45° = \frac{4}{3} \times 30 \times 0.707 = 28.3\text{kN}(\uparrow)$$

$$\sum X = 0, X_A - P\cos45° = 0$$

$$X_A = P\cos45° = 30 \times 0.707 = 21.2\text{kN}(\rightarrow)$$

$$\sum Y = 0, Y_A - P\sin45° + R_B = 0$$

$$Y_A = P\sin45° - R_B = 30 \times 0.707 - 28.3 = -7.1\text{kN}(\downarrow)$$

计算结果为正号,说明支座反力的假设方向与实际指向一致;计算结果为负号,说明支座反力的假设方向与实际指向相反。在答案后面的括号内应标注出支座反力的实际指向。上例中,$\boldsymbol{R}_B$、$\boldsymbol{X}_A$ 的指向与假设方向相同,$\boldsymbol{Y}_A$ 的指向与假设方向相反。

讨论:本题如果写出对 A、B 两点的力矩方程和对 x 轴的投影方程,也同样可以求解。即由:

$$\sum X = 0, X_A - P\cos45° = 0$$

$$\sum m_A = 0, R_B \times 3 - P\sin45° \times 4 = 0$$

$$\sum m_B = 0, -Y_A \times 3 - P\sin45° \times 1 = 0$$

解得

$$X_A = 21.2\text{kN}(\rightarrow), Y_A = -7.1\text{kN}(\downarrow), R_B = 28.3\text{kN}(\uparrow)$$

由以上例题讨论结果可知,平面力系的平衡方程除了式(2-3-9)所示的基本形式外,还有二力矩式,其形式如下

$$\left.\begin{aligned} \sum X &= 0(\text{或}\sum Y = 0) \\ \sum m_A &= 0 \\ \sum m_B &= 0 \end{aligned}\right\} \tag{2-3-13}$$

其中,A、B 两点的连线不能与 x 轴(或 y 轴)垂直。

(2)外伸梁如图2-3-9所示,已知 $q = 5\text{kN/m}$,$m = 20\text{kN}\cdot\text{m}$,$l = 10\text{m}$,$a = 2\text{m}$,求 A、B 两点的支座反力。

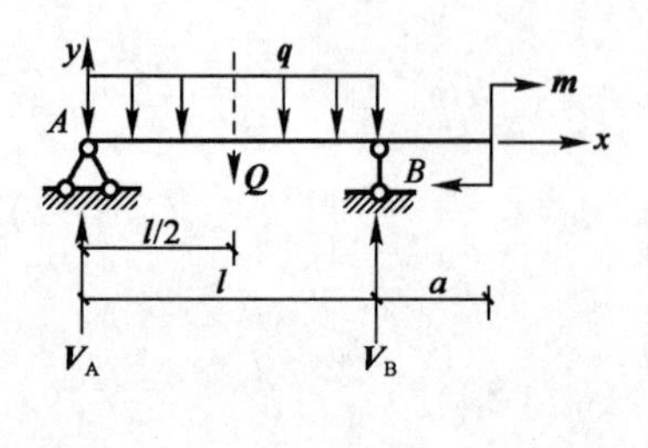

图 2-3-9

解:均布荷载的作用效果用合力 $Q = ql$ 来代替,$\boldsymbol{Q}$ 作用在 $l/2$ 处。因为只有一个受力物体,因此可直接将约束反力标出,而不需单独画出研究对象的受力图。外伸梁受力如图2-3-9所示,坐标系如图所示。已知外力 $\boldsymbol{Q}$、$\boldsymbol{m}$,约束反力 $\boldsymbol{H}_A$、$\boldsymbol{V}_A$、$\boldsymbol{V}_B$ 的指向是假设的。作用在外伸梁上有一个力偶。由于力偶在任一轴上的投影均为零;因此,力偶在

投影方程中不出现。由于力偶对平面内任一点之矩等于力偶矩，而与矩心位置无关，因此，在力矩方程中可以直接将力偶矩列入。

$$\sum m_A = 0, V_B l - Q \times \frac{l}{2} - m = 0$$

$$V_B = \frac{ql^2/2 + m}{l} = \frac{5 \times 10^2/2 + 20}{10} = 27\text{kN}(\uparrow)$$

$$\sum X = 0, H_A = 0$$

$$\sum Y = 0, V_A + V_B - ql = 0$$

$$V_A = ql - V_B = 5 \times 10 - 27 = 23\text{kN}(\uparrow)$$

注意：在工程上通常将水平反力用大写字母 ***H*** 表示，竖向反力则用大写字母 ***V*** 来表示，下标表示力的作用点。

由上例得知梁受到**竖向荷载**作用时，只有竖向反力，水平反力恒等于零。

讨论：力系中各力的作用线在同一平面内且互相平行，是平面平行力系（根据力偶的等效性，力偶 ***m*** 可以在其作用平面内任意移转）。解此题也可用平衡方程的二力矩式：

$$\left.\begin{aligned}\sum m_A = 0\\ \sum m_B = 0\end{aligned}\right\}$$

如果写出对 A、B 两点的力矩方程

$$\sum m_A = 0, V_B l - Q \times \frac{l}{2} - m = 0$$

$$\sum m_B = 0, -V_A l - m + Q \times \frac{l}{2} = 0$$

也能得到

$$V_B = \frac{ql^2/2 + m}{l} = \frac{5 \times 10^2/2 + 20}{10} = 27\text{kN}(\uparrow)$$

$$V_A = \frac{ql^2/2 - m}{l} = \frac{5 \times 10^2/2 + 20}{10} = 23\text{kN}(\uparrow)$$

(3)悬臂梁受力如图 2-3-10 所示，已知 $P = 10\text{kN}, q = 2\text{kN/m}, m = 15\text{kN} \cdot \text{m}, l = 4\text{m}$，试求 A 端的支座反力。

解：因为悬臂梁所受外力都是竖向力，可知 A 端的水平反力恒为零，只需列出两个平衡方程即可求解。

$$\sum m_A = 0, m_A - \frac{ql}{2} \times \frac{l}{4} - P \times \frac{l}{2} + m = 0$$

$$m_A = \frac{ql}{2} \times \frac{l}{4} + P \times \frac{l}{2} - m$$

$$= \frac{2 \times 4}{2} \times \frac{4}{4} + 10 \times \frac{4}{2} - 15$$

$$= 9\text{kN} \cdot \text{m}(\text{逆时针转向})$$

$$\sum Y = 0, V_A - \frac{ql}{2} - P = 0$$

$$V_A = \frac{ql}{2} + P = 2 \times \frac{4}{2} + 10 = 14\text{kN}(\uparrow)$$

(4)悬臂刚架受力如图 2-3-11 所示,已知 $m = 15\text{kN} \cdot \text{m}$,$P = 25\text{kN}$,求 A 端的支座反力。

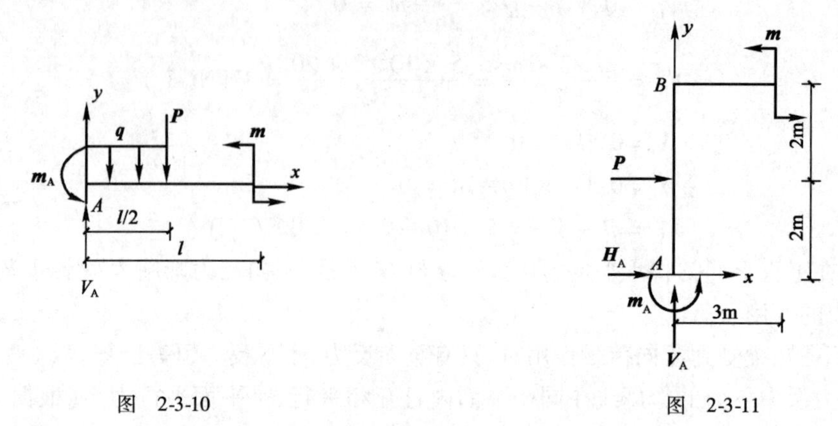

图 2-3-10　　　　图 2-3-11

解:A 端为固定端约束,刚架受力如图 2-3-11 所示,有三个未知的约束反力,列三个平衡方程即可求解。

$$\sum X = 0, H_A + P = 0$$

$$H_A = -P = -25\text{kN}(\leftarrow)$$

$$\sum Y = 0, V_A = 0$$

$$\sum m_A = 0, m_A - P \times 2 + m = 0$$

$$m_A = 2P - m = 25 \times 2 - 15$$

$$= 35\text{kN} \cdot \text{m}(\text{逆时针转向})$$

讨论:本题如果写出对 A、B、C 三点的力矩方程,也同样可以求解。

$$\sum m_A = 0, m_A + m - P \times 2 = 0$$

$$\sum m_B = 0, m_A + m + P \times 2 + H_A \times 4 = 0$$

$$\sum m_C = 0, m_A + m + P \times 2 + H_A \times 4 - V_A \times 3 = 0$$

解得:$m_A = 35\text{kN} \cdot \text{m}$(逆时针转向),$H_A = -25\text{kN}(\leftarrow)$,$V_A = 0$

由此例讨论结果可知,平面力系的平衡方程除了式(2-3-9)所示的基本形式和式(2-3-12)所示的二力矩式外,还有三力矩式,其形式如下:

$$\left.\begin{aligned} \sum m_A = 0 \\ \sum m_B = 0 \\ \sum m_C = 0 \end{aligned}\right\} \qquad (2\text{-}3\text{-}14)$$

其中,A、B、C 三点不能共线。

注意:应用式(2-3-13)和式(2-3-14)时,必须满足其限制条件,否则式(2-3-13)和式

(2-3-14)中的三个平衡方程将都不是独立的。

(5)一钢筋混凝土刚架及支承情况如表2-3-1所示。已知 $P=5\text{kN}$, $m=2\text{kN}\cdot\text{m}$,刚架自重不计,请每人独立完成表2-3-1中的学习任务。

表 2-3-1

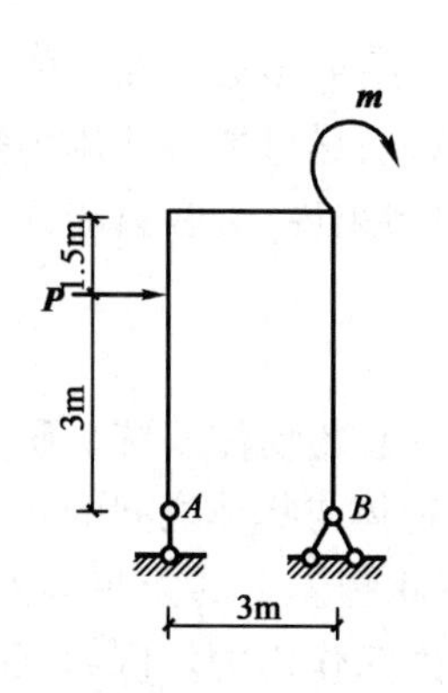 	1. 对刚架进行受力分析,画出刚架的受力图; 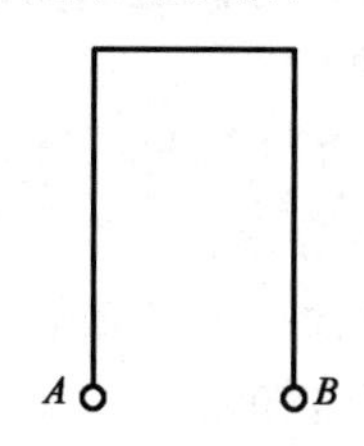 2. 列平衡方程如下: $\sum X=0$, ________ $\sum Y=0$, ________ $\sum M_A=0$, ________ 支座反力的计算结果为: $H_B=P=5\text{kN}(\leftarrow)$ $V_B=5.67\text{kN}(\uparrow)$ $V_A=-V_B=-5.67\text{kN}(\downarrow)$

学习任务四 三铰刚架的支座反力计算

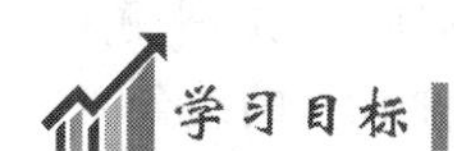

学习目标

1. 会判断平面力系的类型;
2. 能叙述平面力系平衡问题的解题步骤;
3. 能利用平面力系平衡方程解工程结构件的受力问题;
4. 会判断静定与超静定问题。

任务描述

图2-4-1表示三铰刚架由左、右两个折杆组成,作用于结构上的主动力是均布荷载 q。已知 $q=10\text{kN/m}$, $l=12\text{m}$, $h=6\text{m}$,求支座 A、B 的约束反力和铰 C 处的相互作用力。

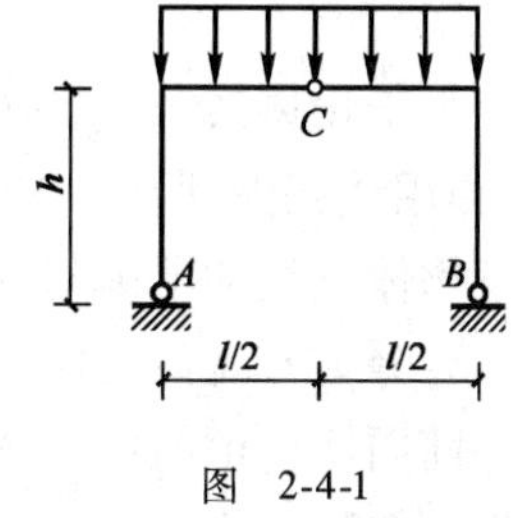

图 2-4-1

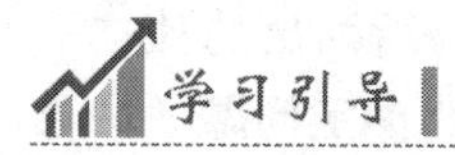

学习引导

本学习任务沿着以下脉络进行:

确定物体系统或单个物体为研究对象 → 画研究对象的受力图 → 选择坐标系和矩心 → 列平衡方程 → 解平衡方程

一、相关知识

1. 平面力系平衡问题的解题步骤

(1)选取研究对象。根据已知量和待求量,选择适当的研究对象。

(2)画研究对象的受力图。将作用于研究对象上的所有的力画出来。

(3)列平衡方程。注意选择适当的投影轴和矩心列平衡方程。

(4)解方程,求解未知力。

在列平衡方程时,为使计算简单,选取坐标系时,应尽可能使力系中多数未知力的作用线平行或垂直投影轴,矩心选在两个(或两个以上)未知力的交点上;尽可能多地用力矩方程,并使一个方程中只包含一个未知数。注意,对于同一个平面力系来说,最多只能列出三个平衡方程,只能解三个未知量。

2. 物体系统的平衡

在实际工程中,经常遇到由几个物体通过一定的约束联系在一起的物体系统。研究物体系统的平衡问题,不仅需要求解支座反力,而且还要求出系统内物体与物体之间的相互作用力。物体系统以外的物体作用在此物体上的力叫作**外力**,物体系统内各物体之间的相互作用力叫作**内力**。例如,建筑、路桥工程中常用的三铰拱(图 2-4-2),由左、右两半拱通过铰 C 连接,并支承在 A、B 两固定铰支座上,三铰拱所受的荷载与支座 A、B 的反力就是外力,而铰 C 处左、右两半拱相互作用的力就是三铰拱的内力。要求解内力就必须将物体系统拆开,分别画出各个物体的受力图。如果所讨论的物体系统是平衡的,则组成此系统的每一部分以至每一个物体也是平衡的。因此,计算物体系统的平衡问题,除了考虑整个系统的平衡外,还要考虑系统内某一部分(一个物体或几个物体的组合)的平衡。只要适当地考虑整体平衡和局部平衡,就可以解出全部未知力。这就是解决物体系统平衡问题的途径。

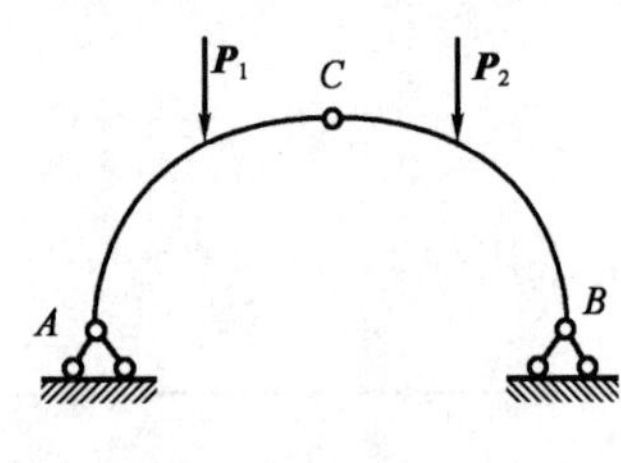

图 2-4-2

应当注意:外力和内力的概念是相对的,是对一定的研究对象而言的。如果不是取整个三铰拱而是分别取左半拱或右半拱为研究对象,则铰 C 对左半拱或右半拱作用的力就成为外力了。

由于物体系统内各物体之间相互作用的内力总是成对出现的,它们大小相等、方向相反、作用线相同,所以,在研究该物体系统的整体平衡时,不必考虑内力。下面举例说明怎样求解物体系统的平衡问题。

3. 静定与超静定问题的概念

前面所讨论的单个物体或物体系统的平衡问题,由于未知力的数目与所列出的独立平衡方程的数目相等,因而应用平衡方程就能求出全部未知力,这类问题称为**静定问题**。如果未知力的数目多于所建立的独立平衡方程的数目,则应用平衡方程不能求出全部未知力,这类问题称为**超静定问题**。

在平衡的刚体系统中,如果只考虑整个系统的平衡,其未知约束力的个数多于 3 个(平面一般力系只能提供 3 个独立的平衡方程)。但是,若将系统“拆开”后,依次考虑各个刚体的平衡,则未知约束力数目与平衡方程数目相等,这种刚体系统便是**静定**的。当然,还有一些刚体系统,在系统"拆开"之后,未知约束力个数仍然多于平衡方程的个数,因而无法求解全部未知力,这种刚体系统便是**超静定**的。

求解刚体系统的平衡问题之前,应先判断刚体系统的静定与超静定的性质。只有是静定的,才能用静力平衡方程求解。

需要指出的是,刚体系统是不是超静定的。一般情况取决于未知约束力的个数与独立平衡方程数目,而与研究对象被使用的次数无关。初学者常常会出现这样的错觉,以为在考虑每个刚体的平衡之后,再考虑一次整体平衡,就可以多出几个平衡方程。实际上,如果刚体系统中的每个刚体都是平衡的,则刚体系统必然是平衡的。因此,整体平衡方程已经包含于各个刚体平衡方程之中,即整体平衡方程与各个刚体的平衡方程是互相联系的,而不是独立的。

必须指出,超静定问题并不是不能解决的问题,而只是仅用平衡方程是不能解决的问题。事实上,任何物体受力后都要发生变形,如果考虑物体受力后的变形,再列出某些补充方程,则超静定问题可以得到解决。

二、任务实施

(1)图 2-4-3a)所示力三铰刚架的受力情况。已知 $q=10\mathrm{kN/m}$,$l=12\mathrm{m}$,$h=6\mathrm{m}$,试求支座 A、B 的约束反力和铰 C 处的相互作用力。

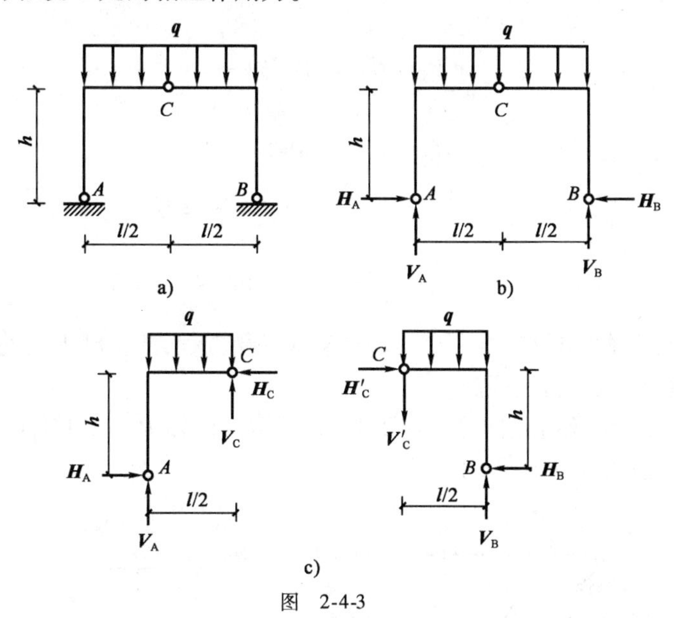

图 2-4-3

解:三铰刚架由左、右两个折杆组成,作用于结构上的主动力是均布荷载 $\boldsymbol{q}$,约束反力是 $\boldsymbol{H}_A$、$\boldsymbol{H}_B$、$\boldsymbol{V}_A$、$\boldsymbol{V}_B$。画出整体受力图[图 2-4-3b)]。将铰 C 拆开分别画出左、右两半刚架的受力图[图 2-4-3c)],假设铰 C 对左半部的作用力是 $\boldsymbol{H}_C$、$\boldsymbol{V}_C$,作用于右半部的力是 $\boldsymbol{H}_C'$、$\boldsymbol{V}_C'$,两者是作用力与反作用力的关系。要求的未知量共有 6 个。作用在整体或每个折杆上的未知力个数都是 4 个。可以分别取整体和一个折杆为研究对象,或取左、右两个折杆为研究对象,列出 6 个平衡方程,求解 6 个未知量。

①取整体为研究对象。

$$\sum m_A = 0, V_B l - ql \times \frac{l}{2} = 0$$

$$V_B = \frac{ql}{2} = \frac{10 \times 12}{2} = 60\text{kN}(\uparrow)$$

$$\sum m_B = 0, -V_A l + ql \times \frac{l}{2} = 0$$

$$V_A = \frac{ql}{2} = 60\text{kN}(\uparrow)$$

$$\sum X = 0, H_A - H_B = 0$$

$$H_A = H_B$$

②取左半折杆为研究对象。

$$\sum m_C = 0, q \times \frac{l}{2} \times \frac{l}{4} + H_A h - V_A \times \frac{l}{2} = 0$$

$$H_A = \frac{V_A \times 6 - q \times 6 \times 3}{h} = \frac{60 \times 6 - 10 \times 6 \times 3}{6} = 30\text{kN}(\rightarrow)$$

因

$$H_B = H_A$$

故

$$H_B = H_A = 30\text{kN}(\leftarrow)$$

$$\sum X = 0, H_A - H_C = 0$$

$$H_C = H_A = 30\text{kN}(\leftarrow)$$

$$\sum Y = 0, V_A + V_C - \frac{ql}{2} = 0$$

$$V_C = \frac{ql}{2} - V_A = 60 - 60 = 0$$

校核:可以再取右半折杆为研究对象,列它的平衡方程,并将已求出的数值代入,验算是否满足平衡条件(请读者自己完成)。

(2)两跨梁的支承及荷载情况如图2-4-4a)所示。已知 $P_1 = 10\text{kN}$,$P_2 = 20\text{kN}$,试求支座 A、B、D 及铰 C 处的约束反力。

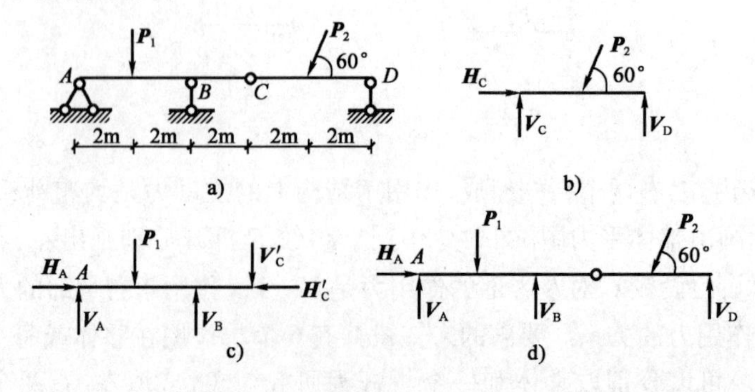

图 2-4-4

解:两跨梁是由梁 AC 和 CD 组成,作用在每段梁上的力系都是平面一般力系,因此可列出6个独立的平衡方程。未知量也有6个:A、C 处各2个,B、D 处各1个。6个独立的平衡方程能解6个未知量。梁 CD、梁 AC 及整体梁的受力图如图2-4-4b)、c)、d)所示。各约束反力的指向都是假定的。注意:约束反力 $\boldsymbol{H}_C'$、$\boldsymbol{V}_C'$ 与 $\boldsymbol{H}_C$、$\boldsymbol{V}_C$ 大小相等,方向相反,作用在一条直线上。

由3个受力图可以看出,在梁 CD 上只有3个未知力,而在梁 AC 及整体上都各有4个未知力。因此,应先取梁 CD 为研究对象,求出 $\boldsymbol{H}_C$、$\boldsymbol{V}_C$、$\boldsymbol{V}_D$,然后再考虑梁 AC 或整体梁平衡,就能解出其余未知力。

①取 CD 梁为研究对象。

$$\sum m_C = 0, \ -P_2\sin60° \times 2 + V_D \times 4 = 0$$

$$V_D = \frac{1}{8}P_2\sin60° \times 2 = \frac{1}{8} \times 20 \times 0.866 \times 2 = 8.66\text{kN}(\uparrow)$$

$$\sum X = 0, H_C - P_2\cos60° = 0$$

$$H_C = P_2\cos60° = 20 \times 0.5 = 10\text{kN}(\rightarrow)$$

$$\sum Y = 0, V_C + V_D - P_2\sin60° = 0$$

$$V_C = P_2\sin60° - V_D = 8.66\text{kN}(\uparrow)$$

②取 AC 梁为研究对象。

$$\sum m_A = 0, \ -P_1 \times 2 - V_C' \times 6 + V_B \times 4 = 0$$

$$V_B = \frac{1}{4}(2P_1 + 6V_C') = \frac{1}{4}(2 \times 10 + 6 \times 8.66) = 17.99\text{kN}(\uparrow)$$

$$\sum X = 0, H_A - H_C' = 0$$

$$H_A = H_C' = 10\text{kN}(\rightarrow)$$

$$\sum Y = 0, V_A - P_1 + V_B - V_C' = 0$$

$$V_A = P_1 - V_B + V_C' = 10 - 17.99 + 8.66 = 0.67\text{kN}(\uparrow)$$

校核:取整体梁为研究对象,列平衡方程。

$$\sum X = H_A - P_2\cos60° = 10 - 20 \times 0.5 = 0$$

$$\sum Y = V_A + V_B + V_D - P_1 - P_2\sin60° = 0.67 + 17.99 + 8.66 - 20 \times 0.866 = 0$$

校核结果说明计算正确。

(3)试求图2-4-5所示桁架中杆 a、杆 b 和杆 c 的力。

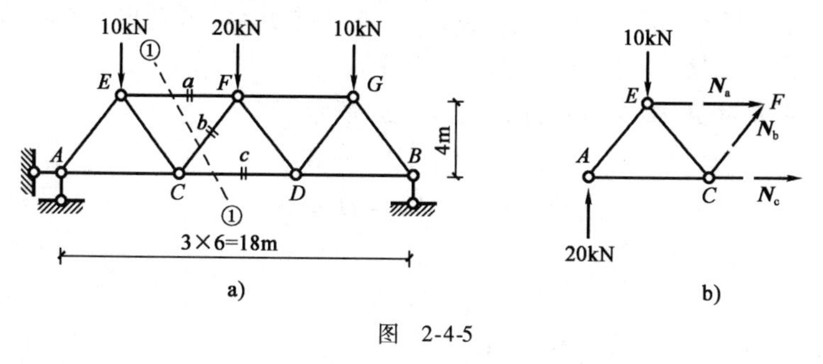

图 2-4-5

解:①求支座反力。

因为结构及荷载对称,故:

$$V_A = V_B = 20\text{kN}(\uparrow)$$

$$H_A = 0$$

②假想用截面①-①将 a、b、c 三杆截断,取截面①-①以左部分为分离体,其受力图如图2-4-5b)所示。

$$\sum m_C = 0, N_a \times 4 + 20 \times 6 - 10 \times 3 = 0$$

$$N_a = -22.5\text{kN}(压力)$$

$$\sum m_F = 0, N_c \times 4 + 10 \times 6 - 20 \times 9 = 0$$

$$N_c = 30\text{kN}(拉力)$$

$$\sum X = 0, N_b \times 3/5 + 30 - 22.5 = 0$$

$$N_b = -12.5\text{kN}(压力)$$

通过上例的计算结果不难看出,梁式桁架在垂直向下的竖向荷载作用下,上弦杆均受压力,下弦杆均受拉力。掌握桁架的受力特点对实际工作是有益处的。

(4)构架如图2-4-6a)所示,B、D、E 处均为铰链连接,A 处为固定端支座,已知荷载 Q = 4kN,各杆自重不计,试求支座 A 及铰链 B、D、E 处的约束反力。

解:构架由 AB、BC、DE 三根杆组成,各杆都受到一个平面一般力系的作用,可以列出9个独立的平衡方程。未知力也有9个,即固定端 A 处的三个约束反力和铰 B、D、E 处各有两个约束反力。9个独立的平衡方程可以解出9个未知量。

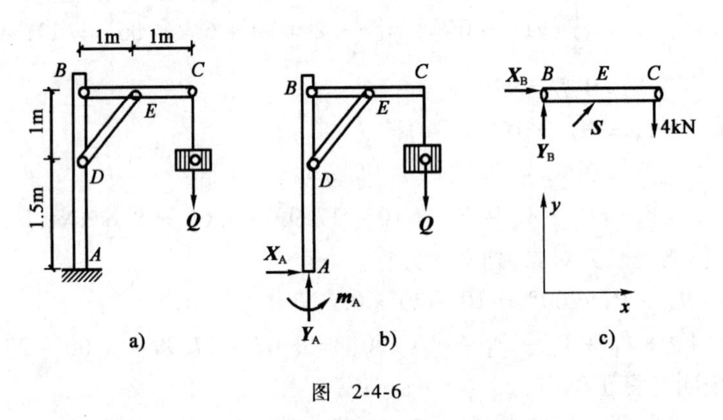

图 2-4-6

此题也可以这样分析:由于 D、E 处为铰链,杆的自重不计,故 DE 杆为二力杆件。可以取三杆组成的构架系统和 BC 杆为研究对象,共有6个未知量,可列出6个独立的平衡方程求解。由此可以看出,用后一种方法计算比较简单。

①取整体为研究对象,画受力图,如图2-4-6b)所示。

$$\sum X = 0, \quad X_A = 0$$

$$\sum Y = 0, \quad Y_A - Q = 0$$

得

$$Q = Y_A = 4\text{kN}(\uparrow)$$

$$\sum M_A = 0, m_A - Q \times 2 = 0$$

得

$$m_A = 2Q = 2 \times 4 = 8\text{kN} \cdot \text{m}(逆时针转向)$$

②取 BC 杆为研究对象，画受力图，如图 2-4-6c）所示。

$$\sum M_B = 0,\ -4 \times 2 + S \times 1 \times \sin 45° = 0$$

得

$$S = \frac{8}{\sin 45°} = \frac{8}{0.707} = 11.32\text{kN}(\text{压力})$$

$$\sum X = 0,\quad X_B + S \times \cos 45° = 0$$

$$X_B = -S \times \cos 45° = -11.32 \times 0.707 = -8\text{kN}(\leftarrow)$$

$$\sum Y = 0,\quad Y_B + S \times \sin 45° - 4 = 0$$

$$Y_B = -S \times \sin 45° + 4 = 4 - 11.32 \times 0.707 = -4\text{kN}(\downarrow)$$

X_B、Y_B 为负号，表示它们的实际指向与受力图中假定的指向相反。

学习任务五　静定单跨梁的反力计算

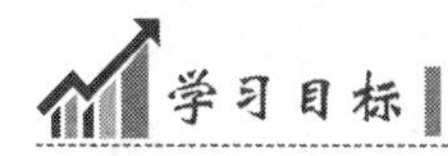

学习目标

1. 能叙述工程中静定单跨梁的三种类型；
2. 能确定单跨梁在简单荷载作用下的支座反力；
3. 能用叠加的方法计算静定单跨梁的支座反力。

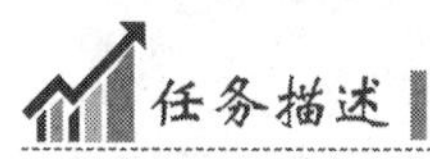

任务描述

简支梁如图 2-5-1 所示，已知 $m = 36\text{kN} \cdot \text{m}$，$P = 90\text{kN}$，$q = 10\text{kN/m}$，试求 A、B 两支座反力。

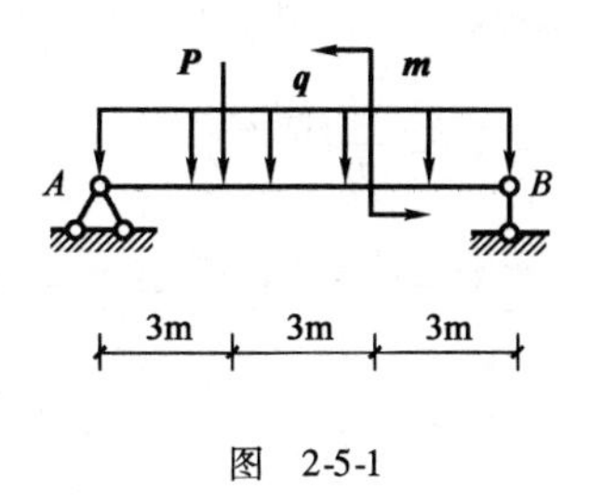

图 2-5-1

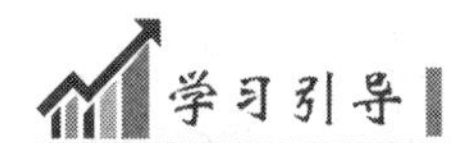

学习引导

本学习任务沿着以下脉络进行：

将梁所受的平面任意力系进行分析→分解成若干在简单荷载作用下的单跨梁→分别确定简单荷载作用下梁的支座反力→计算作用在同一支座上反力的代数和

一、相关知识

在工程实际中，将会遇到大量梁的受力问题。例如，房屋建筑中的楼面梁、阳台的挑梁、梁式桥的主梁受到荷载和梁自重的作用，都将产生弯曲变形，这时要求能迅速求出梁的**支座**

反力。下面就介绍求解梁的支座反力的方法。

工程中按支座情况把**单跨梁**分为三种形式。

(1)**悬臂梁**:梁的一端固定,另一端自由[图2-5-2a)];

(2)**简支梁**:梁的一端为固定铰支座,另一端为可动铰支座[图2-5-41b)];

(3)**外伸梁**:梁的一端或两端伸出铰支座以外[图2-5-2c)]。

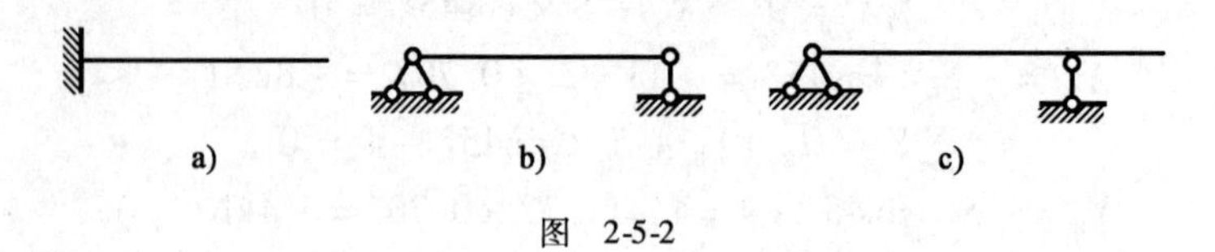

图 2-5-2

1.简支梁的支座反力

(1)简支梁受力 $\boldsymbol{P}$ 作用,如图2-5-3a)所示,试求 A、B 两点的支座反力。

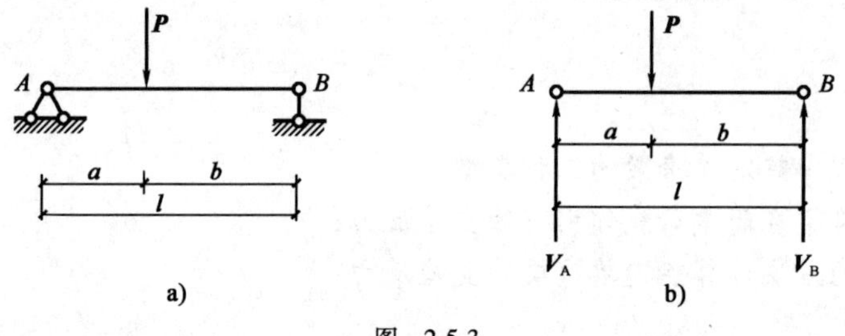

图 2-5-3

因为简支梁在竖向力 $\boldsymbol{P}$ 的作用下,A 点的水平反力 $\boldsymbol{H}_A$ 恒等于零。所以,AB 梁受 $\boldsymbol{P}$、$\boldsymbol{V}_A$ 和 $\boldsymbol{V}_B$ 三个力作用处于平衡,对于两个未知力,只需列出两个平衡方程就可以求解。

$$\sum m_A = 0, V_B l - Pa = 0$$

$$V_B = \frac{a}{l}P(\uparrow)$$

$$\sum Y = 0, V_A + V_B - P = 0$$

$$V_A = P - V_B = \frac{b}{l}P(\uparrow)$$

结论:简支梁在一个竖向力 $\boldsymbol{P}$ 的作用下,其支座反力的公式为:

$$V_A = \frac{b}{l}P(\uparrow), V_B = \frac{a}{l}P(\uparrow) \tag{2-5-1}$$

(2)简支梁受外力偶 $\boldsymbol{m}$ 作用,如图2-5-4a)所示,试求 A、B 的支座反力。

根据力偶只能用力偶平衡的特性可知,反力 $\boldsymbol{V}_A$、$\boldsymbol{V}_B$ 必组成一个力偶,假设的指向如图2-5-4所示。

由平面力偶系的平衡条件得:

$$\sum m = 0, m - V_A l = 0$$

$$V_A = \frac{m}{l}(\uparrow), V_B = \frac{m}{l}(\downarrow)$$

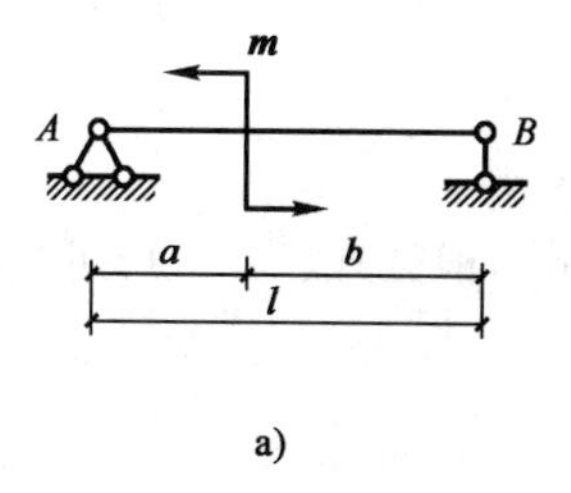

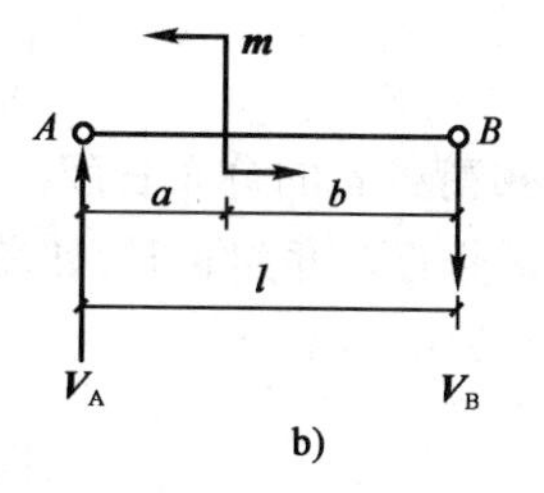

图 2-5-4

结论:简支梁在一个外力偶 $\boldsymbol{m}$ 的作用下,两支座反力大小相等,方向相反,组成一个反力偶,其转向与 $\boldsymbol{m}$ 相反。其支座反力的公式为:

$$V_A = -V_B = \frac{m}{l} \tag{2-5-2}$$

(3)简支梁受均布荷载 $\boldsymbol{q}$ 作用,试求 A、B 两点的支座反力。

①均布荷载 $\boldsymbol{q}$ 分布长度为梁的全长 l 时,如图 2-5-5 所示。

$$\sum m_A = 0, V_B l - ql \times \frac{l}{2} = 0$$

$$\sum Y = 0, V_A + V_B - ql = 0$$

$$V_B = \frac{ql}{2}(\uparrow), V_A = \frac{ql}{2}(\uparrow)$$

注意:均布荷载 $\boldsymbol{q}$ 对梁的作用可以用其合力来代替,合力的大小为 ql,作用在分布长度的中点,即 $l/2$ 处。

②均布荷载 $\boldsymbol{q}$ 分布长度为 b 时,如图 2-5-6a)所示。

AB 梁受 $\boldsymbol{q}$、$\boldsymbol{V}_A$ 和 $\boldsymbol{V}_B$ 三个力作用处于平衡,因为 $\boldsymbol{H}_A$ 恒等于零,所以对于两个未知力,只需列出两个平衡方程就可以求解。

$$\sum m_B = 0, V_A l - qb \times \frac{b}{2} = 0$$

$$V_A = \frac{qb^2}{2l}(\uparrow)$$

$$\sum Y = 0, V_A + V_B - qb = 0$$

$$V_B = qb - V_A(\uparrow)$$

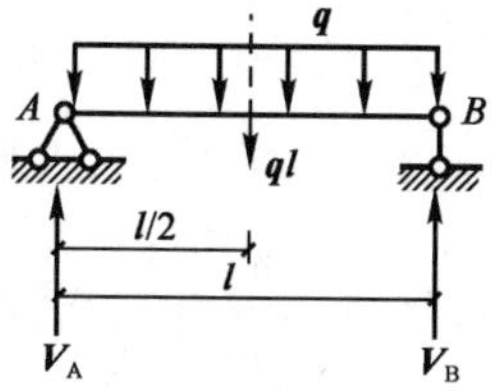

图 2-5-5

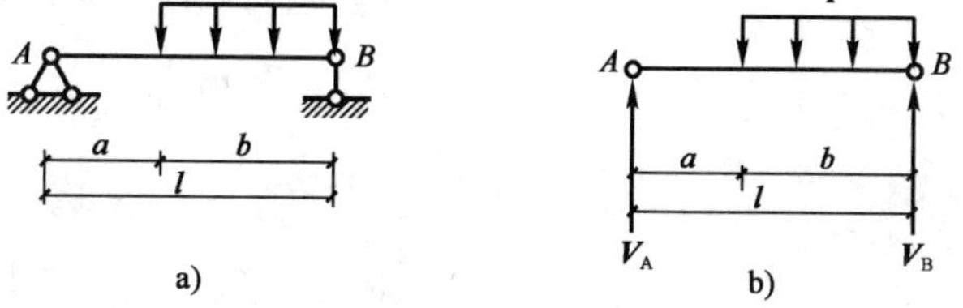

图 2-5-6

我们将没有荷载的梁段叫作**无荷载梁段**,也叫**空载段**;将有荷载作用的梁段叫作**有荷载梁段**。空载段一边的梁端支座反力公式为:

$$V_A = \frac{qb^2}{2l}(\uparrow) \tag{2-5-3}$$

式中,b 为均布荷载 $\boldsymbol{q}$ 的分布长度;l 为梁的跨度。

③均布荷载 $\boldsymbol{q}$ 分布长度为 a 时,如图 2-5-7 所示。根据式(2-5-3),可直接得出空载段一边的梁端支座反力为:

$$V_B = \frac{qa^2}{2l}(\uparrow)$$

④均布荷载 $\boldsymbol{q}$ 的分布长度为 $\frac{l}{2}$ 时,如图 2-5-8 所示。直接得出空载段一边的梁端支座反力为:

$$V_B = \frac{q(\frac{l}{2})^2}{2l} = \frac{ql}{8}(\uparrow) \tag{2-5-4}$$

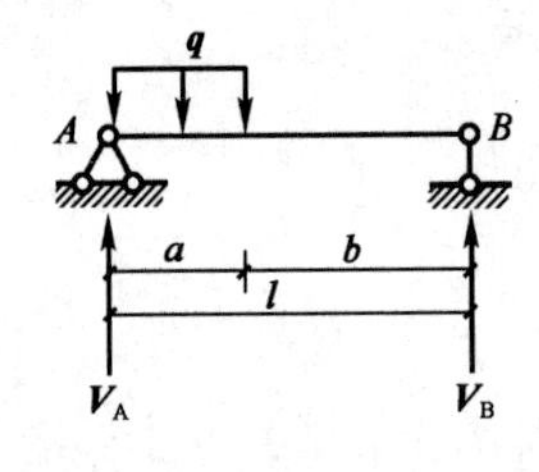

图 2-5-7

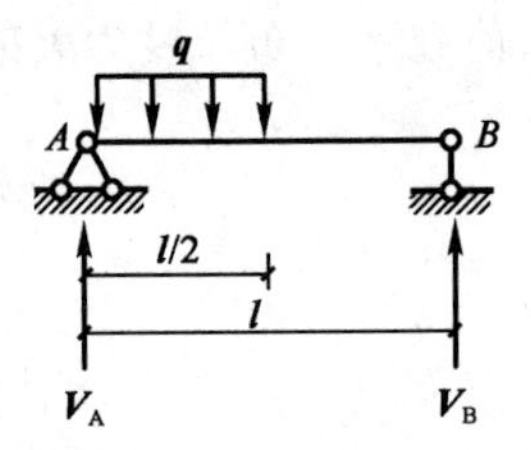

图 2-5-8

2. 外伸梁的支座反力

(1)外伸梁在悬臂端受集中力 $\boldsymbol{P}$ 的作用,如图 2-5-9a)所示,试求 A、B 两点的支座反力。

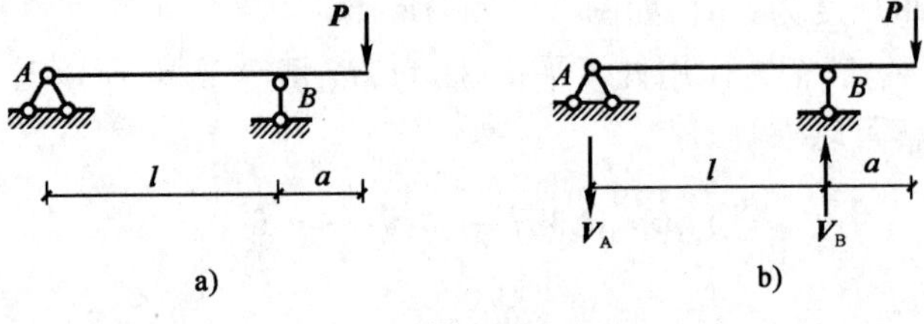

图 2-5-9

如图 2-5-9b)所示,AB 梁在平面平行力系 $\boldsymbol{P}$、$\boldsymbol{V}_A$ 和 $\boldsymbol{V}_B$ 的作用下处于平衡,只需列出两个平衡方程就可以求解。

$$\sum m_B = 0, V_A l - Pa = 0$$

$$V_A = \frac{a}{l}P(\downarrow)$$

$$\sum Y = 0, -V_A + V_B - P = 0$$

$$V_B = V_A + P = \frac{l+a}{l}P(\uparrow)$$

空载段一边的梁端支座反力公式为:

$$V_A = \frac{a}{l}P(\downarrow) \tag{2-5-5}$$

(2)外伸梁在悬臂段受均布荷载的作用,如图2-5-10a)所示,试求A、B两点的支座反力。

空载段一边的梁端支座反力可以根据公式(2-5-5)得:

$$V_A = \frac{qa^2}{2l}(\downarrow) \tag{2-5-6}$$

(3)外伸梁在悬臂段受集中力偶$\boldsymbol{m}$的作用,如图2-5-11所示,试求A、B两点的支座反力。

根据力偶只能用力偶平衡的特性,可知反力$\boldsymbol{V}_A$、$\boldsymbol{V}_B$必组成一个力偶,假设的指向如图2-5-11所示。

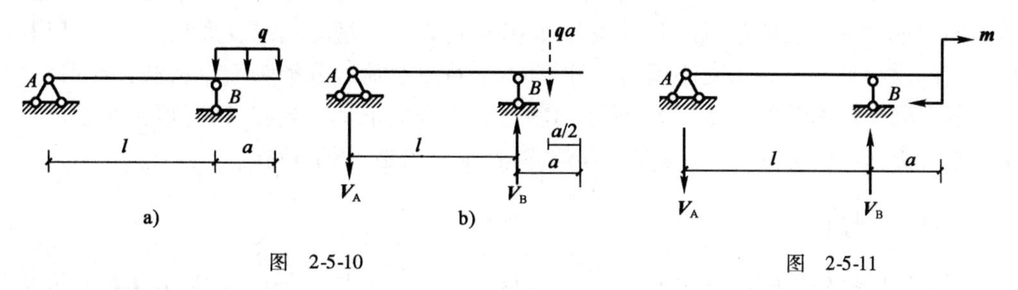

图 2-5-10　　　　图 2-5-11

由平面力偶系的平衡条件得:

$$\sum m = 0, m - V_A l = 0$$

$$V_A = \frac{m}{l}(\downarrow), V_B = \frac{m}{l}(\uparrow)$$

3.悬臂梁的支座反力

(1)悬臂梁受竖向集中力$\boldsymbol{P}$的作用,如图2-5-12所示,试求A点的支座反力。

$$\sum m_A = 0, m_A - Pl = 0$$

$$m_A = Pl(\text{逆时针转向})$$

$$\sum Y = 0, V_A - P = 0$$

$$V_A = P(\uparrow)$$

(2)悬臂梁受集中力偶$\boldsymbol{m}$的作用,如图2-5-13所示,试求A点的支座反力。

$$\sum m_A = 0, m_A + m = 0$$

$$m_A = -m(\text{顺时针转向})$$

$$\sum Y = 0$$

$$V_A = 0$$

(3)悬臂梁受均布荷载的作用,如图2-5-14所示,试求A点的支座反力。

$$\sum m_A = 0, m_A - ql \times \frac{l}{2} = 0$$

$$m_A = \frac{ql^2}{2}(\text{逆时针转向})$$

$$\sum Y = 0, V_A - ql = 0$$

$$V_A = ql(\uparrow)$$

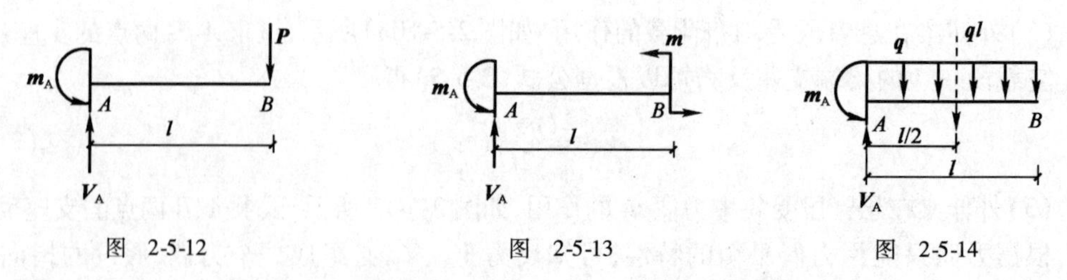

图 2-5-12　　　图 2-5-13　　　图 2-5-14

以上利用平面力系的平衡方程分别求出了单跨梁在简单荷载单独作用下的支座反力。若有两种或两种以上的荷载同时作用在梁上时,可以用平衡方程求支座反力,也可以利用上面给出的反力计算公式求支座反力。计算时,先将复杂荷载分解为简单荷载,分别计算各简单荷载单独作用引起的支座反力;然后再将各反力合成求其代数和,即可得到所求反力的结果。这种方法称为叠加法,可提高计算效率,且不易出错,便于检验。

二、任务实施

(1)外伸梁受力如图 2-5-15 所示,已知 $m=30\text{kN}\cdot\text{m}$,$P=30\text{kN}$,试求 A、B 两支座反力。

力偶 $\boldsymbol{m}$　　　$\downarrow \dfrac{m}{l}=5\text{kN}$　　　$\uparrow \dfrac{m}{l}=5\text{kN}$

力 $\boldsymbol{P}$　　+)　$\downarrow \dfrac{Pa}{l}=10\text{kN}$　　　$\uparrow \dfrac{P(l+a)}{l}=40\text{kN}$

$\downarrow V_A=15\text{kN}$　　　$\uparrow V_B=45\text{kN}$

(2)简支梁受力如图 2-5-16 所示,已知 $m=36\text{kN}\cdot\text{m}$,$P=90\text{kN}$,$q=10\text{kN/m}$,试求 A、B 两支座反力。

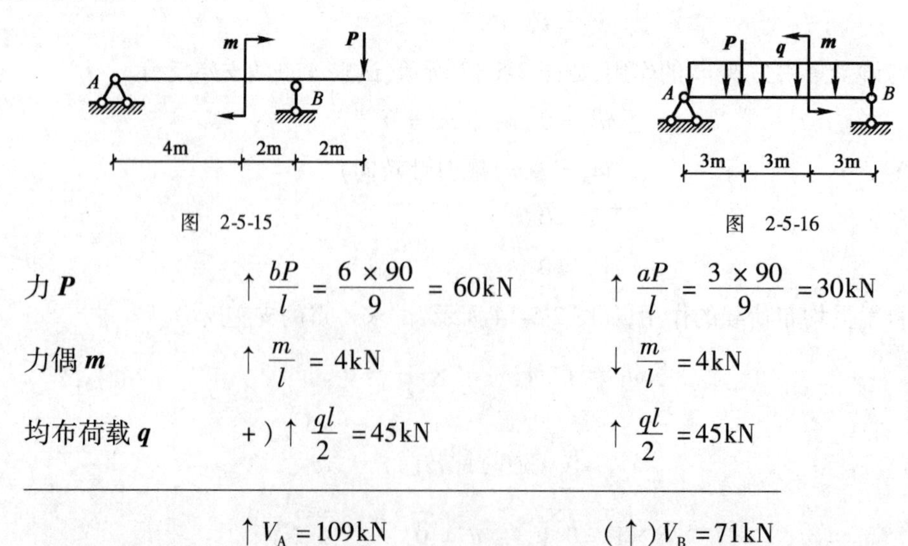

图 2-5-15　　　图 2-5-16

力 $\boldsymbol{P}$　　　$\uparrow \dfrac{bP}{l}=\dfrac{6\times 90}{9}=60\text{kN}$　　　$\uparrow \dfrac{aP}{l}=\dfrac{3\times 90}{9}=30\text{kN}$

力偶 $\boldsymbol{m}$　　　$\uparrow \dfrac{m}{l}=4\text{kN}$　　　$\downarrow \dfrac{m}{l}=4\text{kN}$

均布荷载 $\boldsymbol{q}$　　+)　$\uparrow \dfrac{ql}{2}=45\text{kN}$　　　$\uparrow \dfrac{ql}{2}=45\text{kN}$

$\uparrow V_A=109\text{kN}$　　　$(\uparrow)\ V_B=71\text{kN}$

(3)外伸梁受力如图 2-5-17 所示,已知 $m=60\text{kN}\cdot\text{m}$,$P=40\text{kN}$,$q=10\text{kN/m}$,试求 A、B 两支座反力。

力 $\boldsymbol{P}$ $\quad \uparrow \dfrac{bP}{l} = \dfrac{3 \times 40}{10} = 12\text{kN} \qquad \uparrow \dfrac{aP}{l} = \dfrac{7 \times 40}{10} = 28\text{kN}$

力偶 $\boldsymbol{m}$ $\quad \downarrow \dfrac{m}{l} = 6\text{kN} \qquad \uparrow \dfrac{m}{l} = 6\text{kN}$

均布荷载 $\boldsymbol{q}$ $\quad +)\uparrow qa - \dfrac{qa^2}{2l} = 30 - 4.5 = 25.5\text{kN} \qquad \uparrow \dfrac{qa^2}{2l} = \dfrac{10 \times 3^2}{2 \times 10} = 4.5\text{kN}$

$\uparrow V_A = 31.5\text{kN} \qquad \uparrow V_B = 38.5\text{kN}$

(4)简支梁受力如图 2-5-18 所示,已知 $\boldsymbol{q}$、a、b、c、l,试求支座反力。

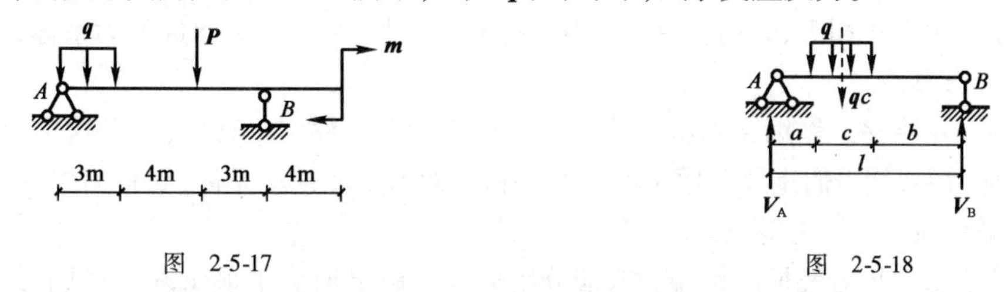

图 2-5-17 图 2-5-18

解:因为均布荷载分布在梁的任意长度 c,可以用合力 qc 来进行计算,qc 作用在 $c/2$ 处,然后利用集中力作用在简支梁时的反力公式求得。

$$V_A = \frac{bP}{l} = \frac{\left(b + \frac{c}{2}\right)qc}{l} (\uparrow)$$

$$V_B = \frac{aP}{l} = \frac{\left(a + \frac{c}{2}\right)qc}{l} (\uparrow)$$

三、学习效果评价反馈

学生自评	1. 度量力使物体绕某一点产生转动的物理量称为(　　　　)。□ 2. 力的作用线通过(　　　　)时,力对点的矩为零。□ 3. 力偶对一点的矩与矩心(　　　　)。□ 4. 在同一平面内,力偶的作用效果以(　　　　)、(　　　　)和力偶的转向来确定。□ 5. 力的作用线垂直于投影轴时,该力在轴上的投影值为(　　　　)。□ 6. 平面汇交力系平衡的几何条件为:力系中各力组成的力多边形(　　　　　　)。□ 7. 合力投影定理是指(　　　　　　　　　　　　　　　　　　)。□ 8. 利用平面汇交力系的平衡条件,最多能求解(　　　　)未知量。□ 9. 能熟练绘制物体系统的受力图。□ 10. 能迅速准确地列出平衡方程。□ 11. 能熟记单跨梁在简单荷载作用下的支座反力计算公式。□ 12. 能运用叠加的方法求单跨梁在多个荷载作用下的支座反力。□ (根据本人实际情况选择:A. 能够完成;B. 基本能完成;C. 不能完成)
学习小组评价	团队合作□ 工作效率□ 沟通能力□ 获取信息能力□ 表达能力□ (根据完成任务情况填写:A. 优秀;B. 良好;C. 合格;D. 有待改进)
教师评价	

小　　结

本单元讨论力矩与力偶的概念,力在坐标轴上的投影,合力投影定理,合力矩定理,平面汇交力系的合成与平衡,平面力偶系的合成与平衡,平面力系的合成与平衡,单跨梁反力求法及桁架的基本计算方法。

(1)**力矩**。力对点之矩是度量力使物体绕该点转动效应的物理量。它的数学表达式为:

$$m_O(\boldsymbol{F}) = \pm Fd$$

其中,O 为矩心;d 为力臂,是矩心到力作用线的垂直距离。

(2)**力偶**。由大小相等、方向相反、作用线平行但不重合的两个力组成的力系称为力偶。力偶是一种特殊力系。

(3)**力向一点平移**。作用在刚体上的力可以向任意点平移。平移后,除了这个力之外,还产生一附加力偶,其力偶矩等于原来的力对平移点的力矩。也就是说,平移后的一个力和一个力偶与平移前的一个力等效。

(4)**力的投影**。自力矢量的始端和末端分别向某一确定轴上作垂线,得到两个交点(垂足)。两垂足之间的距离称为力在该轴上的投影。力的投影是代数量。

(5)**合力投影定理**。平面力系中各力在某一坐标轴上投影的代数和,等于力系的合力在该坐标轴上的投影。

(6)**合力矩定理**。合力之矩等于各分力对同一点之矩的代数和。

(7)**平面力偶系的简化**。应用力偶的性质,可对平面力偶系进行简化(合成)。简化结果得到一合力偶,其力偶矩等于力偶系中所有力偶之力偶矩的代数和:

$$M = \sum m$$

或等于力偶系中各力对平面内任一点 A 之矩的代数和:

$$\boldsymbol{M} = \sum m_A(\boldsymbol{F})$$

(8)**平面力偶系的平衡条件**。平面力偶系平衡的必要与充分条件是力偶系中所有力偶之力偶矩的代数和等于零:

$$\sum m = 0$$

或力偶系中各力对平面内任一点 A 之矩的代数和等于零:

$$\sum m_A(\boldsymbol{F}) = 0$$

(9)**平面任意力系向平面内任一点简化**。平面任意力系的简化结果为一主矢与主矩。此主矢的大小和方向可由合力投影定理计算,主矩可由合力矩定理计算,即由下列三个方程确定:

$$R_x = \sum X$$

$$R_y = \sum Y$$

$$M_O = \sum m_A(\boldsymbol{F}_n)$$

(10)**平面任意力系的平衡条件**。平面任意力系平衡的必要和充分条件是:力系的主矢和主矩都为零,其平衡方程有三种形式。

①基本形式：

$$\left.\begin{aligned}\sum X &= 0\\ \sum Y &= 0\\ \sum m_A &= 0\end{aligned}\right\}$$

②二矩式：

$$\left.\begin{aligned}\sum Y &= 0\\ \sum m_A &= 0\\ \sum m_B &= 0\end{aligned}\right\}$$

其中，y 轴不能垂直于 A、B 两点的连线。

③三矩式：

$$\left.\begin{aligned}\sum m_A &= 0\\ \sum m_B &= 0\\ \sum m_C &= 0\end{aligned}\right\}$$

其中，A、B、C 三点不在同一条直线上。

(11) **平面平行力系的平衡方程**。

①基本形式：

$$\left.\begin{aligned}\sum Y &= 0\\ \sum m_A &= 0\end{aligned}\right\}$$

②二矩式：

$$\left.\begin{aligned}\sum m_A &= 0\\ \sum m_B &= 0\end{aligned}\right\}$$

其中，A、B 两点的连线不能与各力平行。

(12) **平面汇交力系的平衡方程**。

$$\left.\begin{aligned}\sum X &= 0\\ \sum Y &= 0\end{aligned}\right\}$$

(13) **单跨梁的反力计算公式**。主要是简支梁的反力公式：

在集中力 $\boldsymbol{P}$ 的作用下为：

$$V_A = \frac{bP}{l}, V_B = \frac{aP}{l}$$

在集中力偶 $\boldsymbol{m}$ 的作用下为：

$$V_A = -V_B = \frac{m}{l}$$

(14) **静定结构的概念**。由两个或两个以上刚体组成的系统称为刚体系统，也称为物体系统。杆件结构是物体系统中的一种。如果结构的未知约束力个数与受力分析能提供的独立平衡方程数相等，则结构是静定的，否则是超静定的。

习　题

2-1　试计算下列题 2-1 图各图中力 $\boldsymbol{F}$ 对 O 点的矩。

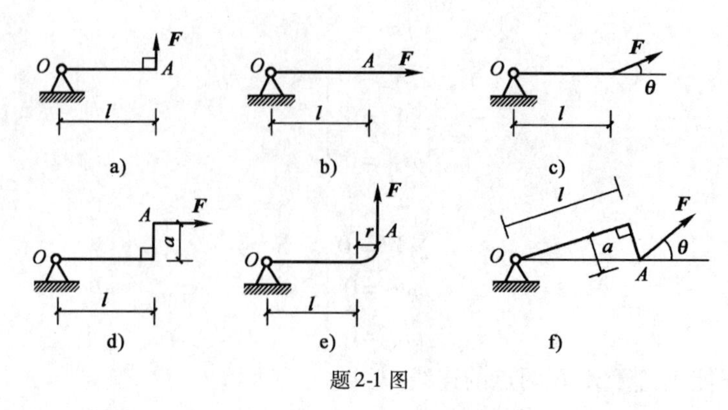

题2-1图

2-2　各梁受力情况如题2-2图所示,试求:(1)各梁所受的力偶矩;(2)各力偶分别对A、B点的矩。

2-3　如题2-3图所示,将轮缘上所受的力$\boldsymbol{P}$,等效地平移到其转轴O处,并写出结果。

2-4　已知$F_1=50\mathrm{N}$,$F_2=60\mathrm{N}$,$F_3=90\mathrm{N}$,$F_4=80\mathrm{N}$,各力方向如题2-4图所示,试分别求各力在x轴和y轴上的投影。

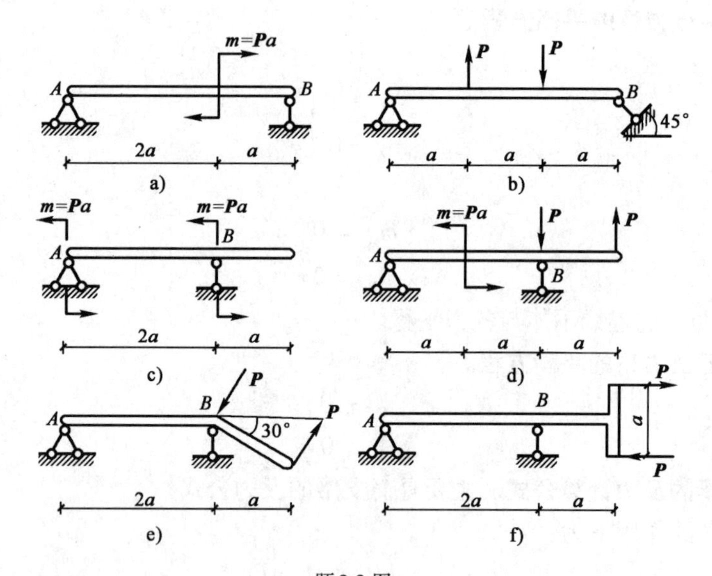

题2-2图

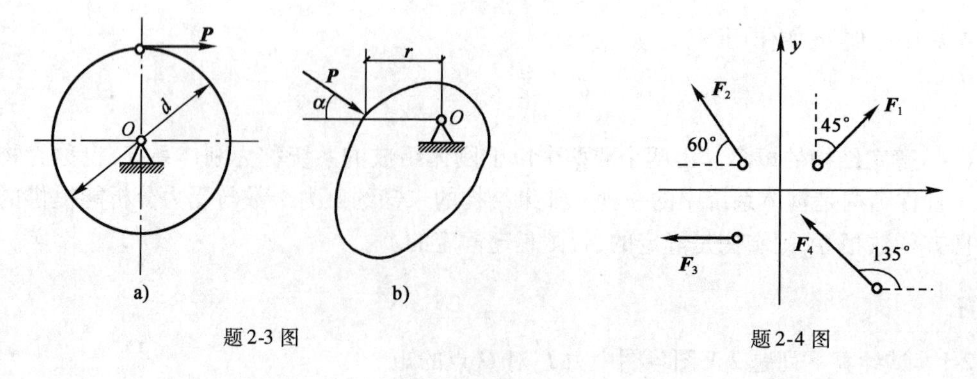

题2-3图

题2-4图

2-5 悬臂梁受力情况及结构尺寸如题2-5图所示。试求梁上均布荷载 $\boldsymbol{q}$ 对 A 点的力矩。

2-6 已知 $F_1=F_2=F_3=200\text{N}$，$F_4=100\text{N}$，各力方向如题2-6图所示。

(1)选取适当的坐标系计算力在坐标轴上的投影；

(2)求该力系的合力。

2-7 如题2-7图所示，起吊时构件在图示中的位置平衡，构件自重 $G=30\text{kN}$。求钢索 AB、AC 的拉力。

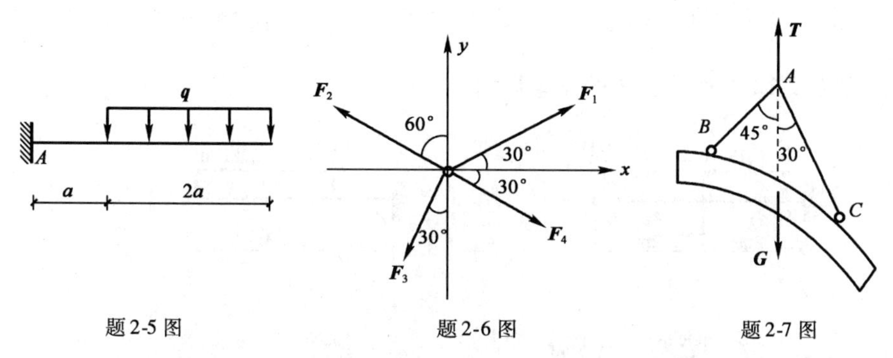

题2-5图 题2-6图 题2-7图

2-8 已知 $P=10\text{kN}$，A、B、C 三处都是铰接，杆自重不计，求题2-8图所示三角支架各杆所受的力。

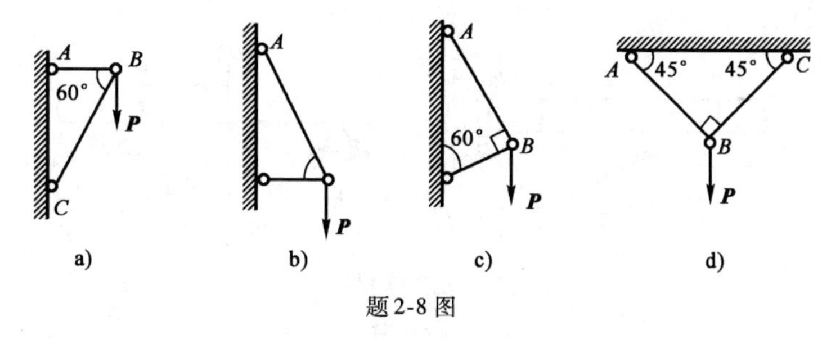

题2-8图

2-9 求题2-9图所示各梁的支座反力。

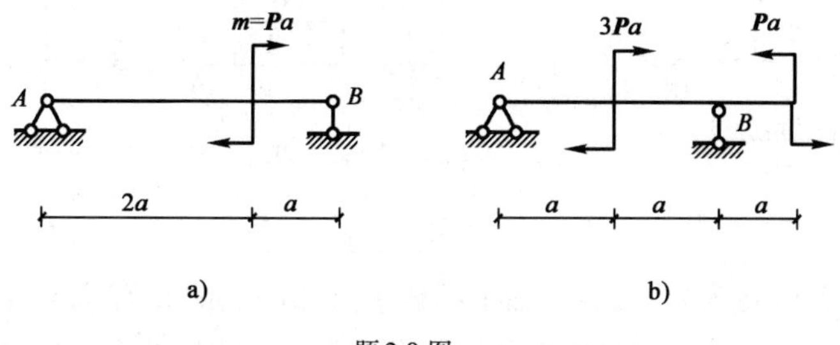

题2-9图

2-10 已知 $P_1=10\text{kN}$，$P_2=20\text{kN}$，求题2-10图所示刚架 A、B 的支座反力。

2-11 悬臂刚架的结构尺寸及受力情况如题2-11图所示。已知 $q=4\text{kN/m}$，$m=10\text{kN}\cdot\text{m}$，试求固定端支座 A 的反力。

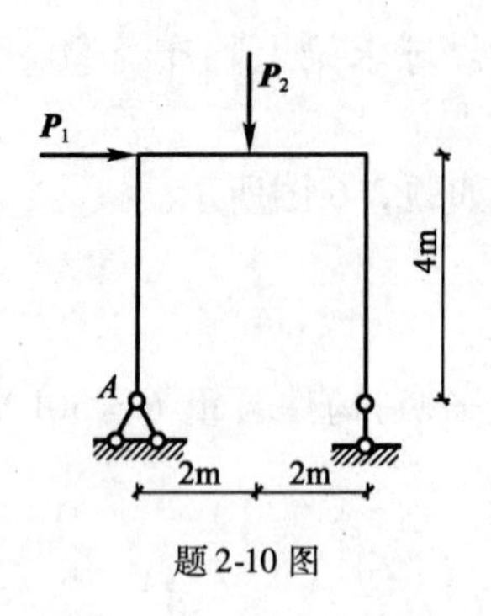

题2-10图

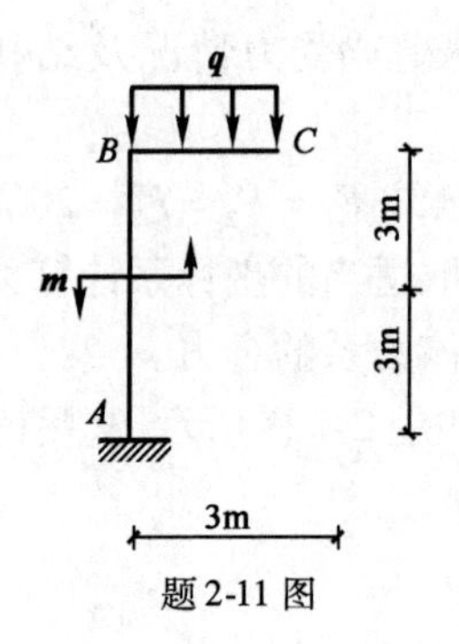

题2-11图

2-12　求题2-12图所示各梁的支座反力。

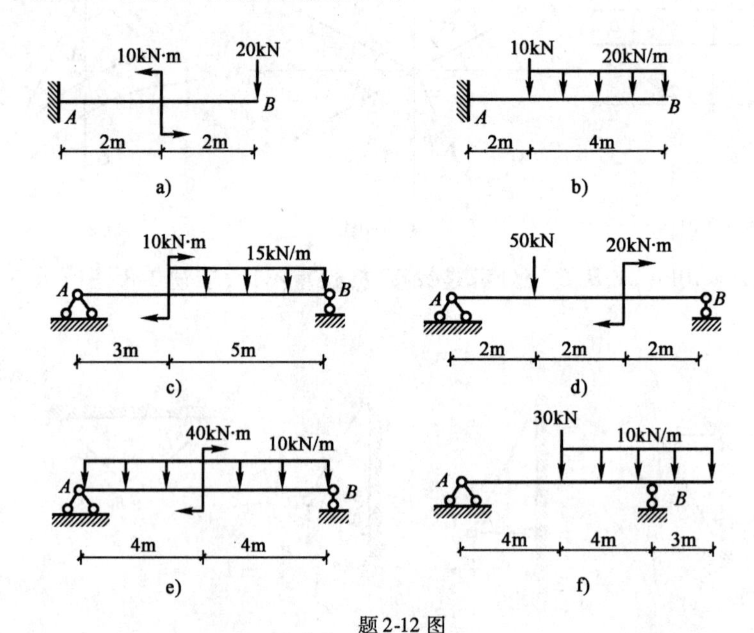

题2-12图

2-13　求题2-13图所示各组合梁的支座反力。

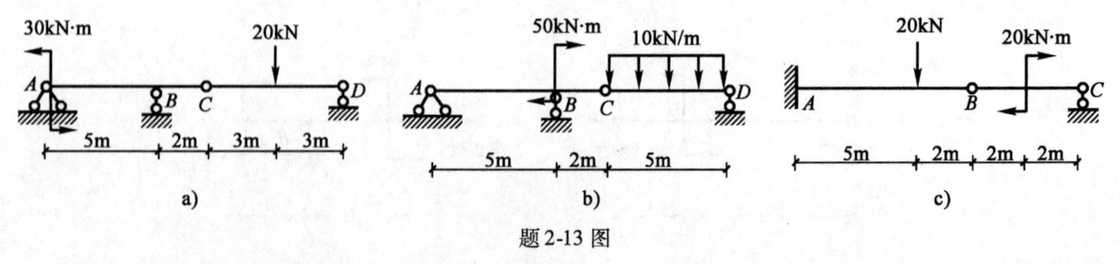

题2-13图

2-14　如题2-14图所示,放在地面上的梯子由AB和AC两部分在A点铰接,在D、E两点用绳子连接。梯子与地面间的摩擦和梯子自重不计,已知AC上作用有铅垂力$\boldsymbol{P}$。试求梯子平衡时地面对梯子的作用力和绳子DE中的拉力。

2-15　题2-15图所示为三铰拱式组合屋架,试求拉杆AB及中间铰C所受的力(屋架的自重不计)。

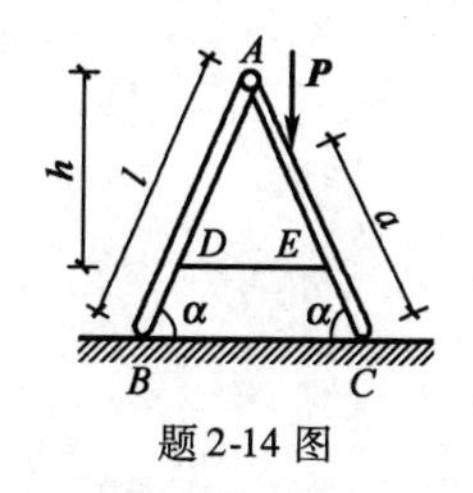

题 2-14 图

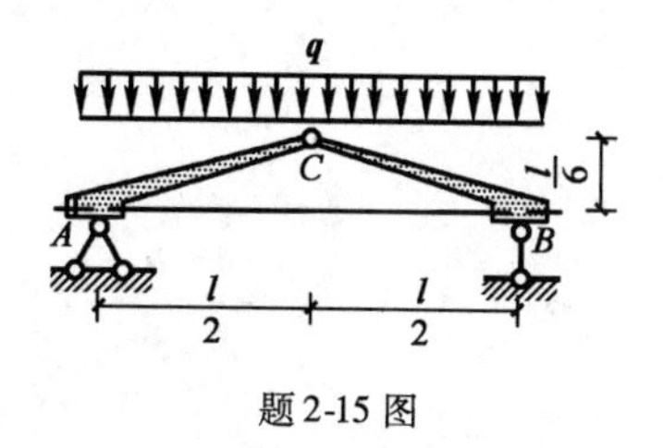

题 2-15 图

2-16 试求题 2-16 图所示两跨刚架的支座反力。

2-17 已知三铰拱受力如题 2-17 图所示，试求 A、B、C 三处的约束反力。

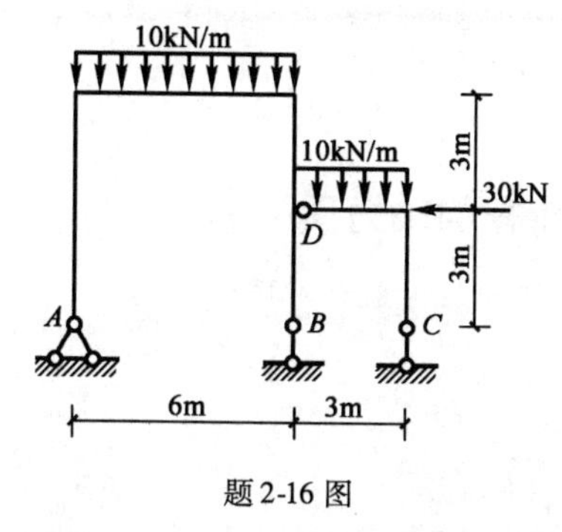

题 2-16 图

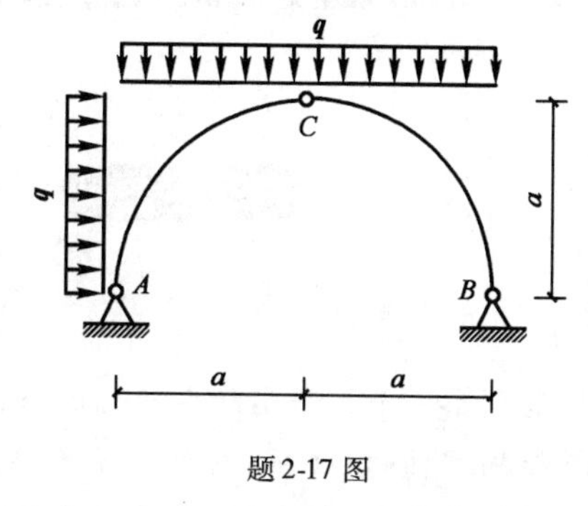

题 2-17 图

2-18 求题 2-18 图所示桁架指定杆件所受的力。

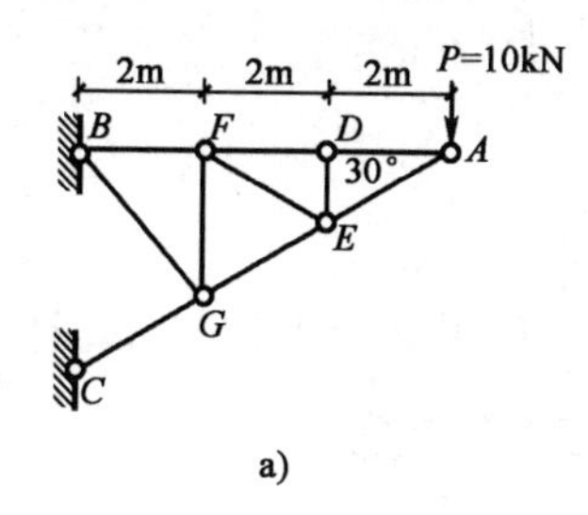

a)

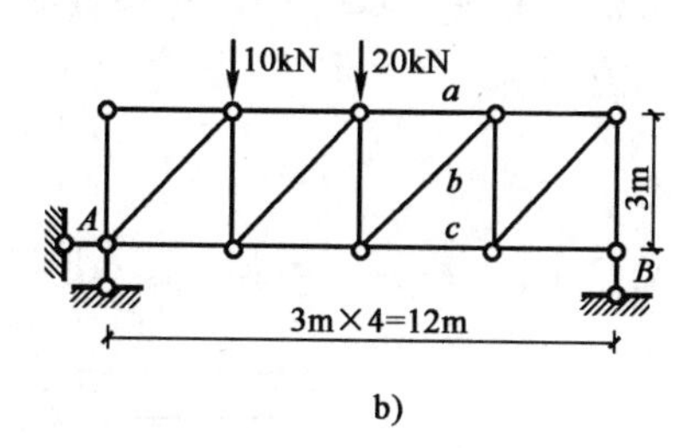

b)

题 2-18 图

学习情境三 轴向拉压杆的强度计算

学习任务一 绘制轴向拉压杆的轴力图

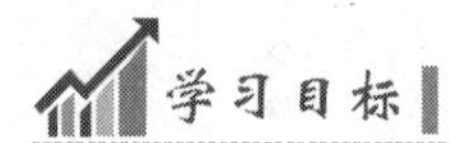

1. 能列举一个工程实际中的轴向拉伸与压缩问题；
2. 能描述轴向拉(压)杆件的受力特点及变形特点；
3. 会叙述内力、内力图、截面法的概念；
4. 能用截面法计算轴向拉(压)杆件横截面上的内力；
5. 能绘制轴力图。

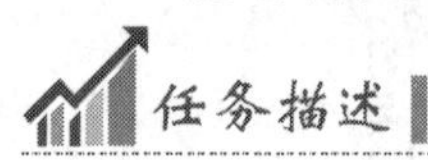

杆件受力如图 3-1-1 所示。已知 $P_1=20\text{kN}$, $P_2=50\text{kN}$, $P_3=30\text{kN}$, 试绘制杆的轴力图。

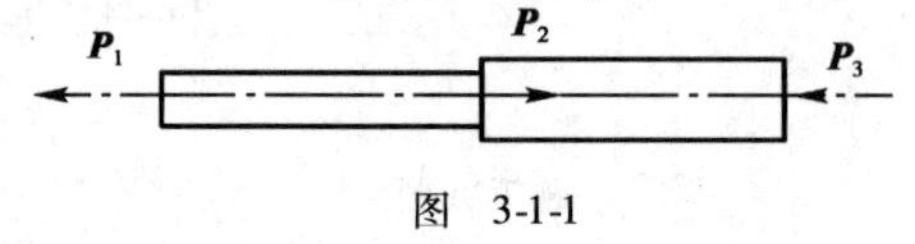

图 3-1-1

学习引导

本学习任务沿着以下脉络进行：

内力概念 → 用截面法分段求轴力 → 绘制轴力图

一、相关知识

拉伸与压缩变形是受力杆件中最简单的变形。在工程实际中，有很多产生拉(压)变形的实例。轴向拉(压)杆件的**受力特点是：作用在杆件上的两个力(外力或外力的合力)大小相等、方向相反，且作用线与杆轴线重合；变形特点是：杆件沿轴向发生伸长或缩短**。

1. 轴向拉(压)杆的内力

1) 截面法

在材料力学中，常用截面法求轴向拉(压)杆的内力。**截面法**是显示和确定内力的基本方法。

如图3-1-2a)所示拉杆，欲求该杆任一截面 m-m 上的内力，可沿此截面将杆件假想地截分成A和B两个部分，任取其中一部分(A部分)为研究对象[图3-1-2b)]，将弃去的部分B对保留部分A的作用以内力来代替。

由于杆件原来处于平衡状态，故截开后各部分仍应保持平衡。由平衡方程：

$$\sum X = 0,\quad N - P = 0$$

得

$$N = P$$

如果取杆的B部分为研究对象[图3-1-2c)]，求同一截面 m-m 上的内力时，可得相同的结果：

$$\sum X = 0,\quad N' = P$$

这种显示并确定内力的方法称为**截面法**。

综上所述，用截面法求内力的步骤可以归纳为：截取、代替、平衡。

截取：用一个假想的截面，将杆件沿需求内力的截面处截为两部分；取其中任一部分为研究对象。

代替：用内力来代替弃去部分对选取部分的作用。

平衡：用静力平衡条件，根据已知外力求出内力。

需要指出的是，截面上的内力是分布在整个截面上的，利用截面法求出的内力是这些分布内力的合力。

2)轴向拉(压)杆的内力——轴力

由于轴向拉(压)杆件的外力沿轴向作用，内力必然也沿轴向作用，故拉(压)杆的内力称为**轴力**。

轴力的符号规定：以产生拉伸变形时的轴力为正，产生压缩变形时的轴力为负。

下面通过例题讨论轴力的计算。

例3-1-1　设一直杆 AB 沿轴向受力 $P_1 = 2\text{kN}$，$P_2 = 3\text{kN}$，$P_3 = 1\text{kN}$ 的作用(图3-1-3)，试求杆各段的轴力。

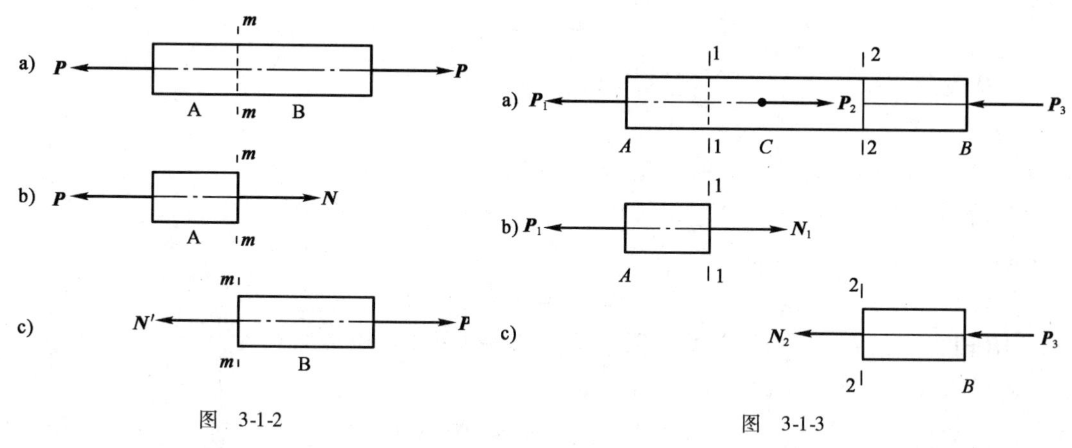

图　3-1-2　　　　图　3-1-3

解：由于截面 C 处作用有外力 $\boldsymbol{P}_2$，杆件 AC 段和 CB 段的轴力将不相同，因而需要分段研究。

(1)在 AC 段内用截面 1-1 将杆截开,取左段为研究对象,将右段对左段的作用以内力 N_1 代替[图 3-1-3b)],且均假定轴力为拉力。由平衡方程:

$$\sum X = 0, \quad N_1 - P_1 = 0$$

得

$$N_1 = P_1 = 2\text{kN}(\text{拉力})$$

(2)求 CB 段的轴力。用截面 2-2 假想地将杆截开,取右段为研究对象,将左段对右段的作用以内力 N_2 代替[图 3-1-3c)],由平衡方程:

$$\sum X = 0, \quad N_2 + P_3 = 0$$

得

$$N_2 = -P_3 = -1\text{kN}(\text{压力})$$

根据上例,在计算轴力时应注意:

(1)通常选取受力简单的部分为研究对象。

(2)计算杆件某一段轴力时,不能在外力作用点处截开。

(3)通常先假设截面上的轴力为正,当计算结果为正时,既说明假设方向正确,也说明轴力为拉力;当计算结果为负时,既说明与假设方向相反,也说明轴力为压力。

例 3-1-2 求图 3-1-4 所示阶梯杆各段的轴力。

解:分三段计算轴力,分别均取杆右段来研究(图 3-1-4)。

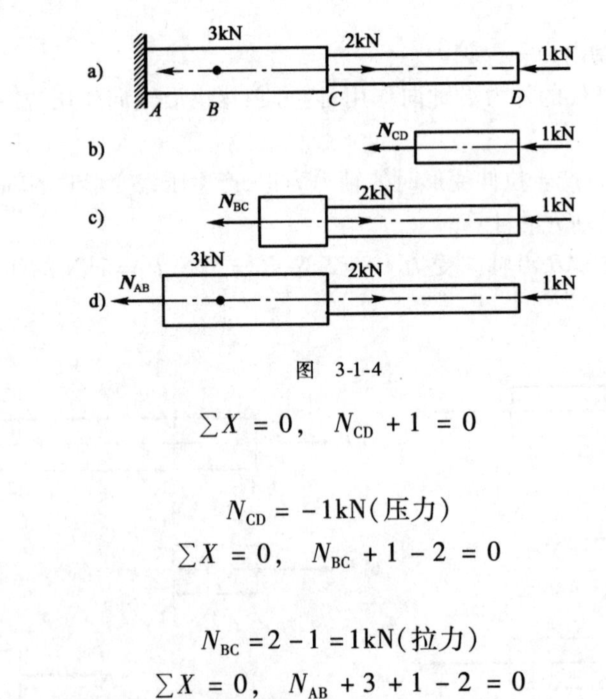

图 3-1-4

CD 段:
$$\sum X = 0, \quad N_{CD} + 1 = 0$$

得

$$N_{CD} = -1\text{kN}(\text{压力})$$

BC 段:
$$\sum X = 0, \quad N_{BC} + 1 - 2 = 0$$

得

$$N_{BC} = 2 - 1 = 1\text{kN}(\text{拉力})$$

AB 段:
$$\sum X = 0, \quad N_{AB} + 3 + 1 - 2 = 0$$

得

$$N_{AB} = 2 - 3 - 1 = -2\text{kN}(\text{压力})$$

根据上例,可以归纳出求轴力的结论:**杆件任一截面的轴力,在数值上等于该截面一侧(左侧或右侧)所有轴向外力的代数和。在代数和中,外力为拉力时取正,为压力时取负。**

读者可根据上述结论,直接计算例3-1-2中杆各段的轴力。

2. 轴力图

工程中常有一些杆件,其上受到多个轴向外力的作用,这时不同横截面上轴力将不相同。为了形象地表示轴力沿杆长的变化情况,通常应先作出轴力图。

轴力图的绘制方法:用平行于杆轴线的坐标轴 x 表示杆件横截面的位置,以垂直于杆轴线的坐标轴 N 表示相应截面上轴力的大小,正的轴力画在 x 轴上方,负的轴力画在 x 轴下方。这种表示轴力沿杆件轴线变化规律的图线,称为**轴力图**。在轴力图上,除标明轴力的大小、单位外,还应标明轴力的正负号。

二、任务实施

(1)杆件受力如图3-1-5a)所示。已知 $P_1=20\text{kN}$,$P_2=50\text{kN}$,$P_3=30\text{kN}$,试绘制杆的轴力图。

解:①用结论计算杆各段的轴力:

$$N_{AB}=P_1=20\text{kN} \quad (拉力)$$

$$N_{BC}=-P_3=-30\text{kN} \quad (压力)$$

②作轴力图。

以平行于轴线的 x 轴为横坐标,垂直于轴线 N 轴为纵坐标,将两段轴力标在坐标轴上,作出轴力图[图3-1-5b)]。

(2)由一高度为 H 的正方形截面石柱[图3-1-6a)],顶部作用有轴心压力 $\boldsymbol{P}$。已知材料重度为 γ,作柱的轴力图。

解:柱的各截面轴力大小是变化的。计算任意截面 n-n 上的轴力 $\boldsymbol{N}(x)$ 时,将柱从该处假想地截开,取上段作为研究对象[图3-1-6b)]。

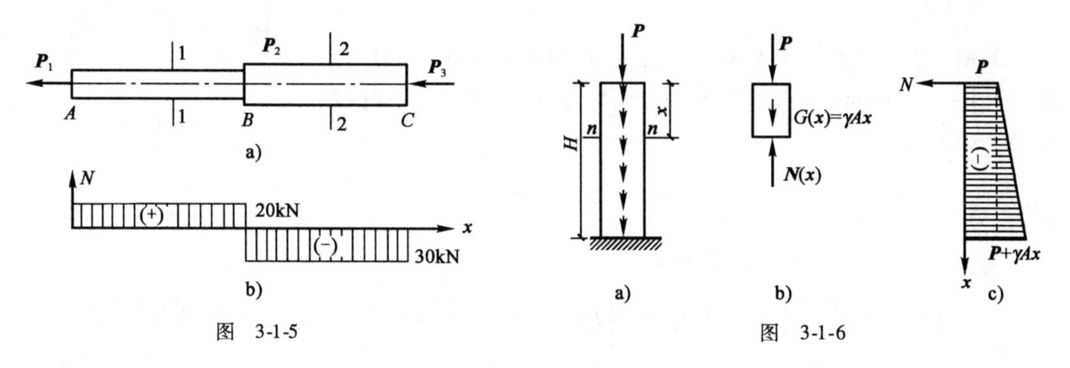

图 3-1-5

图 3-1-6

由平衡条件 $\sum X=0,\quad P+G(x)-N(x)=0$

得

$$N(x)=P+G(x)=P+\gamma Ax$$

其中,$G(x)=\gamma Ax$,是截面 n-n 以上长度为 x 的一段柱的自重。由于重度 γ 和柱截面面积都是常量,所以 $G(x)$ 沿柱高呈直线规律变化。柱顶 $x=0$,$G(x)=0$;柱底 $x=H$,$G(x)=\gamma AH$。在自重单独作用下,柱的轴力图是一个三角形图形。当同时考虑柱自重和柱顶压力 $\boldsymbol{P}$ 时,轴力图如图3-1-6c)所示。最大轴力发生在柱底截面,其值为 $N=P+\gamma AH$。

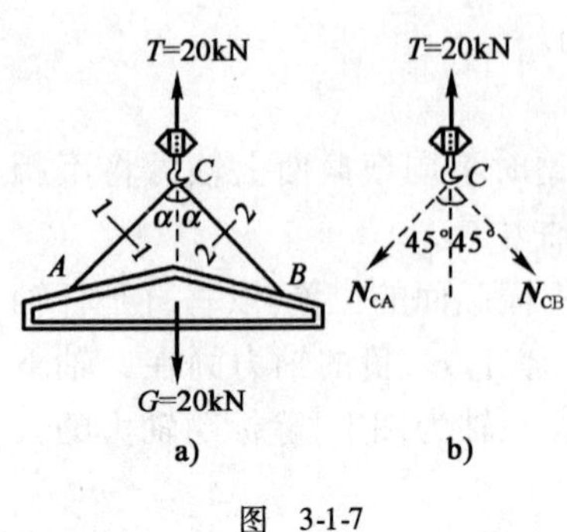

图 3-1-7

(3)起重机起吊一预制梁处于平衡状态[图 3-1-7a)]。已知预制梁自重 $G=20\text{kN}$,$\alpha=45°$,不计吊索和吊钩的重力,试求斜吊索 AC、BC 所受的力。

解:用 1-1 和 2-2 两个截面将吊索截开,取吊钩 C 为研究对象[图 3-1-7b)],两斜吊索的内力分别为 $\boldsymbol{N}_{CA}$ 和 $\boldsymbol{N}_{CB}$。

由平衡条件

$$\sum X=0, N_{CB}\sin45°-N_{CA}\sin45°=0$$

$$N_{CB}=N_{CA}$$

$$\sum Y=0, 20-N_{CA}\cos45°-N_{CB}\cos45°=0$$

$$20-2N_{CA}\cos45°=0$$

得

$$N_{CA}=N_{CB}=\frac{20}{2\cos45°}=\frac{20}{2\times0.707}=14.1\text{kN}$$

学习任务二　计算轴向拉压杆横截面上的正应力

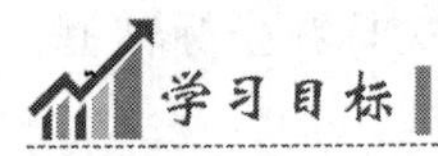

1. 会叙述应力概念;
2. 能应用正应力公式计算轴向拉(压)杆横截面上的应力;
3. 能知道正应力在横截面上的分布规律。

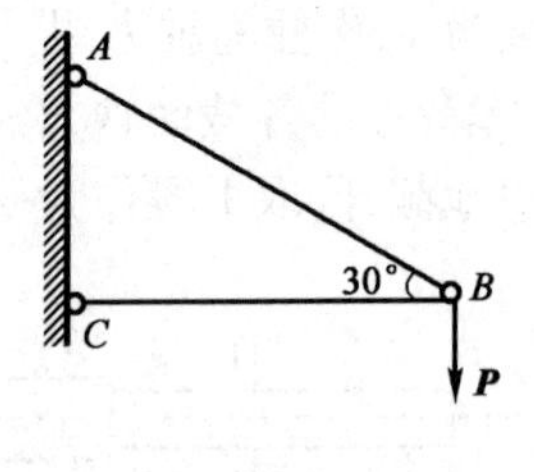

图 3-2-1

任务描述

如图 3-2-1 所示铰接支架,AB 杆为 $d=16\text{mm}$ 的圆截面杆,BC 杆为 $a=100\text{mm}$ 的正方形截面杆,$P=15\text{kN}$,试计算各杆横截面上的应力。

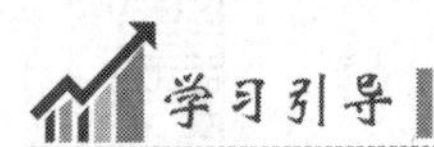

本学习任务沿着以下脉络进行:

利用平衡方程计算 AB、BC 两杆所受的轴力 → 列各杆正应力计算公式 → 计算各杆的正应力

一、相关知识

1. 应力的概念

在工程设计中,知道了杆件的内力,还不能解决杆件的强度问题。例如两根材料相同而粗细不同的杆件,承受着相同的轴向拉力,随着拉力的增加,细杆将首先被拉断,这是因为内力在较小面积上分布的密集程度大。由此可见,判断杆件的承载能力还需要进一步研究内力在横截面上分布的密集程度。

单位面积上的分布内力称为**应力**，它反映了内力在横截面上的分布集度。与截面垂直的应力称为**正应力**，用 σ 表示；与截面相切的应力称为**剪应力**，用τ表示。

应力的单位有：帕(Pa)、千帕(kPa)、兆帕(MPa)、吉帕(GPa)，其换算关系如下：

$$1\text{Pa}=1\text{N/m}^2$$

$$1\text{kPa}=10^3\text{Pa}$$

$$1\text{MPa}=1\text{N/mm}^2=10^6\text{Pa}$$

$$1\text{GPa}=10^9\text{Pa}$$

2. 轴向拉(压)杆横截面上的正应力

要计算正应力 σ，必须知道分布内力在横截面上的分布规律。在材料力学中，通常采用的方法是：通过试验观察其变形情况，提出假设；由分布内力与变形的物理关系，得到应力的分布规律；再由静力平衡条件得出应力计算公式。

(1)试验观察。取一直杆[图 3-2-2a)]，在其侧面任意画两条垂直于杆轴线的横向线 ab 和 cd。拉伸后，可观察到横向线 ab、cd 分别平行移到了位置 $a'b'$和 $c'd'$，但仍为直线，且仍然垂直于杆轴线[图 3-2-2b)]。

(2)假设与推理。根据上述观察的现象，提出以下假设及推理：

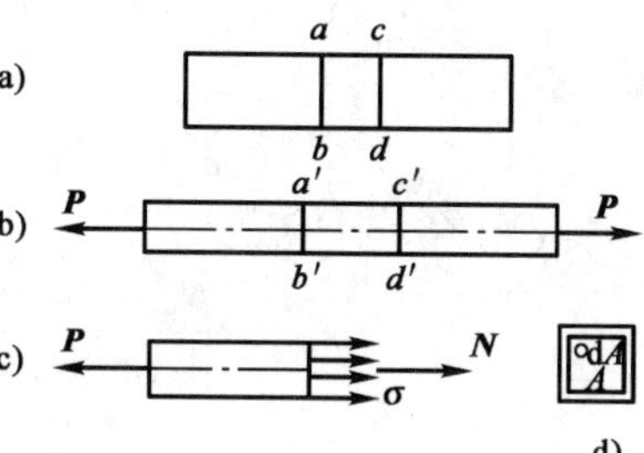

图 3-2-2

变形前原为平面的横截面，变形后仍保持为平面，这就是**平面假设**。

假设杆件是由无数根纵向纤维组成，由平面假设可知，任意两横截面间各纵向纤维具有相同的变形。

又根据材料的均匀连续性假设可知，各根纤维的性质相同，因此，拉杆横截面上的内力是均匀分布的，故各点处的应力大小相等[图 3-2-2c)]。由于该应力垂直于横截面，故拉杆横截面上产生的应力为均匀分布的正应力。这一结论对于压杆也是成立的。

3. 应力计算公式

在横截面上取一微面积 dA[图 3-2-2d)]，作用在微面积上的微内力为 $dN=\sigma dA$，则整个横截面 A 上微内力的总和应为轴力 $\boldsymbol{N}$[图 3-2-2c)]，即：

$$N=\int_A dN=\int_A \sigma dA=\sigma\int_A dA=\sigma A$$

得

$$\sigma=\frac{N}{A} \qquad (3\text{-}2\text{-}1)$$

式中：$\boldsymbol{N}$——横截面上的轴力；

A——横截面面积。

上式为拉(压)杆横截面上的正应力计算公式。

应该指出的是，在外力作用点附近，应力分布较复杂，且非均匀分布。公式(3-2-1)适用于离外力作用点稍远处(大于截面尺寸)横截面上的正应力计算。

σ 的符号规定：正号表示拉应力，负号表示压应力。

二、任务实施

(1)如图3-2-3所示铰接支架,AB杆为$d=16\text{mm}$的圆截面杆,BC杆为$a=100\text{mm}$的正方形截面杆,$P=15\text{kN}$,试计算各杆横截面上的应力。

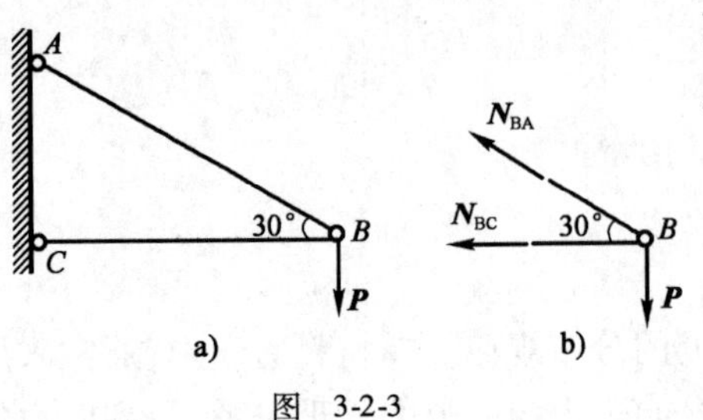

图 3-2-3

解:①计算各杆的轴力。

取节点B为研究对象[图3-2-3b)]。设各杆的轴力为拉力。由平衡条件

$$\sum Y=0,N_{\text{BA}}\sin30°-P=0$$

$$N_{\text{BA}}=\frac{P}{\sin30°}=\frac{15}{0.5}=30\text{kN}\ (\text{拉力})$$

$$\sum X=0,N_{\text{BA}}\cos30°+N_{\text{BC}}=0$$

得

$$N_{\text{BC}}=-N_{\text{BA}}\cos30°=-30\times0.866=-26\text{kN}(\text{压力})$$

②计算各杆的应力。

$$\sigma_{\text{AB}}=\frac{N_{\text{BA}}}{A_{\text{BA}}}=\frac{4\times N_{\text{BA}}}{\pi d^2}=\frac{4\times30\times10^3}{3.14\times16^2}=149.3\text{MPa}\ (\text{拉应力})$$

$$\sigma_{\text{BC}}=\frac{N_{\text{BC}}}{A_{\text{BC}}}=-\frac{26\times10^3}{10^2\times10^2}=-2.6\text{MPa}\ (\text{压应力})$$

(2)如图3-2-4所示砖柱,$a=24\text{cm}$,$b=37\text{cm}$,$l_1=3\text{m}$,$l_2=4\text{m}$,$P_1=50\text{kN}$,$P_2=90\text{kN}$。略去砖柱自重。试求砖柱各段的轴力及应力,并绘制轴力图。

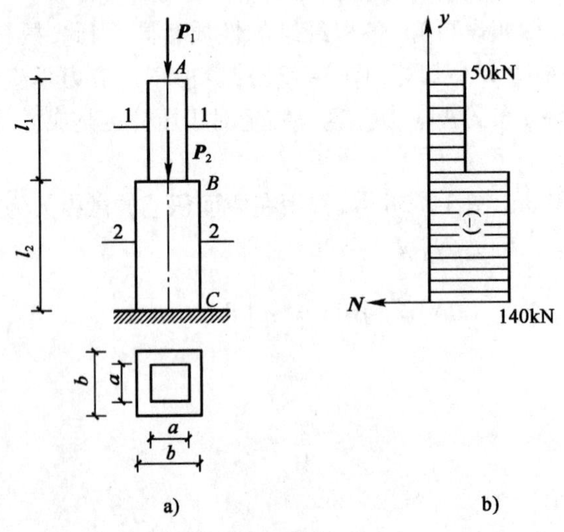

图 3-2-4

解:砖柱受轴向荷载作用,为轴向压缩。

①计算柱各段轴力。

AB段: $N_1=-P_1=-50\text{kN}(\text{压力})$

BC段: $N_2=-P_1-P_2=-50-90=-140\text{kN}(\text{压力})$

②画柱的轴力图[图 3-2-4b)]。

③计算柱各段的应力。

AB 段:1-1 横截面上的轴力为压力,$N_1 = -50\text{kN}$。

横截面面积 $A_1 = 240 \times 240 = 5.76 \times 10^4 \text{mm}^2$,则

$$\sigma_1 = \frac{N_1}{A_1} = -\frac{50 \times 10^3}{5.76 \times 10^4} = -0.868\text{MPa}\ (\text{压应力})$$

BC 段:2-2 横截面上的轴力为压力,$N_2 = -140\text{kN}$。

横截面面积 $A_2 = 370 \times 370 = 13.69 \times 10^4 \text{mm}^2$,则

$$\sigma_2 = \frac{N_2}{A_2} = -\frac{140 \times 10^3}{13.69 \times 10^4} = -1.02\text{MPa}\ (\text{压应力})$$

学习任务三 轴向拉压杆的强度计算

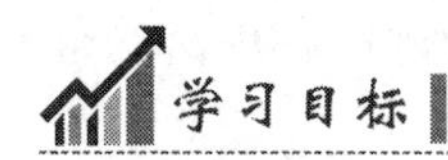

学习目标

1. 能叙述安全系数和许用应力的概念;
2. 能描述轴向拉压杆的强度条件;
3. 能够计算轴向拉(压)杆的强度问题。

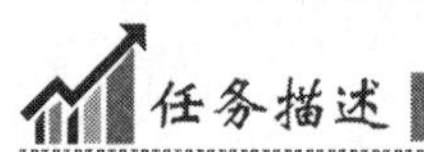

任务描述

一轴心受压柱的基础如图 3-3-1 所示。已知轴心压力 $N = 490\text{kN}$,基础埋深 $H = 1.8\text{m}$,基础和土的平均重度 $\gamma = 19.6\text{kN/m}^3$,地基土的许用压力 $[R] = 196\text{kPa}$,试计算基础所需底面积。

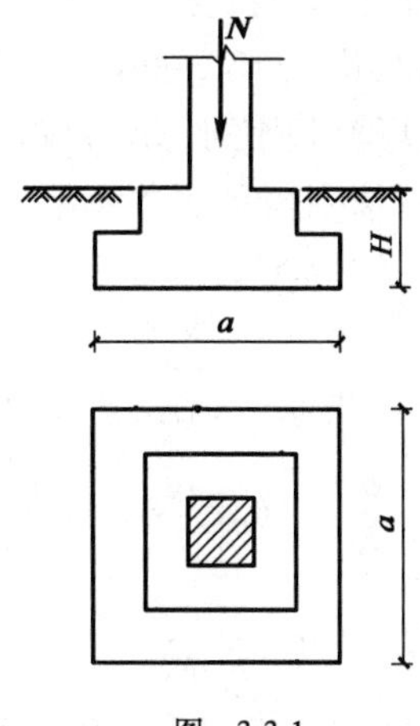

图 3-3-1

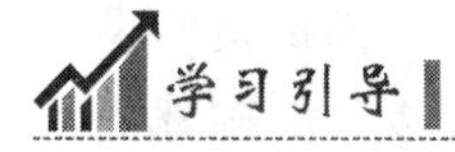

学习引导

本学习任务沿着以下脉络进行:

计算基础和土的重力 → 计算基础底面积所受的力 → 用强度条件求基础的底面积

一、相关知识

1. 许用应力与安全系数

1)极限应力与许用应力

根据对材料力学性质的研究可知,当塑性材料达到屈服极限时,会发生较大的塑性变形;脆性材料达到强度极限时,会引起断裂。构件在工作时,这两种情况都是不允许的。我们把构件发生显著变形或断裂时的最大应力,称为**极限应力**,用 σ^0 表示。

塑性材料以屈服极限为极限应力,即:

$$\sigma^0 = \sigma_s$$

脆性材料以强度极限为极限应力,即:

$$\sigma^0 = \sigma_b$$

为了保证构件安全、正常工作,仅把工作应力限制在极限应力以内是不够的。因实际构件的工作条件受许多外界因素及材料本身性质的影响,故必须把工作应力限制在更小的范围,以保证有必要的强度储备。

我们把保证构件安全、正常工作所允许承受的最大应力,称为许用应力,用 $[\sigma]$ 表示。即:

$$[\sigma] = \frac{\sigma^0}{K}$$

式中:$[\sigma]$ ——材料的许用应力;

σ^0——材料的极限应力;

K——安全系数,$K>1$。

2)安全系数

确定安全系数 K 时,主要应考虑的因素有:材料质量的均匀性,荷载估计的准确性,计算方法的正确性,构件在结构中的重要性及工作条件等。安全系数的选取涉及许多方面的问题。目前,国内有关部门编制了一些规范和手册,如《公路桥涵设计通用规范》(JTG D60—2004)和《公路桥涵设计手册》,可供选取安全系数时参考。一般构件在常温、静载条件下:

塑性材料: $K_s = 1.5 \sim 2.5$

脆性材料: $K_b = 2 \sim 3.5$

许用应力 $[\sigma]$ 是强度计算中的重要指标,其值取决于极限应力 σ^0 及安全系数 K。

塑性材料: $[\sigma] = \frac{\sigma_s}{K_s}$ 或 $[\sigma] = \frac{\sigma_{0.2}}{K_s}$

脆性材料: $[\sigma] = \frac{\sigma_b}{K_b}$

安全系数的选取和许用应力的确定,关系到构件的安全与经济两个方面。这两个方面往往是相互矛盾的,应该正确处理好它们之间的关系,片面地强调任何一方面都是不妥当的。如果片面地强调安全,采用的安全系数过大,不仅浪费材料,而且会使设计的构件变得笨重;相反,如果不适当地强调经济,采用的安全系数过小,则不能保证构件安全,甚至会造成事故。

2. 轴向拉压杆的正应力强度条件

为了保证构件安全可靠地工作,必须使构件的最大工作应力不超过材料的许用应力。

拉(压)杆件的强度条件为:

$$\sigma_{max} = \frac{N_{max}}{A} \leqslant [\sigma]$$

式中:σ_{max}——最大工作应力;

N_{max}——构件横截面上的最大轴力;

A——构件的横截面面积;

$[\sigma]$——材料的许用应力。

对于变截面直杆,应找出最大应力及其相应的截面位置,进行强度计算。

3. 强度条件的应用

根据强度条件,可解决工程实际中有关构件强度的三类问题。

(1)强度校核。已知构件的材料、横截面尺寸和所受荷载,校核构件是否安全,即

$$\sigma_{max} = \frac{N_{max}}{A} \leqslant [\sigma]$$

(2)设计截面尺寸。已知构件承受的荷载及所用材料,确定构件横截面尺寸,即:

$$A \geqslant \frac{N_{max}}{[\sigma]}$$

由上式可算出横截面面积,再根据截面形状确定其尺寸。

(3)确定许可荷载。已知构件的材料和尺寸,可按强度条件确定构件能承受的最大荷载,即:

$$N_{max} \leqslant A \cdot [\sigma]$$

由 N_{max} 再根据静力平衡条件,可确定构件所能承受的最大荷载。

二、任务实施

(1)已知一轴心受压柱的基础(图 3-3-2),轴心压力 $N = 490\text{kN}$,基础埋深 $H = 1.8\text{m}$,基础和土的平均重度 $\gamma = 19.6\text{kN/m}^3$,地基土的许用压力 $[R] = 196\text{kPa}$,试计算基础所需底面积。

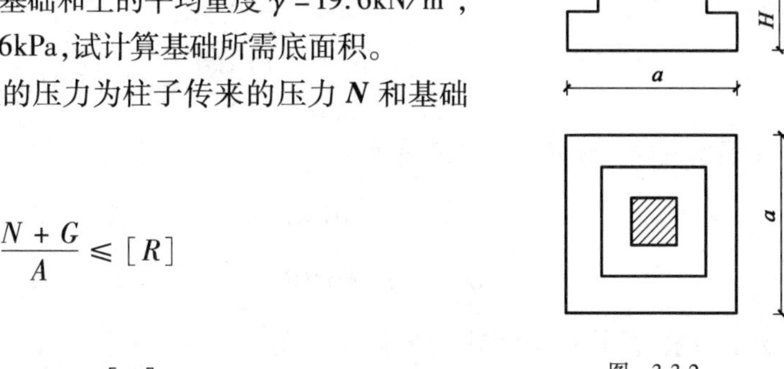

图 3-3-2

解:基础底面积所承受的压力为柱子传来的压力 N 和基础的自重 $G = \gamma HA$。

根据强度条件:

$$\sigma = \frac{N + G}{A} \leqslant [R]$$

即

$$\frac{N}{A} + \gamma H \leqslant [R]$$

求基础所需面积:

$$A \geqslant \frac{N}{[R] - \gamma H} = \frac{490 \times 10^3}{196 \times 10^3 - 19.6 \times 1.8 \times 10^{-3}} = 3.1 \times 10^6 \text{mm}^2$$

若采用正方形基础，则基础的底边长为：

$$a = \sqrt{A} = \sqrt{3.10 \times 10^6} = 1\,760\text{mm}$$

取 $a = 180\text{cm}$。

（2）简单支架 BAC 的受力如图 3-3-3a）所示。已知 $F = 18\text{kN}$，$\alpha = 30°$，$\beta = 45°$，AB 杆的横截面面积为 300mm^2，AC 杆的横截面面积为 350mm^2。试求：①各杆横截面上的拉应力；②两杆的许用应力 $[\sigma] = 160\text{MPa}$，校核两杆的拉伸强度。

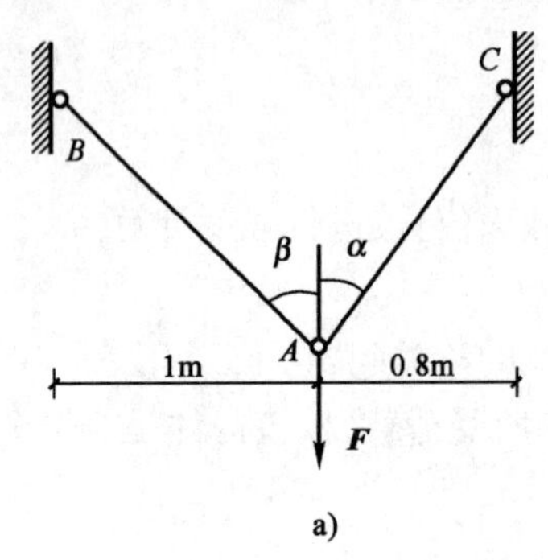

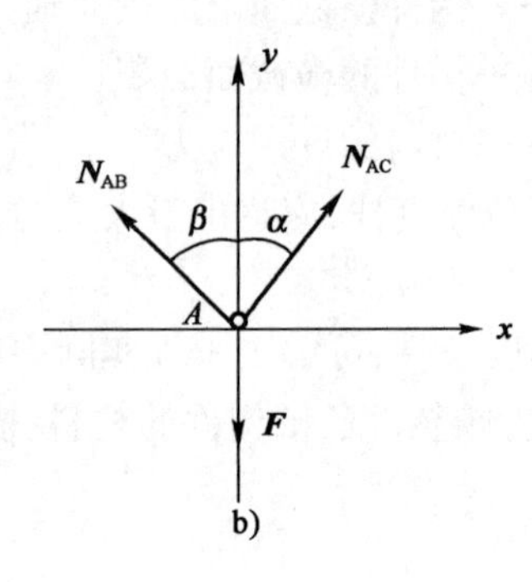

图 3-3-3

解：①取结点 A 为研究对象，受力如图 3-3-3b）所示。列平衡方程求出 AB 杆和 AC 杆的内力：

$$\sum Y = 0, N_{AB}\cos45° + N_{AC}\sin60° = 18$$

$$\sum X = 0, N_{AB}\cos45° = N_{AC}\sin30°$$

$$N_{AB} = 9.32\text{kN}$$

$$N_{AC} = 13.18\text{kN}$$

②根据正应力计算公式求正应力：

$$\sigma_{AB} = \frac{N_{AB}}{A_{AB}} = \frac{9\,320}{300} = 31.07\text{MPa}$$

$$\sigma_{AC} = \frac{N_{AC}}{A_{AC}} = \frac{13\,180}{350} = 37.66\text{MPa}$$

③根据轴向拉压正应力强度条件：

$$\sigma_{AB} = 31.07\text{MPa} \leqslant [\sigma] = 160\text{MPa}$$

$$\sigma_{AC} = 37.66\text{MPa} \leqslant [\sigma] = 160\text{MPa}$$

因此，两杆的拉伸强度满足要求。

（3）如图 3-3-4 所示三角形托架，AB 为钢杆，其横截面面积 $A_1 = 400\text{mm}^2$，许用应力 $[\sigma_1] = 170\text{MPa}$；$BC$ 杆为木杆，其横截面面积 $A_2 = 10\,000\text{mm}^2$，许用应力 $[\sigma_1] = 10\text{MPa}$。试求荷载 $\boldsymbol{P}$ 的最大值 $\boldsymbol{P}_{max}$。

解：①求两杆的轴力与荷载的关系。取节点 B 为研究对象［图 3-3-4b）］。由平衡条件：

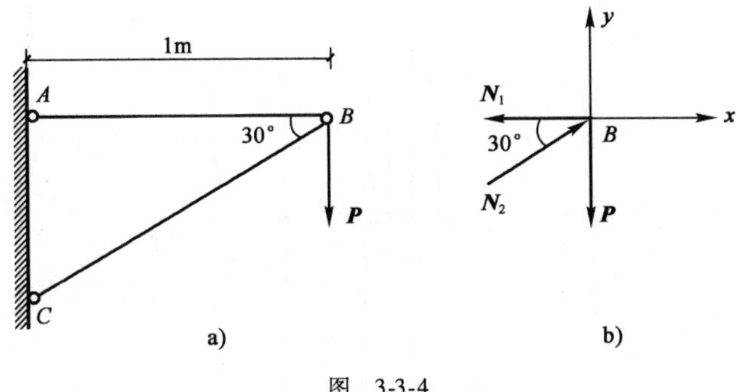

图 3-3-4

$$\sum Y = 0, N_2 \sin 30° - P = 0$$

$$N_2 = \frac{P}{\sin 30°} = 2P \text{（压力）}$$

$$\sum X = 0, N_2 \cos 30° - N_1 = 0$$

$$N_1 = N_2 \cos 30° = 2P \times \frac{\sqrt{3}}{2} = \sqrt{3}P \text{（拉力）}$$

②计算许可荷载。

$$N_{max} \leqslant [\sigma_l] A$$

AB 杆的许可荷载为：

$$N_1 = \sqrt{3}P \leqslant A_1[\sigma_l]$$

$$P \leqslant \frac{A_1[\sigma_l]}{\sqrt{3}} = \frac{400 \times 170}{\sqrt{3}} = 39\ 300\text{N} = 39.3\text{kN}$$

BC 杆的许可荷载为：

$$N_2 = 2P \leqslant A_2[\sigma_y]$$

$$P \leqslant \frac{A_2[\sigma_y]}{2} = \frac{10\ 000 \times 10}{2} = 50\ 000\text{N} = 50\text{kN}$$

为了保证两杆都能安全地工作，荷载 $\boldsymbol{P}$ 的最大值为：

$$P_{max} = 39.3\text{kN}$$

学习任务四 轴向拉压杆的变形计算

学习目标

1. 能叙述轴向拉（压）杆的变形、应变、弹性模量、泊松比概念；
2. 会应用胡克定律计算轴向拉压杆的变形量。

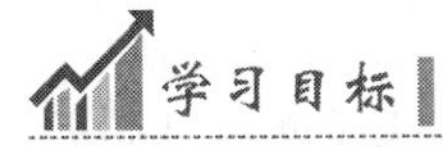

任务描述

短柱如图 3-4-1 所示，承受荷载 $P_1 = 580\text{kN}$，$P_2 = 660\text{kN}$，其上面部分的长度 $l_1 = 0.6\text{m}$，截面为正方形（边长为 70mm）；下面部分的长度 $l_2 = 0.7\text{m}$，截面也为正方形（边长为 120mm）。设短柱所用材料的弹性模量 $E = 200\text{GPa}$，试求短柱顶面的位移。

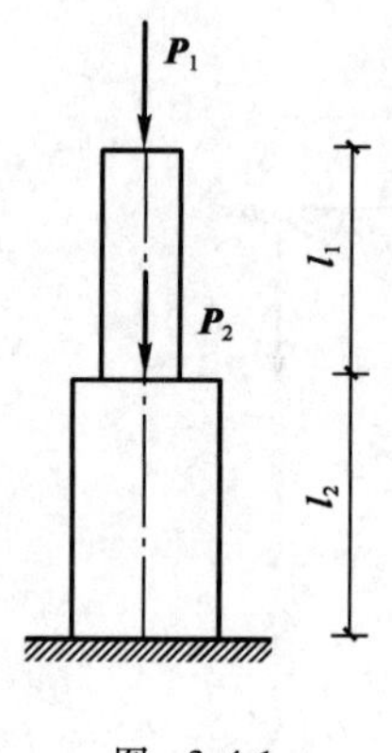

图 3-4-1

本学习任务沿着以下脉络进行:

用截面法计算各段横截面上的轴力→用胡克定律计算各段的变形量→计算各段位移的代数和

一、相关知识

1. 线变形、线应变、胡克定律

如图 3-4-2 所示,设杆件原长为 l,受轴向拉力 $\boldsymbol{P}$ 作用,变形后的长度为 l_1,则杆件长度的改变量为:

$$\Delta l = l_1 - l$$

Δl 称为**线变形**(或绝对变形),伸长时 Δl 为正号,缩短时 Δl 为负号。

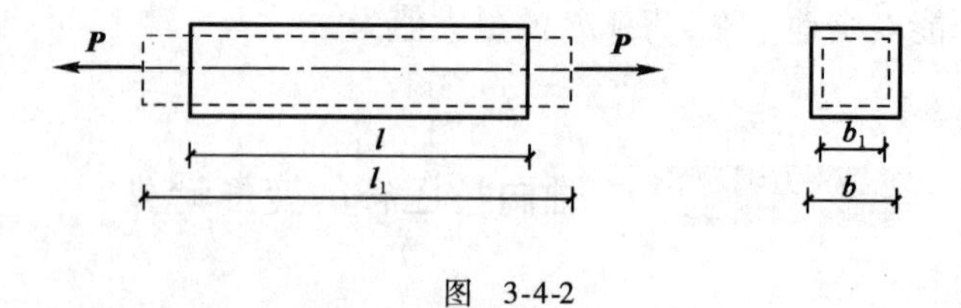

图 3-4-2

试验表明,在材料的弹性范围内,Δl 与外力 $\boldsymbol{P}$ 和杆长 l 成正比,与横截面面积 A 成反比,即:

$$\Delta l \propto \frac{Pl}{A}$$

引入比例系数 E,由于 $P = N$,上式可写为:

$$\Delta l = \frac{Nl}{EA} \tag{3-4-1}$$

式(3-4-1)为胡克定律的数学表达式。比例系数 E 称为材料的**拉(压)弹性模量**,它与材料的性质有关,是衡量材料抵抗变形能力的一个指标。各种材料的 E 值由试验测定,其单位与应力的单位相同。一些常用材料的 E 值见表 3-4-1。EA 称为杆件的抗拉(压)刚度,它反映了杆件抵抗拉(压)变形的能力。对长度相同、受力相等的杆件,EA 越大,则变形 Δl 就越小;反之,EA 越小,则变形 Δl 就越大。

由式(3-4-1)可以看出,杆件的线变形 Δl 与杆件的原始长度 l 有关。为了消除杆件原长 l 的影响,更确切地反映材料的变形程度,将 Δl 除以杆件的原长 l,用单位长度的变形 ε 来表示,即:

$$\varepsilon = \frac{\Delta l}{l}$$

ε 称为**相对变形**或**线应变**,是一个无单位的量。拉伸时,Δl 为正值,ε 也为正值;压缩时,Δl 为负值,ε 也为负值。

若将式(3-4-1)改写为:

$$\frac{\Delta l}{l} = \frac{1}{E} \times \frac{N}{A}$$

并以 $\frac{\Delta l}{l} = \varepsilon, \frac{N}{A} = \sigma$ 这两个关系式代入上式,可得胡克定律的另一表达形式:

$$\sigma = E\varepsilon \tag{3-4-2}$$

式(3-4-2)又可表述为:当应力在弹性范围内时,应力与应变成正比。

2. 横向变形、泊松比

杆件在受到拉伸或压缩时,横截面尺寸也会相应地发生改变。图 3-4-2 中的拉杆,原横向尺寸为 b,拉伸后变为 b_1,则横向尺寸改变量为:

$$\Delta b = b_1 - b$$

横向线应变 ε' 为:

$$\varepsilon' = \frac{\Delta b}{b}$$

拉伸时,Δb 为负值,ε' 也为负值;压缩时,Δb 为正值,ε' 也为正值。故拉伸和压缩时的纵向线应变与横向线应变的符号总是相反的。

试验表明,杆的横向应变与纵向应变之间存在着一定的关系。在弹性范围内,横向应变 ε' 与纵向应变 ε 的比值的绝对值是一个常数,用 μ 表示:

$$\mu = \left|\frac{\varepsilon'}{\varepsilon}\right| \tag{3-4-3}$$

μ 称为**泊松比**或**横向变形系数**,其值可通过试验确定。由于 ε 与 ε' 的符号恒为异号,故有

$$\varepsilon' = -\mu\varepsilon \tag{3-4-4}$$

弹性模量 E 和泊松比 μ 都是反映材料弹性性能的常数。表 3-4-1 所列为常用材料的 E、μ 值。

常用材料的 E、μ 值　　表 3-4-1

材料名称	弹性模量 E（GPa）	泊松比 μ	材料名称	弹性模量 E（GPa）	泊松比 μ
碳钢	200~220	0.25~0.33	16锰钢	200~220	0.25~0.33
铸铁	115~160	0.23~0.27	铜及其合金	74~130	0.31~0.42
铝及硬铝合金	71	0.33	花岗石	49	
混凝土	14.6~36	0.16~0.18	木材(顺纹)	10~12	
橡胶	0.008	0.47			

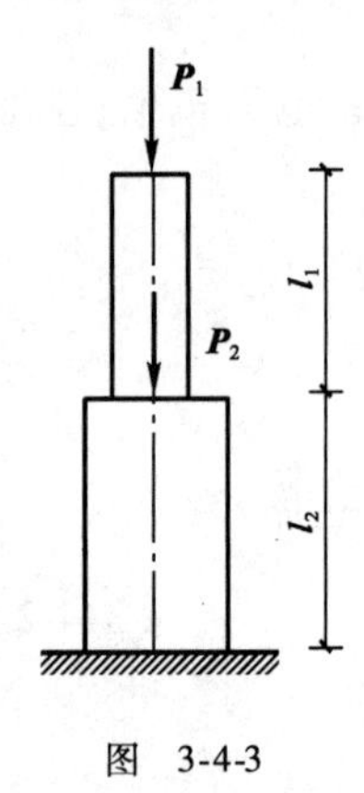

图 3-4-3

二、任务实施

(1)如图3-4-3所示，短柱承受荷载 $P_1=580\text{kN}$，$P_2=660\text{kN}$，其上面部分的长度 $l_1=0.6\text{m}$，截面为正方形(边长为70mm)；下面部分的长度 $l_2=0.7\text{m}$，截面也为正方形(边长为120mm)。设短柱所用材料的弹性模量 $E=200\text{GPa}$，试求：①短柱顶面的位移；②上面部分的线应变和下面部分的线应变之比值。

解：①短柱顶面的位移：

$$\Delta l_1=\frac{N_1l_1}{EA_1}=\frac{580\times600}{200\times70^2}=0.355\text{mm}$$

$$\Delta l_2=\frac{N_2l_2}{EA_2}=\frac{(580+660)\times700}{200\times120^2}=0.301\text{mm}$$

短柱顶面的总位移为：

$$\Delta l=\Delta l_1+\Delta l_2=0.355+0.301=0.656\text{mm}$$

②上、下两部分应变之比：

$$\varepsilon_1=\frac{\Delta l_1}{l_1}=\frac{0.355}{600}=59.16\times10^{-5}$$

$$\varepsilon_2=\frac{\Delta l_2}{l_2}=\frac{0.301}{700}=43\times10^{-5}$$

$$\frac{\varepsilon_1}{\varepsilon_2}=\frac{59.16\times10^{-5}}{43\times10^{-5}}=1.375$$

(2)一钢制阶梯杆(图3-4-4)。已知 $P_1=50\text{kN}$，$P_2=20\text{kN}$，杆长 $l_1=120\text{mm}$，$l_2=l_3=100\text{mm}$，横截面面积 $A_1=A_2=500\text{mm}^2$，$A_3=250\text{mm}^2$，弹性模量为 $E=200\text{GPa}$。试求杆各段的纵向变形、线应变和 B 截面的位移。

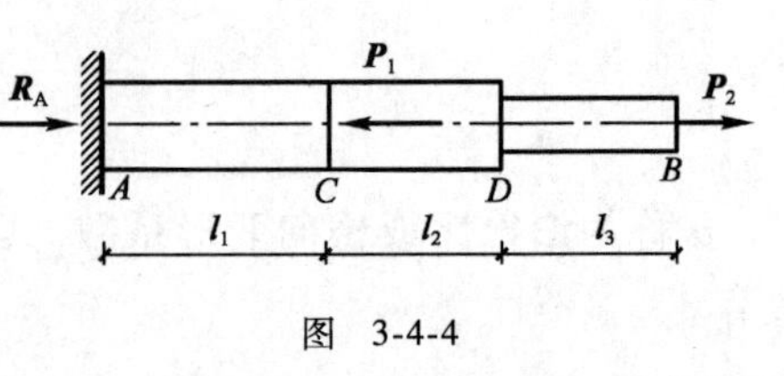

图 3-4-4

解：①计算杆各段的轴力：

$$N_1=N_{AC}=20-50=-30\text{kN}(\text{压力})$$

$$N_2 = N_{CD} = 20\text{kN}(拉力)$$
$$N_3 = N_{DB} = 20\text{kN}(拉力)$$

②计算杆各段的纵向变形：

$$\Delta l_1 = \frac{N_1 l_1}{E_1 A_1} = -\frac{30 \times 10^3 \times 120}{200 \times 10^3 \times 500} = -0.036\text{mm}$$

$$\Delta l_2 = \frac{N_2 l_2}{E_2 A_2} = \frac{20 \times 10^3 \times 100}{200 \times 10^3 \times 500} = 0.02\text{mm}$$

$$\Delta l_3 = \frac{N_3 l_3}{E_3 A_3} = \frac{20 \times 10^3 \times 100}{200 \times 10^3 \times 250} = 0.04\text{mm}$$

③求 B 截面的位移。B 截面的位移为杆的总变形量 Δl_{AB}，它等于杆各段变形量的代数和。

$$\Delta l_{AB} = \Delta l_1 + \Delta l_2 + \Delta l_3 = -0.036 + 0.02 + 0.04 = 0.024\text{mm}$$

④计算杆各段的线应变：

$$\varepsilon_1 = \frac{\Delta l_1}{l_1} = -\frac{0.036}{120} = -3.0 \times 10^{-4}$$

$$\varepsilon_2 = \frac{\Delta l_2}{l_2} = \frac{0.02}{100} = 2.0 \times 10^{-4}$$

$$\varepsilon_3 = \frac{\Delta l_3}{l_3} = \frac{0.04}{100} = 4.0 \times 10^{-4}$$

本题也可根据每段杆的轴力，由公式 $\sigma = \frac{N}{A}$ 计算出相应的应力；再由公式 $\varepsilon = \frac{\sigma}{E}$ 和 $\Delta l = \varepsilon \times l$，计算出各段杆的应变值和纵向变形。

例如 AC 段：

$$\sigma_1 = \frac{N_1}{A_1} = -\frac{30 \times 10^3}{500} = -60\text{MPa}$$

$$\varepsilon_1 = \frac{\sigma_1}{E_1} = -\frac{60}{200 \times 10^3} = -3.0 \times 10^{-4}$$

$$\Delta l_1 = \varepsilon \times l_1 = -3.0 \times 10^{-4} \times 120 = -0.036\text{mm}$$

所得结果与前面解法的结果相同。

学习任务五 金属材料拉伸压缩试验

学习目标

1. 能进行低碳钢的拉伸试验；

2. 能进行铸铁的拉伸与压缩试验；

3. 能绘制应力应变图，定义比例极限、弹性极限、屈服极限、强度极限、延伸率及冷作硬化；

4. 能比较塑性材料和脆性材料的力学性能；

5. 会解释应力集中现象。

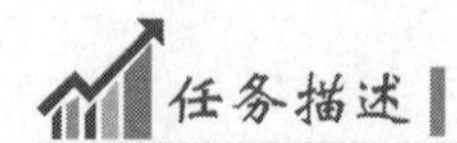

任务描述

在力学试验室完成低碳钢的拉伸试验和铸铁的拉伸、压缩试验。观察试验现象,记录试验数据,填写试验报告书。

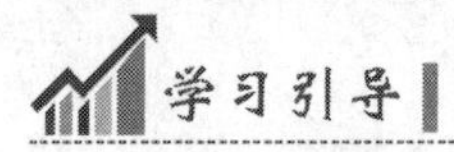

学习引导

本学习任务沿着以下脉络进行:

预习试验操作规程 → 认识试验设备 → 测量记录试件尺寸 → 安装试件和操作设备 → 观察试件受力和变形现象 → 记录屈服荷载和断裂荷载 → 填写试验报告书

一、相关知识

前面在介绍强度、变形计算中,涉及的许用应力、弹性模量、泊松比,这些指标都属于材料的力学性质。材料的力学性质是指:材料受力时,力与变形之间的关系所表现出来的性能指标。材料的力学性质是根据材料的拉伸、压缩试验来测定的。

材料的力学性质不仅与材料自身的性质有关,还与荷载的类别(恒载与活载)、温度条件(常温、低温、高温),以及加载速度等因素有关,且材料种类繁多,我们不可能也不必要逐一地对每种材料在不同条件下进行研究。下面主要以工程中常用的低碳钢和铸铁这两种最具有代表性的材料为例,研究它们在常温(一般指室温)、静载下(一般指缓慢加载)拉伸或压缩时的力学性质。

1. 材料拉伸时的力学性能

1)低碳钢(Q235A)在拉伸时的力学性能

为了便于将试验结果进行比较,拉伸试验的试件按国家标准《金属材料室温拉伸试验方法》(GB/T 228—2002)制作(图 3-5-1)。试件中间是一段等直杆,两端加粗,以便在试验机上夹紧。常用的标准试件的规格有两种:比例试样和非比例试样。

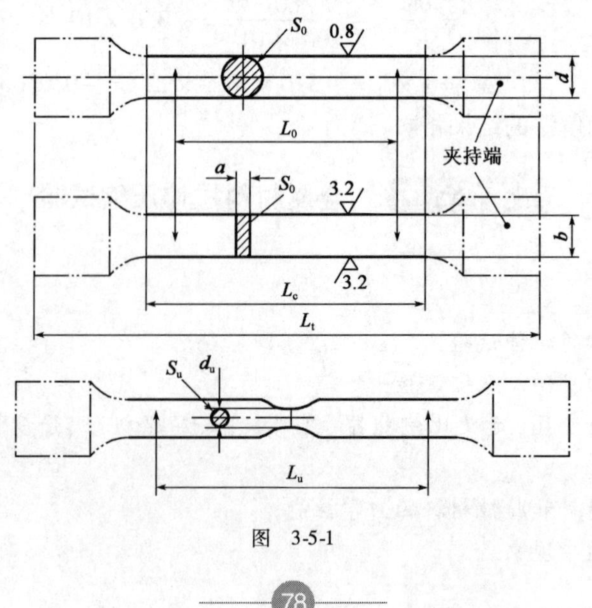

图 3-5-1

凡试样标距与试样原始横截面积有 $L_0 = k\dfrac{S_0}{2}$ 关系的,称为比例标距,试样称为比例试样。式中,k 为比例系数。如果采用比例试样,应采用比例系数 $k=5.65$ 的值,因为此值为国际通用,除非采用此比例系数时不满足最小标距 15mm 的要求。在必须采用其他比例系数的情况下,$k=11.3$ 的值为优先采用。

试验在万能材料试验机上进行。由试验可测出每一 P 值相对应的在标距长度 L_0 内的变形 Δl 值。取纵坐标表示拉力 P,横坐标表示伸长 Δl,可绘出 P 与 Δl 的关系曲线,称为拉伸图。拉伸图一般可由试验机上的自动绘画装置直接绘出。

由于 Δl 与试件原长 L_0 和截面面积 S 有关,因此,即使是同一材料,试件尺寸不同时其拉伸图也不同。为了消除尺寸的影响,可将纵坐标以应力 $\sigma = \dfrac{P}{S_0}$(S_0 为试件变形前的横截面面积)表示;横坐标以应变 $\varepsilon = \dfrac{\Delta L}{L_0}$($L_0$ 为试件变形前标距长度)表示,画出的曲线称为应力—应变图(或 σ-ε 曲线)。其形状与拉伸图相似。

图 3-5-2 为低碳钢的拉伸图,图 3-5-3 为低碳钢的应力—应变图。从 σ-ε 曲线可以看出,低碳钢拉伸过程中经历了四个阶段。

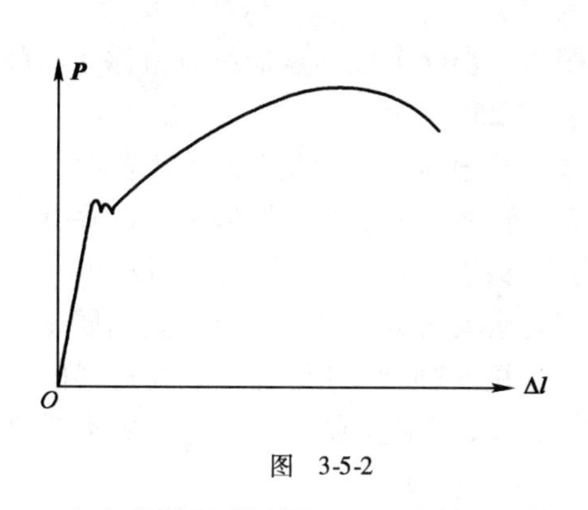

图 3-5-2

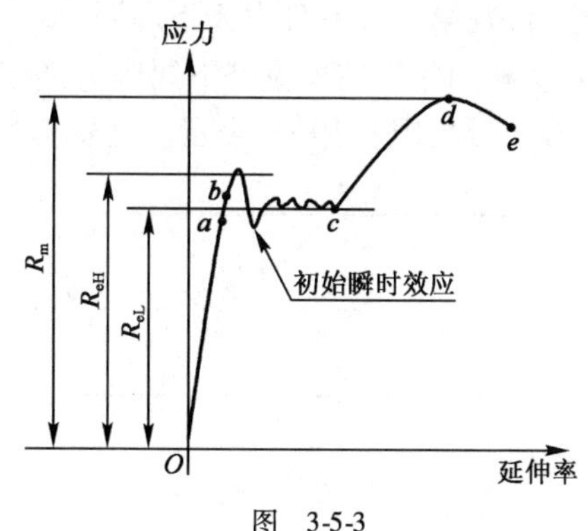

图 3-5-3

(1)弹性阶段(图 3-5-3 中的 ob 段)。拉伸初始阶段 oa 为一直线,表明应力与应变成正比,材料服从胡克定律。a 点对应的应力称为比例极限,用 σ_P 表示。Q235A 钢的比例极限约为 $\sigma_P=200\text{MPa}$。当应力不超过 σ_P 时有

$$\sigma \propto \varepsilon \qquad 或 \qquad \sigma = E\varepsilon$$

$$E = \frac{\sigma}{\varepsilon}$$

直线 oa 的斜率即为材料的弹性模量(图 3-5-3),$\tan\alpha = \dfrac{\sigma}{\varepsilon} = E$。过 a 点后,图线 ab 微弯而偏离直线 oa,这说明应力超过比例极限后,应力与应变不再保持正比关系。但只要应力不超过 b 点对应的应力值,材料的变形仍然是弹性变形,即卸载后,变形将全部消失。b 点对应的应力 σ_e 称为**弹性极限**。因此,试件的应力从零到弹性极限 σ_e 的过程中,只产生弹性变形,称为**弹性阶段**。比例极限和弹性极限虽然物理意义不同,但二者的数值非常接近,工程上不严格区分。因而,在叙述胡克定律时,通常应叙述成应力不超过材料的弹性极限时,应力与应变成正比。

(2)屈服阶段(图3-5-3中 bc 段)。当应力超过 b 点,逐渐到达 c 点时,图线上将出现一段锯齿形线段 bc。此时应力基本保持不变,应变显著增加,材料暂时失去抵抗变形的能力,从而产生明显塑性变形(不能消失的变形)现象,称为屈服(或流动)。bc 段称为屈服阶段,《金属材料室温拉伸试验方法》(GB/T 228—2002)规定:当金属材料呈现屈服现象时,在试验期间达到塑性发生而力不增加的应力点,应区分上屈服强度和下屈服强度。上屈服强度 R_{eH} 是指试样发生屈服而力首次下降前的最高应力(图3-5-3)。下屈服强度 R_{eL} 是指在屈服期间,不计初始瞬时效应时的最低应力(图3-5-3)。

值得注意的是:按照定义在曲线上判定上屈服力和下屈服力的位置点,判定下屈服力时要排除初始瞬时效应的影响。上、下屈服力判定的基本原则为:

①屈服前,第一个峰值力(第一个极大力)判为上屈服力,不管其后的峰值力比它大或小。

②屈服阶段中如呈现两个或两个以上的谷值力,舍去第一个谷值力(第一个极小值力),取其余谷值中力中之最小者判为下屈服力。如只呈现一个下降谷值力,此谷值力判为下屈服力。

③屈服阶段中呈现屈服平台,平台力判为下屈服力。如呈现多个而且后者高于前者的屈服平台,判第一个平台力为下屈服力。

④正确的判定结果应是下屈服力必定低于上屈服力。由此可以确定最小应力称为屈服极限(或流动极限),用 σ_s 表示。低碳钢的屈服极限 $\sigma_s = 235\text{MPa}$。

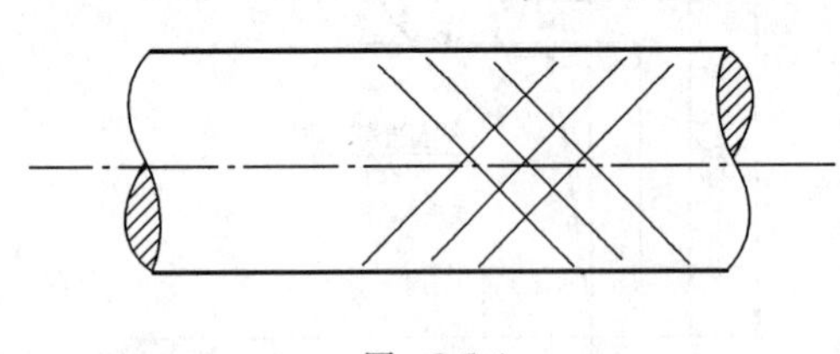
图 3-5-4

材料在屈服时,经过抛光的试件表面上将出现许多与轴线大致成45°的倾斜条纹(图3-5-4),称为滑移线。这些条纹是由于材料内部晶格发生相对错动而引起的。当应力达到屈服极限而发生明显的塑性变形,就会影响材料的正常使用。所以,屈服极限是一个重要的力学性能指标。

(3)强化阶段(图3-5-3中 cd 段)。过屈服阶段后,材料又恢复了抵抗变形的能力,要使材料继续变形,必须加力,这种现象称为强化。σ-ε 曲线中 c 至 d 点称为强化阶段。强化阶段的最高点 e 所对应的应力是材料所能承受的最大应力,称为抗拉强度 R_m,是相应最大力 F_m 的应力,即 $R_m = \dfrac{F_m}{S_0}$。也称为强度极限,用 σ_b 表示。低碳钢的强度极限 $\sigma_b = 400\text{MPa}$。

工程中常利用冷作硬化来提高材料的承载能力,如冷拉钢筋、冷拔钢丝等。

(4)颈缩断裂阶段(图3-5-3中 de 段)。σ-ε 曲线到达 d 点之后,试件某一横截面的尺寸急剧减小。拉力相应减小,变形急剧增加,形成颈缩现象(图3-5-5),直至试件被拉断。试件断裂后,弹性变形恢复,残留下塑性变形。

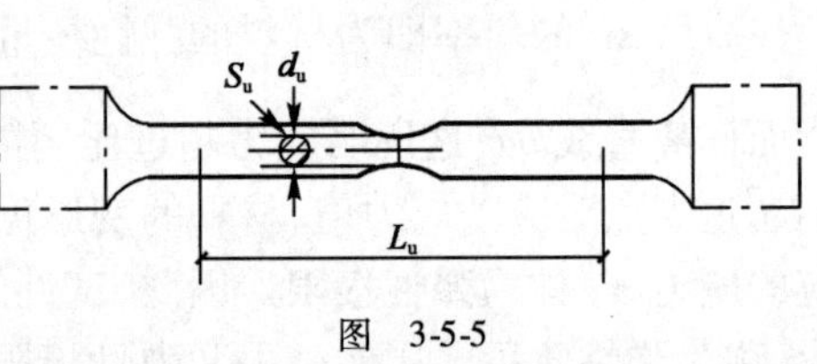

图 3-5-5

应力—应变图上的诸特征点 a、b、c、d 所对应的应力值,反映不同阶段材料的变形和破坏特性。其中屈服极限 σ_s 表示材料出现了显著的塑性变形；而强度极限 σ_b 则表示材料将失去承载能力。因此，σ_s、σ_b 是衡量材料强度的两个重要指标。

(5) 延伸率 A 和截面收缩率 Z。

试件拉断后，一部分弹性变形消失，但塑性变形被保留下来。试件的标距由原来的 L_0 变为 L_u。断裂处的最小横截面面积为 S_u。工程上将 $A = \frac{L_u - L_0}{L_0} \times 100\%$ 称为材料的**延伸率**。将 $Z = \frac{S_0 - S_u}{S_0} \times 100\%$ 称为**截面收缩率**。延伸率和截面收缩率是衡量材料塑性变形能力的两个指标。但在试验测量 S_u 时，容易产生较大的误差，因而钢材标准中往往只采用延伸率这个指标。

工程中，通常把 $A > 5\%$ 的材料，称为**塑性材料**，例如低碳钢、黄铜、铝合金等；而把 $A < 5\%$ 的材料称为**脆性材料**，例如铸铁、玻璃、陶瓷等。

低碳钢的延伸率 $A \approx 26\%$，截面收缩率 $Z \approx 60\%$。

2) 其他塑性材料在拉伸时的力学性质

图 3-5-6 表示几种塑性材料的 σ-ε 曲线。共同特点是延伸率 Z 都比较大。有些金属材料没有明显的屈服点，对于这些塑性材料，通常规定对应于应变 $\varepsilon_s = 0.2\%$ 时的应力为名义屈服极限，用 $\sigma_{0.2}$ 表示（图 3-5-7）。

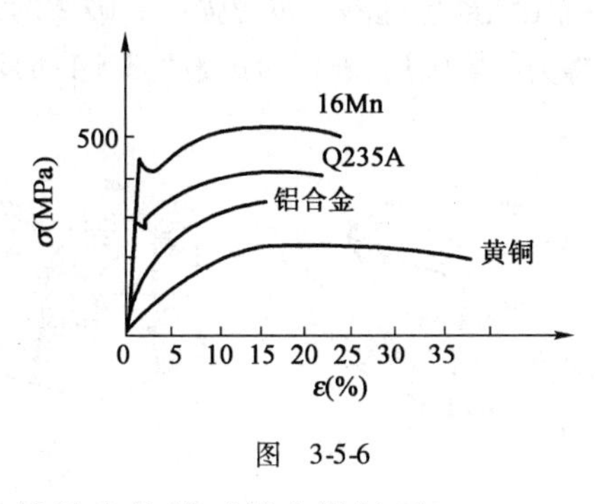

图 3-5-6

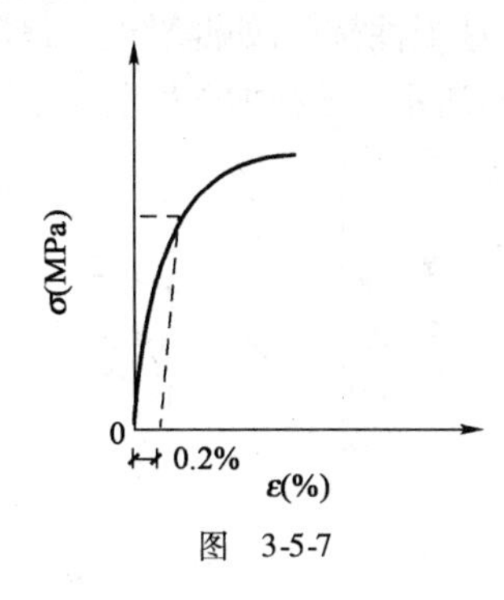

图 3-5-7

3) 铸铁在拉伸时的力学性质

图 3-5-8 为铸铁拉伸时的应力—应变图和破坏情况。铸铁作为典型的脆性材料，从受拉到断裂，变形始终很小，σ-ε 曲线无明显的直线部分，既无比例极限和屈服点，也无颈缩现象，破坏是突然发生的。断裂面接近垂直于试件轴线的横截面。所以，其断裂时的应力就是强度极限 σ_b。铸铁的弹性模量 E，通常以产生 0.1% 的总应变所对应的 σ-ε 曲线上的割线斜率来表示。铸铁的弹性模量 $E = 115 \sim 160\text{GPa}$。

2. 材料压缩时的力学性能

由于材料在受压时的力学性能与受拉时的力学性能不完全相同，因此除拉伸试验外，还必须要做材料的压缩试验。

金属材料（如碳钢、铸铁等）压缩试验的试件为圆柱形，高为直径的 1.5 ~ 3.0 倍；非金属材料（如混凝土、石料等），试件为立方块。

图 3-5-9a) 中所示的实线为低碳钢压缩试验时的 σ-ε 曲线。虚线表示拉伸时的 σ-ε 曲线，两条曲线的主要部分基本重合。低碳钢压缩时的比例极限 σ_P、弹性模量 E、屈服极限 σ_s

都与拉伸时相同。

当应力达到屈服极限后,试件出现显著的塑性变形。加压时,试件明显缩短,横截面增大。由于试件两端面与压头之间摩擦的影响,试件两端的横向变形受到阻碍,试件被压成鼓形[图3-5-9b)]。随着外力的增加,越压越扁,但并不破坏。由于低碳钢的力学性能指标,通过拉伸试验都可测得,因此,一般不做低碳钢的压缩试验。

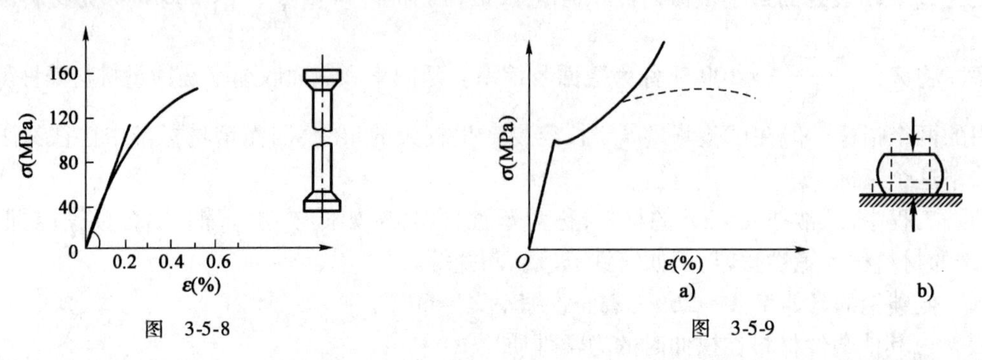

图 3-5-8　　图 3-5-9

脆性材料压缩时的力学性能与拉伸时有较大差别。图3-5-10为铸铁压缩时的 σ-ε 曲线。压缩时 σ-ε 仍然是条曲线,只是在压力较小时近似符合胡克定律。压缩时的强度极限 σ_b 比拉伸时的高3~4倍。铸铁试件破坏时,断口与轴线成45°~55°角。

其他脆性材料,如混凝土、石料等非金属材料的抗压强度也远高于抗拉强度。破坏形式如图3-5-11a)所示。若在加压板上涂上润滑油,减弱了摩擦力的影响后,破坏形式如图3-5-11b)所示。

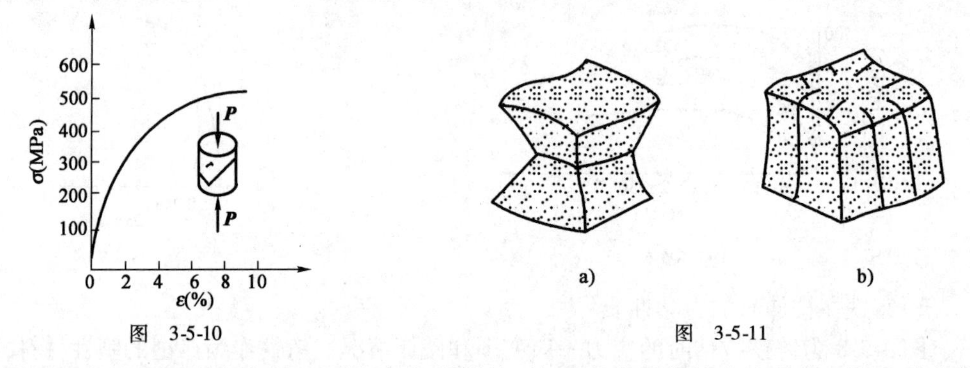

图 3-5-10　　图 3-5-11

木料的力学性能具有方向性。顺纹方向的抗拉、抗压强度比横纹方向抗拉、抗压强度高得多,而且抗拉强度高于抗压强度。图3-5-12为木材顺纹拉、压时的应力—应变图。

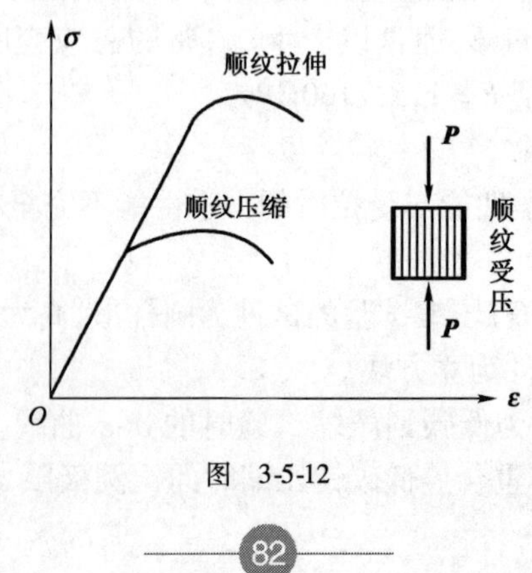

图 3-5-12

表 3-5-1 列出了一些常用材料的主要力学性能。

部分常用材料拉伸和压缩时的力学性质(常温、静载) 表 3-5-1

材料名称	牌　号	屈服点 σ_s (MPa)	抗拉强度 σ_b (MPa)	抗压强度 σ_{bc} (MPa)	设计强度 (MPa)	伸长率 δ_s (%)	V 型冲击功(纵向)(J)
碳素结构钢*	Q215A (2 号钢)	≥215(钢材厚度或直径≤16mm)	335~410			≥31	
	Q235A (3 号钢)	≥235(钢材厚度或直径≤16mm)	375~460		215(抗压、抗拉、抗弯)	≥26	≮27
优质结构钢	35 号	315	529			≥20	
	45 号	360	610			≥16	
低合金钢	16Mn	≥345(钢材厚度或直径≤16mm)	516~660		315(抗压、抗拉、抗弯)	≥22	≮27
	15MnV	≥390(钢材厚度或直径在 4~16mm)	530~580		350(抗压、抗拉、抗弯)	≥18	≮27 (20℃)
球墨铸铁	GT40-10	290	390			≥10	
灰铸铁	HT15-33		100~280	640			
铝合金	LY_{11}	110~240	210~420			≥18	
	LD_9	280	420			≥13	
铜合金	QA19-2	300	450			20~24	
	QA19-4	200	500~600			≥40	
混凝土	C20		1.6	14.2	10(轴心抗压时)		
	C30		2.1	21	15(轴心抗压时)		
松木			96(顺纹)	33			
柞木	东北产			45~56			
杉木	湖南产		77~79	36~41			
有机玻璃	含玻璃纤维 30%		>55	130			
酚醛层压板			85~100	230~250(垂直于板层);130~150(平行于板层)			
玻璃钢(聚碳酸酯基体)	含玻璃纤维 30%		131	145			

注:《碳素结构钢》(GB 700—2006)对碳素结构钢改用屈服强度编号;Q235A 表示屈服点为 235N/mm^2,A 级(无冲击功)。

二、任务实施

以 5 人为一组完成低碳钢和铸铁的拉伸与压缩试验。

低碳钢铸铁的拉伸压缩试验	1. 试验记录: 平均直径 d_0 = 屈服荷载 P_s = 断裂荷载 P_b = 2. 试验结果: 屈服极限 $\sigma_s = \frac{P_s}{A_0} =$ 强度极限 $\sigma_b = \frac{P_b}{A_0} =$ 延伸率 $\delta = \frac{l_1 - l_0}{l_0} \times 100\% =$ 断面收缩率 $\psi = \frac{A_0 - A_1}{A_0} \times 100\% =$
铸铁的拉伸试验	1. 试验记录: 平均直径 d_0 = 断裂荷载 P_b = 2. 试验结果: 强度极限 $\sigma_b = \frac{P_b}{A_0} =$
铸铁的压缩试验	1. 试验记录: 平均直径 d_0 = 断裂荷载 P_b = 2. 试验结果: 强度极限 $\sigma_b = \frac{P_b}{A_0} =$

三、学习效果评价反馈

学生自评	1. 作用于直杆上的外力(或合力)作用线与杆件的轴线(　　)时,杆只产生沿轴线方向的(　　)或(　　)变形,这种变形形式,称为轴向拉伸或压缩。□ 2. 能迅速准确绘制轴向拉压杆的轴力图。□ 3. 在国际单位制中,应力的单位是帕(Pa),1Pa = (　　)N/m², 1MPa = (　　)Pa, 1GPa = (　　)Pa。□ 4. 构件在外力作用下,单位面积上的(　　)称为应力,用符号(　　)表示;应力的正负规定与轴力(　　),拉应力为(　　),压应力为(　　)。□ 5. 如果安全系数取得过大,许用应力就(　　),需用的材料就(　　);反之,安全系数取得太小,构件的(　　)就可能不够。□ 6. 能够应用轴向拉压强度条件进行强度核算。□ 7. 胡克定律的关系式 $\Delta l = \frac{Nl}{EA}$ 中的 E 为表示材料抵抗(　　)能力的一个系数,称为材料的(　　)。乘积 EA 则表示了杆件抵抗(　　)能力的大小,称为杆的(　　)。□ 8. 能够应用胡克定律进行轴向拉压杆变形量的计算。□ 9. 低碳钢拉伸可以分成:(　　)阶段、(　　)阶段、(　　)阶段、(　　)阶段。□ 10. 铸铁拉伸时无(　　)现象和(　　)现象;断口与轴线(　　),塑性变形很小。□ 11. 确定容许应力时,对于脆性材料以(　　)为极限应力,而塑性材料以(　　)为极限应力。□ (根据本人实际情况选择:A. 能够完成;B. 基本能完成;C. 不能完成)

续上表

学习小组评价	团队合作□　学习能力□　交流沟通能力□　动手操作能力□ （根据完成任务情况填写：A. 优秀；B. 良好；C. 合格；D. 有待改进）
教师评价	

小　结

本单元讨论了杆件内力计算的基本方法——截面法。

本单元的主要公式有：

正应力公式：$$\sigma = \frac{N}{A}$$

胡克定律：$$\Delta l = \frac{Nl}{EA} \quad 或 \quad \sigma = E\varepsilon$$

强度条件：$$\sigma_{\max} = \frac{N_{\max}}{A} \leqslant [\sigma]$$

对于这些概念、方法、公式，要会定义，会运用，并要熟记。

材料的力学性能是通过试验测定的，它是解决强度问题和刚度问题的重要依据。材料的主要力学性能指标有：

（1）强度性能指标：材料抵抗破坏能力的指标，屈服极限 σ_s、$\sigma_{0.2}$，强度极限 σ_b。

（2）弹性变形性能指标：材料抵抗变形能力的指标，弹性模量 E、泊松比 μ。

（3）塑性变形性能指标：延伸率 δ、截面收缩率 ψ。

对于这些性能指标，需要熟记其含义。

本章重点：拉（压）杆件的受力特点和变形特点；内力、应力、应变等基本概念；轴向拉（压）杆的应力、应变的计算，轴向拉（压）杆的强度条件及其应用。

强度计算是工程力学研究的主要问题。强度计算的一般步骤是：

（1）外力分析。分析杆件所受外力情况，根据受力特点，判断构件产生哪种基本变形及确定其大小（荷载与支座反力）。

（2）内力计算。截面法是计算内力的基本方法，应当熟练掌握该方法。由截面法可归纳出求内力的结论（外力与轴力的关系），利用结论计算内力是非常简捷的。

（3）强度计算。利用强度条件可解决三类问题：进行强度校核，选择截面尺寸和确定许用荷载。

解题时应注意：在分析杆件的强度和刚度时，应将研究的对象视为可变性固体，在计算杆件的内力时，不能使用力的可传性原理和力偶的可移性原理。

复习思考题

3-1　轴向拉（压）杆的受力特点与变形特点是什么？辨别思 3-1 图中各杆件哪些属于轴向拉伸或压缩。

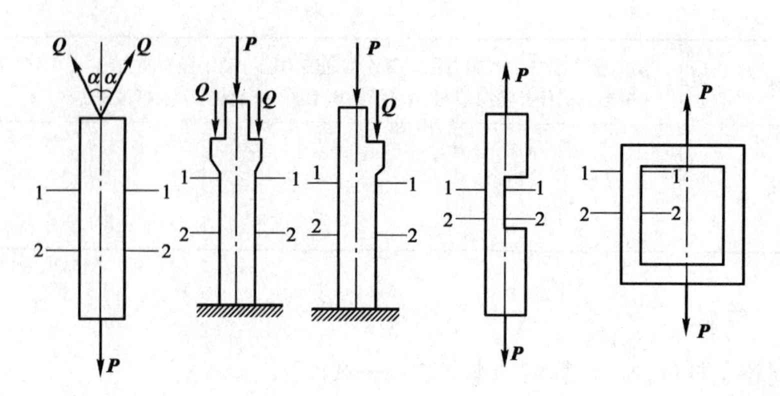

思 3-1 图

3-2 两根材料不同,横截面面积不相等的拉杆,受相同的轴向拉力,它们的内力是否相等? 轴力和横截面面积相等,但截面形状和材料不同的拉杆,它们的应力是否相等?

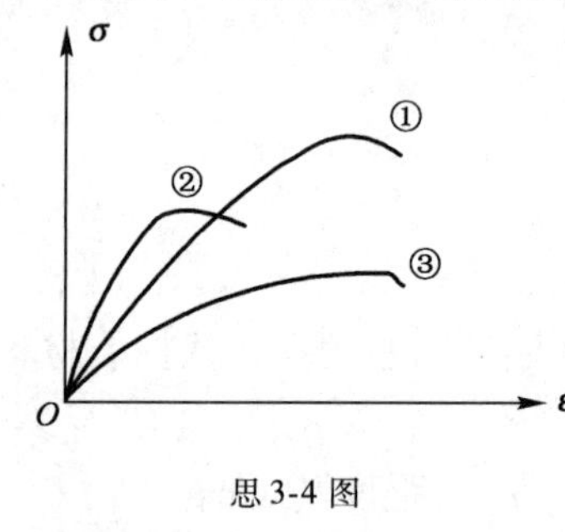

思 3-4 图

3-3 已知低碳钢的比例极限 $\sigma_P = 200\text{MPa}$,弹性模量 $E = 200\text{GPa}$。现有一低碳钢试件,测得其应变 $\varepsilon = 0.002$,是否可由此计算 $\sigma = E\varepsilon = 200 \times 10^3 \times 0.002 = 400\text{MPa}$? 为什么?

3-4 三种材料的 σ-ε 曲线如思 3-4 图所示,问哪一种材料:(1)强度高? (2)刚度大? (3)塑性好?

3-5 指出下列概念的区别:

(1)材料的拉伸图和应力—应变图;

(2)弹性变形和塑性变形;

(3)极限应力和许用应力。

3-6 何谓冷作硬化现象? 它在工程上有什么应用?

3-7 塑性材料和脆性材料,各以哪个极限作为极限应力?

3-8 现有低碳钢和铸铁两种材料,若用低碳钢制造杆①,用铸铁制造杆②,如思 3-8 图所示,用于下列结构时是否合理? 为什么?

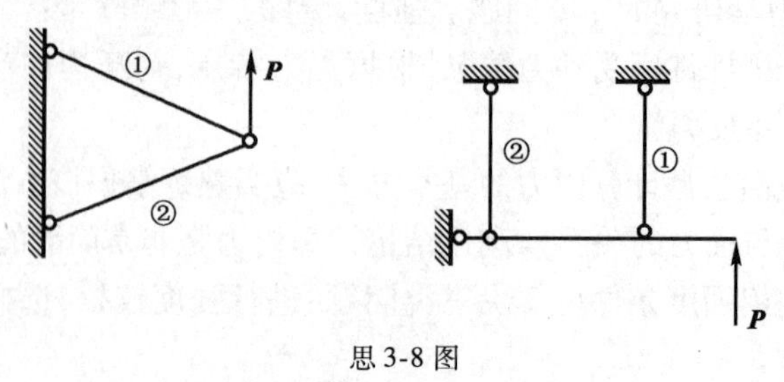

思 3-8 图

习 题

3-1 试用截面法求题 3-1 图各指定截面上的轴力并作轴力图。

3-2 圆截面杆上有槽如题 3-2 图所示。杆的直径 $d = 20\text{mm}$,受拉力 $P = 15\text{kN}$ 的作用,试求 1-1 和 2-2 截面上的应力。

3-3 起重吊钩的上端用螺母固定,如题 3-3 图所示,若吊钩螺栓柱内径 $d = 55\text{mm}$,外径

$D=63.5\text{mm}$，材料许用应力$[\sigma]=80\text{MPa}$，试校核吊钩起吊重物$P=170\text{kN}$时螺栓的强度。

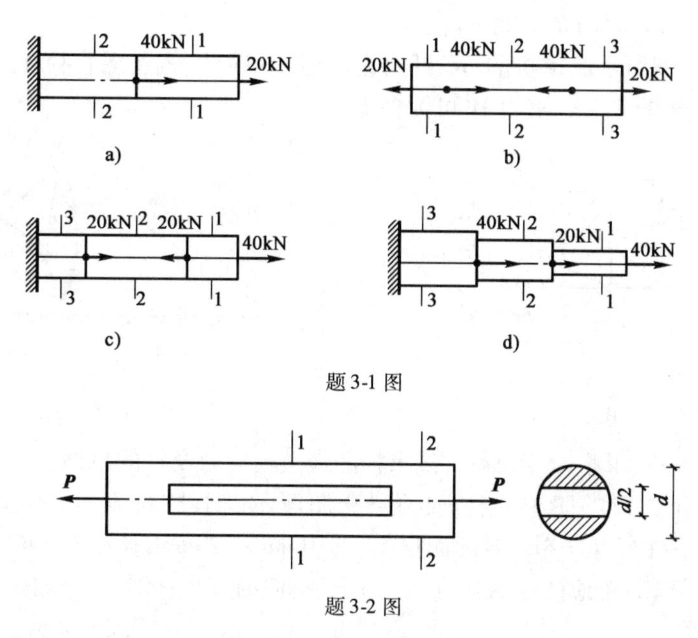

题 3-1 图

题 3-2 图

3-4　一载物木箱自重 5kN，用绳索吊起，如题 3-4 图所示，试问每根吊索受力多少？如吊索用麻绳，试选择麻绳的直径。麻绳的许用应力如下：

麻绳直径(mm)	20	22	25	29
许用拉力(N)	3 200	3 700	4 500	5 200

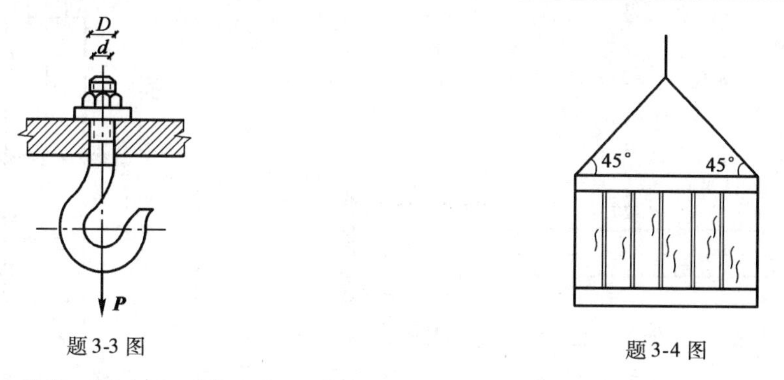

题 3-3 图　　　　题 3-4 图

3-5　一矩形截面木杆，两端的截面被圆孔削弱，中间的截面被两个切口减弱，如题 3-5 图所示。试验算在承受拉力$P=70\text{kN}$时杆是否安全，已知$[\sigma]=7\text{MPa}$。

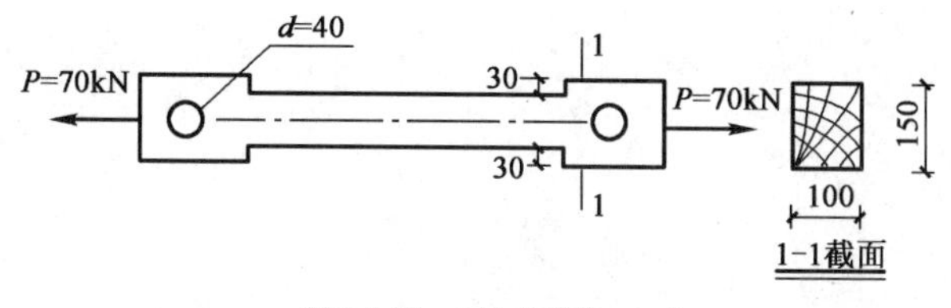

题 3-5 图　(尺寸单位:mm)

3-6　如题3-6图所示钢木桁架，已知集中荷载 $P=16\text{kN}$，杆 DI 为钢杆，钢的许用应力 $[\sigma]=170\text{MPa}$，试选择 DI 杆的直径 d。

3-7　如题3-7图所示起重机的 BC 杆由钢丝绳 AB 拉住，钢丝绳直径 $d=26\text{mm}$，$[\sigma]=162\text{MPa}$，试问起重机的最大起重力 W 可为多少？

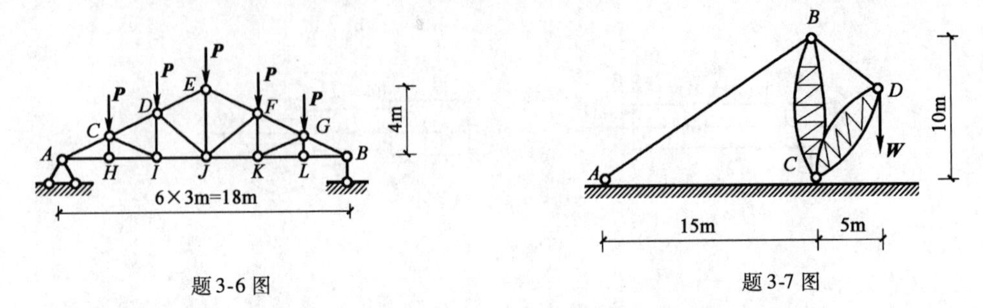

题3-6图　　题3-7图

3-8　圆截面钢杆如题3-8图所示，试求杆的最大正应力及杆的总伸长。

3-9　截面为正方形的阶梯砖柱，如题3-9图所示。上柱高 $H_1=3\text{m}$，截面面积 $A_1=240\text{mm}\times240\text{mm}$，下柱高 $H_2=4\text{m}$，截面面积 $A_2=370\text{mm}\times370\text{mm}$，荷载 $P=40\text{kN}$，砖的弹性模量 $E=3\text{GPa}$，试计算(不考虑砖柱的自重)：(1)上、下柱的应力；(2)上、下柱的应变；(3) A 截面与 B 截面的位移。

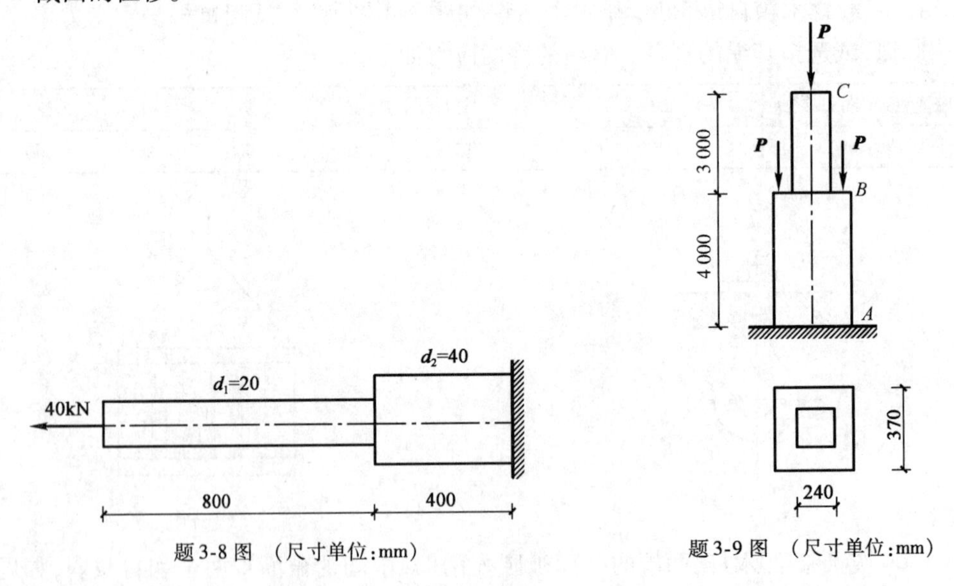

题3-8图　(尺寸单位:mm)　　题3-9图　(尺寸单位:mm)

学习情境四 梁的弯曲内力与强度计算

学习任务一 绘制梁的剪力图与弯矩图

学习目标

1. 能够列举一例工程实际中的弯曲变形问题；
2. 能够认识三种单跨梁及绘制相应简图；
3. 会应用截面法计算单跨梁任一横截面上的剪力和弯矩；
4. 用荷载集度 $\boldsymbol{q}$、剪力 $\boldsymbol{Q}(x)$ 与弯矩 $\boldsymbol{M}(x)$ 的微分关系绘制剪力图、弯矩图。

任务描述

外伸梁受力如图 4-1-1 所示。A 端作用一集中力 $\boldsymbol{q}a$，BC 段作用均布荷载，荷载集度为 $\boldsymbol{q}$。试作出外伸梁的剪力图和弯矩图，并确定内力最大的截面。

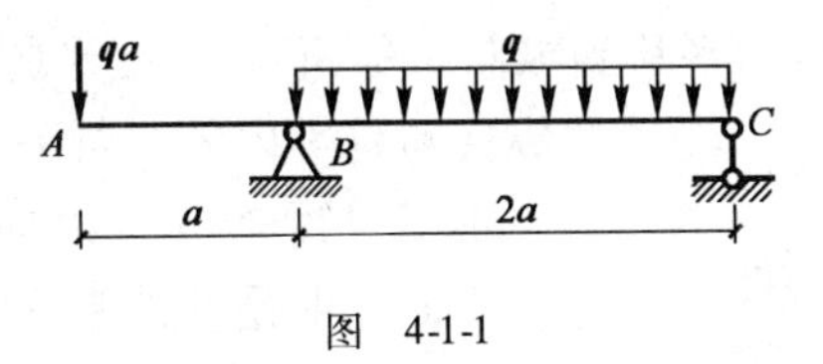

图 4-1-1

学习引导

本学习任务沿着以下脉络进行：

采用截面法计算梁任一截面上的 $\boldsymbol{Q}$、$\boldsymbol{M}$ → 列剪力方程和弯矩方程绘制 $\boldsymbol{Q}$、$\boldsymbol{M}$ 图 → 用 $\boldsymbol{q}$、$\boldsymbol{Q}$、$\boldsymbol{M}$ 间的微分关系绘制 $\boldsymbol{Q}$、$\boldsymbol{M}$ 图

一、相关知识

弯曲变形是工程中常见的一种基本变形形式，例如图 4-1-2 所示桥梁中的纵梁[图 4-1-2a)]、房屋建筑中的楼板梁[图 4-1-2b)]、阳台挑梁[图 4-1-2c)]，都是受弯构件。凡以

弯曲变形为主的杆件,当水平或倾斜放置时,通常称为**梁**。

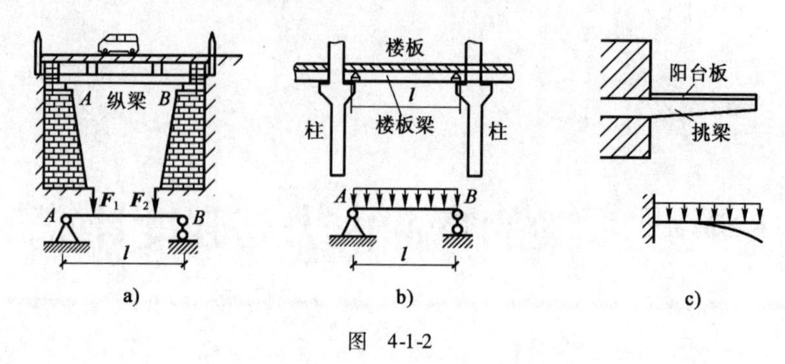

图 4-1-2

梁的横截面若具有竖向对称轴,则竖向对称轴与梁轴线所确定的平面称为梁的**纵向对称面**。图 4-1-3 中,用阴影线表示出了纵向对称面。

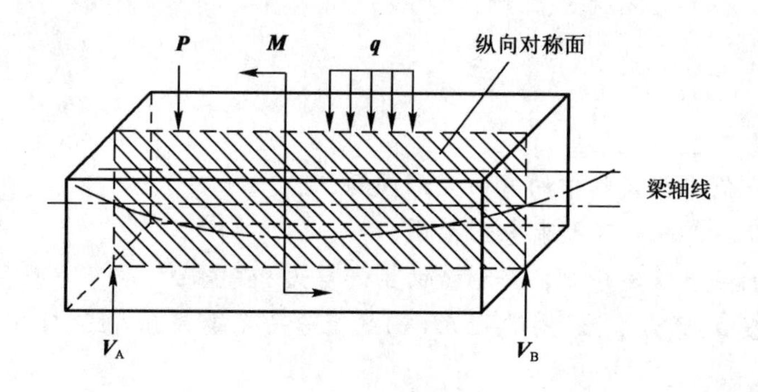

图 4-1-3

具有纵向对称面的平面弯曲梁,其受力的特点是:所受的外力都作用在梁的纵向对称面内,且都是横向力(其作用线与梁轴线相垂直的力);所受的外力偶都作用在梁的纵向对称面或与之平行的平面内(可以自由平移到纵向对称面)。其变形的特点是:梁变形后,其轴线变成纵向对称面内的一条平面曲线(图 4-1-3)。

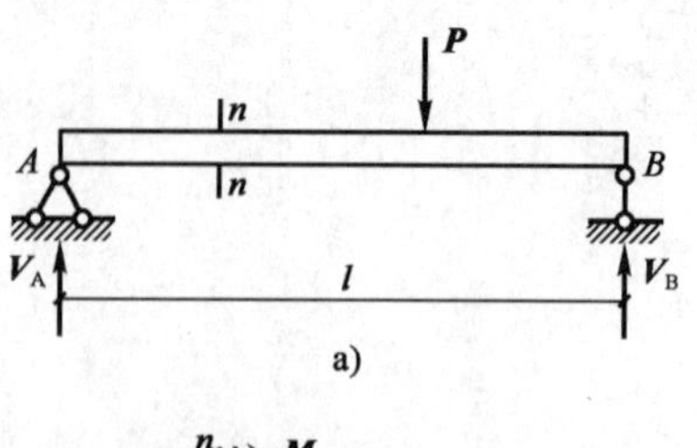

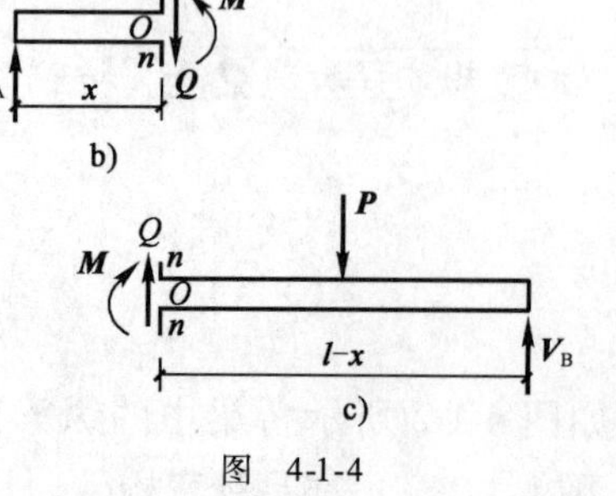

图 4-1-4

本书只讨论具有纵向对称面的梁的平面弯曲问题。平面弯曲是杆件变形的又一种基本变形形式。

1. 梁的内力——剪力和弯矩

梁在外力作用下,其任意横截面上的内力可以通过截面法求得。图 4-1-4 所示的梁在外力作用下处于平衡状态,现在讨论距 A 端为 x 的 n-n 截面上的内力。首先求出支座反力 V_A 和 V_B(因为梁受竖向荷载,所以水平支座反力为零),然后用假想的平面将梁沿 n-n 处切开为左、右两段,取左段梁为分离体[图 4-1-4b)]。因为梁处于平衡状态,所以分离体也应该保持平衡状态。由于 A 端有支座反力 V_A 作用,因此,要使分离体不发生上下移动,在其右端的 n-n 截面上必然会有一个与

V_A大小相等、方向相反的力 Q 与之平衡；与此同时，由于 V_A 和 Q 形成一个力偶矩为 $V_A x$ 的力偶会引起分离体转动，因此，为使分离体不发生转动，在 n-n 截面上就必然会有一个与力偶 $V_A x$ 大小相等而方向相反的力偶 M，实际上 Q 与 M 就是右段梁对左段梁的作用。Q 与 M 即为梁在 n-n 横截面上的内力，其中与截面平行的内力 Q 称为**剪力**，内力偶矩 M 称为**弯矩**。

根据分离体的平衡条件：

$$\sum Y = 0, V_A - Q = 0$$

$$Q = V_A$$

$$\sum M_O = 0, M - V_A \cdot x = 0$$

$$M = V_A \cdot x$$

式中，$\sum M_O = 0$ 表示分离体上所有的力和力偶对 n-n 截面的形心 O 点取矩的代数和等于零。

若取右段梁作为分离体，同样可以求得 Q 与 M，根据作用与反作用定律，右段梁在 n-n 截面上的 Q 和 M 必然与左段梁的 Q 和 M 大小相等，而方向相反[图 4-1-4c)]，是相互的约束力。

剪力的国际制单位为牛顿(N)或千牛顿(kN)，弯矩的国际制单位为牛·米(N·m)或千牛·米(kN·m)。

2. 剪力 Q 与弯矩 M 的正负号规定

图 4-1-4b)和 c)所示的左、右两个分离体上，同一个 n-n 截面上的剪力 Q 或弯矩 M 都是大小相等而方向相反的。如果我们还是按着静力学中有关力和力矩正负号的规定(即某个指向为正，反之为负)，则对于取截面左边和右边的梁段为分离体时，其剪力和弯矩将具有不同的正负号，这对于梁的应力计算是很不方便的。

为了能使以左段梁或右段梁为分离体时所求得的同一个 n-n 截面上的内力，不仅大小相等，而且具有相同的正负号(尽管其方向是不同的)，就需要联系梁的变形现象来规定它们的正负号。

为了说明剪力和弯矩的符号规定，在 n-n 截面的左边和右边分别截取 dx 微段，这些微段梁在剪力和弯矩作用下的变形状态，分别如图 4-1-5 和图 4-1-6 所示。

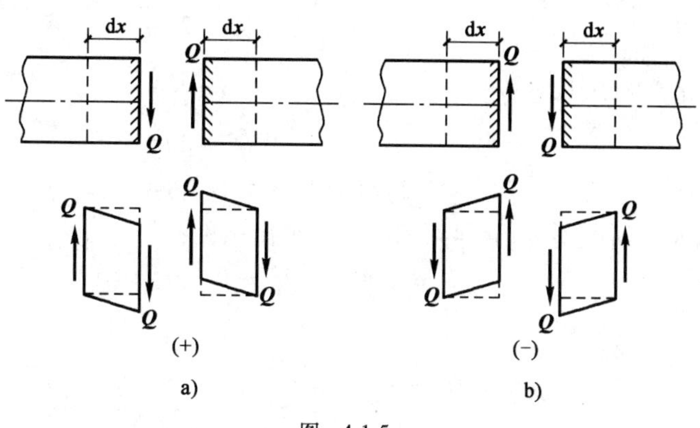

图 4-1-5

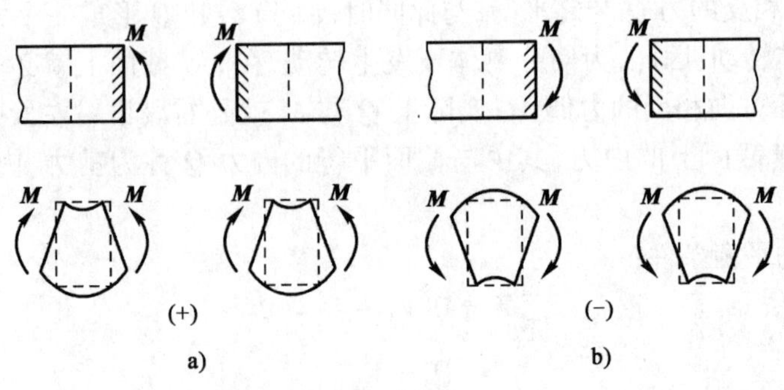

图 4-1-6

图4-1-5a)所示的微段梁在剪力 $\boldsymbol{Q}$ 的作用下,均产生左上右下的相对错动变形,或者说使微段梁有顺时针转动的趋势。我们把使微段梁产生这种变形的剪力规定为正号的剪力;反之,图4-1-5b)所示的使微段梁产生左下右上变形,或者说使微段梁有逆时针转动趋势的剪力,规定为负号的剪力。

图4-1-6a)所示的微段梁在弯矩 $\boldsymbol{M}$ 作用下,均产生向下凸的变形,或者说使微段梁的下半部拉长,上半部缩短,而弯成扇形状态。我们把使微段梁产生这种变形状态的弯矩规定为正号的弯矩;反之,把图4-1-6b)所示的使微段梁产生向上凸变形状态的弯矩规定为负号的弯矩。规定使微段梁有顺时针转动趋势的剪力为正,反之为负;使微段梁产生向下凸变形的弯矩为正,反之为负。

为计算方便,通常将未知内力的方向都假设为内力的正方向,当由平衡方程解得内力为正号时,表示实际方向与所设方向一致,即内力为正值;解得内力为负号时,表示实际方向与所设方向相反,即内力为负值。这种假设未知力为正方向的方法,将外力符号与内力符号两者统一了起来,由平衡方程中出现的正负号就可定出内力的正负号。

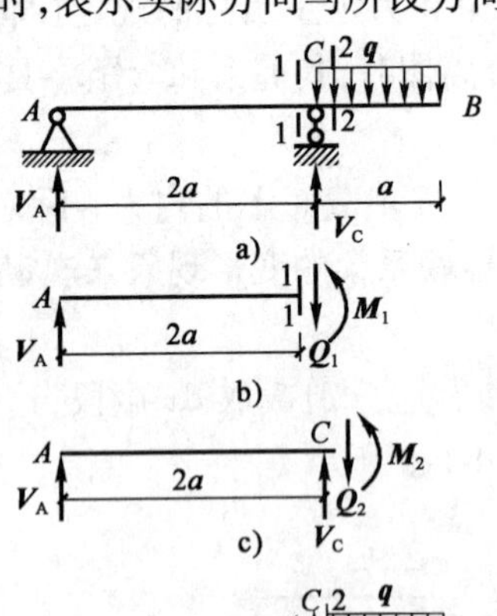

图 4-1-7

例 4-1-1 计算图4-1-7a)所示外伸梁 C 支座稍左的1-1截面和稍右的2-2截面上的剪力和弯矩。

解:(1)计算支座反力:

$$V_{\mathrm{A}} = -\frac{qa \times \frac{a}{2}}{2a} = -\frac{1}{4}qa(\downarrow)$$

$$V_{\mathrm{C}} = \frac{qa \times \frac{5a}{2}}{2a} = \frac{5}{4}qa(\uparrow)$$

(2)计算截面1-1上的内力。

取1-1截面以左为研究对象[图4-1-7b)],由平衡条件:

$$\sum Y = 0, V_{\mathrm{A}} - Q_1 = 0$$

得

$$Q_1 = V_{\mathrm{A}} = -\frac{1}{4}qa$$

$$\sum M_1 = 0, V_{\mathrm{A}} \times 2a - M_1 = 0$$

得

$$M_1 = V_A \times 2a = -\frac{1}{2}qa^2$$

(3)计算2-2截面上的内力。

取2-2截面以左部分为研究对象[图4-1-7c)],由平衡条件:

$$\sum Y = 0, V_A + V_C - Q_2 = 0$$

得

$$Q_2 = V_A + V_C = -\frac{1}{4}qa + \frac{5}{4}qa = qa$$

$$\sum M_2 = 0, V_A \times 2a + V_C \times 0 - M_2 = 0$$

得

$$M_2 = V_A \times 2a = -\frac{1}{2}qa^2$$

由以上的计算可知,在集中力(上例中的集中荷载 $\boldsymbol{P}$,支座反力 $\boldsymbol{V}_A$、$\boldsymbol{V}_B$、$\boldsymbol{V}_C$都是集中力)左右两侧无限接近的横截面上弯矩相同,但剪力不同,相差的数值就等于该集中力的值,我们称为**剪力发生了突变**。集中力偶左右两侧无限接近的横截面上的剪力相同,但**弯矩发生了突变**,突变的数值就等于集中力偶的力偶矩。

用截面法计算梁指定截面上的剪力和弯矩,是计算梁内力的基本方法。根据前面的讨论和例题的求解,截面上的剪力和弯矩与梁上的外力之间存在着下列规律:

(1)梁上任一横截面上的剪力 $\boldsymbol{Q}$ 在数值上等于此截面左侧(或右侧)梁上所有外力的代数和。

(2)梁上任一横截面上的弯矩 $\boldsymbol{M}$ 在数值上等于此截面左侧(或右侧)梁上所有外力对该截面形心的力矩的代数和。

利用上面两条规律,可使计算截面上内力的过程简化,省去列平衡方程式的步骤,直接由外力写出所求的内力。

下面通过实例说明以上结论的应用。

例 4-1-2 用简便方法计算图4-1-8所示简支梁1-1和2-2截面上的内力。

解:(1)计算支座反力:

$$V_A = \frac{2P \times 3a + M_0 + 2P \times 2a}{4a} = \frac{11}{4}P(\uparrow)$$

$$V_B = 2P + 2P - R_A = \frac{5}{4}P(\uparrow)$$

(2)计算截面1-1上的内力。

由截面1-1以左部分的外力来计算内力:

$$Q_1 = V_A - 2P = \frac{11}{4}P - 2P = \frac{3}{4}P$$

$$M_1 = V_A \times 2a - 2P \times a$$

$$= \frac{11}{4}P \times 2a - 2Pa = \frac{7}{2}Pa$$

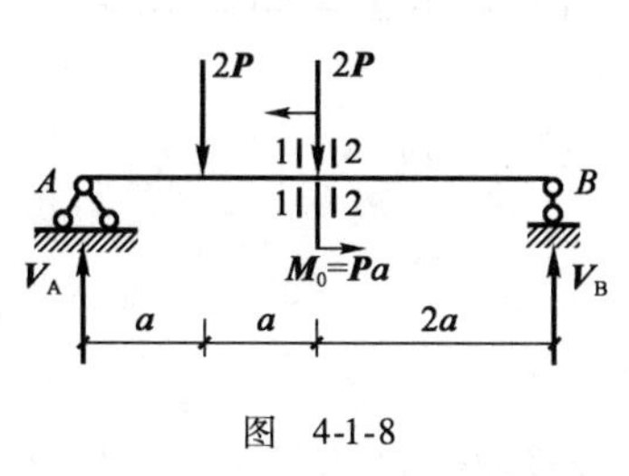

图 4-1-8

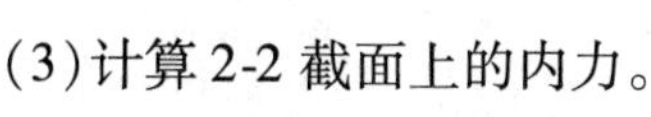
(3)计算2-2截面上的内力。

由截面2-2以左部分的外力来计算内力:

$$Q_2 = V_A - 2P - 2P = \frac{11}{4}P - 2P - 2P = -\frac{5}{4}P$$

$$M_2 = V_A \times 2a - 2P \times a - M_0 = \frac{5}{2}Pa$$

3.剪力方程和弯矩方程

一般情况下,梁横截面上的剪力和弯矩都是随截面的位置不同而变化。若以 x 表示横截面沿梁轴线的位置,则梁内各横截面上的剪力和弯矩均可以写成坐标 x 的函数,即:

$$\boldsymbol{Q} = \boldsymbol{Q}(x)$$
$$\boldsymbol{M} = \boldsymbol{M}(x)$$

上面的函数表达式可以反映出梁各横截面上的剪力和弯矩沿梁轴线的变化规律,分别称为梁的**剪力方程**和**弯矩方程**。

4.剪力图和弯矩图

绘制梁的内力图时,通常正对梁的结构图,在梁结构图下方作平行于梁轴线的 x 轴,取向右的方向为正;再以集中荷载和集中力偶的作用点、分布荷载分布长度的端点以及梁的支承点为分界点(这些点以后称为控制点),将梁分成几段;然后分别列出各段的剪力方程和弯矩方程,并分别求出各分界点处截面上的剪力值和弯矩值;最后把算得的各分界点截面的 $\boldsymbol{Q}$、$\boldsymbol{M}$ 值作为纵坐标,按正负号和选定比例画在与截面位置相对应之处,再把各个纵坐标的端点连接起来,由此而得到的图形,称之为梁的**剪力图**和**弯矩图**。

剪力图和弯矩图表示梁的各横截面上剪力 $\boldsymbol{Q}$ 和弯矩 $\boldsymbol{M}$ 沿梁轴线变化的情况。剪力图上任一点的纵坐标表示与此点相对应的梁横截面上的剪力值;弯矩图上任一点的纵坐标表示与此点相对应的梁横截面上的弯矩值。土建工程中,习惯上把正剪力画在 x 轴上方,负剪力画在 x 轴下方;而把规定弯矩画在梁受拉的一侧。联系我们对弯矩正负号所做的规定,正弯矩使梁的下部受拉,负弯矩使梁的上部受拉,所以画梁的弯矩图时,正弯矩画在 x 轴下方,负弯矩画在 x 轴上方。

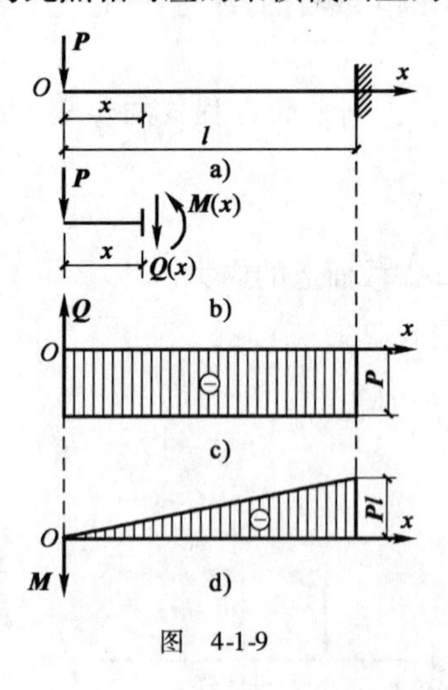

图 4-1-9

下面通过例题来说明剪力图与弯矩图的绘制方法。

例4-1-3 悬臂梁受集中力作用如图4-1-9a)所示。列出梁的剪力方程和弯矩方程,画出剪力图和弯矩图,并确定 $|Q|_{max}$ 与 $|M|_{max}$。

解:(1)列剪力方程和弯矩方程。

把 x 轴坐标原点 O 取在梁左端,如图4-1-9a)所示。假想把梁在距原点 O 为 x 的截面处截为两段,取左段为研究对象,如图4-1-9b)所示,可写出该截面上的剪力 $\boldsymbol{Q}(x)$ 和弯矩 $\boldsymbol{M}(x)$ 分别为:

$$Q(x) = -P \qquad (0 \leqslant x \leqslant l)$$
$$M(x) = -Px \qquad (0 \leqslant x \leqslant l)$$

因截面位置为任意的,故式中 x 是一个变量。上两式即为梁的剪力方程和弯矩方程。

(2)绘剪力图和弯矩图。

先建立两个坐标系,Ox 轴与梁轴线平行,原点 O 与梁的 A 点对应,横坐标表示横截面的位置,纵坐标分别表示剪力 $\boldsymbol{Q}$ 和弯矩 $\boldsymbol{M}$,然后按方程作图。

由剪力方程式可知 $\boldsymbol{Q}(x)$ 为一常数,即全梁各截面剪力相同。在纵坐标上向下截取一段为 $\boldsymbol{P}$,$\boldsymbol{Q}$ 图为一平行于 x 轴的直线,如图 4-1-9c)所示。

由弯矩方程式可知,$\boldsymbol{M}(x)$ 为 x 的一次函数,应为一直线图形。故只需确定两个截面的弯矩值,即可确定直线位置。

$$x=0, M=0$$
$$x=l, M=-Pl$$

把它们标在图 4-1-9d)的 $\boldsymbol{MOx}$ 坐标系中,连接这两点即作出梁的弯矩图。由于 $\boldsymbol{M}$ 是负值,按规定画在横坐标的上方。上述根据内力方程的性质及需要而算出内力值的几个截面称为控制截面,内力图上相应的点称为控制点。

(3)确定 $|Q|_{max}$ 和 $|M|_{max}$。

从剪力图和弯矩图上很容易看出最大剪力和最大弯矩(均指其绝对值)在 B 端,其值为:

$$|Q|_{max}=P$$
$$|M|_{max}=Pl$$

从本例可以看出,梁上没有分布荷载作用时,剪力图是一条水平线,弯矩图是一条斜直线。

例 4-1-4 悬臂梁受均布荷载作用,如图 4-1-10a)所示。列出梁的剪力方程和弯矩方程,画出 $\boldsymbol{Q}$、$\boldsymbol{M}$ 图并确定 $|Q|_{max}$ 与 $|M|_{max}$。

解:(1)列剪力方程和弯矩方程。

坐标原点设在梁左端,假想在 x 截面处将梁截开,取左段为研究对象,如图 4-1-10b)所示。列出该梁的剪力方程和弯矩方程为:

$$Q(x)=-qx \qquad (0<x<l)$$

$$M(x)=-qx\times\frac{x}{2}=-\frac{1}{2}qx^2 \qquad (0\leqslant x\leqslant l)$$

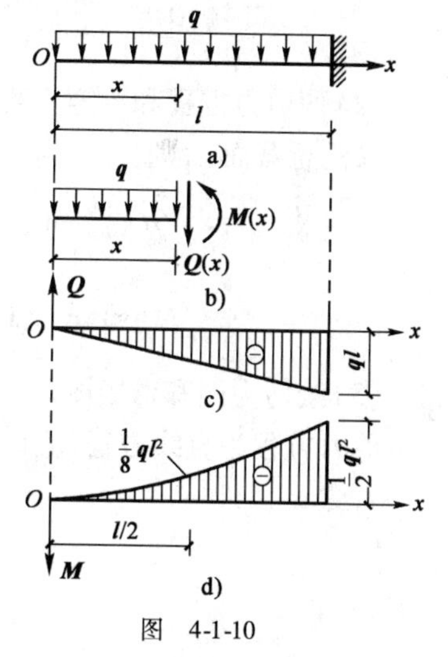

图 4-1-10

(2)绘剪力图和弯矩图。

剪力方程为直线方程,由两个控制点的数值便可绘出直线。

$$x=0, Q=0$$
$$x=l, Q=-ql$$

绘出 $\boldsymbol{Q}$ 图如图 4-1-10c)所示。

弯矩方程为二次曲线方程,至少需要 3 个控制点才能大致描出曲线形状。

$$x=0,\ M=0$$
$$x=\frac{l}{2}, M=-\frac{1}{8}ql^2$$

$$x = l,\quad M = -\frac{1}{2}ql^2$$

绘出 M 图如图 4-1-10d)所示。

(3)确定 $|Q|_{max}$ 和 $|M|_{max}$。

从剪力图和弯矩图上可看出,最大剪力和最大弯矩都在固定端截面,即

$|Q|_{max} = ql$

$|M|_{max} = \frac{1}{2}ql^2$

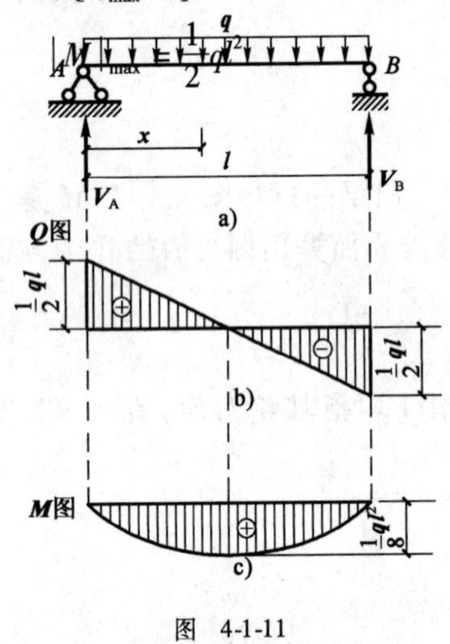

图 4-1-11

由本例可以看出,梁上作用均布荷载 q 时,剪力图为一条斜直线,弯矩图为一条二次曲线,曲线的凸向与均布荷载的指向一致。

根据工程要求,剪力图与弯矩图上应该标明图名(Q 图、M 图)、正负、控制点值及单位;坐标轴可以省略不画。

例 4-1-5 简支梁受均布荷载作用如图 4-1-11a)所示,求梁的剪力方程和弯矩方程,画出 Q、M 图并确定 $|Q|_{max}$ 与 $|M|_{max}$。

解:(1)计算支座反力。

$$V_A = V_B = \frac{1}{2}ql$$

(2)列剪力方程和弯矩方程。

取任意截面 x,则:

$$Q(x) = V_A - qx = \frac{1}{2}ql - qx \qquad (0 < x < l)$$

$$M(x) = V_A x - \frac{1}{2}qx^2 = \frac{1}{2}qx(l - x) \qquad (0 \leqslant x \leqslant l)$$

(3)绘剪力图和弯矩图。

剪力方程为直线方程,应计算两个控制点值:

$$x = 0, Q = \frac{1}{2}ql$$

$$x = l, Q = -\frac{1}{2}ql$$

根据计算结果,分别在 x 轴上方和下方得两点位置,相连后即得 Q 图,如图 4-1-11b)所示。

弯矩方程为曲线方程,应至少计算 3 个控制点:

$$x = 0,\ M = 0$$

$$x = \frac{l}{2}, M = \frac{1}{8}ql^2$$

$$x = l,\ M = 0$$

根据以上 3 个控制点数值即可作出 M 图,如图 4-1-11c)所示。

(4)确定 $|Q|_{max}$ 和 $|M|_{max}$。

在 A、B 两端截面：
$$|Q|_{max}=\frac{1}{2}ql$$

在跨中截面：
$$|M|_{max}=\frac{1}{8}ql^2$$

本例与上例类似，梁上作用均布荷载，剪力图为一条斜直线，弯矩图是一条二次曲线，凸向同 $\boldsymbol{q}$ 的指向。还应注意，在剪力 $Q=0$ 的截面上，存在着 $|M|_{max}$。

例 4-1-6 简支梁受集中力 $\boldsymbol{P}$ 作用，如图 4-1-12 所示，求梁的剪力方程和弯矩方程，画出 $\boldsymbol{Q}$、$\boldsymbol{M}$ 图并确定 $|Q|_{max}$ 和 $|M|_{max}$。

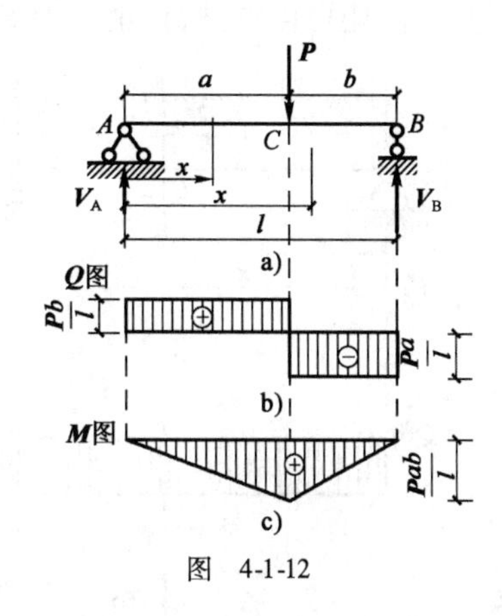

图 4-1-12

解：(1)计算支座反力。

由梁的整体平衡可求得：
$$V_A=\frac{b}{l}P;V_B=\frac{a}{l}P$$

(2)列剪力方程和弯矩方程。

梁上作用的集中力 $\boldsymbol{P}$ 把梁分为 AC 和 CB 两段，若分别用截面在 AC 段和 CB 段将梁截开，均取截面以左部分作为研究对象，则 AC 段上外力只有 $\boldsymbol{V}_A$，CB 段上外力有 $\boldsymbol{V}_B$ 和 $\boldsymbol{P}$，这样，两段的内力必然不同，所以梁的剪力方程和弯矩方程应分段列出。

AC 段：
$$Q(x)=V_A=\frac{b}{l}P \qquad (0<x<a)$$
$$M(x)=V_Ax=\frac{b}{l}Px \qquad (0\leqslant x\leqslant a)$$

CB 段：
$$Q(x)=V_A-P=-\frac{a}{l}P \qquad (a<x<l)$$
$$M(x)=V_Ax-P(x-a)=\frac{a}{l}P(l-x) \qquad (a\leqslant x\leqslant l)$$
$$=x-P(x-a)$$
$$=(l-x) \qquad (a\leqslant x\leqslant l)$$

(3)绘 $\boldsymbol{Q}$、$\boldsymbol{M}$ 图。

AC 段剪力为常数 $\frac{b}{l}P$；弯矩图为斜直线，由 $x=0$、$M=0$ 和 $x=a$、$M=\frac{ab}{l}P$ 可画出图线。

CB 段剪力也为常数，其值为 $-\frac{a}{l}P$；弯矩图也是斜直线，由 $x=a$、$M=\frac{ab}{l}P$ 及 $x=l$、$M=0$ 可画出图线。

(4)确定 $|Q|_{max}$ 和 $|M|_{max}$。

设 $a>b$，则在集中力作用处的截面：
$$|Q|_{max}=\frac{a}{l}P$$
$$|M|_{max}=\frac{ab}{l}P$$

(5)讨论:

①梁上荷载不连续时,应分段列内力方程和画内力图。

②从本例的内力图又一次看到,没有荷载的梁段,剪力图是一条水平线,弯矩图是一条斜直线。还可以看到,在集中力 $\boldsymbol{P}$ 作用处的截面:a. 弯矩图出现一个尖角,尖角的指向与集中力 $\boldsymbol{P}$ 的指向一致;b. 剪力图突变,从左向右,剪力由 $+\frac{b}{l}P$ 变到 $-\frac{a}{l}P$,剪力突变的方向与集中力 $\boldsymbol{P}$ 的指向一致,突变值的大小为集中力的大小:$\left|\frac{bP}{l}\right|+\left|\frac{aP}{l}\right|=P$。

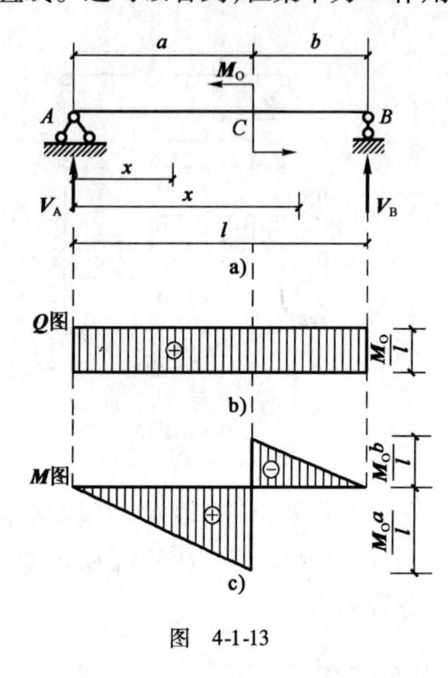

图 4-1-13

例 4-1-7 简支梁受集中力偶 $\boldsymbol{M}_0$ 作用,如图 4-1-13a)所示,求梁的剪力方程和弯矩方程,作 $\boldsymbol{Q}$、$\boldsymbol{M}$ 图并确定 $|Q|_{max}$ 和 $|M|_{max}$。

解:(1)计算支座反力。

$$V_A=\frac{M_0}{l}(\uparrow),V_B=-\frac{M_0}{l}(\downarrow)$$

(2)列剪力方程和弯矩方程。

由于梁中段有集中力偶 $\boldsymbol{M}_0$ 作用,内力方程应分段写出。

AC 段:

$$Q(x)=V_A=\frac{M_0}{l}\qquad(0\leqslant x\leqslant a)$$

$$M(x)=V_A x=\frac{M_0}{l}x\qquad(0\leqslant x\leqslant a)$$

CB 段:

$$Q(x)=V_A=\frac{M_0}{l}\qquad(a\leqslant x\leqslant l)$$

$$M(x)=V_A x-M_0=\frac{M_0}{l}x-M_0\qquad(a\leqslant x\leqslant l)$$

(3)绘制 $\boldsymbol{Q}$、$\boldsymbol{M}$ 图。

由以上方程式知 AC、CB 两段剪力相同,图形为一条水平线,如图 4-1-13b)所示。可知 AC、CB 两段的弯矩图为直线,由控制点 $x=0$、$M=0$ 和 $x=a$、$M=\frac{a}{l}M_0$ 绘出 AC 段图形,由 $x=a$、$M=-\frac{b}{l}M_0$ 和 $x=l$、$M=0$ 绘出 CB 段图形,如图 4-1-13c)所示。

(4)确定 $|Q|_{max}$ 和 $|M|_{max}$。

从内力图可找到 $|Q|_{max}=\frac{M_0}{l}$;当 $a>b$ 时,$|M|_{max}=\frac{M_0 a}{l}$,发生在 C 截面偏左的截面上。

由本例可以看到,在集中力偶作用处,剪力图不受影响,弯矩图出现突变。从左向右看,集中力偶逆时针方向,弯矩图从下向上突变;集中力偶顺时针方向,弯矩图从上向下突变,突变值的大小等于集中力偶矩。

例 4-1-8 作图 4-1-14 所示外伸梁的剪力图与弯矩图。

解:(1)计算支座反力。

$$V_A = -\frac{qa^2}{2l}(\downarrow)$$

$$V_B = qa + \frac{qa^2}{2l}(\uparrow)$$

(2)列内力方程。

AB 段与 BC 段受力不连续,应分段列方程式。

AB 段:坐标 x_1原点在 A,指向右方:

$$Q(x_1) = V_A = -\frac{qa^2}{2l} \qquad (0 < x_1 < l)$$

$$M(x_1) = V_A x_l = -\frac{qa^2}{2l}x_1 \qquad (0 \leqslant x_1 \leqslant l)$$

BC 段:坐标 x_2原点在 C,指向左方:

$$Q(x_2) = qx_2 \qquad (0 < x_2 < a)$$

$$M(x_2) = -\frac{q}{2}x_2^2 \qquad (0 \leqslant x_2 \leqslant a)$$

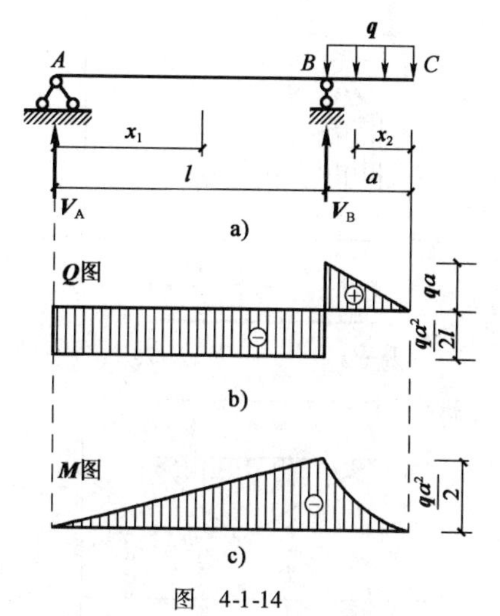

图 4-1-14

(3)绘制 $\boldsymbol{Q}$、$\boldsymbol{M}$ 图。

AB 段:$\boldsymbol{Q}(x_1)$为常数,图形是一条水平线;$\boldsymbol{M}(x_1)$是一次函数,图形是一条斜直线。

BC 段:$\boldsymbol{Q}(x_2)$是一次函数,图形为斜直线;$\boldsymbol{M}(x_2)$为二次抛物线,由控制点 $x_2 = 0$;$Q = 0$,$M = 0$;$x_2 = a$,$Q = qa$,$M = -qa^2/2$ 及 $x_2 = a/2$,$M = qa^2/8$,描出 $\boldsymbol{M}$、$\boldsymbol{Q}$ 图。

本例的内力图形也与前面例题所显示的规律相符。需要注意,支座反力也可视为作用在梁上的集中力,所以剪力图在本例的内力图形也与前面例题所显示的规律相符。还应注意,因为支座反力可视为作用在梁上的集中力,所以剪力图在 B 处有一突变,其值正好是 V_B,弯矩图在 B 处有一尖角。

由以上例题,可以归纳出作剪力图和弯矩图的以下规律:

(1)梁上没有均布荷载作用的部分,剪力为常数,剪力图为水平线,弯矩图为倾斜直线。弯矩图线的倾斜度($\tan\alpha$)就是剪力值,

当该段 $Q = 0$,弯矩图为水平直线;

当该段 $Q =$ 常数,且 $Q > 0$,弯矩图从左向右为下斜线;

当该段 $Q =$ 常数,且 $Q < 0$,弯矩图从左向右为上斜线。

(2)梁上有均布荷载向下作用的部分,剪力图为斜直线,斜直线由左上向右下倾斜(\);弯矩图为抛物线,均布荷载向下时抛物线凸向下(︶)。

(3)在集中力作用处,剪力图上有突变,突变之值即为该处集中力的大小,突变的方向与集中力方向一致;弯矩图上在此出现尖角(即两侧图线的斜率不同)。

(4)梁上集中力偶作用处,剪力图不变,弯矩图有突变,突变的值即为该处集中力偶的力偶矩。若力偶为顺时针转向,弯矩图向上突变;若力偶为逆时针转向,弯矩图向下突变(从左至右)。

(5)绝对值最大的弯矩总是出现在下述截面上:$Q = 0$ 的截面;集中力作用处;集中力偶

作用处。

现将单跨静定梁在简单荷载作用下剪力图和弯矩图的规律归纳见表 4-1-1。

单跨梁在简单荷载作用下的剪力图和弯矩图 表4-1-1

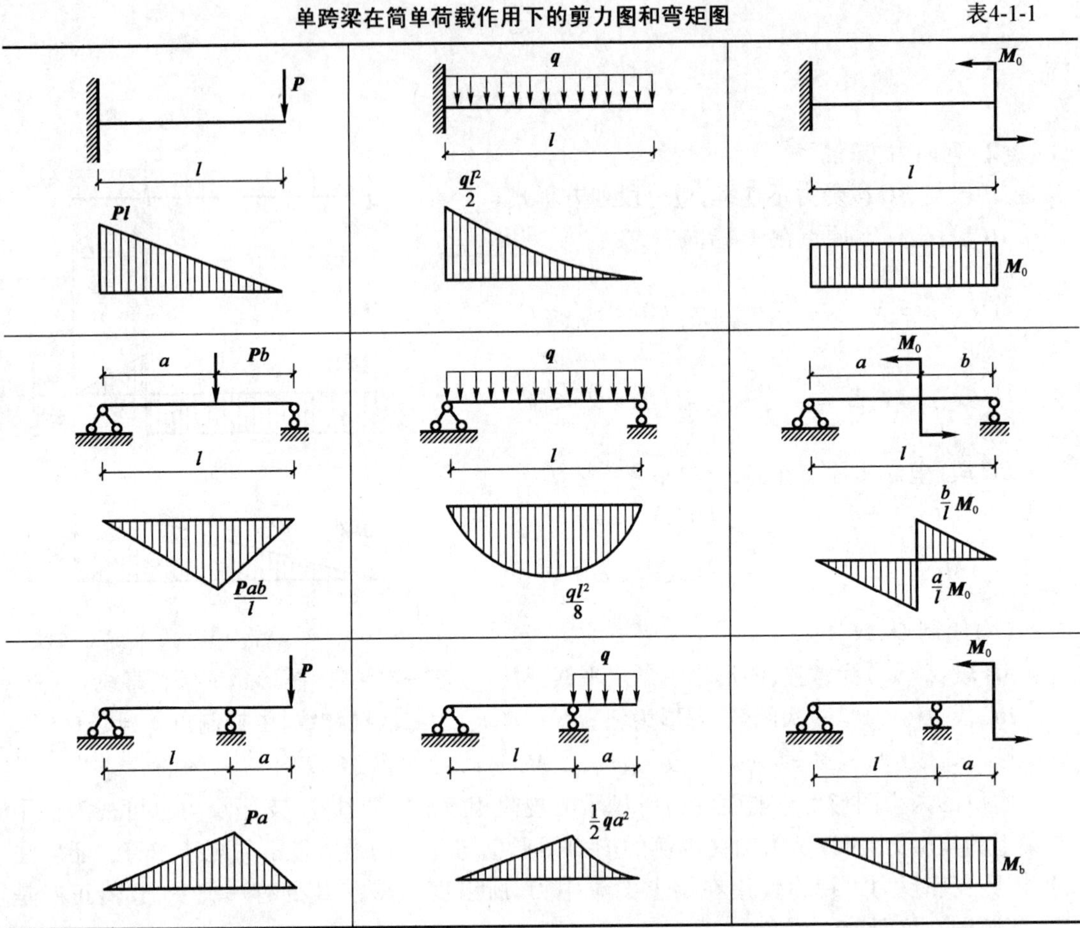

5. 剪力 $Q(x)$、弯矩 $M(x)$ 与分布荷载集度 $q(x)$ 间的微分关系

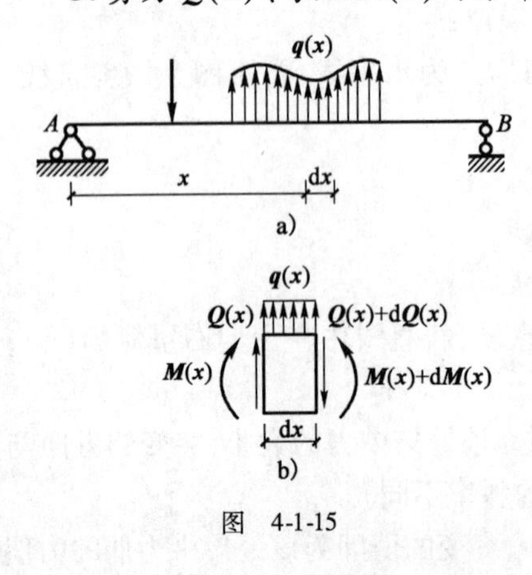

图 4-1-15

为了简捷、正确地绘制、校核剪力图和弯矩图,下面建立剪力、弯矩与荷载集度之间的关系。

设在简支梁上作用有分布荷载 $q(x)$,荷载集度是横截面位置 x 的函数[图 4-1-15a]。先取分布荷载作用下的微段 dx 为研究对象,其受力如图 4-1-15b)所示。

x 截面上的剪力和弯矩为 $Q(x)$、$M(x)$。由于分布荷载的作用,在 $x+dx$ 截面上的剪力和弯矩有增量 $dQ(x)$ 和 $dM(x)$,所以剪力为 $Q(x)+dQ(x)$,弯矩为 $M(x)+dM(x)$。因为 dx 很微小,作用在它上面的分布荷载可视为均布荷载。由于整个梁是平衡的,该小段也处于平衡状态。有平衡方程:

$$\sum Y = 0, Q(x) + q(x)dx - [Q(x) + dQ(x)] = 0$$

$$\sum M_c = 0, M(x) + Q(x)\mathrm{d}x + q(x)\mathrm{d}x\frac{\mathrm{d}x}{2} - [M(x) + \mathrm{d}M(x)] = 0$$

略去上述方程中的二阶微量 $q(x)\frac{\mathrm{d}x^2}{2}$，得到：

$$\frac{\mathrm{d}Q(x)}{\mathrm{d}x} = q(x) \tag{4-1-1}$$

$$\frac{\mathrm{d}M(x)}{\mathrm{d}x} = Q(x) \tag{4-1-2}$$

将式(4-1-2)再对 x 求一次导数，并利用式(4-1-1)，得到：

$$\frac{\mathrm{d}^2M(x)}{\mathrm{d}x^2} = q(x) \tag{4-1-3}$$

以上三式即是剪力、弯矩和分布荷载集度之间的微分关系。其几何意义是：

(1)剪力图上某点处切线的斜率就等于该点对应的分布荷载的集度 $q(x)$ 值。

(2)弯矩图上某点处的切线斜率等于该点对应截面上的剪力值。当 $Q = 0$ 时，$\frac{\mathrm{d}M(x)}{\mathrm{d}x} = 0$，弯矩图上有极值点。

(3)式(4-1-3)表明，将弯矩方程对 x 求二阶导数便得荷载集度。所以，弯矩图的凹凸方向由 $\boldsymbol{q}(x)$ 的正负确定。如例 4-1-7 中的分布荷载方向向下，$q<0$，所以 $\frac{\mathrm{d}^2M(x)}{\mathrm{d}x^2} < 0$，弯矩图是向下凸的曲线。

6. $\boldsymbol{M}(x)$、$\boldsymbol{Q}(x)$、$\boldsymbol{q}(x)$之间的微分关系在内力图上的应用

1)各种荷载作用下 $\boldsymbol{Q}$、$\boldsymbol{M}$ 图的基本规律

式(4-1-1) ~ 式(4-1-3)阐明了剪力、弯矩与荷载集度之间的关系。根据这个关系，对照前面的例题，并设 x 轴向右为正，$\boldsymbol{Q}$ 向上为正、向下为负，正的剪力画在 x 轴的上方，正的弯矩画在 x 轴的下方，便得各种形式荷载作用下的剪力图和弯矩图的基本规律如下：

(1)梁上某段无分布荷载作用，即 $q(x) = 0$。

由 $\frac{\mathrm{d}Q(x)}{\mathrm{d}x} = q(x) = 0$ 可知，该段梁的剪力图上各点切线的斜率为零，所以剪力图是一条平行于梁轴线的直线，$Q(x)$ 为常数；又由 $\frac{\mathrm{d}M(x)}{\mathrm{d}x} = Q(x) =$ 常量可知，该段梁弯矩图线上各点切线的斜率为常量，所以弯矩图为斜直线。可能出现下列三种情况：

$Q(x)$ = 常数，且为正值时，$\boldsymbol{M}$ 图为一条下斜直线；

$Q(x)$ = 常数，且为负值时，$\boldsymbol{M}$ 图为一条上斜直线；

$Q(x)$ = 常数，且为零时，$\boldsymbol{M}$ 图为一条水平直线。

(2)梁上某段有均布荷载，即 $q(x) = C$（常量）。

由于 $\frac{\mathrm{d}Q(x)}{\mathrm{d}x} = q(x) = C$，所以剪力图为斜直线。$q(x) > 0$ 时(方向向上)，直线的斜率为正，$\boldsymbol{Q}$ 图为上斜直线(与 x 轴正向夹锐角)；$q(x) < 0$ 时(方向向下)，直线的斜率为负，$\boldsymbol{Q}$ 图为下斜直线(与 x 轴正向夹钝角)。

再由 $\frac{\mathrm{d}M(x)}{\mathrm{d}x}=Q(x)$,得 $\frac{\mathrm{d}M(x)}{\mathrm{d}x}$ 为变量,所以弯矩图为二次抛物线。若 $\frac{\mathrm{d}^2M(x)}{\mathrm{d}x^2}=q(x)>0$,则 $\boldsymbol{M}$ 图为向上凸的抛物线;若 $q(x)<0$,则 $\boldsymbol{M}$ 图为向下凸的抛物线。

(3)在 $Q=0$ 的截面上($\boldsymbol{Q}$ 图与 x 轴的交点),弯矩有极值($\boldsymbol{M}$ 图的抛物线达到顶点)。

(4)在集中力作用处,剪力图发生突变,突变值等于该集中力的大小。若从左向右作图,则向下的集中力将引起剪力图向下突变,相反则向上突变。弯矩图由于切线斜率突变而发生转折(出现尖角)。

(5)梁上有集中力偶,在集中力偶作用处,剪力图无变化,弯矩图发生突变,突变值等于该集中力偶矩的数值。

以上归纳总结的五条内力图规律中,前两条反映了一段梁上内力图的形状,后三条反映了梁上某些特殊截面的内力变化规律。梁的荷载、剪力图、弯矩图之间的相互关系列于表4-1-2中,以便掌握、记忆和应用。

梁的荷载、剪力图、变矩图相互间的关系 表4-1-2

梁上外力情况	剪 力 图	弯 矩 图
无分布荷载 (q=0)	$\frac{dQ}{dx}=0$ 剪力图平行于x轴 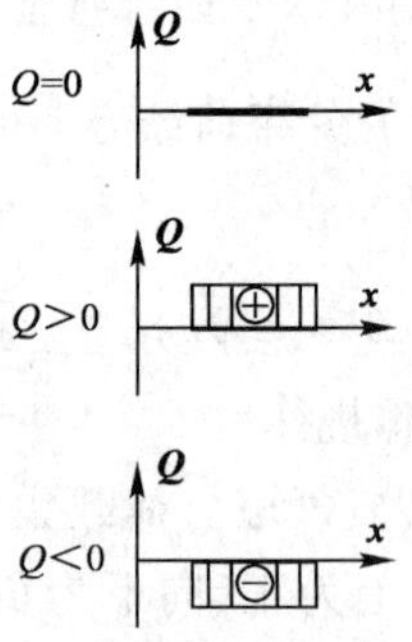 Q=0 Q>0 Q<0	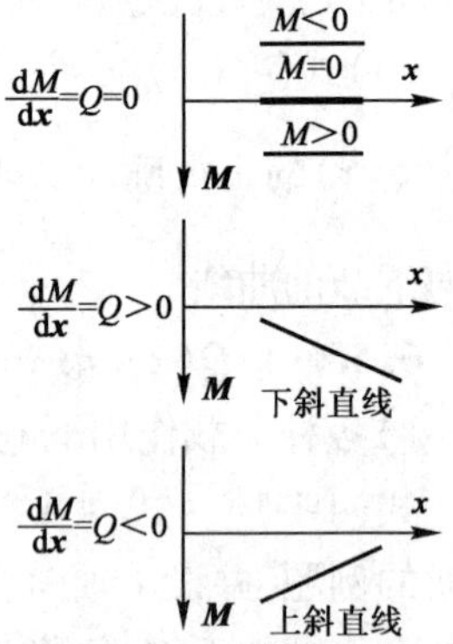 $\frac{dM}{dx}=Q=0$ (M<0, M=0, M>0) $\frac{dM}{dx}=Q>0$ 下斜直线 $\frac{dM}{dx}=Q<0$ 上斜直线
均布荷载向上作用 $q>0$ 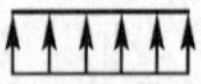	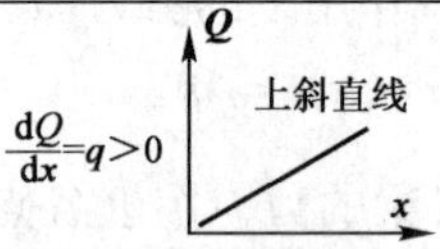 $\frac{dQ}{dx}=q>0$ 上斜直线	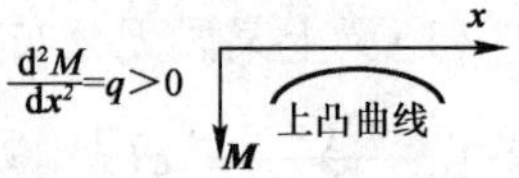 $\frac{d^2M}{dx^2}=q>0$ 上凸曲线
均布荷载向下作用 $q<0$	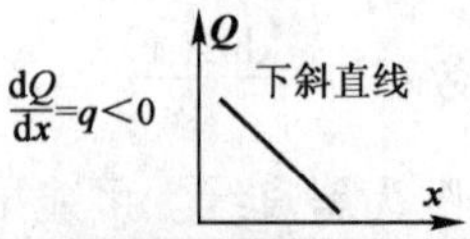 $\frac{dQ}{dx}=q<0$ 下斜直线	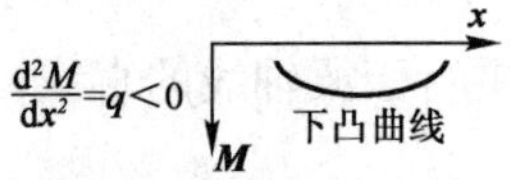 $\frac{d^2M}{dx^2}=q<0$ 下凸曲线
集中力作用 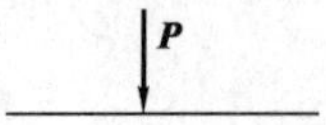 P	在集中力作用截面突变 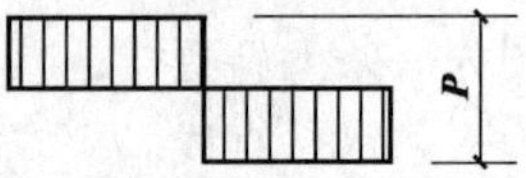 P	在集中力作用截面出现尖角 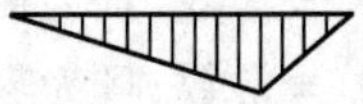
集中力偶作用 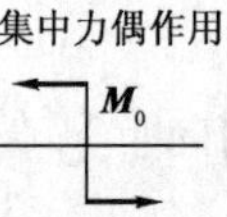 M_0	无影响	在集中力偶作用截面突变 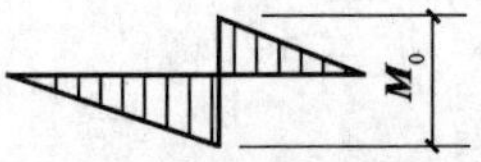 M_0
	Q=0 截面	有极值

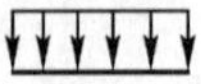

2)运用简捷作图法绘制剪力图和弯矩图

根据剪力方程和弯矩方程画 **Q**、**M** 图是画剪力图和弯矩图的基本方法。当梁上的荷载沿梁的轴线变化较多时,根据剪力方程和弯矩方程画 **Q**、**M** 图就显得十分烦琐。下面介绍利用 **M**、**Q** 与 **q** 的微分关系得出的作 **Q**、**M** 图的简捷作图方法。

运用简捷作图法作 **Q**、**M** 图时,需要掌握以下几点:

(1)计算支座反力,并将支座反力的实际方向和数值在梁的计算简图上标出。

(2)在集中力作用处,**Q** 图发生突变,突变值等于集中力的数值。突变的方向是:当自左向右画 **Q** 图时,突变的方向与集中力的方向相同;而当自右向左画 **Q** 图时,突变的方向与集中力的方向相反。

(3)在集中力偶作用处,**Q** 图不变,**M** 图发生突变,突变值等于集中力偶的力偶矩值。突变的方向是:当自左向右画 **M** 图时,顺时针转向的力偶使 **M** 图向下突变(即由负弯矩向正弯矩的方向突变),逆时针转向的力偶使 **M** 图向上突变(即由正弯矩向负弯矩的方向突变);而当自右向左画 **M** 图时,突变的方向与之相反。

(4)计算梁上各段端点特征截面的 **Q** 与 **M** 值。特征截面是指 **Q** 图和 **M** 图有变化的截面,这些截面一般是指外力有变化(包括支座)的截面和极值弯矩所在的截面。

(5)利用 **M** 图与 **Q** 图和 **q** 之间的规律画出 **Q**、**M** 图时,**Q** 图和 **M** 图自左端到右端应该封闭。若不封闭,则说明作图有误。

二、任务实施

(1)试用简捷作图方法画出图 4-1-16 所示外伸梁的 **Q** 图和 **M** 图。

解:①计算支座反力,并标注在图上。

$$R_B = 2.5qa(\uparrow), R_C = 0.5qa(\uparrow)$$

②画 **Q** 图。

按步骤从左至右,分段画 **Q** 图,见图 4-1-16。

第一步:因为梁上 A 点处有集中力 $\boldsymbol{q}a(\downarrow)$,**Q** 图有突变,突变的方向与集中力的方向相同,所以应从 A 点向下突变 $\boldsymbol{q}a$,**Q** 图从 A 点向下画到①点[图 4-1-16b)]。

第二步:因为 AB 段梁上的 $q=0$,所以 **Q** 图为水平线,**Q** 图从①点水平地画到②点[图 4-1-16c)]。

第三步:因为 B 点处有支座反力 $R_B=2.5qa(\uparrow)$,$\boldsymbol{R}_B$ 是集中力,**Q** 图有突变,突变的方向与集中力 $\boldsymbol{R}_B$ 的方向相同,所以 **Q** 图从②点向上突变 $2.5\boldsymbol{q}a$,**Q** 图从②点向上画到③点[图 4-1-16d)]。

第四步:在 BC 段梁上的 $q=$常数,且 **q** 向下($q<0$),**Q** 图为下斜直线(\)。该下斜直线的起点是③点,终点在梁的右端(C 点处)。可见,只需求出梁右端 C 点处的剪力即可。为此,求 C 点左邻截面[即 $C_{左}$截面,见图 4-1-16a)]上的剪力 $\boldsymbol{Q}_{C左}$,取 $C_{左}$截面右侧的梁段,可得 $Q_{C左}=-R_C=-0.5qa$,于是在 **Q** 图上得到④点,**Q** 图从③点用下斜直线画到④点[图 4-1-16e)]。

第五步:因 C 点处有支座反力 $R_C=0.5qa(\uparrow)$,$\boldsymbol{R}_C$ 是集中力,**Q** 图有突变,所以 **Q** 图从④点向上突变 $0.5\boldsymbol{q}a$ 画到 C 点[图 4-1-16f)]。

这样,**Q** 图从水平基线上的左端出发,从左至右,经过点①、②、③、④,最终到达基线上

的右端 C 点,$\boldsymbol{Q}$ 图封闭。

③画 $\boldsymbol{M}$ 图。

按步骤从左至右,分段画 $\boldsymbol{M}$ 图,见图 4-1-17。

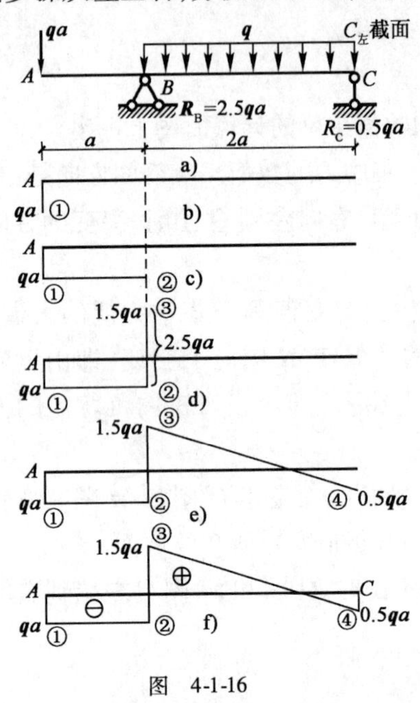

图 4-1-16

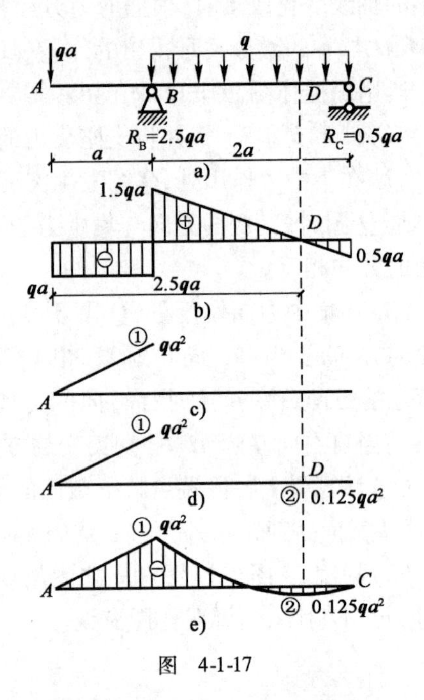

图 4-1-17

第一步:在梁上左端的 A 点处,无集中力偶,$\boldsymbol{M}$ 图在该点处为零。在 AB 梁段上,$q=0$,$\boldsymbol{Q}$ 图上剪力值为负常数,故 $\boldsymbol{M}$ 图应为上斜直线(/)。B 截面为特征截面,其弯矩值为(截面左侧的所有外力对截面形心取矩):

$$M_{\mathrm{B}}=-(qa)\cdot a=-qa^2$$

于是,$\boldsymbol{M}$ 图从 A 点用上斜直线画到①点[图 4-1-17c)]。

第二步:在 BC 段梁上,$q=$ 常数 <0,故 $\boldsymbol{M}$ 图应为上凹曲线。在 $Q=0$ 的 D 点处,$\boldsymbol{M}$ 图有极值 M_{D},所以 D 截面应是特征截面。这里需要解决两个问题:a. 确定 $Q=0$ 的 D 截面的位置;b. 计算出 D 截面的弯矩 $\boldsymbol{M}_{\mathrm{D}}$。

设 D 点到 A 点的距离为 x,$\boldsymbol{Q}_{\mathrm{D}}$ 等于 D 截面左侧(或右侧)所有外力的代数和,并令其等于零,即:

$$Q_{\mathrm{D}}=-qa+2.5qa-q(x-a)=0$$

得

$$x=2.5a$$

D 截面的弯矩 $\boldsymbol{M}_{\mathrm{D}}$ 等于 D 截面左侧(或右侧)所有外力对 D 截面形心取矩的代数和,即:

$$M_{\mathrm{D}}=-qa2.5a+2.5qa\times(2.5a-a)-q(2.5a-a)\times\frac{1}{2}(2.5a-a)=0.125qa^2$$

在 $\boldsymbol{M}$ 图上,由 D 点向下画到②点,其弯矩值为 $0.125\boldsymbol{qa}^2$[图 4-1-17d)]。

第三步:在右端 C 点处为铰支座,无集中力偶,故 $M_{\mathrm{C}}=0$,用上凹曲线连接①、②和 C 三点[图 4-1-17e)]。

这样，M 图由水平基线上的左端 A 出发，经过点①、②，最后到达基线上右端的 C 点，M 图封闭。

为了掌握画 Q 图和 M 图的简捷画法，图 4-1-16 和图 4-1-17 给出了按步骤的分解图示。显然，实际作图时，无须分解图，而是直接作出，如图 4-1-18 所示。

（2）运用简捷作图法作图，如图 4-1-19a）所示外伸梁的内力图。

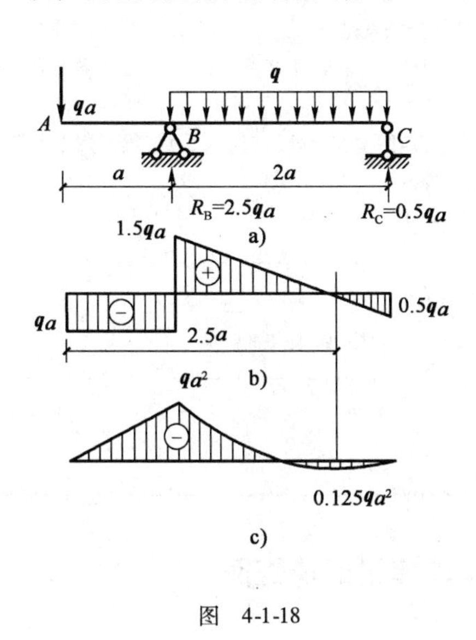

图 4-1-18

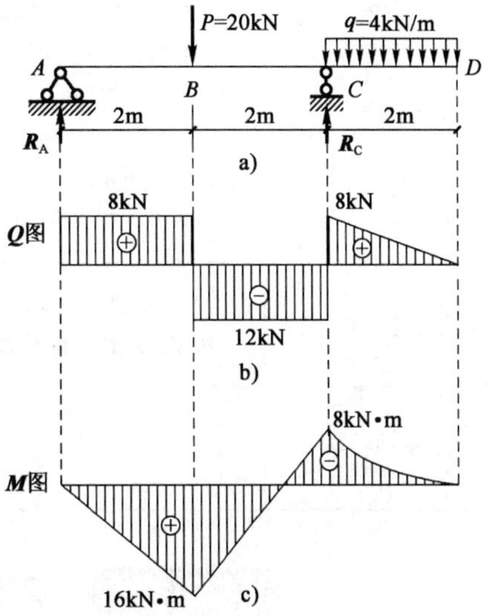

图 4-1-19

解：①计算支座反力。

$$R_A = 8\text{ kN}(\uparrow),\ R_C = 20\text{kN}(\uparrow)$$

根据梁上的荷载作用情况，应将梁分为 AB、BC 和 CD 三段作内力图。

②作剪力图。

AB 段：梁上无荷载，Q 图为一条水平线，根据 $Q_A^{右} = R_A = 8\text{kN}(\uparrow)$，从 A 点向上 8kN，然后作水平线至 B 点，即可画出此 Q 图。在 B 截面处有集中力 $P(\downarrow)$，作 Q 图由 +8kN 向下突变到 −12kN（突变值为 $12+8=20\text{kN}=P$）；

BC 段：梁上无荷载，Q 图为一条水平线，根据 $Q_B^{右} = R_A - P = 8-20=-12\text{kN}$，可画出该段水平线。在 C 截面处有集中力 $R_C = 20\text{kN}(\uparrow)$，作 Q 图由 −12kN 向上突变到 +8kN（突变值为 $12+8=20\text{kN}=R_C$）；

CD 段：梁上荷载常数小于 0，Q 图为下斜直线，根据 $Q_C^{右} = R_A - P + R_C = 8-20+20=8$ kN 及 $Q_D = 0$ 可画出该斜直线。

全梁 Q 图如图 4-1-19b）所示。

③作 M 图。

AB 段：$q=0$，$Q=$ 常数 >0，M 图为一条下斜直线。根据 $M_A=0$ 及 $M_B = R_A \times 2 = 8\times 2 = 16\text{kN}\cdot\text{m}$ 作出。

BC 段：$q=0$，$Q=$ 常数 <0，M 图为一条上斜直线。根据 $M_B = 16\text{kN}\cdot\text{m}$ 和 $M_C = R_A\times 4 - P\times 2 = -8\text{kN}\cdot\text{m}$ 作出。

CD 段：$q=$ 常数 <0，M 图为一条下凸抛物线。由 $M_C = -8\text{kN}\cdot\text{m}$ 和 $M_D=0$ 可作出大致

形状。

全梁的 $\boldsymbol{M}$ 图如图 4-1-19c)所示。

三、学习效果评价反馈

学生自评	1. 剪力 $\boldsymbol{Q}$、弯矩 $\boldsymbol{M}$ 与载荷 $\boldsymbol{q}$ 三者之间的微分关系是(　　)、(　　)、(　　)。□ 2. 梁上没有均布荷载作用的部分,剪力图为(　　)线,弯矩图为(　　)线。梁上有均布荷载作用的部分,剪力图为(　　)线,弯矩图为(　　)线。□ 3. 梁上集中力作用处,剪力图有(　　),弯矩图上在此处出现(　　)。梁上集中力偶作用处,剪力图有(　　),弯矩图上在此处出现(　　)。□ (根据本人实际情况选择:A. 知道;B. 基本知道;C. 不知道)
学习小组评价	学习效率□　沟通能力□　获取信息能力□　按时完成作业□ (根据完成任务情况填写:A. 优秀;B. 良好;C. 合格;D. 有待改进)
教师评价	

学习任务二　用叠加法绘制单跨梁的弯矩图

学习目标

1. 能够绘制单跨梁在简单荷载下的内力图;
2. 能够认识三种单跨梁及绘制相应简图;
3. 用叠加法绘制弯矩图;
4. 具备严谨细致的工作作风。

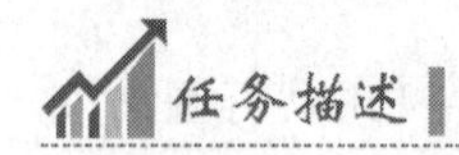

任务描述

用叠加法绘制如图 4-2-1 所示外伸梁的弯矩图,并确定最大弯矩发生的截面位置。

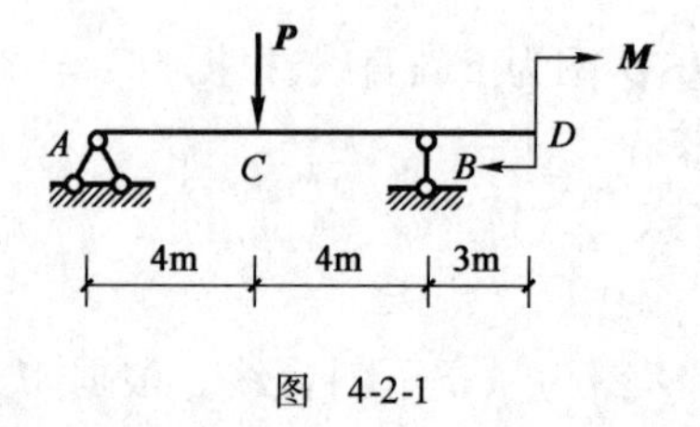

图　4-2-1

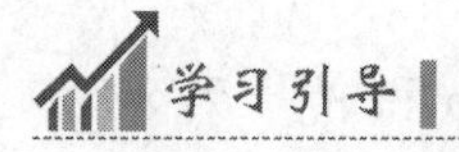

学习引导

本学习任务沿着以下脉络进行:

将复杂荷载分解为简单的单一荷载 → 绘制单跨梁在简单荷载作用下的弯矩图 → 单一荷载作用时的弯矩图 → 对应点的纵坐标叠加

一、相关知识

在力学计算中，常运用叠加原理。叠加原理是：由几种荷载共同作用所引起的某一参数（反力、内力、应力、变形）等于各种荷载单独作用时引起的该参数值的代数和。运用叠加原理画弯矩图的方法称为叠加法。

用叠加法画弯矩图的步骤是：

（1）将作用在梁上的复杂荷载分成几组简单荷载，分别画出梁在各简单荷载作用下的弯矩图（其弯矩图见表4-1-1）；

（2）在梁上每一控制截面处，将各简单荷载弯矩图相应的纵坐标代数相加，就得到梁在复杂荷载作用下的弯矩图。例如在图4-2-2中，悬臂梁在荷载 $\boldsymbol{P}$、$\boldsymbol{q}$ 的共同作用下的弯矩图就是荷载 $\boldsymbol{P}$、$\boldsymbol{q}$ 单独作用下的弯矩图的叠加。

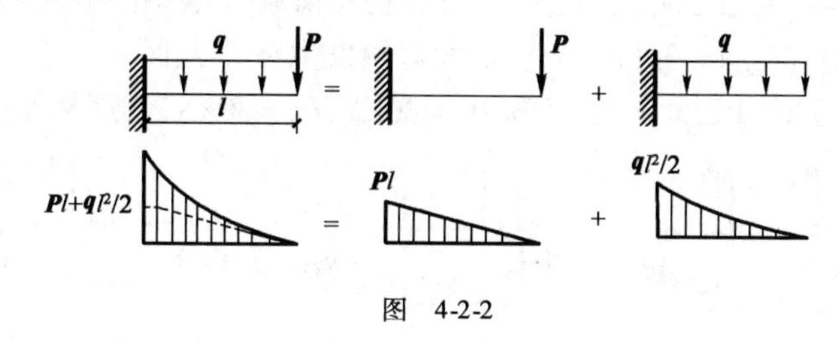

图 4-2-2

二、任务实施

（1）外伸梁受力如图4-2-3所示，已知 $P=20\text{kN}$，$M=10\text{kN}\cdot\text{m}$，试用叠加法画梁的弯矩图。

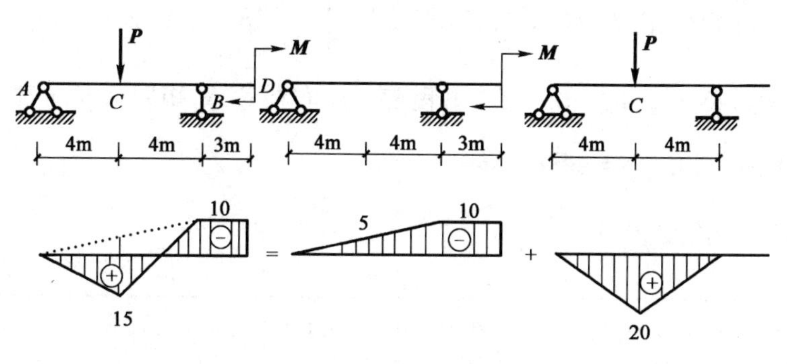

图 4-2-3

解：先将梁上荷载分解为两种简单荷载集中力 $\boldsymbol{P}$ 和集中力偶 $\boldsymbol{M}$，分别画出在 $\boldsymbol{P}$、$\boldsymbol{M}$ 单独作用下的弯矩图，再将这两个弯矩图对应点 A、B、C、D 的纵坐标叠加。

图中各点的弯矩值为：$M_A=0$，$M_C=\dfrac{Pl}{4}-\dfrac{10}{2}=20-5=15\text{kN}\cdot\text{m}$，$M_B=-10\text{kN}\cdot\text{m}$，$M_D=-10\text{kN}\cdot\text{m}$。梁上各段都无均布荷载，弯矩图从左向右各段连直线就得到了最后的结果，

$|M_{max}| = 15kN \cdot m$,最大弯矩发生在 C 截面。

(2)外伸梁受力如图 4-2-4 所示,已知 $P = 10kN$,$q = 5kN \cdot m$,试用叠加法画梁的弯矩图。

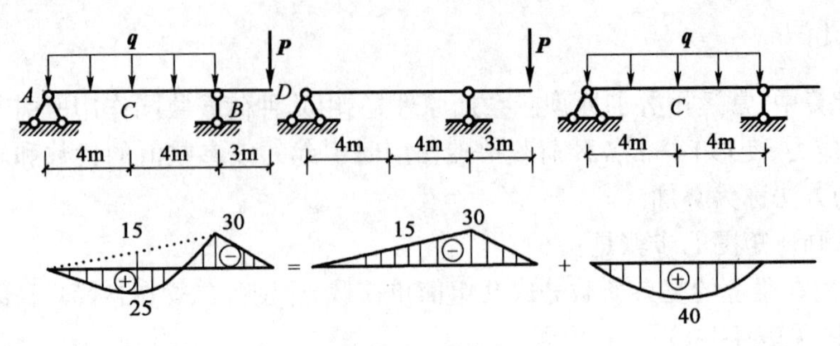

图 4-2-4

解:图中各点的弯矩值为:$M_A = 0$,$M_C = \frac{ql^2}{8} - \frac{30}{2} = 40 - 15 = 25kN \cdot m$,$M_B = -Pa = -10 \times 3 = -30kN \cdot m$,$M_D = 0$。连线时,应注意 AB 段有均布荷载,弯矩图为抛物线;BD 段无均布荷载,弯矩图为直线,得 $|M_{max}| = 30kN \cdot m$。最大弯矩发生在 B 截面。

(3)简支梁受力如图 4-2-5 所示,已知 $P_1 = 20kN$,$P_2 = 30kN$,试用叠加法画梁的弯矩图。

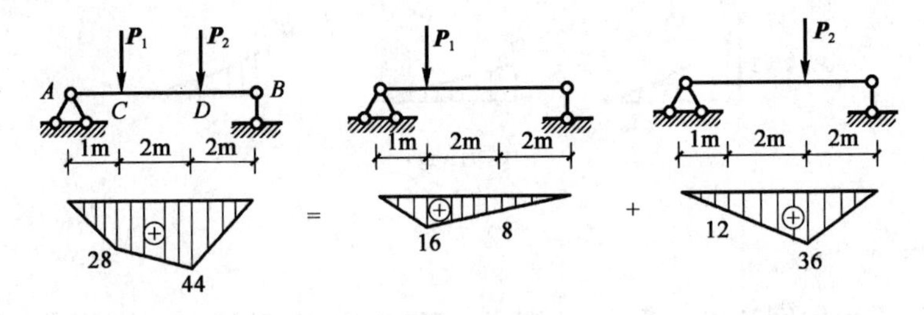

图 4-2-5

解:图中各点的弯矩值为:$M_A = 0$,$M_B = \frac{abP_1}{l} + \frac{1 \times 36}{3} = 16 + 12 = 28kN \cdot m$,$M_C = \frac{abP_2}{l} + \frac{1 \times 16}{2} = 36 + 8 = 44kN \cdot m$,$M_D = 0$。梁上各段都无均布荷载,弯矩图从左向右各段连直线就得到了最后的结果:$|M_{max}| = 44kN \cdot m$ 。

三、学习效果评价反馈

学生自评	1. 能够正确绘制单跨梁在简单荷载作用下的弯矩图。□ 2. 能运用叠加法绘制梁的弯矩图。□ (根据本人实际情况选择:A. 能够;B. 基本能够;C. 不能)
学习小组评价	学习效率□ 沟通能力□ 获取信息能力□ 按时完成作业□ (根据完成任务情况填写:A. 优秀;B. 良好;C. 合格;D. 有待改进)
教师评价	

学习任务三 截面的几何性质分析

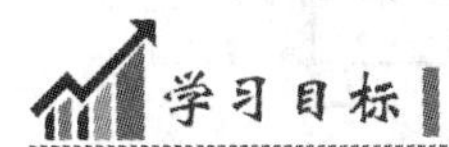

学习目标

1. 定义重心和形心；
2. 计算物体的重心和组合图形的形心；
3. 定义静矩、极惯性矩、轴惯性矩；计算简单图形的静矩、极惯性矩、轴惯性矩；
4. 应用平行移轴定理计算组合图形的惯性矩。

任务描述

某梁横截面为T形，尺寸如图4-3-1所示。试求：(1)截面的形心坐标；(2)整个截面对其形心轴z_C的惯性矩。

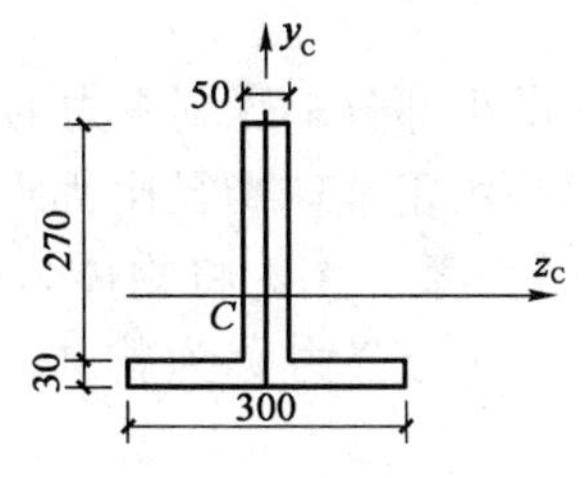

图4-3-1 （尺寸单位：mm）

学习引导

本学习任务沿着以下脉络进行：

形心坐标的计算→组合截面形心的计算方法→惯性矩的定义以及组合截面的惯性矩计算方法→平行移轴公式计算截面惯性矩

一、相关知识

工程中的各种杆件，其横截面都是具有一定几何形状的平面图形，而杆件的强度、刚度和稳定性都与这些平面图形的几何性质有关。在拉压杆的正应力和变形计算中用到了杆件的横截面面积，在扭转剪应力及扭转角的计算中用到了极惯性矩以及抗扭截面模量等，在后面弯曲变形的讨论中还会用到截面的惯性矩和静矩等一些与截面的几何形状和尺寸有关的几何量，通常将这些几何量统称为平面图形的几何性质。

如图4-3-2a)所示，将一薄钢板放在两个支点上，然后在钢板上放上一个质量不大的重物，此时薄钢板就会发生显著的弯曲变形。若将钢板做成图4-3-2b)所示的槽形，仍放在这两个支点上，然后再放上重物，此时钢板的变形比原来的变形要小许多。由此可见，虽然杆件的截面面积相同，但因截面形状不同，它抵抗弯曲变形的能力却大不相同。再如图4-3-3所示，将长方形木板分别平放和竖放在两个相同的支点上，然后在中间施加同样大小的竖向

外力 $\boldsymbol{P}$,可以看到,木板竖放时的弯曲变形比平放时小得多。这说明截面尺寸和形状完全相同的杆件,因为放置的方式不同,其承载能力也是大不相同的。

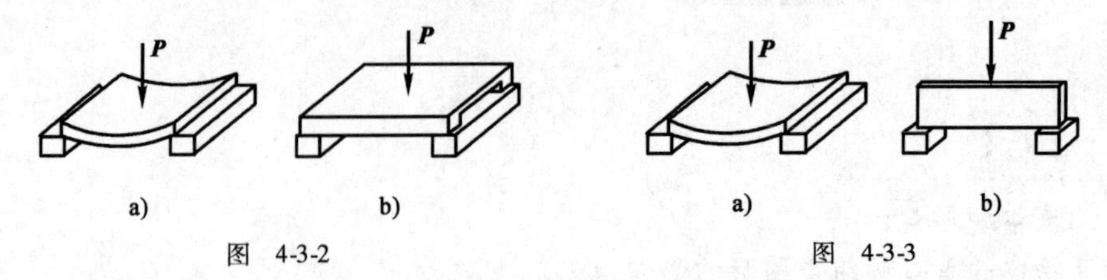

图 4-3-2　　　　图 4-3-3

由此可见,截面的形状和尺寸以及放置方式都是影响杆件承载能力的重要因素,而这些影响因素又是通过截面的某些几何性质来反映的。因此,我们要研究杆件的强度、刚度和稳定性问题,就必须研究截面的几何性质及其计算。此外,研究截面的几何性质还可以帮助我们在设计杆件截面时选用合理的截面形状和尺寸,使杆件的各部分材料都能够充分发挥其应有的作用。

截面的几何性质是一个几何问题,与研究对象的物理性质、力学性质无关。

1. 重心的计算

在地球附近的物体,其上每一微小部分都受到重力的作用。严格地说,这些力组成一个汇交于地球中心的空间力系,但是由于地球半径比所研究的物体的尺寸大得多,因此可以把这些重力看成是空间同向平行力系。无论将物体怎样放置,此平行力系的合力作用线总是通过一确定的点,此平行力系的合力称为物体的重力,此确定的点称为物体的重心。

物体的重心对于物体的相对位置是确定的。它取决于物体的形状及各部分物质的分布情况,与物体在空间的位置无关。重心可以在物体之内,也可以在物体之外。

1)一般物体重心的坐标

设有一物体是由许多微小部分组成的,每一微小部分都受到一重力 ΔG_i 的作用(图 4-3-4)。

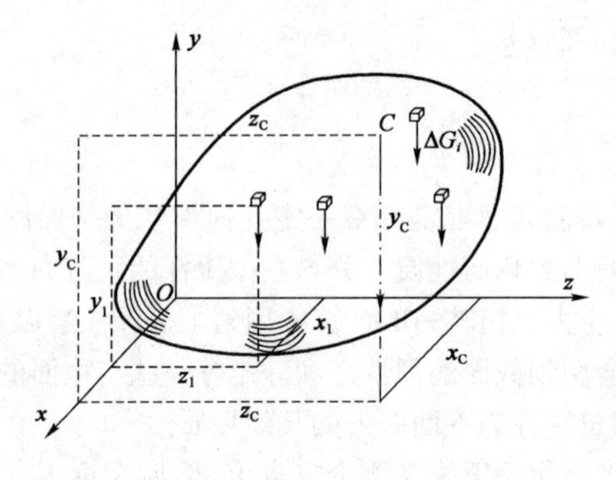

图 4-3-4

取空间直角坐标系 $Oxyz$,各微小部分重力作用点的坐标为(x_1,y_1,z_1)、(x_2,y_2,z_2)、…、(x_n,y_n,z_n),设该物体重心坐标为(x_C,y_C,z_C),物体的重力 $G=\sum \Delta G_i$。根据合力矩定理可得物体重心的坐标公式为:

$$\left.\begin{aligned} x_C &= \frac{\sum \Delta G_i x_i}{G} \\ y_C &= \frac{\sum \Delta G_i y_i}{G} \\ z_C &= \frac{\sum \Delta G_i z_i}{G} \end{aligned}\right\} \qquad (4\text{-}3\text{-}1)$$

2)匀质物体重心的坐标

如果物体是匀质的,即每单位体积的重力 γ 是常数。设各微小部分的体积为 ΔV_i,整个物体的体积为 V,则有:

$$\Delta G_i = \gamma \cdot \Delta V_i, \quad G = \gamma \cdot V$$

将上式代入(4-3-1)中,并消去 γ 得:

$$\left.\begin{aligned} x_C &= \frac{\sum \Delta V_i x_i}{V} \\ y_C &= \frac{\sum \Delta V_i y_i}{V} \\ z_C &= \frac{\sum \Delta V_i z_i}{V} \end{aligned}\right\} \qquad (4\text{-}3\text{-}2)$$

公式(4-3-2)表明,匀质物体重心的位置,完全取决于物体的几何形状和几何尺寸,而与物体的质量无关。这种由物体的几何形状所确定的几何中心称为形心。匀质物体的重心与它的形心重合。

对于具有对称轴的匀质物体,其重心位置可以用观察的方法来直接判断。具有对称面或对称轴的匀质物体,其重心在对称面或对称轴上;具有对称中心的匀质物体,则对称中心即为物体的重心。

3)匀质物体形心的坐标

对于很薄的匀质平板,因其厚度远比长度和宽度小得多,故厚度可忽略不计,其重心必在平板所在平面上,因此求重心的问题,就变成为求该平面图形的形心问题。

如图 4-3-5 所示,在薄板所在平面内取坐标系 Oyz,将薄板分为无数个微小面积 ΔA_i,设单位面积的重力为 δ,则有:

$$\Delta G_i = \delta \cdot \Delta A_i, \quad G = \delta \cdot A$$

将上式代入式(4-3-1),并消去 δ,可得匀质薄板的重心坐标公式为:

$$\left.\begin{aligned} z_C &= \frac{\sum \Delta A_i z_i}{A} \\ y_C &= \frac{\sum \Delta A_i y_i}{A} \end{aligned}\right\} \qquad (4\text{-}3\text{-}3)$$

式(4-3-3)也称为平面图形的形心坐标公式。

2. 静矩与形心

1)静矩的定义

图 4-3-6 所示为一任意截面的几何图形,其面积为 A。在图形平面内选取直角坐标系 Oyz,如图所示。

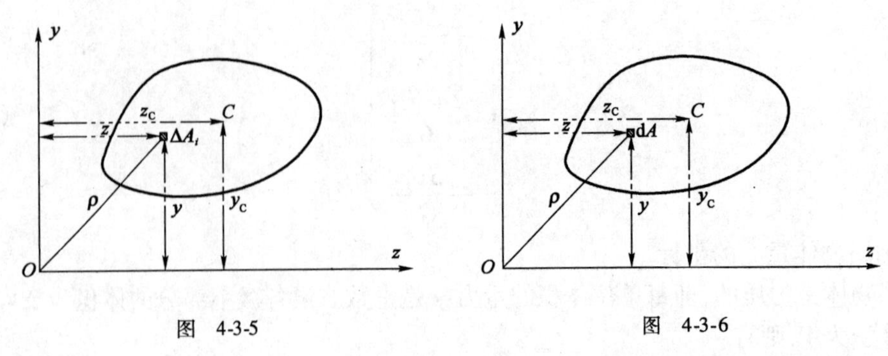

图 4-3-5　　　　图 4-3-6

在坐标为(y,z)处取微面积 dA,我们把微面积 dA 与坐标 y 的乘积称为微面积 dA 对 z 轴的静矩,记为 dS_z,即:

$$dS_z = ydA$$

截面上所有微面积对 z 轴的静矩之和称为整个截面对 z 轴的静矩,记为 S_z,即:

$$S_z = \int_A dS_z = \int_A ydA \tag{4-3-4}$$

同理,截面对 y 轴的静矩为:

$$S_y = \int_A dS_y = \int_A zdA$$

静矩是对一定的坐标轴而言的,同一图形对不同的坐标轴,其静矩也不相同。由于坐标 y(或 z)可为正、负或零,所以静矩的值可能为正,为负,也可能等于零。静矩的常用单位是 cm^3 或 mm^3。

2)静矩与形心

由匀质薄板形物体(平面图形)的形心坐标计算公式可知,若图形面积为 A,形心 C 的坐标为 y_C、z_C,则:

$$\left.\begin{aligned} y_C &= \frac{\int_A ydA}{A} \\ z_C &= \frac{\int_A zdA}{A} \end{aligned}\right\} \tag{4-3-5}$$

由式(4-3-5)所确定的点,其坐标只与薄板的截面形状与大小有关,称为平面图形的形心。它是平面图形的几何中心。具有对称轴、对称中心的图形,其形心必定在对称轴、对称中心上。

综合式(4-3-4)和式(4-3-5),可得静矩与形心坐标之间的关系为:

$$\left.\begin{aligned} S_z &= Ay_C \\ S_y &= Az_C \end{aligned}\right\} \tag{4-3-6}$$

由式(4-3-6)可知,平面图形对某轴的静矩等于其面积与其形心坐标(形心到该轴的距离)的乘积。当坐标轴通过该平面图形的形心(简称形心轴),静矩等于零;反之,若平面图形对某轴的静矩等于零,则该轴必定通过平面图形的形心。

简单形体的形心可从有关工程手册中查到。

3)形心的计算示例

工程中有些比较复杂的物体常由一些简单物体组合而成,这样的物体成为组合体。求组合体的形心有两种常用的方法。

(1)分割法。此法将组合体分割为若干部分,而它们的形心已知,这样整个组合体形心可用式(4-3-2)或式(4-3-3)求出。

(2)负面积法。此法将组合体看成从某个简单形体中挖去一个或几个简单形体而成。这类组合体的形心仍可用分割法来求,被挖去的面积(体积)应取负值。

例 4-3-1 试求图 4-3-7 所示 T 形截面图形的形心。

解:该图具有一个对称轴,取对称轴为 y 轴,则形心一定在该轴上。x 轴选在底边上。将图形分割成两个矩形,以 C_1、C_2 分别表示它们的形心,计算这些简单图形的面积和它们的形心坐标,即:

$$A_1 = 8 \times 1 = 8\text{cm}^2, y_1 = 5\text{cm}$$

$$A_2 = 9 \times 1 = 9\text{cm}^2, y_2 = 0.5\text{cm}$$

应用公式(4-3-3)可得 T 形截面图形的形心坐标为:

$$x_C = 0$$

$$y_C = \frac{A_1y_1 + A_2y_2}{A_1 + A_2} = \frac{8 \times 5 + 9 \times 0.5}{8 + 9} = 2.62\text{cm}$$

例 4-3-2 求图 4-3-8 所示平面图形的形心。已知 $R = 10\text{cm}, r_2 = 3\text{cm}, r_3 = 1.7\text{cm}$ 。

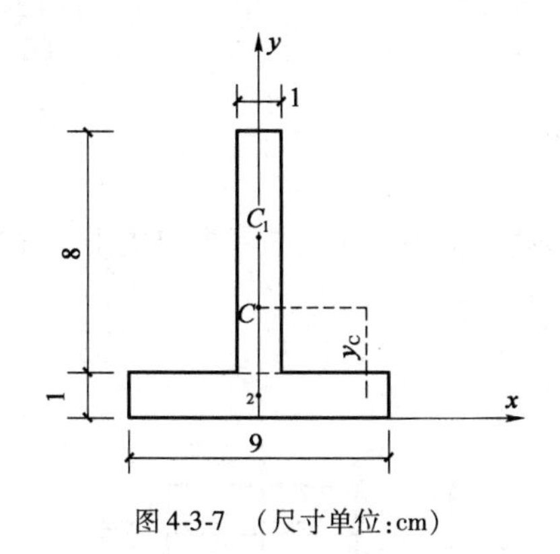

图 4-3-7 (尺寸单位:cm)

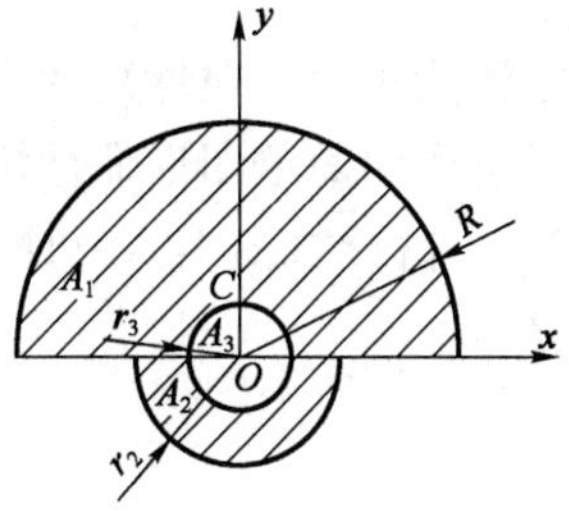

图 4-3-8

解:将图形看作是由三部分组成的:(1)半径为 R 的半圆面 A_1 ;(2)半径为 r_2 的半圆面 A_2 ;(3)挖去半径为 r_3 的圆面 A_3,A_3 的面积应以负值表示。以 x_1、y_1,x_2、y_2,x_3、y_3 分别表示各部分的形心坐标。取原点在圆心的坐标系 Oxy ,因 x_1、x_2、x_3 都等于零,故:

$$A_1 = \frac{\pi R^2}{2} = \frac{\pi}{2} \times 10^2, \qquad y_1 = \frac{4R}{3\pi} = \frac{40}{3\pi}$$

$$A_2 = \frac{\pi {r_2}^2}{2} = \frac{\pi}{2} \times 3^2, \qquad y_2 = -\frac{4r_2}{3\pi} = -\frac{4}{\pi}$$

$$A_3 = -\pi {r_3}^2 = -\pi \times 1.7^2, \quad y_3 = 0$$

代入公式(4-3-5)可得:

$$y_C = \frac{A_1y_1 + A_2y_2 + A_3y_3}{A_1 + A_2 + A_3} = \frac{\frac{\pi}{2} \times 10^2 \times \frac{40}{3\pi} - \frac{\pi}{2} \times 3^2 \times \frac{4}{\pi} + 0}{\frac{\pi}{2} \times 10^2 + \frac{\pi}{2} \times 3^2 - \pi \times 1.7^2} = 4\text{cm}$$

3. 极惯性矩、惯性矩

1)极惯性矩

在图4-3-9中,微面积 $\mathrm{d}A$ 与它到坐标原点 O 的距离 ρ 的平方之乘积 $\rho^2\mathrm{d}A$ 称为微面积 $\mathrm{d}A$ 对 O 点的极惯性矩,整个截面上所有微面积 $\mathrm{d}A$ 对原点 O 的极惯性矩之和,称为截面对坐标原点 O 点的极惯性矩,记为 I_p,即:

$$I_p = \int_A \rho^2 \mathrm{d}A \tag{4-3-7}$$

极惯性矩的单位是 cm^4 或 mm^4,恒为正值。

2)惯性矩

如图4-3-9所示,我们把微面积 $\mathrm{d}A$ 与其对应坐标 y^2 的乘积称为微面积 $\mathrm{d}A$ 对 z 轴的惯性矩,记为 $\mathrm{d}I_z$,即:

$$\mathrm{d}I_z = y^2\mathrm{d}A$$

截面上所有微面积对 z 轴的惯性矩之和称为整个截面对 z 轴的惯性矩,记为 I_z,即:

$$I_z = \int_A \mathrm{d}I_z = \int_A y^2\mathrm{d}A \tag{4-3-8}$$

同理,截面对 y 轴的惯性矩为:

$$I_y = \int_A z^2\mathrm{d}A \tag{4-3-9}$$

惯性矩恒为正值。惯性矩的常用单位为 cm^4 或 mm^4。

下面举例说明简单图形惯性矩的计算方法。

例4-3-3 试计算图4-3-10所示的矩形对其形心轴 y 轴和 z 轴(z 轴平行于矩形底边)的惯性矩 I_y、I_z。

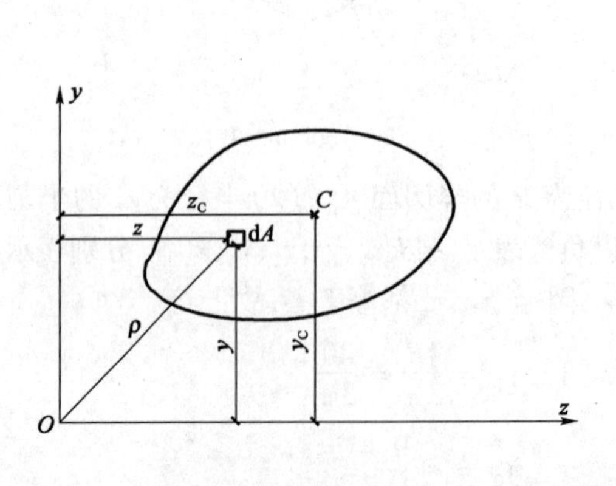

图 4-3-9

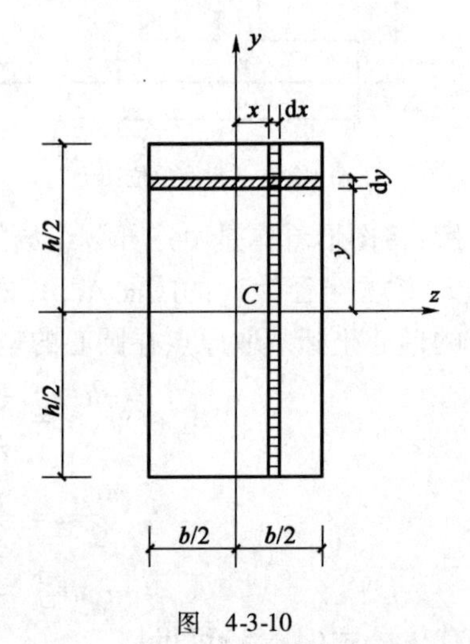

图 4-3-10

解:(1)计算 I_z。

取平行于 z 轴的微面积 $\mathrm{d}A = b\mathrm{d}y$,应用式(4-3-7)得:

$$I_z = \int_A y^2 \mathrm{d}A = \int_{-\frac{h}{2}}^{\frac{h}{2}} y^2 (b\mathrm{d}y) = b \cdot \frac{y^3}{3} \bigg|_{-\frac{h}{2}}^{\frac{h}{2}} = \frac{bh^3}{12}$$

(2)计算 I_y。

取平行于 y 轴的微面积 $\mathrm{d}A = h\mathrm{d}z$,代入式(4-3-8),积分运算后可得 $I_y = \frac{hb^3}{12}$。由此得矩形截面对其形心轴的惯性矩为:

$$I_z = \frac{bh^3}{12}, \quad I_y = \frac{hb^3}{12}$$

例 4-3-4 试计算直径为 d 的圆形(图 4-3-11)对其形心轴的惯性矩。

解:取微面积如图 4-3-11 中的阴影部分小长条所示,则 $\mathrm{d}A = 2 \cdot z \cdot \mathrm{d}y = 2\sqrt{R^2 - y^2}\mathrm{d}y$,代入式(4-3-7)得:

$$I_z = 2\int_{-R}^{R} y^2 \sqrt{R^2 - y^2}\mathrm{d}y = \frac{\pi R^4}{4} = \frac{\pi d^4}{64}$$

因为圆截面的每一直径轴都是对称轴,所以它对每一直径轴的惯性矩都为 $\frac{\pi d^4}{64}$。

3)惯性积

在图 4-3-9 中,微面积 $\mathrm{d}A$ 与它的两个坐标 y、z 的乘积 $yz\mathrm{d}A$,称为微面积对 y、z 两轴的惯性积,整个截面上所有微面积对 y、z 两轴的惯性积之和,即积分 $\int_A yz\mathrm{d}A$ 称为截面对 y、z 轴的惯性积,记为 I_{yz},即:

$$I_{yz} = \int_A yz\mathrm{d}A \tag{4-3-10}$$

惯性积可能为正,可能为负,也可能为零。惯性积的常用单位为 cm^4 或 mm^4。

4. 惯性矩的平行移轴公式

1)平行移轴公式

同一截面对互相平行的两对坐标轴的惯性矩、惯性积并不相同,下面讨论它们之间的关系,并假设其中一对轴是截面的形心轴。如图 4-3-12 中的 C 是截面的形心,y_C 轴和 z_C 轴是通过截面形心的坐标轴,y、z 轴为分别与 y_C、z_C 轴平行的另一对坐标轴。截面形心 C 在 Oyz 坐标系中的坐标为(a、b)。截面对形心轴之轴的惯性矩为 I_{z_C}、I_{y_C},惯性积为 $I_{y_C z_C}$。下面求截面对 y、z 轴的惯性矩 I_z、I_y 和惯性积 I_{yz}。

根据定义,截面对 y、z 轴的惯性矩为:

$$I_z = \int_A y^2 \mathrm{d}A, \quad I_y = \int_A z^2 \mathrm{d}A \tag{4-3-11}$$

在图 4-3-12 中,相互平行的坐标系中坐标轴之间的换算关系为:

$$\left.\begin{aligned} y &= y_C + a \\ z &= z_C + b \end{aligned}\right\} \tag{4-3-12}$$

代入式(4-3-10),有:

$$I_z=\int_A y^2 \mathrm{d}A=\int_A (y_C+a)^2 \mathrm{d}A=\int_A (y_C{}^2+2y_C a+a^2)\mathrm{d}A$$

$$=\int_A y_C{}^2 \mathrm{d}A+2a\int_A y_C \mathrm{d}A+a^2\int_A \mathrm{d}A$$

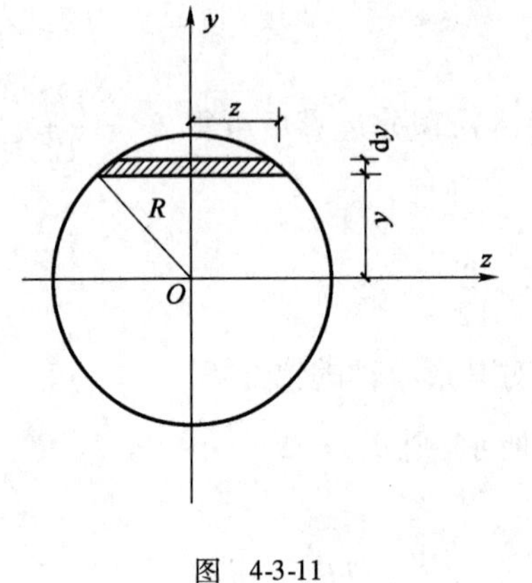

图 4-3-11

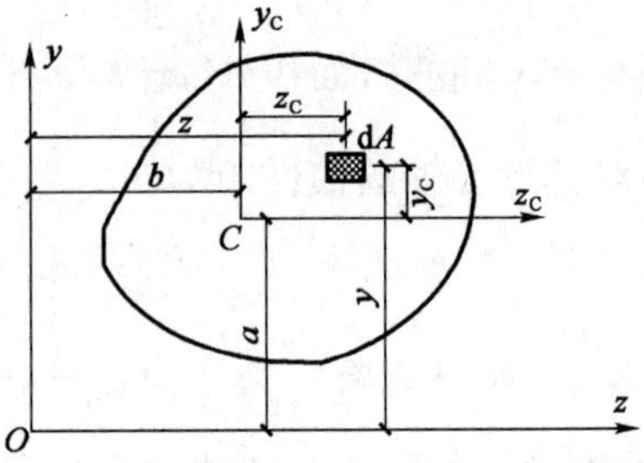

图 4-3-12

由于 y_C、z_C 轴是一对形心轴,静矩 $S_z=0$,$I_{yz}=0$,且 $A=\int_A \mathrm{d}A$,故有:

$$I_z=I_{z_C}+a^2A \tag{4-3-13}$$

同理,有:

$$I_y=I_{y_C}+b^2A \tag{4-3-14}$$

$$I_{yz}=I_{y_C z_C}+abA \tag{4-3-15}$$

式中,截面形心 C 的坐标(a,b)有正负号。上述式(4-3-12)~式(4-3-14)称为惯性矩、惯性积的平行移轴定理,或称为平行移轴公式。用这些公式即可根据截面对形心轴的惯性矩或惯性积,来计算截面对平行于形心轴的其他轴的惯性矩或惯性积,或者进行相反的运算。

平行移轴公式表明:

(1)截面对任意轴的惯性矩,等于截面对与该轴平行的形心轴的惯性矩加上截面面积与两轴间距离平方的乘积。

(2)截面对任意一对正交轴的惯性积,等于截面对与之平行的一对正交形心轴的惯性积加上截面面积与两对轴之间距离的乘积。

例 4-3-5 用平行移轴公式计算图 4-3-13 所示矩形对 y 与 z 轴的惯性矩。

解:已知矩形截面对形心轴的惯性矩和惯性积分别为:

$$I_{z_C}=\frac{bh^3}{12},\quad I_{y_C}=\frac{hb^3}{12},\quad I_{y_C z_C}=0$$

利用平行移轴公式(4-3-12)~式(4-3-14)得:

$$I_z=I_{z_C}+a^2A=\frac{bh^3}{12}+\left(\frac{h}{2}\right)^2 bh=\frac{bh^3}{3}$$

$$I_y = I_{y_C} + b^2A = \frac{hb^3}{12} + \left(\frac{b}{2}\right)^2 bh = \frac{hb^3}{3}$$

2)组合截面惯性矩的计算

根据惯性矩定义可知,组合截面对某轴的惯性矩就等于组成它的各简单截面对同一轴惯性矩的和。简单截面对本身形心轴的惯性矩可通过查表求得,再利用平行移轴公式便可求得它对组合截面形心轴的惯性矩。这样可较方便地计算组合截面的惯性矩。

在工程实际中常会遇到组合截面,有的是由矩形、圆形和三角形等几个简单图形组成,有的是由几个型钢截面组成(图4-3-14)。

下面通过完成任务来说明组合截面惯性矩的计算方法。

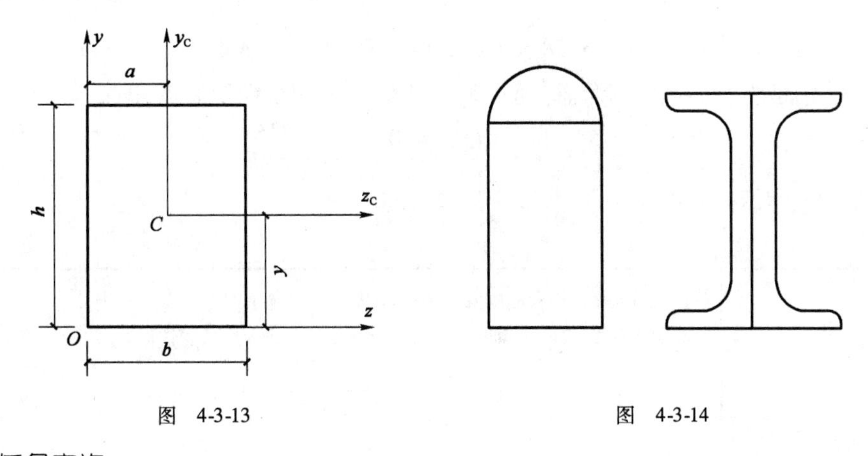

图 4-3-13　　图 4-3-14

二、任务实施

T字形截面尺寸及形心位置如图4-3-15a)所示,求该截面对其形心轴 y_C、z_C 的惯性矩。

解:(1)求截面的形心坐标 y_C。用分割法求形心,先将T字形截面划分为I、II两块矩形如图4-3-15b)所示。

$$y_C = \frac{A_{\mathrm{I}}y_{C1} + A_{\mathrm{II}}y_{C2}}{A_{\mathrm{I}} + A_{\mathrm{II}}} = \frac{300 \times 30 \times 15 + 270 \times 50 \times 165}{300 \times 30 + 270 \times 50} = 105\mathrm{mm}$$

$$x_C = 0$$

(2)利用分割法求整个截面对 z_C 轴的惯性矩。整个截面对 z_C 轴的惯性矩应等于各块矩形截面对 z_C 轴惯性矩的代数和,即:

$$I_{z_C} = I_{z_C}^{\mathrm{I}} + I_{z_C}^{\mathrm{II}}$$

矩形I、II对自身形心轴的惯性矩分别为 $I_{z_{C1}} = \dfrac{b_1h_1^{\ 3}}{12}$,$I_{z_{C2}} = \dfrac{h_2b_2^{\ 3}}{12}$,由平行移轴公式(4-3-10)可计算它们对 z_C 轴的惯性矩:

$$I_{z_C}^{\mathrm{I}} = I_{z_{C1}} + a_1^{\ 2}A_1 = \frac{300 \times 30^3}{12} + (-90)^2 \times 300 \times 30 = 73.58 \times 10^6\mathrm{mm}^4$$

$$I_{z_C}^{\mathrm{II}} = I_{z_{C2}} + a_2^{\ 2}A_2 = \frac{50 \times 270^3}{12} + (60)^2 \times 50 \times 270 = 130.6 \times 10^6\mathrm{mm}^4$$

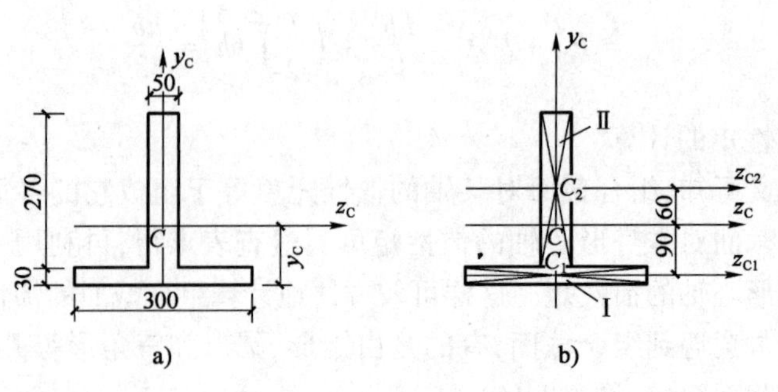

图 4-3-15 (尺寸单位:mm)

所以

$$I_{z_C} = I_{z_C}^{\mathrm{I}} + I_{z_C}^{\mathrm{II}} = 73.58 \times 10^6 + 130.6 \times 10^6 = 204.2 \times 10^6 \mathrm{mm}^4$$

因为 y_C 轴是组合截面的对称轴,所以截面对形心轴的惯性积为零,即:

$$I_{y_C z_C} = 0$$

三、学习效果评价反馈

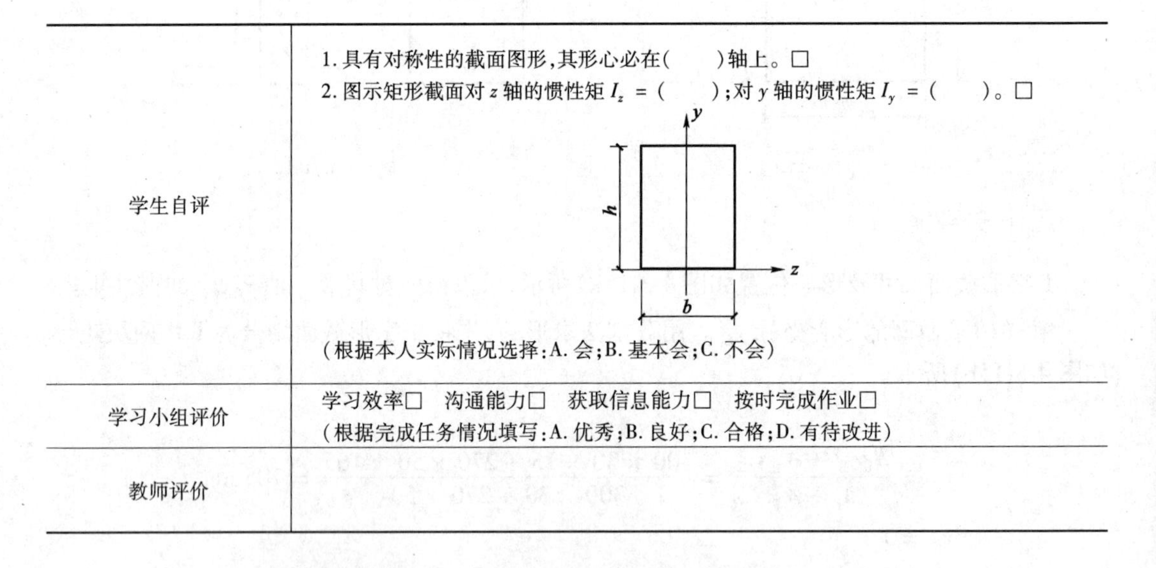

学生自评	1. 具有对称性的截面图形,其形心必在( )轴上。□ 2. 图示矩形截面对 z 轴的惯性矩 I_z = ( );对 y 轴的惯性矩 I_y = ( )。□ (根据本人实际情况选择:A. 会;B. 基本会;C. 不会)
学习小组评价	学习效率□ 沟通能力□ 获取信息能力□ 按时完成作业□ (根据完成任务情况填写:A. 优秀;B. 良好;C. 合格;D. 有待改进)
教师评价	

学习任务四 纯弯曲梁横截面上的正应力计算

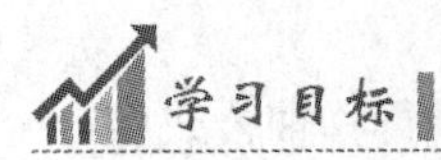

1. 解释平面弯曲时梁正应力计算公式中各项的意义;
2. 能够运用正应力强度条件解决工程实际中基本构件的强度校核问题;
3. 描述梁横截面上的正应力及剪应力分布规律;
4. 会选择梁的合理截面;
5. 知道提高梁弯曲强度的主要措施;

6. 阐述梁主应力迹线的概念及四种强度理论；

7. 具备严谨细致的品质和安全意识。

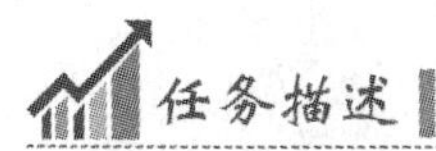

任务描述

图4-4-1所示简支梁受均布荷载 $q=3.5\text{kN/m}$ 的作用，梁截面为矩形，$b=120\text{mm}$，$h=180\text{mm}$，梁的跨度 $l=3\text{m}$。试计算跨中截面上 a、b、c 三点处的正应力。

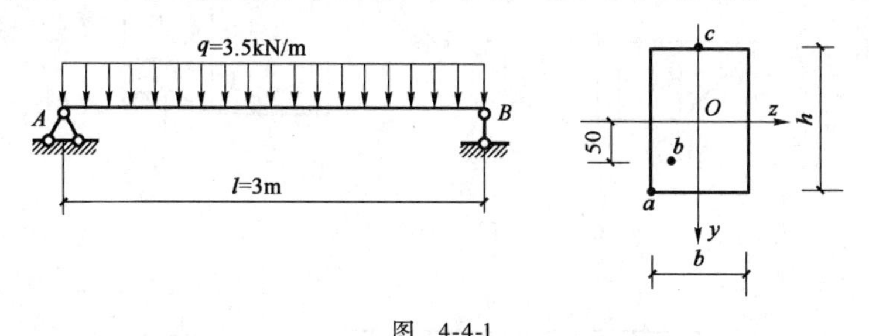

图 4-4-1

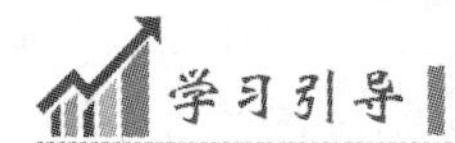

学习引导

本学习任务沿着以下脉络进行：

认识纯弯曲梁 → 纯弯曲梁横截面上的正应力分布规律 → 梁纯弯曲时横截面上任一点处的正应力的计算

一、相关知识

1. 纯弯曲梁横截面上的正应力

图4-4-2a)所示简支梁，主动力和支座反力都作用在梁的纵向对称平面内。由梁的剪力图和弯矩图[图4-4-2b)、c)]可知，AC 梁段和 BC 梁段各个截面上同时存在剪力和弯矩，其除弯曲变形之外，还有剪切变形，这样的弯曲称为**剪切弯曲**(或横力弯曲)；在 CD 段内只有弯矩而无剪力，其变形只有弯曲，这样的弯曲称为**纯弯曲**。

如图4-4-2d)所示，横截面上切向的分布内力 $\tau\,\mathrm{d}A$ 组成剪力 $\boldsymbol{Q}$，横截面上分布的内力 $\sigma\mathrm{d}A$ 对中性轴 z 轴的力矩的总和为弯矩 $\boldsymbol{M}$。本学习任务主要研究梁纯弯曲时弯曲正应力在横截面上的分布规律，以及弯曲正应力与截面的弯矩、截面的几何量之间的关系。研究的方法为：观察—假设—理论分析—验证。

2. 正应力公式推导

理论分析从变形协调关系、物理关系和静力等效关系三个方面进行。

1)变形协调关系

图4-4-3a)所示矩形截面梁，加载前先在梁的表面画上一些平行于轴线的纵线和垂直于轴线的横线，形成许多小方格。然后在梁的纵向对称平面内加一对外力偶，使梁发生纯弯曲变形，梁弯曲后可以观察到如下现象[图4-4-3b)]：

(1)各纵线都弯成了曲线。下部分(靠近梁下缘的部分)的纵线伸长了，上部分(靠近梁上缘的部分)的纵线缩短了。

(2)各横线仍为直线，只是相互倾斜了一个角度，仍与弯曲后的纵向线垂直。

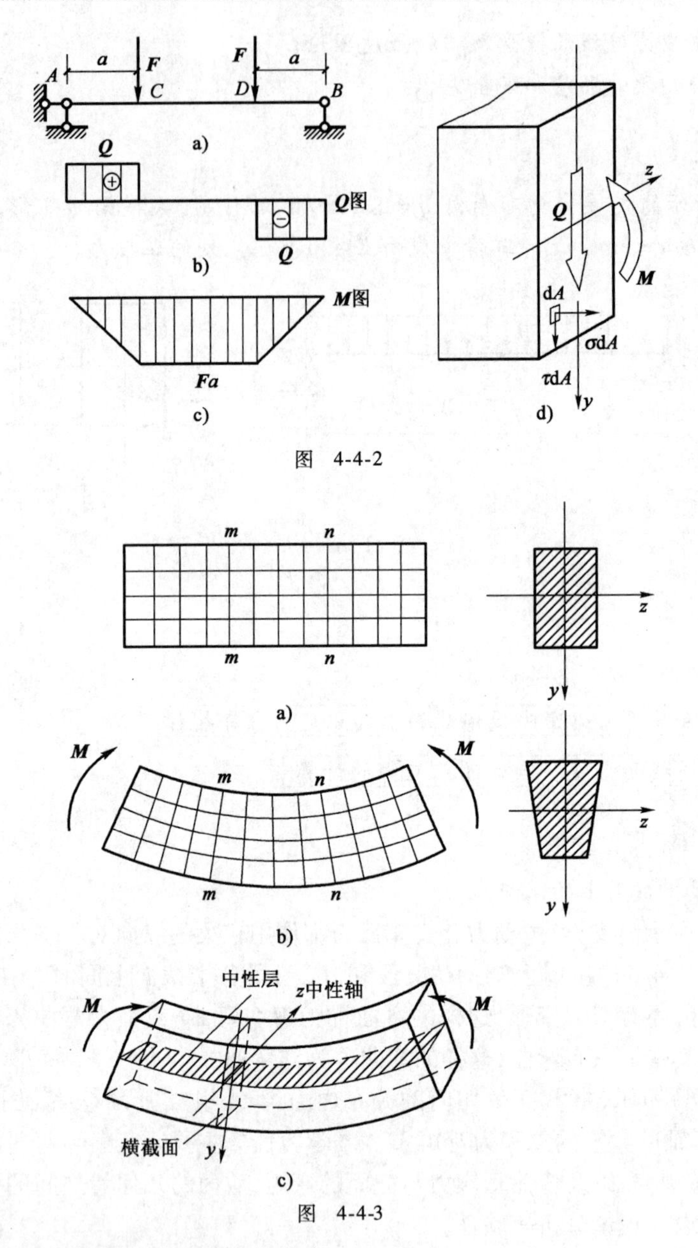

图 4-4-2

图 4-4-3

(3)矩形截面的上部分变宽,下部分变窄。

依据以上现象,由表及里,可作如下假设和推理:

(1)横截面变形后仍为平面,只是相互倾斜了一个角度,但仍然垂直于弯曲后的轴线。此假设称为**平面假设**。

(2)设想梁由无数根纵向纤维组成,各纤维只有拉伸或压缩,可以忽略相互挤压。此假设称为**单向受力假设**。

梁上部分的纵向线缩短,截面变宽,表示上部分每根纤维产生压缩变形;下部分的纵向线伸长,截面变窄,表示下部分每根纤维产生拉伸变形。梁作平面弯曲,横截面垂直于变形后的曲线,因此等高的纵向纤维层中所有纤维的变形相同。在上部纤维层缩短到下部纤维层伸长的连续变化中,必有一层纤维既不伸长也不缩短,这层纤维称为**中性层**。中性层和横截面的交线称为**中性轴**[用 z 表示,图 4-4-3c)]。中性层将横截面分为受拉和受压两个区域。

各层纵向纤维的伸长和缩短是协调的,其变形符合平面假设。现用相邻的两横截面 m-m 和 n-n 从梁中截取长为 $\mathrm{d}x$ 的微段,如图 4-4-4a)所示。梁弯曲时,两截面绕各自的中性轴作相对转动,夹角为 $\mathrm{d}\theta$。O_1O_2为中性层上的纵向纤维段,梁弯曲时,这层纤维层变弯,但长度不变[图 4-4-4b)]。设微弧段 O_1O_2的曲率半径为 ρ,则:

$$\mathrm{d}x = \overline{O_1O_2} = \widehat{O_1O_2} = \rho\mathrm{d}\theta$$

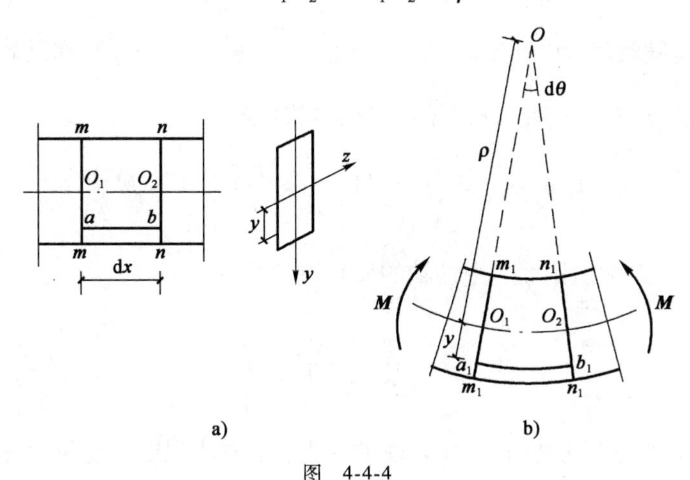

图 4-4-4

考查距中性层 y 处的纵向纤维 ab 的线应变,单向受力的纤维的变形程度用纤维段的变形量与原长之比表示:

$$\varepsilon = \frac{\widehat{a_1b_1} - \overline{ab}}{\overline{ab}} = \frac{\widehat{a_1b_1} - \mathrm{d}x}{\mathrm{d}x} = \frac{(\rho + y)\mathrm{d}\theta - \rho\mathrm{d}\theta}{\rho\mathrm{d}\theta} = \frac{y}{\rho} \tag{4-4-1}$$

2)物理关系

纤维的单向拉伸压缩变形在弹性范围内时,正应力和线应变成正比(胡克定律)。

$$\sigma = E\varepsilon = E\frac{y}{\rho} \tag{4-4-2}$$

式中,y 从中性轴算起,曲率半径 ρ 用便于计算的力学量代替。

3)静力等效关系

图 4-4-5a)所示横截面,轴 z 为中性轴。轴 y 为对称轴,以向下为正。微面积 $\mathrm{d}A$ 上有法向分布内力 $\sigma\mathrm{d}A$。对截面而言,材料的弹性模量 E、梁微弧段的曲率半径 ρ 均为常量。

截面上连续分布的法向内力组成轴力,纯弯曲梁的轴力为零。

$$F_{\mathrm{N}} = \int_A \sigma\mathrm{d}A = \int_A E\frac{y}{\rho}\mathrm{d}A = \frac{E}{\rho}\int_A y\mathrm{d}A = 0$$

因为 E、ρ 不为零,所以:

$$\int_A y\mathrm{d}A = 0$$

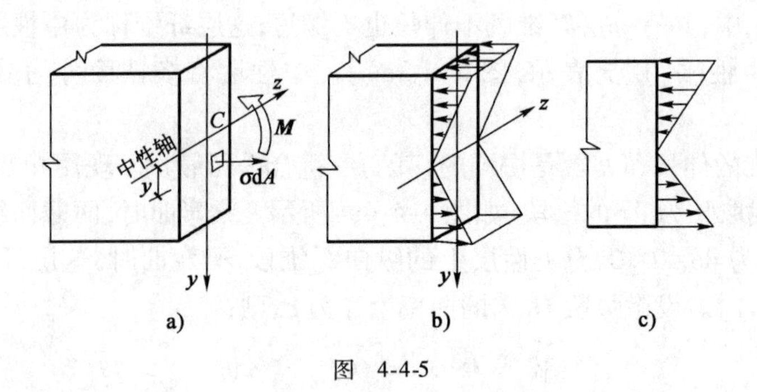

图 4-4-5

$\int_A y\mathrm{d}A = S_z$ 是横截面对中性轴(z 轴)的静矩,且为零,表明中性轴通过截面的形心。

法向分布内力 $\sigma\mathrm{d}A$ 对中性轴 z 之矩组成截面的弯矩:

$$\int_A \sigma\mathrm{d}A \cdot y = \int_A E\frac{y}{\rho}\mathrm{d}A \cdot y = \frac{E}{\rho}\int_A y^2\mathrm{d}A = M$$

式中,$\int_A y^2\mathrm{d}A = I_z$ 为横截面对中性轴的惯性矩,这样:

$$\frac{1}{\rho} = \frac{M}{EI_z} \tag{4-4-3}$$

式中,$\frac{1}{\rho}$ 为梁轴线在此处的曲率,表现梁在此处的弯曲程度。它与此处的弯矩成正比,与材料的弹性模量成反比,与截面对中性轴的惯性矩成反比。乘积 EI_z 称为**抗弯刚度**,综合体现材料和截面的抗弯能力。

将式(4-4-3)代入(4-4-2),则有:

$$\sigma = \frac{My}{I_z} \tag{4-4-4}$$

这就是梁纯弯曲时横截面上任一点处的正应力表达式,为力学试验所验证。它表明梁的弯曲正应力与截面上的弯矩成正比。同一截面上,任一点处的弯曲正应力与该点的 y 轴坐标成正比。弯曲正应力可用代数值表示,式(4-4-4)中弯矩 $\boldsymbol{M}$ 以对应下凸弯曲为正,坐标轴 y 向下为正,算得正值 σ 为拉应力,负值 σ 为压应力;应用式(4-4-4)进行计算时,$\boldsymbol{M}$、y 也可以代入绝对值,算得 σ 也为绝对值,具体是拉应力还是压应力由该点处于横截面的受拉区或受压区决定。由下列依据均可判断受拉区和受压区:①弯矩的转向;②弯矩图画在了受拉一侧。将横截面各点处的弯曲正应力矢量用图形表示,即为梁的正应力分布图[图 4-4-5b)、c)]。图中显示出:中性轴上各点处的正应力为零;离中性轴等远的各点处正应力的大小相等;沿截面高度正应力呈直线分布。

为了便于正确使用式(4-4-4),需注意下列几点:

(1)式(4-4-4)是在纯弯曲的情况下导出的,实际工程中的梁,其横截面上大多同时存在着弯矩和剪力,并非纯弯曲(即横力弯曲)。但根据试验和弹性理论分析研究可知,剪力的存在对正应力分布规律影响很小,用以上公式计算弯曲正应力具有足够的精确度,因此,对横力弯曲的情况，式(4-4-4)仍然适用。比如均布荷载作用下的矩形截面简支梁，当梁的跨度与截面高度之比 $l/h>5$ 时，计算误差不超过1%，跨高比越大，误差越小。

(2)式(4-4-4)是从矩形截面梁导出的，但对截面为其他对称形状(如工字形、T形、圆形)的梁，也都适用。

(3)对于非对称的实体截面梁，只要荷载作用在通过截面形心主轴的纵向平面内，仍可用式(4-4-4)计算弯曲正应力。

二、任务实施

图4-4-6所示简支梁受均布荷载 $q=3.5\text{kN/m}$ 作用，梁截面为矩形，$b=120\text{mm}$，$h=180\text{mm}$，梁跨 $l=3\text{m}$。试计算跨中截面上 a、b、c 三点处的正应力。

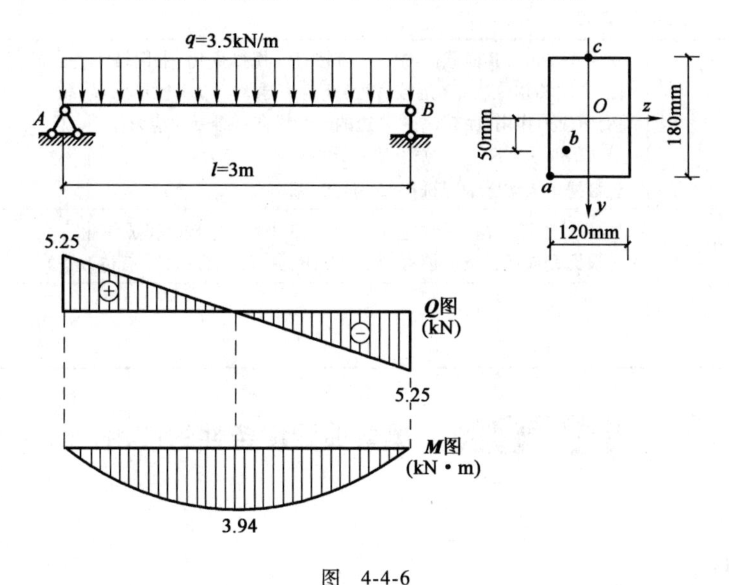

图 4-4-6

解：(1)作梁的剪力图和弯矩图。

梁跨中截面上弯矩最大：

$$M=\frac{ql^2}{8}=\frac{3.5\times(3)^2}{8}=3.94\text{kN}\cdot\text{m}$$

$$Q=0$$

梁的下侧受拉。跨中截面剪力为零，只有弯矩处于纯弯曲状态。

(2)计算梁跨中截面上的正应力。

截面对中性轴 z 的惯性矩：

$$I_z=\frac{bh^3}{12}=\frac{120\times(180)^3}{12}=5\,832\times10^4\text{mm}^4$$

跨中截面的弯曲正应力用绝对值计算，表达式为：

$$\sigma=\frac{My}{I_z}=\frac{3.94\times10^6\times y}{5\,832\times10^4}=0.067\,56y(\text{MPa})$$

a 点在截面的受拉区,距 z 轴 $y_a = 90\text{mm}$。

$$\sigma_a = 0.067\ 56 \times 90 = 6.08\text{MPa}(\text{拉应力})$$

b 点在截面的受拉区,距 z 轴 $y_b = 50\text{mm}$。

$$\sigma_b = 0.067\ 56 \times 50 = 3.38\text{MPa}(\text{拉应力})$$

c 点在截面的受压区,距 z 轴 $y_c = 90\text{mm}$。

$$\sigma_c = 0.067\ 56 \times 90 = 6.08\text{MPa}(\text{压应力})$$

三、学习效果评价反馈

学生自评	1.梁弯曲时,其横截面的(　　)按直线规律变化,中性轴上各点的正应力等于(　　),而距中性轴越(　　)(远或者近)正应力越大。以中性层为界,靠(　　)边的一侧纵向纤维受压应力作用,而靠(　　)边的一侧纵向纤维受拉应力作用。□ 2. EI_z称为梁的(　　);它表示梁的(　　)能力。□ (根据本人实际情况选择:A.会;B.基本会;C.不会)
学习小组评价	学习效率□　沟通能力□　获取信息能力□　按时完成作业□ (根据完成任务情况填写:A.优秀;B.良好;C.合格;D.有待改进)
教师评价	

学习任务五　梁弯曲强度条件的应用

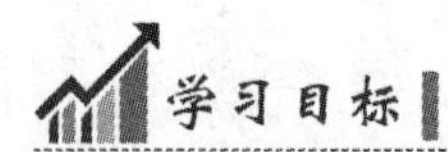

学习目标

1.能够分析建筑物中典型构件的弯曲强度问题;
2.描述梁横截面上的正应力及剪应力分布规律;
3.能够运用正应力强度条件解决工程实际中基本构件的强度校核问题;
4.具备严谨细致的工作作风和安全意识。

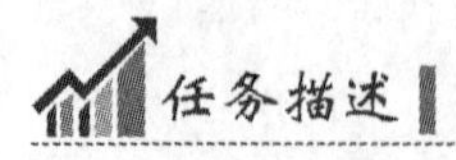

任务描述

T形截面的外伸梁受力及截面尺寸如图4-5-1所示。试求:(1)最大拉应力和最大压应力;(2)已知梁的材料的许用应力$[\sigma] = 160\text{MPa}$,校核梁的弯曲强度。

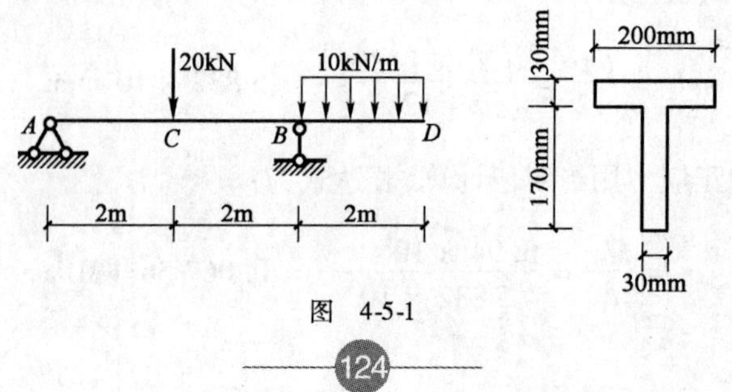

图　4-5-1

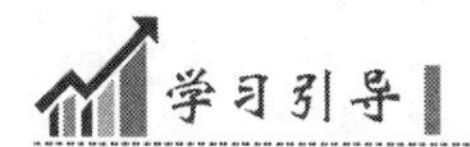

本学习任务沿着以下脉络进行：

确定梁的最大弯矩→计算梁截面上的最大正应力→确定梁横截面的惯性矩→校核梁的弯曲正应力强度

一、相关知识

1.梁的正应力强度条件

为了保证梁的安全工作，梁内的最大正应力不能超过一定的限度。有了正应力计算公式后，就可以算出梁中的最大正应力，从而建立正应力强度条件，对梁进行强度分析。

对梁的某一截面来说，最大正应力发生在距中性轴最远的位置，其值为：

$$\sigma_{max} = \frac{M \cdot y_{max}}{I_z}$$

对全梁（等截面梁）来说，最大正应力发生在弯矩最大的截面上，其值为：

$$\sigma_{max} = \frac{M_{max} \cdot y_{max}}{I_z}$$

将此式改写为：

$$\sigma_{max} = \frac{M_{max}}{\dfrac{I_z}{y_{max}}}$$

令

$$W_z = \frac{I_z}{y_{max}}$$

则

$$\sigma_{max} = \frac{M_{max}}{W_z} \tag{4-5-1}$$

根据强度要求，同时考虑留有一定的安全储备，梁内的最大正应力不能超过材料的许用应力，因而有：

$$\sigma_{max} = \frac{M_{max}}{W_z} \leqslant [\sigma] \tag{4-5-2}$$

式(4-5-2)为梁的正应力强度条件。式中，$[\sigma]$为弯曲时材料的许用正应力，其值随材料的不同而不同，在有关规范中均有具体规定；W_z称为**弯曲截面系数**（或称抗弯截面系数，抗弯截面模量），它与梁的截面形状和尺寸有关，单位为cm^3或mm^3；W_z反映截面形状和尺寸对弯曲强度的影响，显然，W_z越大，从强度角度看就越有利。

对矩形截面：

$$W_z = \frac{I_z}{y_{max}} = \frac{bh^3/12}{h/2} = \frac{bh^2}{6}$$

对圆形截面：

$$W_z = \frac{I_z}{y_{max}} = \frac{\pi d^4/64}{d/2} = \frac{\pi d^3}{32}$$

对工字钢、槽钢、角钢等型钢截面,W_z值可在型钢表中查得(见附录的型钢表)。

注意:对上下不对称的截面而言(如T形截面),中性轴到受拉区最远点的距离不等于中性轴到受压区最远点的距离,即同一截面内最大拉应力数值和最大压应力数值不同,则应该分别计算最大拉应力和最大压应力时的W_z:

$$W_z^+ = \frac{I_z}{y_{max}^+} \qquad \sigma_{max}^+ = \frac{M_{max}}{W_z^+}$$

$$W_z^- = \frac{I_z}{y_{max}^-} \qquad \sigma_{max}^- = \frac{M_{max}}{W_z^-}$$

2. 梁弯曲时的正应力强度计算

利用式(4-5-2)的强度条件,可解决工程中常见的三类问题。

(1)强度校核。当已知梁的截面形状和尺寸,梁所用的材料及梁上的荷载时,可校核梁是否满足强度要求,即校核是否满足下列关系:

$$\sigma_{max} = \frac{M_{max}}{W_z} \leqslant [\sigma]$$

(2)选择截面。当已知梁所用的材料和梁上荷载时,可根据条件,先算出所需的弯曲截面系数,即:

$$W_z = \frac{M_{max}}{[\sigma]}$$

然后,依所选的截面形状,再由W_z确定截面的尺寸。

(3)计算梁所能承受的最大荷载。当已知梁所用的材料、截面形状和尺寸时,根据强度条件,先算出梁所能承受的最大弯矩,即:

$$M_{max} = W_z[\sigma]$$

再由M_{max}与荷载的关系,算出梁所能承受的最大弯矩。

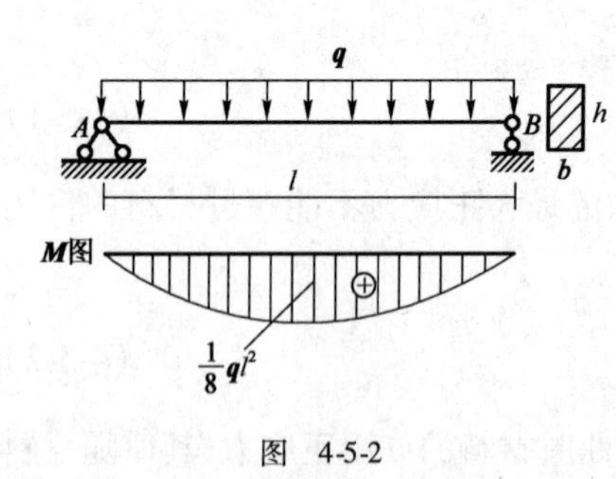

图 4-5-2

下面举例说明正应力强度条件的具体应用。

例 4-5-1 一矩形截面的简支木梁,梁上作用有均布荷载(图 4-5-2),已知:$l = 4\text{m}$,$b = 140\text{mm}$,$h = 210\text{mm}$,$q = 2\text{kN/m}$,弯曲时木材的许用正应力$[\sigma] = 10\text{MPa}$,试校核该梁的强度。

解:作梁的弯矩图,梁中的最大正应力发生在跨中弯矩最大的截面上,最大弯矩为:

$$M = \frac{ql^2}{8} = \frac{2\times4^2}{8} = 4\text{kN}\cdot\text{m}$$

梁的弯曲截面系数为:

$$W_z = \frac{bh^2}{6} = \frac{0.14\times(0.21)^2}{6} = 0.103\times10^{-2}\text{m}^3$$

最大正应力为:

$$\sigma_{\max} = \frac{M_{\max}}{W_z} = \frac{4 \times 10^3}{0.103 \times 10^{-2}} = 3.88\text{MPa} < [\sigma]$$

所以,该梁满足强度要求。

3. 梁剪切弯曲时的剪应力简介

梁剪切弯曲时,横截面上同时存在弯矩和剪力。剪力由连续分布的微剪力组成。微剪力的面集度为剪应力。

1)矩形截面梁的弯曲剪应力

对于高度 h 大于宽度 b 的矩形横截面,可以认为各点处弯曲剪应力的方向均平行于截面的侧边,与剪力的方向一致。距中性轴等远的各点处,剪应力的大小相等(图 4-5-3)。

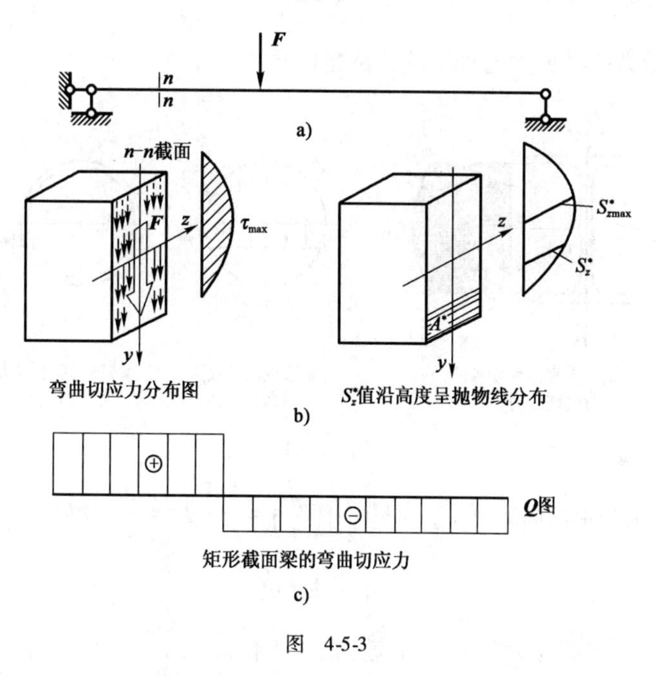

图 4-5-3

任一点处弯曲剪应力的表达式为:

$$\tau = \frac{QS_z^*}{I_z b} \tag{4-5-3}$$

式中各量值取绝对值计算,其中:

Q——横截面上的剪力;

I_z——横截面对中性轴的惯性矩;

S_z^*——过所求剪应力点沿宽度将截面分为两部分,该点以外部分(阴影部分)对中性轴的静矩[图 4-5-3b)];

b——所求剪应力点处的截面宽度。

截面的剪力 Q、惯性矩 I_z 为确定值,矩形截面各处的宽度 b 相同,弯曲剪应力的大小随所求剪应力点处的 S_z^* 变化。计算表明,S_z^* 值沿矩形截面高度呈抛物线分布,在中性轴处最大,在上下缘处为零。所以,矩形截面的弯曲剪应力值也沿高度呈抛物线分布,在中性轴处最大,在上下缘处为零。

2)工字形截面梁的弯曲剪应力

工字形截面由两块翼缘和一块腹板组成。翼缘的剪应力比腹板的剪应力小,这里只讨论腹板上的弯曲剪应力。

腹板是一狭长的矩形,可应用矩形截面的弯曲剪应力计算式(4-5-3)。在与翼缘的交接处,S_z^* 为该处以外的翼缘面积对中性轴的静矩。因为所求剪应力的点是腹板上的点,所以 b 是腹板的宽度。工字形截面腹板的弯曲剪应力分布如图 4-5-4a)所示。

3)剪切弯曲杆件的最大剪应力

截面上最大弯曲剪应力发生在中性轴处。

$$\tau_{max} = \frac{QS_{zmax}^*}{I_z b} \tag{4-5-4}$$

等直杆剪力最大的截面为弯曲剪应力的危险截面。

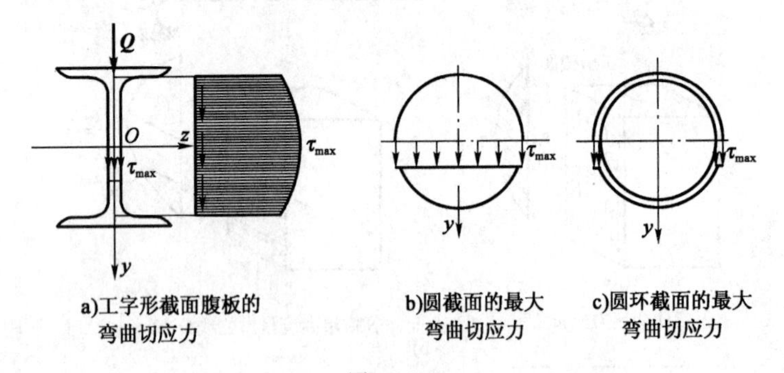

图 4-5-4

(1)宽 b、高 h 的矩形截面。将 $S_{max}^* = b\left(\frac{h}{2}\right)\left(\frac{h}{4}\right) = \frac{bh^2}{8}$,$I_z = \frac{bh^3}{12}$ 及 $bh = A$ 代入式(4-5-4)得:

$$\tau_{max} = 1.5\frac{Q}{A} \tag{4-5-5}$$

即矩形截面的最大弯曲剪应力是平均剪应力的 1.5 倍。

(2)工字形截面。对于轧制的工字钢,可将式(4-5-4)变换为:

$$\tau_{max} = \frac{Q}{d(I_z/S_{zmax})} \tag{4-5-6}$$

式中,I_z/S_{zmax} 可由型钢规格表查得,工字钢的腹板厚度用 d 表示。

由图 4-5-4a)可见,腹板上的最大剪应力与最小剪应力相差不大。计算表明,截面上的 95% ~97% 的剪力由腹板承担。因此,可用下式近似估算腹板中的最大剪应力:

$$\tau_{max} = \frac{Q}{h_1 d}$$

式中,h_1 为腹板的高度,$h_1 d$ 为腹板的面积。

(3)圆截面。圆形截面上的剪应力分布比较复杂,但最大剪应力仍发生在中性轴处[图 4-5-4b)],可用式(4-5-4)计算。代入相关的几何量,式(4-5-4)变换为:

$$\tau_{max} = \frac{4}{3}\frac{Q}{A} \tag{4-5-7}$$

式中,A 为圆截面面积。可见,圆截面上最大弯曲剪应力为平均剪应力的 1.33 倍。

(4)内、外直径分别为 d、D 的圆环截面。空心圆截面的最大弯曲剪应力也发生在中性轴处[图 4-5-4c)],仍用式(4-5-4)计算。

对于薄壁圆环:

$$\tau_{max} = 2\frac{Q}{A} \tag{4-5-8}$$

式中,$A=\pi(D^2-d^2)/4$ 为圆环截面面积。可见薄壁圆环截面上最大弯曲剪应力为平均剪应力的 2 倍。

4)梁的剪应力强度条件

与梁的正应力强度计算一样,为了保证梁的安全工作,梁在荷载作用下产生的最大剪应力,也不能超过材料的许用剪应力。由前面的讨论可知,横截面上的最大剪应力发生在中性轴上,其值为:

$$\tau_{max} = \frac{QS_{zmax}^*}{I_z b}$$

对全梁来说,最大剪应力发生在剪力最大的截面上,即:

$$\tau_{max} = \frac{Q_{max}S_{zmax}^*}{I_z b}$$

此最大剪应力不能超过材料的许用剪应力$[\tau]$,即:

$$\tau_{max} = \frac{Q_{max}S_{zmax}^*}{I_z b} \leqslant [\tau] \tag{4-5-9}$$

式(4-5-9)即为剪应力的强度条件。

在进行梁的强度计算时,必须同时满足正应力和剪应力强度条件,但二者应有主次之分。在一般情况下,梁的强度计算由正应力强度条件控制。因此在选择梁的截面时,一般都是按正应力强度条件选择好截面后,再按剪应力强度条件进行校核。工程中,按正应力强度条件设计的梁,剪应力强度条件大都可以满足。但在少数情况下,梁的剪应力强度条件也可能起控制作用。例如,当梁的跨度很小或在梁的支座附件有很大的集中力作用时,梁的最大弯矩比较小而剪力却很大,则梁的强度计算就可能由剪应力强度条件控制。又如,在组合工字钢梁中,如果腹板的厚度很小,腹板上的剪应力就可能很大;如果最大弯矩比较小,则剪应力强度条件也可能起控制作用。再如,在木梁中,由于木材的顺纹抗剪能力很差,当截面上剪应力很大时,木梁也可能沿中性层剪坏。

二、任务实施

(1)试求图 4-5-5a)所示 T 形截面梁的最大拉应力和最大压应力,以及梁所能承受的最大荷载。

解:①作梁的弯矩图[图 4-5-5b)]。

②计算截面的惯性矩。

中性轴位置的确定:在图 4-5-5c)中,设辅助坐标 $O_1y_1z_1$,则形心的纵坐标为 y_{1C},计算式为:

$$y_{1C} = \frac{\sum A_i y_{Ci}}{\sum A_i} = \frac{30\times170\times85+200\times30\times185}{30\times170+200\times30} = 139\text{mm}$$

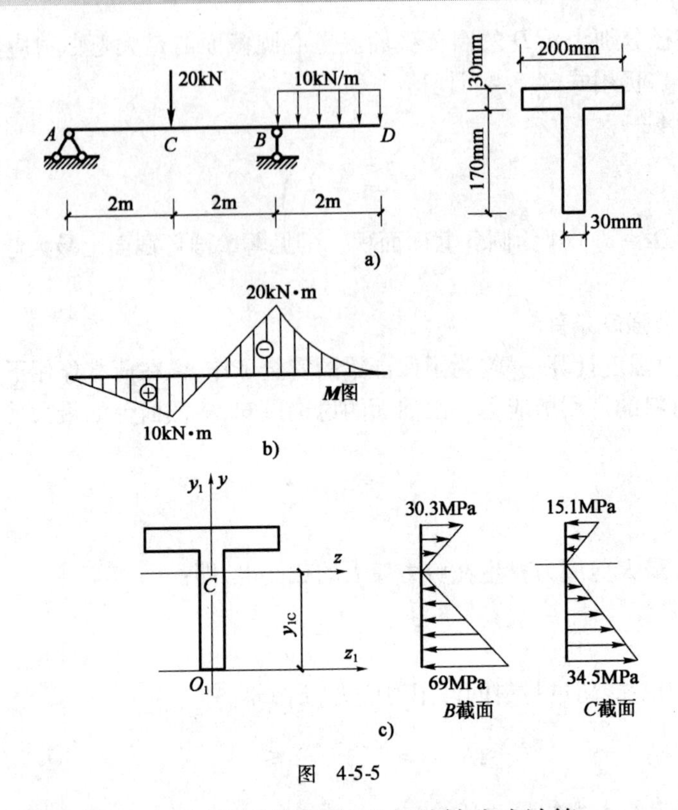

图 4-5-5

截面对中性轴的惯性矩 I_z,可利用惯性矩的平行移轴公式计算:

$$I_z = \frac{30\times(170)^3}{12} + (139-85)^2\times(30\times170) + \frac{200\times(30)^3}{12} +$$

$$(185-139)^2\times(200\times30) = 4\,030\times10^4\text{mm}^4$$

③计算最大弯曲正应力。

T 形截面属于上下不对称的截面,计算最大弯曲正应力时应综合分析 $\boldsymbol{M}$ 和 $y_{\max}$ 两个因素。由弯矩图可知,全梁的最大弯矩发生在 B 截面,但截面的上部分受拉,$y_{\max}^{+}$ 只有 61cm,而梁下侧受拉弯矩最大的 C 截面,弯矩虽小,但 $y_{\max}^{+}$ 有 139cm,因此须分别计算 B、C 截面的 $\sigma_{\max}^{+}$,比较全梁的 $\sigma_{\max}^{+}$。至于全梁的 $\sigma_{\max}^{-}$,则判断发生在 B 截面,因为该截面 $\boldsymbol{M}$ 最大,$y_{\max}^{-}$ 也最大。

B 截面:

$$\sigma_{\max}^{+} = \frac{My_{\max}^{+}}{I_z} = \frac{20\times10^6\times61}{4\,030\times10^{44}} = 30.3\text{MPa}$$

$$\sigma_{\max}^{-} = \frac{My_{\max}^{-}}{I_z} = \frac{20\times10^6\times139}{4\,030\times10^4} = 69\text{MPa}$$

C 截面:

$$\sigma_{\max}^{+} = \frac{My_{\max}^{+}}{I_z} = \frac{10\times10^6\times139}{4\,030\times10^4} = 34.5\text{MPa}$$

由此可见,全梁的最大拉应力为34.5MPa,发生在C截面,最大压应力为69MPa,发生在B截面。

④求梁所能承受的最大荷载(即q_{max})。

根据强度条件,梁所能承受的最大弯矩为:

$$M_{max} = W_z[\sigma]$$

跨中最大弯矩与荷载q的关系为:

$$M = \frac{ql^2}{8}$$

所以

$$W_z[\sigma] = \frac{ql^2}{8}$$

从而得

$$q = \frac{8W_z[\sigma]}{l^2} = \frac{8 \times 0.103 \times 10^{-2} \times 10 \times 10^6}{(4)^2} = 5\ 150\text{N/m}$$

即梁所能承受的最大荷载为$q_{max} = 5\ 150\text{N/m}$。

(2)简支梁上作用两个集中力(图4-5-6),已知:$l=6\text{m}$,$F_1 = 15\text{kN}$,$F_2 = 21\text{kN}$,如果梁采用热轧普通工字钢,钢的许用应力$[\sigma]=170\text{MPa}$,试选择工字钢的型号。

解:先作梁的弯矩图,如图4-5-6所示,由图可知最大弯矩发生在F_2作用的截面上,其值为38kN·m。根据强度条件,梁所需的弯曲截面系数为:

$$W_z = \frac{M_{max}}{[\sigma]} = \frac{38 \times 10^3}{170 \times 10^6} = 0.223 \times 10^{-3}\text{m}^3 = 223\text{cm}^3$$

根据算得的W_z值,在型钢表上查出与该值相近的型号,就是所需的型号。在附录的型钢表中,20a号工字钢的W_z值为237cm³,与算得的W_z值相近,故选取20a号工字钢。因20a号工字钢的W_z值大于按强度条件算得的W_z值,所以一定满足强度条件。如选取的工字钢的W_z略小于按强度条件算得的W_z值时,则应再校核一下强度,当σ_{max}不超过$[\sigma]$的5%时,工程上是可以用的。

(3)一外伸工字型钢梁,工字钢型号为22a,梁上作用荷载如图4-5-7所示,已知$l=6\text{m}$,$F=30\text{kN}$,$q=6\text{kN/m}$,材料的许用应力$[\sigma]=170\text{MPa}$,$[\tau]=100\text{MPa}$,检查此梁是否安全。

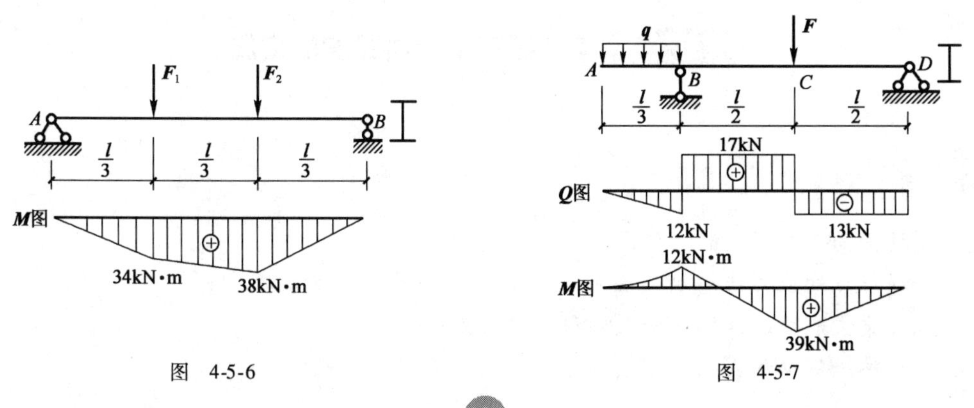

图 4-5-6　　图 4-5-7

解:①作梁的剪力图和弯矩图。

②最大正应力和最大剪应力分别发生在最大弯矩和最大剪力的截面上。W_z、b 以及计算中性轴上最大剪应力所需的 S_{zmax} 均可在型钢表中查得。

$$W_z = 309\text{cm}^3 = 0.309 \times 10^{-3}\text{m}^3$$

$$\frac{I_z}{S_{zmax}} = 18.9\text{cm} = 0.189\text{m}$$

$$b = d = 7.5\text{mm} = 0.0075\text{m}$$

最大正应力为:

$$\sigma_{max} = \frac{M_{max}}{W_z} = \frac{39 \times 10^3}{0.309 \times 10^{-3}} = 126 \times 10^6\text{Pa} = 126\text{MPa} < [\sigma]$$

最大剪应力为:

$$\tau_{max} = \frac{Q_{max}S_{zmax}}{I_z b} = \frac{17 \times 10^3}{0.189 \times 0.0075} = 12 \times 10^6\text{Pa} = 12\text{MPa} < [\tau]$$

所以梁安全。

三、学习效果评价反馈

学生自评	1. $W_z = I_z/y_{max}$ 称为(　　),它反映了(　　)和(　　)对弯曲强度的影响,W_z 的值愈大,梁中的最大正应力就愈(　　)。□ 2. 矩形截面梁的截面上下边缘处的剪应力为(　　),其(　　)上的剪应力最大。□ (根据本人实际情况选择:A. 知道;B. 基本知道;C. 不知道)
学习小组评价	团队合作□　工作效率□　沟通能力□　获取信息能力□　表达能力□ (根据完成任务情况填写:A. 优秀;B. 良好;C. 合格;D. 有待改进)
教师评价	

学习任务六　提高梁弯曲强度的措施

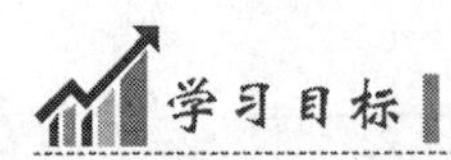

学习目标

1. 阐述提高弯曲强度的措施;
2. 解释一点处应力状态以及主应力、主平面与最大剪应力的概念;
3. 阐述梁主应力迹线的概念及四种强度理论;
4. 能列举一例梁加固的施工方法。

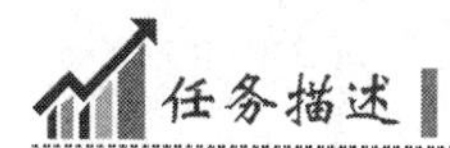

任务描述

以建筑阳台挑梁为例对悬臂梁进行受力分析。(1)分析挑梁的受力特征并绘制挑梁的计算简图;说明应如何合理地布置挑梁的纵向受力钢筋。(2)分析挑梁受力破坏的常见形式和产生的原因。

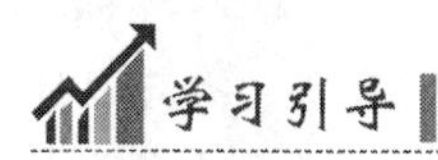

学习引导

本学习任务沿着以下脉络进行:

减小弯矩的措施 → 增大抗弯截面系数的措施 → 主应力迹线的概念 → 梁结构的钢筋布置规范 → 梁结构的加固措施

一、相关知识

提高梁的弯曲强度是指在不增加或少增加材料的前提下,使构件承受更大的荷载而不发生强度失效。本学习任务主要分析提高梁弯曲强度的途径。由弯曲正应力强度条件

$$\sigma_{max}=\frac{M_{max}}{W_z}\leqslant[\sigma]$$

可见,只要降低梁危险截面处的弯矩值和加大危险截面的抗弯截面系数即可提高梁的强度。提高梁弯曲强度的主要措施有如下几个方面。

1. 调整荷载位置及支承位置,减小内力的峰值

(1)将荷载靠近支座,或用分散荷载代替集中荷载(图 4-6-1)。

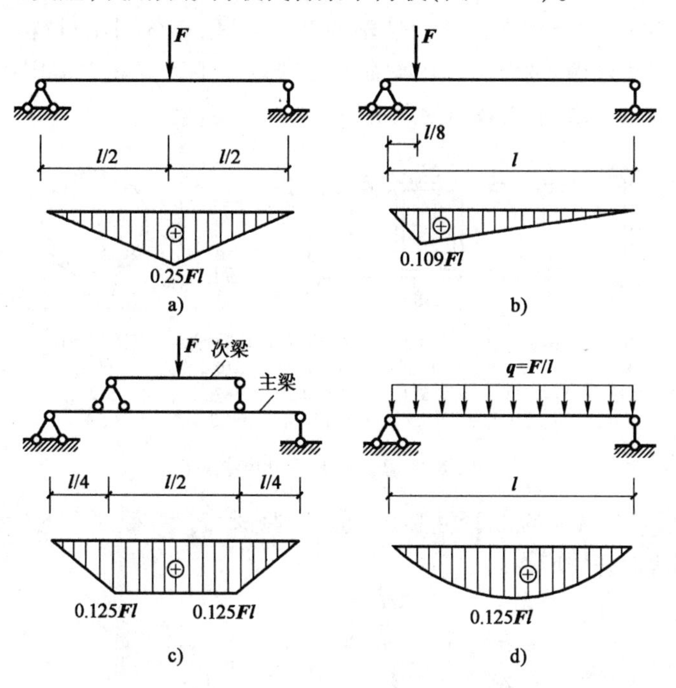

图 4-6-1

(2)调整支座位置或者增加支座数目,减小跨度,形成反弯(图4-6-2)。

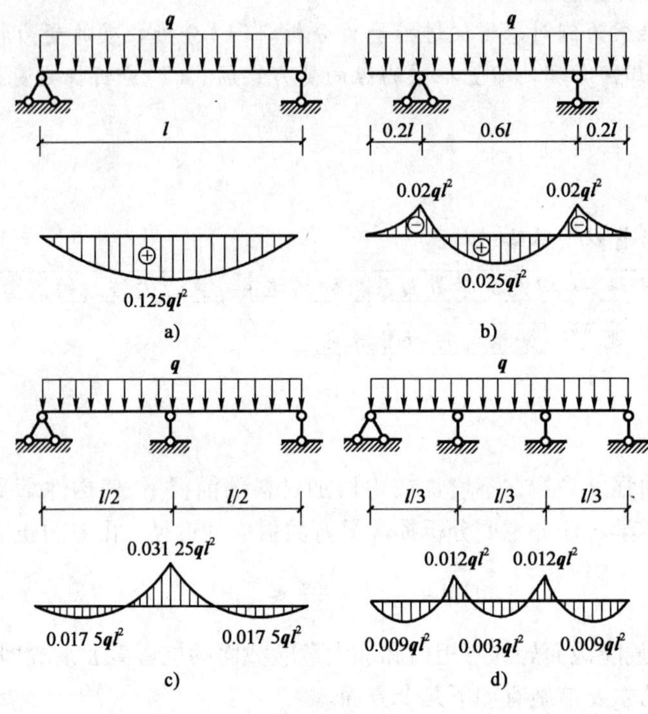

图 4-6-2

2. 采用合理截面

(1)将尽量多的材料布置在远离中性轴的高应力区,充分利用材料。由图4-6-3可见,薄壁截面比实心截面合理,截面竖放比截面平放合理。工程实际中常用弯曲截面系数与横截面面积的比值 W/A 来衡量梁截面的经济性。

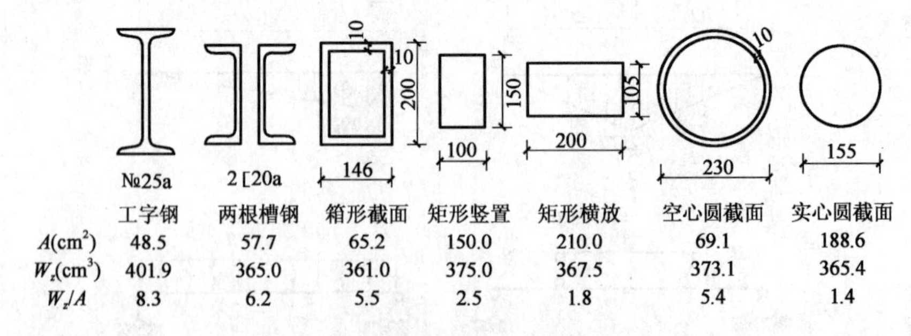

	工字钢	两根槽钢	箱形截面	矩形竖置	矩形横放	空心圆截面	实心圆截面
A(cm²)	48.5	57.7	65.2	150.0	210.0	69.1	188.6
W_z(cm³)	401.9	365.0	361.0	375.0	367.5	373.1	365.4
W_z/A	8.3	6.2	5.5	2.5	1.8	5.4	1.4

图4-6-3 截面形状(尺寸单位:mm)

(2)使截面形状与材料的力学性能相适应。理想状态为:截面上的最大拉应力、最大压应力同时达到相应的许用应力。

$$\frac{\sigma_{\max}^{+}}{\sigma_{\max}^{-}}=\frac{\dfrac{My_{\max}^{+}}{I_z}}{\dfrac{My_{\max}^{-}}{I_z}}=\frac{y_{\max}^{+}}{y_{\max}^{-}}=\frac{[\sigma]^{+}}{[\sigma]^{-}}$$

对于塑性材料，由于 $[\sigma]^+ = [\sigma]^- = [\sigma]$，则 $y_{max}^+ = y_{max}^-$ 时，即截面对称于中性轴时较为合理；对于脆性材料，由于 $[\sigma]^+ \neq [\sigma]^-$，而且 $[\sigma]^+ < [\sigma]^-$，则应按比例 $\frac{y_{max}^+}{y_{max}^-} = \frac{[\sigma]^+}{[\sigma]^-}$ 设计截面形状，即中性轴应靠向截面拉应力区的边缘，设计成上下不对称的截面较为合理（图 4-6-4）。

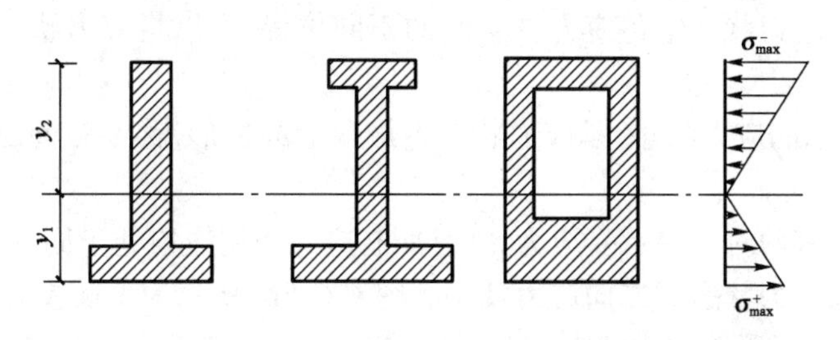

图　4-6-4

3. 采用变截面梁

改变截面的高度以适应梁内弯矩的变化，形成等强度梁。从而节约材料，减轻自重（图 4-6-5）。

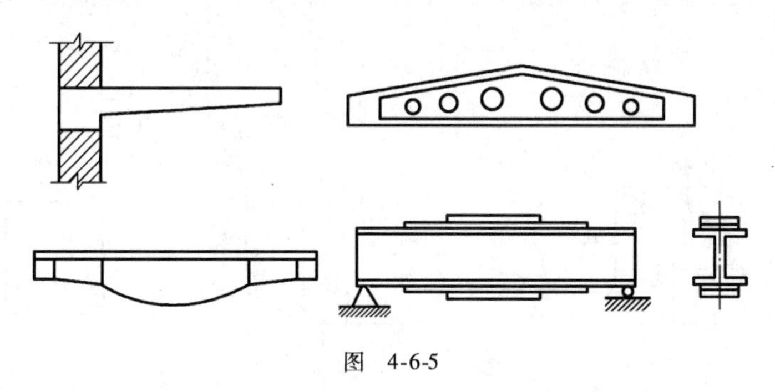

图　4-6-5

除梁以外，其他类型构件也存在提高强度措施的问题，原理上皆遵循上述方法，这里不作详细讨论。

4. 应力状态与强度理论概述

1）一点处的应力状态

一般情况下，构件同一横截面上不同点处的应力是不相同的，过同一点的不同方向面上的应力也是不同的。因此，当提及应力时，必须指明“哪一个面上的哪一点处”的应力或者“哪一点处哪个方向面上”的应力。此即“应力的点和面的概念”。

所谓“应力状态”又称为**一点处的应力状态**，是指通过一点所有不同方向面上的应力情况的总体集合。

应力状态分析是用平衡的方法分析过一点不同方向面上应力的相互关系，确定这些应力中的极大值和极小值以及它们的作用面。

与前述所采用的方法不同的是，此处的平衡对象既不是整体杆或某一段杆，也不是微段杆或其中一部分，而是三个方向尺度均为无穷小量的微单元体。

对于受力的弹性物体中的任意点，为了描述其应力状态，一般是围绕这一点取一个无限小的正六面体,当它在三个分析的尺度趋于无限小时,正六面体便趋于所考察的点。这时的六面体称为微单元体,简称为**单元体**。一旦确定了单元体各个面上的应力,过这一点任意分析面上的应力均可由平衡方法确定。因此,一点处的应力状态可用围绕该点的单元体及其各面上的应力描述。作用在单元体各面上的应力可认为是均匀分布的,单元体的每一对平行面上的应力也是相同的。

根据一点处的应力状态中各应力在空间的不同位置,可以将应力状态分为**空间应力状态**和**平面应力状态**。

图4-6-6a)所示的应力状态,是应力状态中最一般的情形,称为**空间应力状态**或**三向应力状态**。

当单元体上只有两对表面承受应力,并且所有应力作用线均处于同一平面内时,这种应力状态统称为**平面应力状态**或**二向应力状态**。图4-6-6b)所示为平面应力状态的一般情形。

当图4-6-6b)所示平面应力状态的单元体表面剪应力为零,而且只有一个方向有正应力时,这种应力状态称为**单向应力状态**[图4-6-6d)];当上述平面应力状态中正应力 $\sigma_x=\sigma_y=0$ 而剪应力不为零时,这种应力状态称为**纯剪应力状态**或**纯切应力状态**[图4-6-6c)]。横向荷载作用下的梁,在最大和最小(代数值)的正应力作用点处,均为单向应力状态;而在最大剪应力作用点处,大多情形下为纯剪应力状态。同样,对于承受扭矩的圆轴,其上各点均为纯剪应力状态。

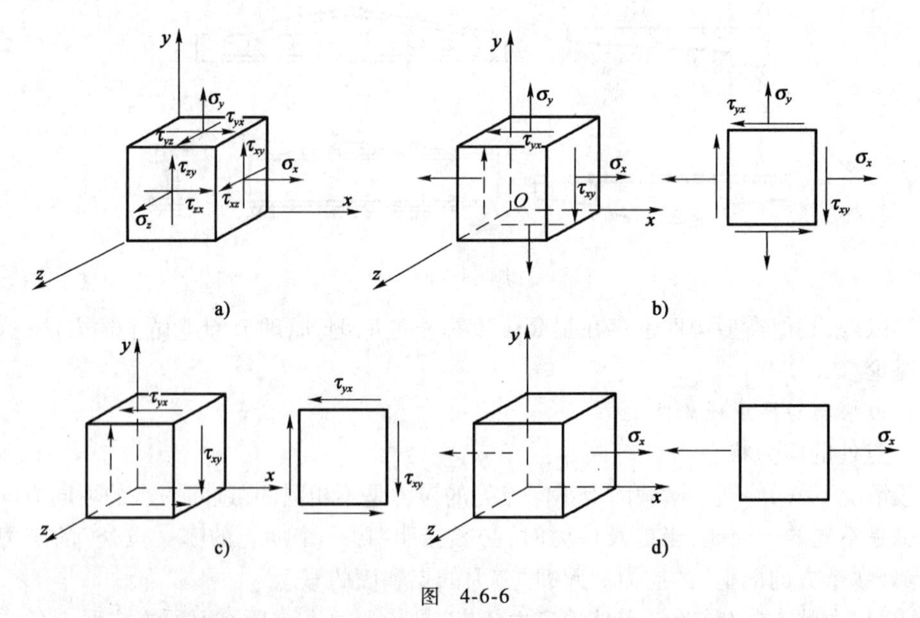

图 4-6-6

需要指出的是,平面应力状态实际上是三向应力状态的特例,而单向应力状态和纯剪应力状态则为平面应力状态的特殊情形。一般工程中常见的是平面应力状态。

2)主平面和主应力

剪应力等于零的方向面称为**主平面**(简称主面);主平面上的正应力称为**主应力**。主应力有时也用 σ_1、σ_2 和 σ_3 表示,按其代数值的大小而定,即三个主应力间必须满足 $\sigma_1\geqslant\sigma_2\geqslant\sigma_3$ 的关系。

3)梁的主应力迹线

在钢筋混凝土梁里,布置钢筋的目的主要是让它承受拉应力。根据梁的弯曲强度理论可以知道,在剪切弯曲时,每个横截面上既有弯矩又有剪力,因而在同一横截面上的各点既有正应力又有剪应力。由主应力的概念可知,各点的最大拉应力的方向将随不同的截面和截面上不同点的位置而变化。

如图 4-6-7 所示,在梁上等距离画若干横截面,从其中任一横截面(比如 1-1 截面)上的任一点 a 开始,求出该处的主应力(如主拉应力 σ_1)方向。过点 a 作方向线,与邻近横截面 2-2 相交于 b,再求 b 点处的主应力方向。过点 b 作方向线与邻近的 3-3 横截面相交,再求交点处的主应力方向。如此继续进行下去,便可得到一根折线,如图 4-6-7a)所示。作折线的内切曲线,这根曲线上任一点的切线方位就是该点处的主应力方位。此曲线称为主应力迹线。

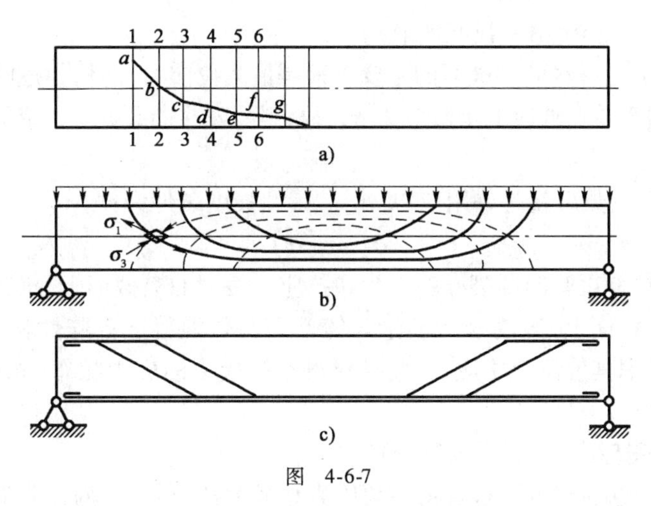

图 4-6-7

从另一截面的相同点开始重复以上过程,便可作出另一条主应力迹线。如果计算的是各点处的主拉应力方向,所作的主应力迹线即为**主拉应力迹线**;如果计算的是各点处的主压应力方向,所作的主应力迹线即为**主压应力迹线**。

图 4-6-7b)绘出了两组相互正交的曲线,画实线的一组为主拉应力迹线,画虚线的一组为主压应力迹线。在钢筋混凝土梁中,混凝土的抗拉能力很差,主拉应力主要由钢筋来承担,所以钢筋应当大致沿着主拉应力迹线位置放置。钢筋混凝土矩形截面简支梁承受均布荷载时的主筋布置如图 4-6-7c)所示。

4)强度理论的概念

强度理论也称为破坏理论,是建立复杂应力状态下强度条件的理论。前面的应力状态分析给我们提供了建立强度理论的基础。

对于单向应力状态和纯剪剪应力状态,我们已经建立了强度条件,即:

$$\sigma_{max} \leqslant [\sigma]$$

$$\tau_{max} \leqslant [\tau]$$

其中,许用应力 $[\sigma]$、$[\tau]$ 是通过试验测出材料的危险应力除以安全系数而得到的。对于受力比较复杂的构件,其危险点处往往同时作用着正应力和剪应力,这样就不能将两种应力分开,像单向应力状态和纯剪剪应力状态那样建立强度条件。也难以通过试验去建立强度条件,因为复杂应力状态下的正应力和剪应力有各种不同的比值,而且构件的材料又不相同,不可能一一进行试验,加上复杂应力状态的试验装置也很复杂。于是,人们通过观察、研究,依据部分试验,利用判断推理的方法,对材料的破坏原因提出了各种假设,从而产生了各种强度理论。

大量观察、研究表明,尽管破坏现象比较复杂,但破坏的形式主要是塑性屈服(流动)和脆性断裂(断裂)两种类型。强度理论认为,不论材料处于何种应力状态,只要破坏类型相同,材料的破坏就都是由同一因素引起的。这样一来,就可以把复杂应力状态和简单应力状态联系起来,利用简单拉伸试验的结果建立起复杂应力状态的强度条件。

5. 常用的几种强度理论

常用的强度理论有以下四种:

(1)最大拉应力理论(第一强度理论)。

该理论认为,引起材料断裂破坏的主要因素是最大拉应力,即构件危险点处的最大拉应力($\sigma_{max}=\sigma_1$)达到简单拉伸时的极限应力 σ_b时材料将发生断裂破坏。断裂条件为:

$$\sigma_1 = \sigma_b$$

将 σ_b除以安全系数后就是许用应力$[\sigma]$。因此强度条件为:

$$\sigma_1 \leqslant [\sigma] \tag{4-6-1}$$

事实上,铸铁拉伸试验时断裂破坏发生在拉应力最大的横截面上,扭转试验时断裂发生在最大拉应力的斜截面上,表明这一理论与铸铁、石料、混凝土等脆性材料的断裂相符合。但这个理论没有考虑其他两个主应力,而且对没有拉应力的应力状态(如单向压缩、三向压缩)也无法使用。

(2)最大拉应变理论(第二强度理论)。

该理论认为,引起材料断裂破坏的主要因素是最大拉应变,即构件危险点处的最大拉应变($\varepsilon_{max}=\varepsilon_1$)达到了简单拉伸时的极限应变 ε_u时材料将发生断裂破坏。设材料在拉伸破坏前服从胡克定律,则有 $\varepsilon_u=\sigma_b/E$,而 ε_{max}可由广义胡克定律算出,因此断裂条件为:

$$[\sigma_1 - \upsilon(\sigma_2 + \sigma_3)]/E = \sigma_b/E$$

考虑安全系数后可得这一理论的强度条件为:

$$\sigma_1 - \upsilon(\sigma_2 + \sigma_3) \leqslant [\sigma] \tag{4-6-2}$$

式中,υ 为材料的泊松比,这一理论对于某些脆性材料,如岩石、混凝土等,与试验结果大致相符。它能解释混凝土试块压缩时沿竖向朝四周张裂的现象是因为朝向四周有最大拉应变。但该理论未被金属材料试验所证实。

(3)最大剪应力理论(第三强度理论)。

该理论认为,引起材料流动破坏的主要因素是最大剪应力。当构件的最大剪应力τ_{max}达到简单拉伸破坏时的最大剪应力τ_s时材料将发生破坏。因此破坏条件为:

$$\tau_{max} = \tau_s$$

在简单拉伸时,$\tau_s=\sigma_s/2$,复杂应力状态下$\tau_{max}=(\sigma_1-\sigma_3)/2$,于是破坏条件为:

$$(\sigma_1 - \sigma_3)/2 = \sigma_s/2$$

考虑安全系数后,可得这一强度理论的强度条件为:

$$\sigma_1 - \sigma_3 \leqslant [\sigma] \tag{4-6-3}$$

试验表明，对于塑性材料，如低碳钢、铜等，该理论符合得较好。

(4)形状改变比能理论(第四强度理论)。

构件在外力作用下发生变形的同时，储存有变形能。构件单位体积内储存的变形能称为比能。比能可分为两部分，即形状改变比能(u_{f})和体积改变比能(u_{v})。形状改变比能理论认为，引起材料流动破坏的主要因素是形状改变比能。当构件内的形状改变比能达到简单拉伸破坏时的极限形状改变比能 u_{f}^0时，材料将发生流动破坏。因此破坏条件为：

$$u_{\mathrm{f}} = u_{\mathrm{f}}^0$$

该理论的强度条件为：

$$u_{\mathrm{f}} \leqslant [u_{\mathrm{f}}]$$

上式用主应力表示(这里不加推导)则有：

$$\sqrt{[(\sigma_1 - \sigma_2)^2 + (\sigma_2 - \sigma_3)^2 + (\sigma_3 - \sigma_1)^2]/2} \leqslant [\sigma] \tag{4-6-4}$$

或

$$\sqrt{\sigma_1^2 + \sigma_2^2 + \sigma_3^2 - \sigma_1\sigma_2 - \sigma_2\sigma_3 - \sigma_3\sigma_1} \leqslant [\sigma] \tag{4-6-5}$$

形状改变比能理论能解释材料在三向均匀受压时，压应力可达到很大而材料不会破坏的现象。

以上四个强度理论的强度条件公式中，每个公式的左边是主应力的综合值，通常称为相当应力，若用 σ_{r}表示，则四个理论的相当应力分别为：

$$\sigma_{\mathrm{r1}} = \sigma_1 \tag{4-6-6}$$

$$\sigma_{\mathrm{r2}} = \sigma_1 - \upsilon(\sigma_2 + \sigma_3) \tag{4-6-7}$$

$$\sigma_{\mathrm{r3}} = \sigma_1 - \sigma_3 \tag{4-6-8}$$

$$\sigma_{\mathrm{r4}} = \sqrt{[(\sigma_1 - \sigma_2)^2 + (\sigma_2 - \sigma_3)^2 + (\sigma_3 - \sigma_1)^2]/2} \tag{4-6-9}$$

强度条件可以写成统一形式：

$$\sigma_{\mathrm{r}} \leqslant [\sigma] \tag{4-6-10}$$

二、任务实施

学习任务：建筑阳台挑梁受力分析与施工常见问题。

建筑施工乃至加固领域中，经常可遇到悬臂梁结构。因为悬臂梁在整个结构体系中的受力的特殊性，所以一旦出现质量问题，将对整幢建筑物构成极大的安全隐患。悬臂结构常常处于室外，面对雨水、二氧化碳等的直接侵蚀，且因为使用原因，荷载也存在一定的不确定性，所以一旦出现裂缝，将极有可能进一步扩大，严重的将危及建筑物的安全。

下面，以建筑阳台挑梁为例对悬臂梁进行受力分析(图 4-6-8)。

1. 挑梁的受力特征及破坏形态

绘制挑梁的计算简图，如图 4-6-9 所示。根据内力分析，可知挑梁悬臂部分为负弯矩，梁的上侧受拉，在设计时，纵向受力钢筋应布置在梁的上侧。

如图 4-6-10 所示挑梁，挑梁的嵌固部分承受着上部砌体及其传递下来的荷载作用，在下界面上存在着压应力。当外荷载 $\boldsymbol{F}$ 作用后，挑梁 A 处的上、下界面上分别产生拉、压应力。

随着荷载的增大,在挑梁 A 处的上界面将出现水平裂缝,与上部砌体脱开。若继续加荷,在挑梁尾部 B 处的下表面,也将出现水平裂缝,与下部砌体脱开。若挑梁本身承载力(正、斜截面)得到保证,则挑梁在砌体中可能发生下述的两种破坏形态。

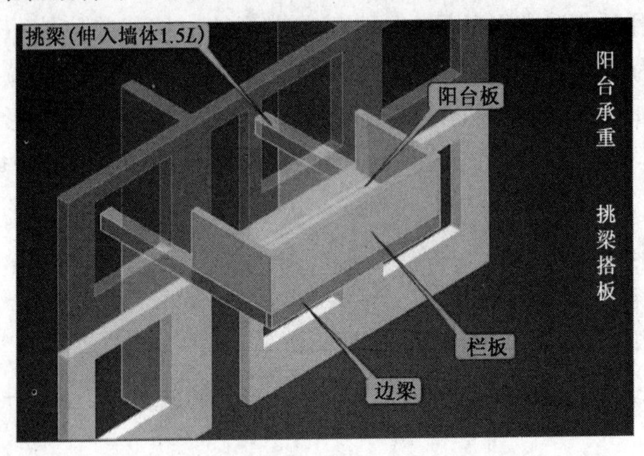

图 4-6-8

图 4-6-9　　图 4-6-10

(1)挑梁倾覆破坏。

当挑梁埋入端砌体强度较高而埋入段长度 l_1 较短,就可能在挑梁尾端处角部砌体中产生阶梯形斜裂缝。当斜裂缝继续发展,如斜裂缝范围内砌体及其他上部荷载不足以抵抗挑梁的倾覆,挑梁即产生倾覆破坏。

(2)挑梁下砌体局部受压破坏。

当挑梁埋入端砌体强度较低而埋入段长度 l_1 较长,在斜裂缝发展的同时,下界面水平裂缝也在延伸,挑梁下砌体受压区长度减小,砌体压应力增大。若压应力超过了砌体的局部抗压强度,则挑梁下的砌体将发生局部受压破坏。

2. 施工中的问题

(1)钢筋布置不当。因为现场工人操作时容易将悬挑梁的负钢筋踩踏下去,造成梁板计算控制截面的有效高度减小;此外,还有钢筋位置配反的情况,此种情况更加危险,拆模时就可能坍塌。

(2)混凝土强度不够及尺寸不足。这种情况亦是工程中易发生的问题。强度的不足意味着受压区面积增大而受拉主筋小,主筋拉应力增大,拆模后会有较大变形及裂缝产生,从而形成日后隐患。

(3)其他原因。在施工过程中,钢筋的少配或误配,材料使用不当或失误(例如随意用光圆钢筋代替、使用劣质水泥、未经设计或验算随便套用其他混凝土配合比等)，都将影响构件的质量。

三、学习效果评价反馈

学生自评	1. 弯曲时，横截面上离中性轴距离相同的各点处正应力是(　　)的。□ 2. 工程常用的型钢中，如果用来做梁结构，一般选择(　　)截面的型钢。□ 3. 工程中的悬臂梁，材料为钢筋混凝土(此材料钢筋主要用来抗拉，混凝土用来抗压)，一般情况下钢筋布置在梁的(　　)侧。□ (根据本人实际情况选择：A. 知道；B. 基本知道；C. 不知道)
学习小组评价	团队合作□　工作效率□　沟通能力□　获取信息能力□　表达能力□ (根据完成任务情况填写：A. 优秀；B. 良好；C. 合格；D. 有待改进)
教师评价	

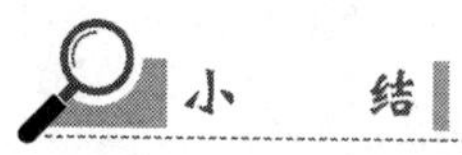

小　结

本单元介绍了弯曲内力的计算和弯矩图、剪力图的绘制方法。研究了梁的弯曲应力和弯曲强度的计算方法以及如何提高梁弯曲强度的措施问题。

(1)平面弯曲的概念。平面弯曲梁，其受力的特点是：所受的外力都作用在梁的纵向对称面内，且都是横向力；所受的外力偶都作用在梁的纵向对称面或与之平行的平面内。其变形的特点是：梁变形后，其轴线变成纵向对称面内的一条平面曲线。

(2)平面弯曲梁截面上的内力有剪力和弯矩。截面上的剪力等于截面一侧梁段上所有外力的代数和。截面上的弯矩等于截面一侧梁段上所有外力对截面形心力矩的代数和。

(3)内力符号规定：对应截面附近杆的微段顺时针方向错动剪力为正；对应截面附近杆的微段下凸弯曲为正。

(4)画弯矩图和剪力图的方法。

①截面法：列出剪力方程和弯矩方程，再根据方程作剪力图和弯矩图。

②简捷法：根据剪力图和弯矩图的规律直接作图。

③叠加法：将荷载分解为简单荷载，再将简单荷载作用下的弯矩图进行叠加。注意应该是对同一截面的弯矩纵坐标进行叠加。叠加的顺序是：先直线图形再加上曲线图形，先长直线图形再加上短直线图形。

(5)梁弯曲正应力计算及正应力强度条件表达式。

①正应力计算。

$$\sigma = \frac{My}{I_z}$$

适用条件：平面弯曲的梁，且在弹性范围内工作。

正应力的大小沿截面高度呈线性变化，中性轴上各点为零，上、下边缘处最大。

中性轴通过截面形心，并将截面分为受拉和受压两个区域。应力的正负号可由弯矩的正、负及点的位置直观判定。正应力计算公式是在纯弯曲时导出的,但也可适用于剪切弯曲。

②正应力强度条件:

$$\sigma_{\max} = \frac{M_{\max}}{W_z} \leqslant [\sigma]$$

式中,抗弯截面系数 $W_z = \frac{I_z}{y_{\max}}$。

对常用截面,如矩形、圆形等的抗弯截面系数应熟练掌握。

(6)梁弯曲剪应力计算及剪应力强度条件表达式。

①剪应力计算:

$$\tau = \frac{QS_z^*}{I_z b}$$

剪应力大小沿截面高度呈抛物线变化,中性轴处剪应力最大。

剪应力公式中的 S_z^* 是横截面上所求应力处到边缘部分面积对中性轴的静矩,I_z是整个截面对中性轴的惯性矩,b 是所求应力处的截面宽度。

②剪应力强度条件:

$$\tau_{\max} = \frac{Q_{\max}S_{z\max}^*}{I_z b} \leqslant [\tau]$$

截面的几何性质是一个几何问题,各种几何性质本身并无力学和物理意义,但在力学中这些几何量与构件的承载能力之间有着密切的关系。对这些几何性质的力学意义和计算方法要深刻领会和熟练掌握。

a. 正确确定重心位置在实践中具有重要意义,平面图形的形心在力学计算中有着重要应用。匀质物体的重心与它的形心重合。

b. 本学习情境的主要计算公式。

形心坐标:

$$\left.\begin{aligned} z_C &= \frac{\sum \Delta A_i z_i}{A} \\ y_C &= \frac{\sum \Delta A_i y_i}{A} \end{aligned}\right\}$$

静矩:

$$\left.\begin{aligned} S_z &= \int_A y\mathrm{d}A = Ay_C \\ S_y &= \int_A z\mathrm{d}A = Az_C \end{aligned}\right\}$$

惯性矩:

$$\left.\begin{aligned} I_z &= \int_A y^2\mathrm{d}A \\ I_y &= \int_A z^2\mathrm{d}A \end{aligned}\right\}$$

惯性积:

$$I_{yz} = \int_A yz\mathrm{d}A$$

极惯性矩：

$$I_p = \int_A \rho^2 \mathrm{d}A$$

平行移轴公式：

$$\begin{cases} I_z = I_{z_C} + a^2A \\ I_y = I_{y_C} + b^2A \\ I_{yz} = I_{y_Cz_C} + abA \end{cases}$$

(7)惯性矩、极惯性矩的值永远为正，静矩、惯性积的值可为正，可为负，也可为零，这与截面在坐标系中的位置有关。当轴通过截面形心时，静矩一定为零；当轴为对称轴时，惯性积一定为零。

(8)平行移轴公式在计算惯性矩时经常使用，要注意其应用条件是二轴平行，并有一轴通过图形的形心。

(9)组合图形对某轴的静矩、惯性矩分别等于各简单图形对同一轴的静矩、惯性矩之和。

(10)提高梁弯曲强度的措施。

根据正应力强度条件提出，主要从降低梁最大弯曲内力和合理选择横截面形状两方面加以分析。梁的合理截面应该在截面面积相同时有较大的抗弯截面系数。

(11)应力状态的概念。

应力状态是指通过一点所有不同方向面上的应力变化情况的总体集合。应力状态可以用一点处的横截面、纵截面的应力表示，也可以用主应力表示。前者来源于受力杆件的实际计算，后者来源于理论分析。

(12)四个强度理论及其相当应力计算公式。

最大拉应力理论(第一强度理论)：$\sigma_{r1} = \sigma_1$

最大拉应变理论(第二强度理论)：$\sigma_{r2} = \sigma_1 - \upsilon(\sigma_2 + \sigma_3)$

最大剪应力理论(第三强度理论)：$\sigma_{r3} = \sigma_1 - \sigma_3$

形状改变比能理论(第四强度理论)：$\sigma_{r4} = \sqrt{[(\sigma_1 - \sigma_2)^2 + (\sigma_2 - \sigma_3)^2 + (\sigma_3 - \sigma_1)^2]/2}$

强度条件可以写成统一形式：$\sigma_r \leqslant [\sigma]$

复习思考题

4-1 简述梁内力的正负号规定。

4-2 简述梁内力图的规律。

4-3 梁上有集中力作用处，剪力图怎样突变？相应的弯矩图有何特点？

4-4 梁上有集中力偶作用处，弯矩图怎样突变？相应的剪力图有何特点？

4-5 绝对值最大的弯矩一般出现在哪些截面上？

4-6 a)截面 1-1 上的剪力 $Q_1 = F/2, Q_2 = -F/2$，如思 4-6a)图所示；弯矩 $\boldsymbol{M}_1$、$\boldsymbol{M}_2$的大小是多少？符号是什么？

b)截面 2-2 上的剪力 $Q_1 = -M/l, Q_2 = -M/l$，如思 4-6b)图所示；弯矩 $\boldsymbol{M}_1$、$\boldsymbol{M}_2$的大小是多少？符号是什么？

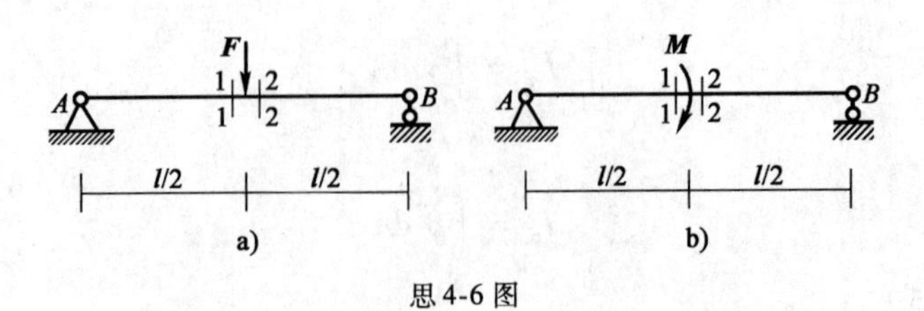

思 4-6 图

4-7 一些梁的横截面形状如思 4-7 图所示,当发生弯曲变形时,试绘出截面上沿直线 1-1 和 2-2 的正应力分布图(C 为截面形心)。

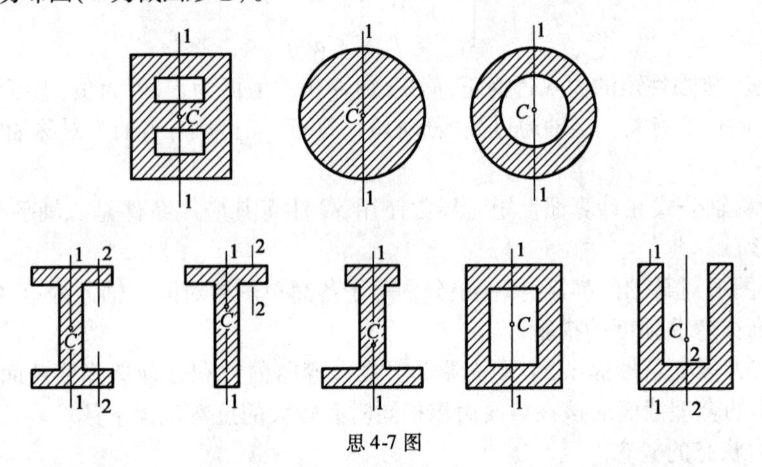

思 4-7 图

4-8 绘出思 4-8 图所示各梁指定截面 m-m 的中性轴,标出该截面的受拉区和受压区,并说明各梁的最大拉应力和最大压应力分别发生在何处。

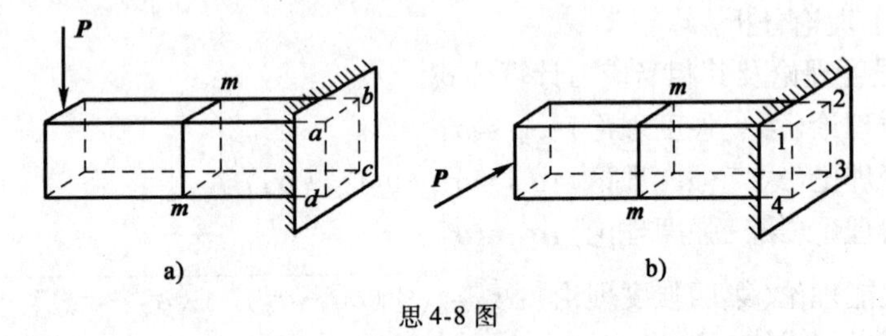

思 4-8 图

4-9 简支木梁的横截面为矩形,可用一根木料做成[思 4-9 图 b)],也可用两根木料做成[思 4-9 图 c)],其中叠在一起的两根木料之间无任何联系,如思 4-9 图所示。试分别绘出两种梁横截面上的正应力分布图,并分析它们的许可荷载[q]是否相同。

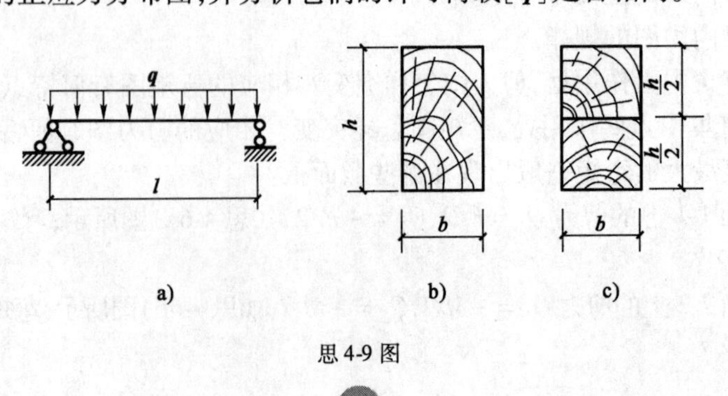

思 4-9 图

4-10 设某梁的横截面如思 4-10 图所示，问此截面的抗弯截面系数 W_z 能否按式

$$W_z = \frac{BH^2}{6} - \frac{bh^2}{6}$$

计算？若不能，正确的计算式该如何？

4-11 如思 4-11 图所示矩形截面，m-m 以上部分对形心轴 z 和 m-m 以下部分对形心轴的静矩有何关系？

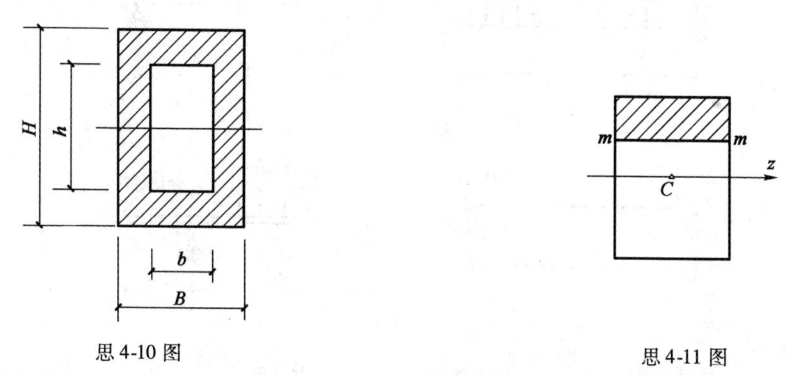

思 4-10 图　　　　思 4-11 图

4-12 矩形截面宽为 b，高为 $h = 2b$，问：①宽度增加 1 倍时，②高度增加 1 倍时，③高度与宽度互换时，图形对形心轴 z 的惯性矩 I_z 各是原来的多少倍？

习　题

4-1 求题 4-1 图指定截面上的弯矩和剪力。

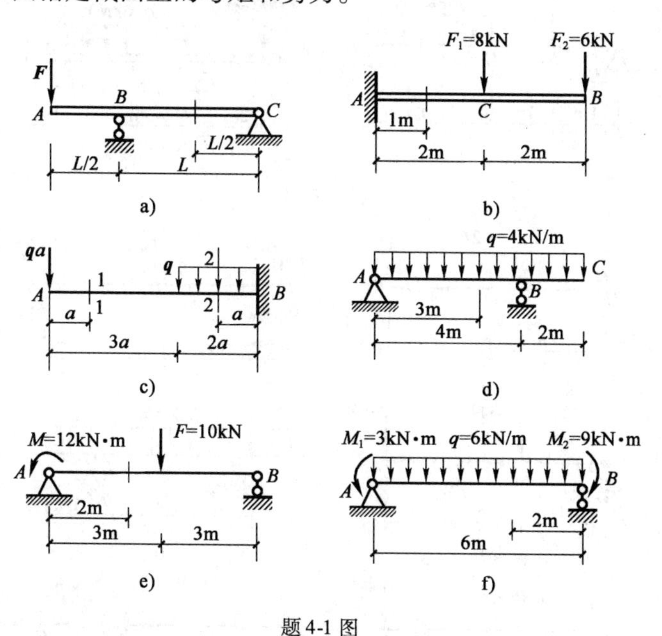

题 4-1 图

4-2 求作题 4-2 图所示各梁的弯矩图和剪力图。

4-3 用简捷法作题 4-3 图所示各梁的弯矩图和剪力图。

4-4 用叠加法作题 4-4 图所示各梁的弯矩图和剪力图。

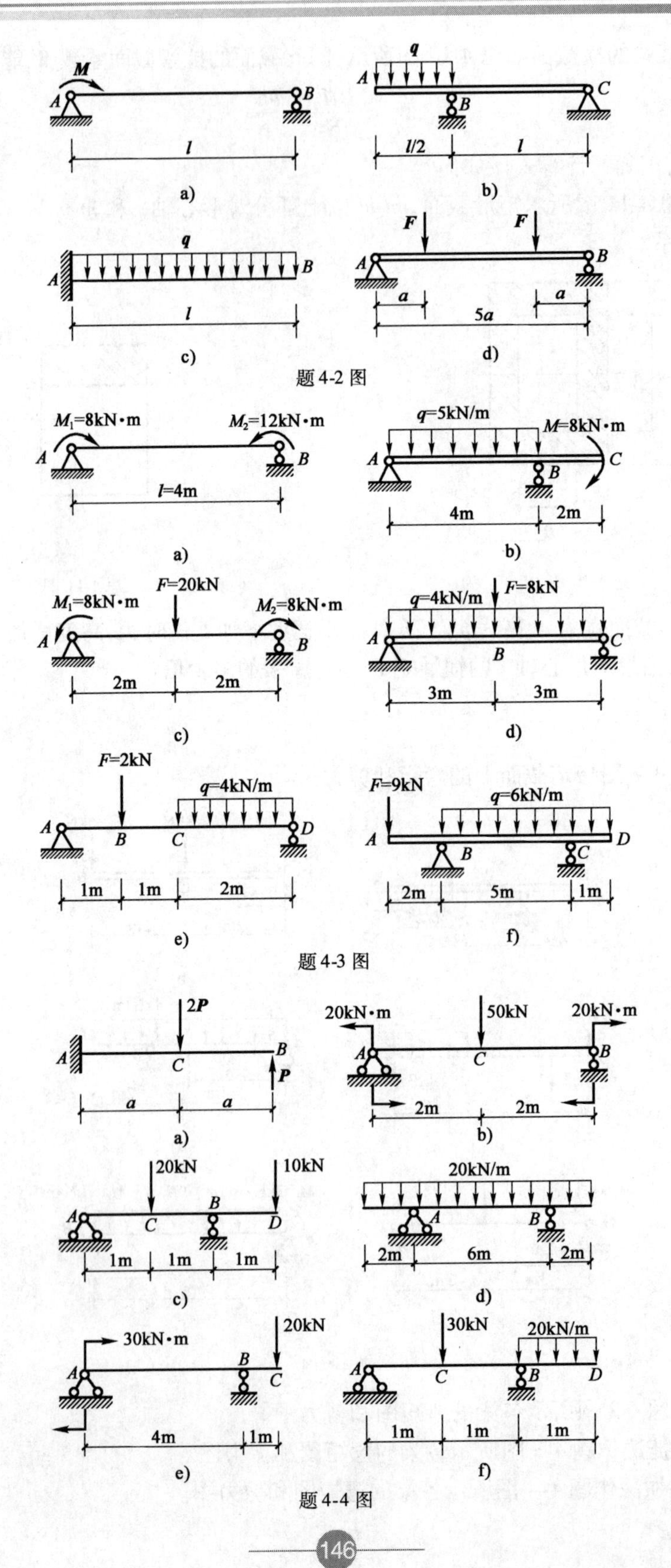

题 4-2 图

题 4-3 图

题 4-4 图

4-5 试求题 4-5 图所示 T 形截面图形的形心。

4-6 试求题 4-6 图所示平面图形的形心及该图对形心轴的惯性矩。

4-7 试求题 4-7 图所示平面图形对 y、z 轴的惯性矩 I_z、I_y。

4-8 某 20a 工字形钢梁，如题 4-8 图所示，在跨中作用有集中力 $\boldsymbol{F}$，已知 $l=6\text{m}$，$F=20\text{kN}$，求该梁跨中截面上的最大正应力。

4-9 T 形截面外伸梁上作用有均布荷载，梁的截面尺寸如题 4-9 图所示，已知 $l=1.5\text{m}$，$q=8\text{kN/m}$，求梁的最大拉应力和压应力。

4-10 由两根 16a 号槽钢组成的外伸梁，梁上作用荷载，如题 4-10 图所示，已知 $l=6\text{m}$，钢材的许用应力 $[\sigma]=170\text{MPa}$，求梁所能承受的最大荷载 $\boldsymbol{F}_{\max}$。

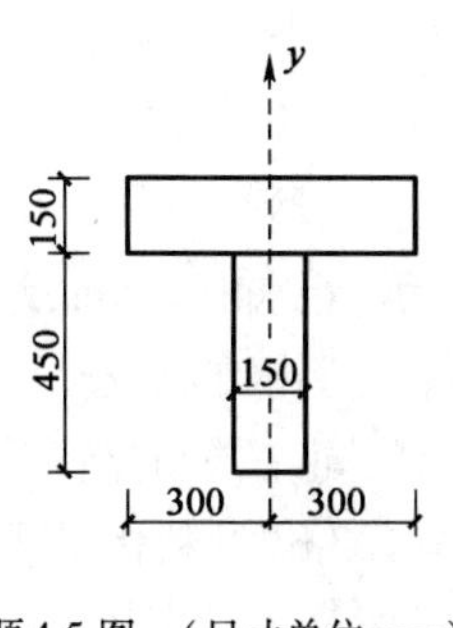

题 4-5 图 （尺寸单位：mm）

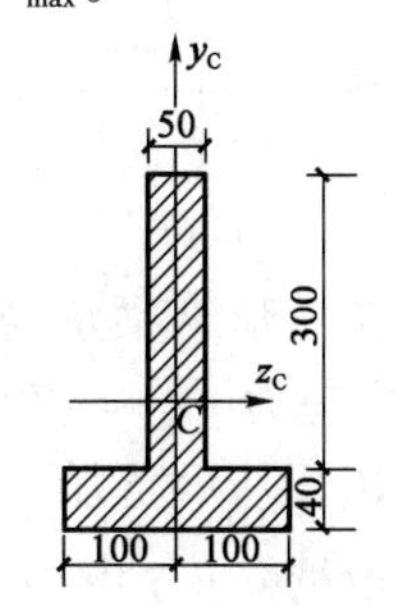

题 4-6 图 （尺寸单位：mm）

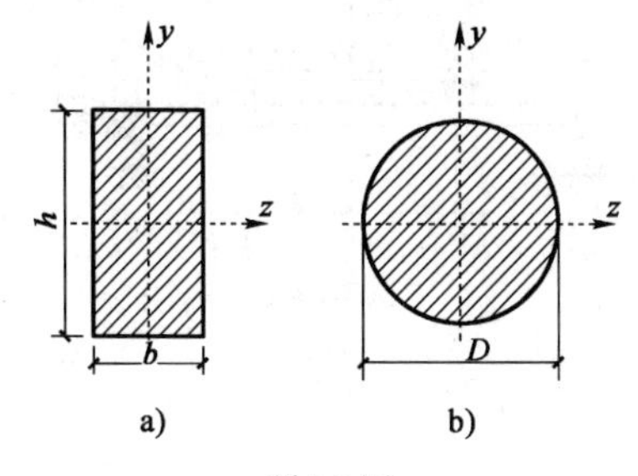

题 4-7 图

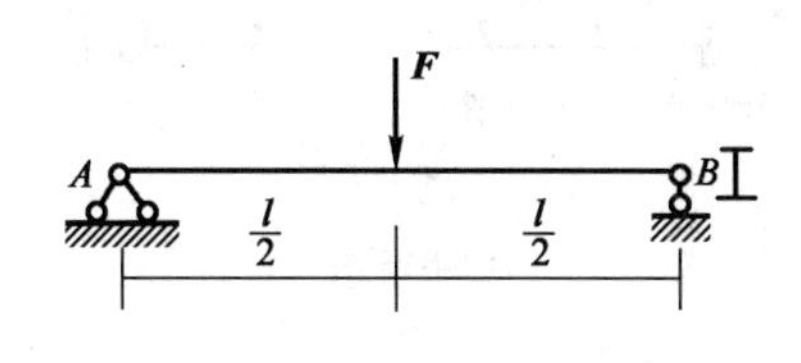

题 4-8 图

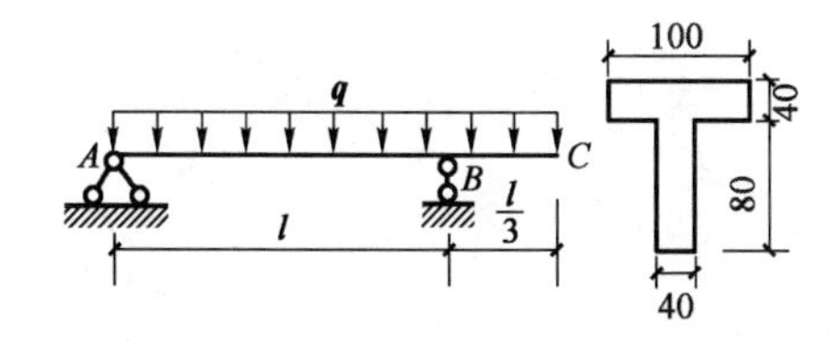

题 4-9 图 （尺寸单位：mm）

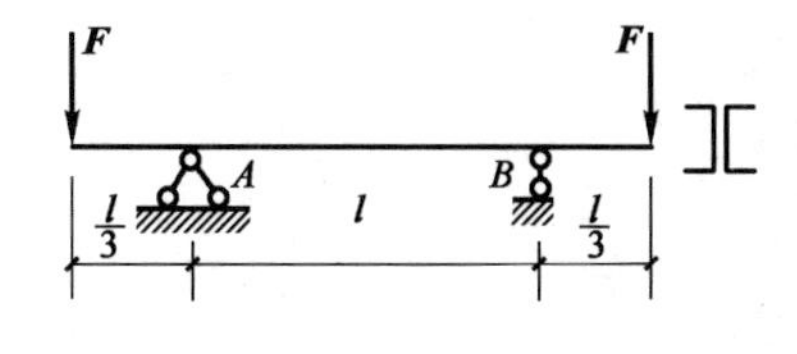

题 4-10 图

4-11 圆形截面木梁承受荷载作用，如题 4-11 图所示，已知 $l=3\text{m}$，$F=3\text{kN}$，$q=3\text{kN/m}$，弯曲时木材的许用应力 $[\sigma]=10\text{MPa}$，试选择梁的直径 d。

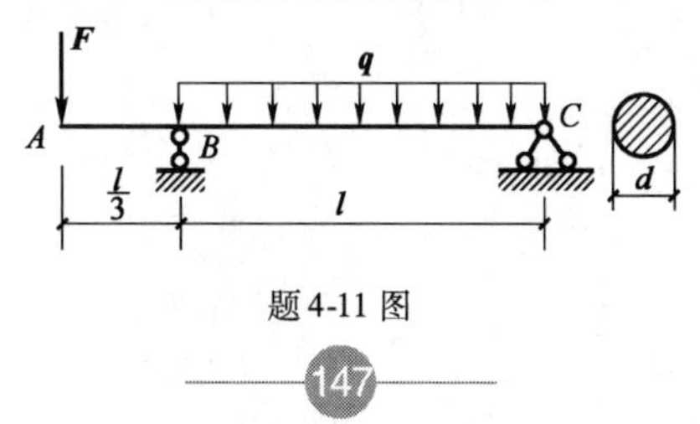

题 4-11 图

4-12　欲从直径为 d 的圆木中截取一矩形截面梁,如题4-12图所示,试从强度角度求出矩形截面最合理的高、宽尺寸。

4-13　试求题4-7图中梁横截面上的最大剪应力。

4-14　简支工字形钢梁,型号为28a,承受荷载作用,如题4-14图所示已知 $l=6\text{m}$,$F_1=60\text{kN}$,$F_2=40\text{kN}$,$q=8\text{kN/m}$,钢材许用应力$[\sigma]=170\text{MPa}$,$[\tau]=100\text{MPa}$,试校核梁的强度。

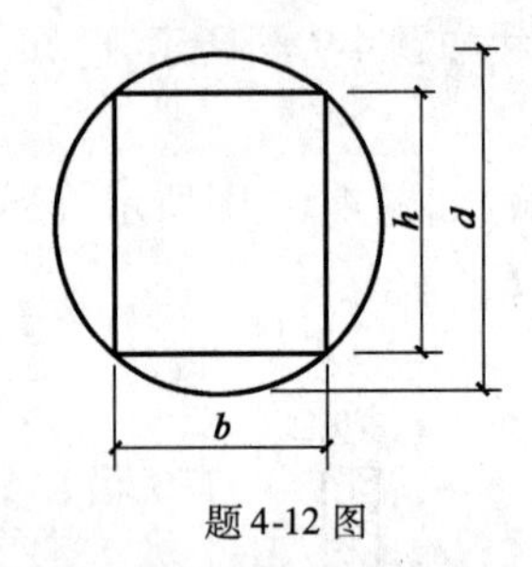

题4-12图

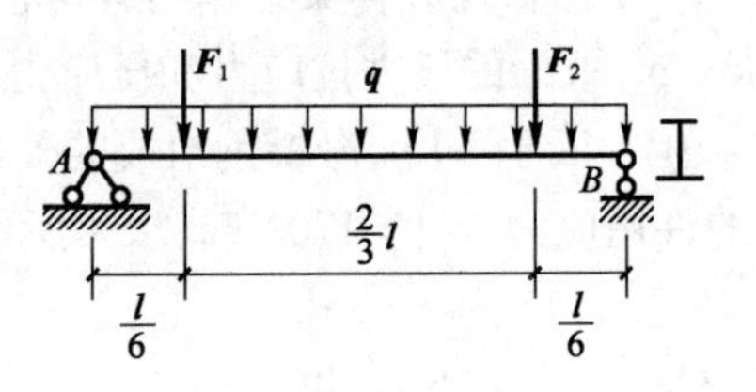

题4-14图

4-15　简支工字形钢梁承受荷载作用,如题4-15图所示,已知 $l=6\text{m}$,$F=20\text{kN}$,$q=6\text{kN/m}$,钢材许用应力$[\sigma]=170\text{MPa}$,$[\tau]=100\text{MPa}$,试选择工字钢的型号。

4-16　题4-16图所示受力结构中,AB 梁与 CD 梁所用材料相同,二梁的高度与宽度分别为 $h=150\text{mm}$,$h_1=100\text{mm}$,$b=100\text{mm}$,其他尺寸为 $l=3.6\text{m}$,$a=1.3\text{m}$,材料的许用应力$[\sigma]=10\text{MPa}$,$[\tau]=2.2\text{MPa}$,试求该结构所能承受的最大荷载 $\boldsymbol{F}_{\max}$。

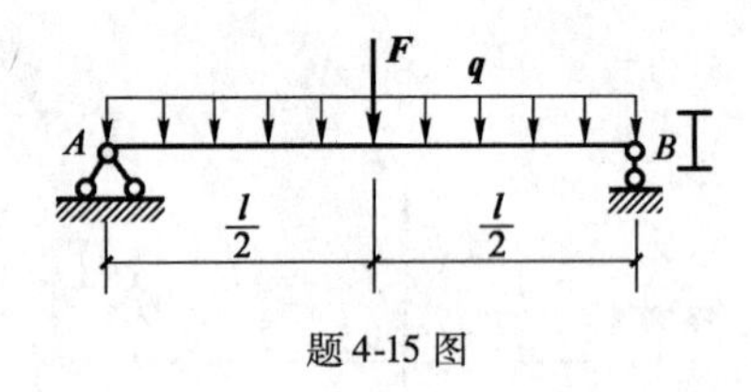

题4-15图

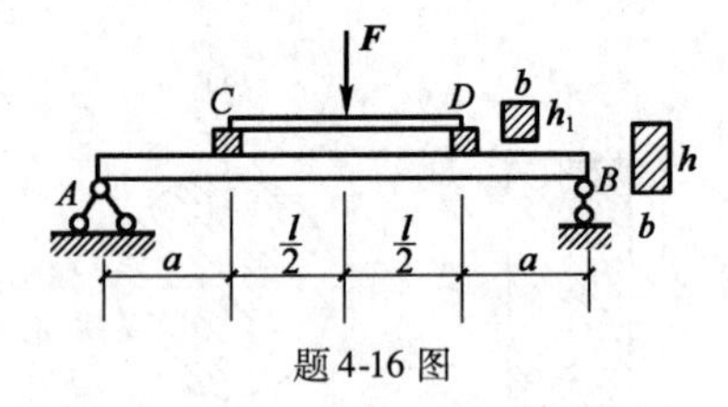

题4-16图

学习情境五 连接件与圆轴的强度问题分析

学习任务一 剪切和挤压的实用计算

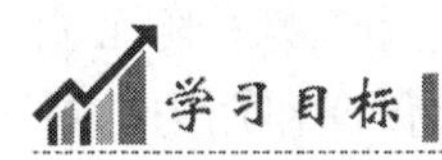

学习目标

1. 能描述工程实际中连接件受剪切与挤压的问题；
2. 知道剪切变形的受力特点与变形特点；
3. 会进行剪切与挤压的实用计算；
4. 能解释剪应力互等定理和剪切胡克定律。

任务描述

两块钢板用铆钉连接，如图5-1-1所示。已知钢板和铆钉的材料相同，材料的许用正应力$[\sigma]=170\text{MPa}$，许用剪应力$[\tau]=140\text{MPa}$，许用挤压应力$[\sigma_c]=200\text{MPa}$，铆接件所受的拉力$P=100\text{kN}$。试校核铆接件的强度。

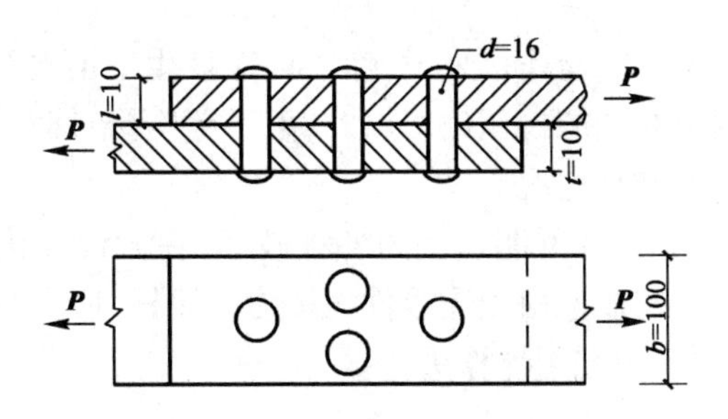

图5-1-1 （尺寸单位:mm）

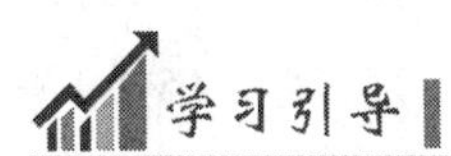

学习引导

本学习任务沿着以下脉络进行：

剪切与挤压变形的受力变形特点 → 剪切与挤压应力计算 → 剪切与挤压的强度条件应用

一、相关知识

1. 剪切和挤压概述

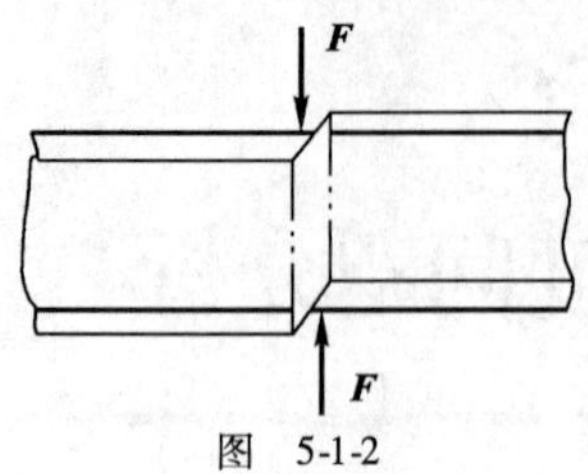

图 5-1-2

剪切变形是杆件的基本变形形式之一。当杆件受到一对大小相等、方向相反、作用线相距很近的横向力作用时,二力之间的横截面沿外力方向发生错动,如图 5-1-2 所示。发生错动的截面称为剪切面。

工程中常常用螺栓、铆钉、销钉等连接件将两零部件相互连接起来。在结构中,连接对整个结构的牢固和安全起着重要作用,对其强度分析应予以足够重视。

现以图 5-1-3 所示的螺栓连接为例,说明连接的受力特点及可能发生的各种破坏现象。如图 5-1-3a)所示,当钢板受到拉力 $\boldsymbol{P}$ 的作用后,螺栓主要在截面 m-m 处发生剪切变形。若力 $\boldsymbol{P}$ 过大或螺栓直径偏小,则螺栓可能沿 m-m 截面被剪断而发生剪切破坏,如图 5-1-3b)所示。m-m 截面称为剪切面。剪切面上的内力 $\boldsymbol{Q}$ 为剪力,相应的应力$\boldsymbol{\tau}$为剪应力。螺栓除可能发生剪切破坏外,还可能局部受挤压而破坏。这是因为螺栓和钢板在相互传递作用力的过程中,螺栓的半圆柱面与钢板的圆孔内表面相互压紧。若力 $\boldsymbol{P}$ 过大或接触面偏小,钢板孔的内壁将被压皱,或螺栓表面被压扁,这就是挤压破坏。图 5-1-3a)所示螺栓和钢板孔的挤压面为一半圆柱面。两部分接触面上的压力为挤压力 $\boldsymbol{P}_c$,显然这里 $\boldsymbol{P}_c=\boldsymbol{P}$;相应的应力为挤压应力 $\boldsymbol{\sigma}_c$。

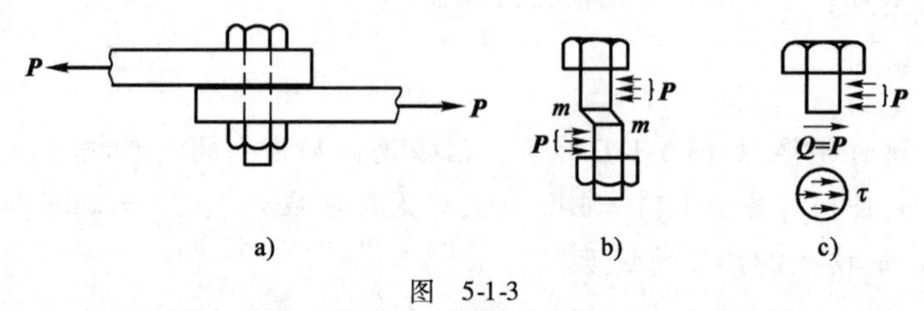

图 5-1-3

另外,对图 5-1-3a)所示的螺栓连接来说,除了可能发生上面提到的螺栓沿 m-m 截面的剪切破坏及螺栓侧面或钢板内孔的挤压破坏以外,由于螺栓孔对截面的削弱,还可能发生钢板沿螺栓孔处截面被拉断的破坏情况。

显然,为了防止连接在受力后可能发生的各种破坏,在设计连接时,必须对其有关部分根据受力分析分别进行强度校核。由于连接件大多为粗短杆,应力和变形规律比较复杂,因此理论分析十分困难,通常采用实用计算法。

2. 剪切的实用计算

剪切实用计算的基本点是:假定剪切面上的剪应力是均匀分布的。剪应力的计算式为:

$$\tau=\frac{Q}{A} \tag{5-1-1}$$

式中:Q——剪切面上的剪力;

A——剪切面的面积。

显然,式(5-1-1)确定的剪应力,实际上是剪切面上的平均剪应力。另一方面,根据对这类连接件实际受力相同或相近的剪切试验确定破坏荷载,按照同样的剪应力公式(5-1-1)算出材料的极限剪应力τ_0，再除以安全系数，从而得到材料的许用剪应力$[\tau]$。

因此，剪切强度条件可以表示为：

$$\tau = \frac{Q}{A} \leqslant [\tau] \tag{5-1-2}$$

实践表明，这种计算方法是可靠的，可以满足工程需要。

3.挤压的实用计算

挤压的实用计算是假定挤压应力σ_c在计算挤压面A_c上均匀分布。所以挤压应力为：

$$\sigma_c = \frac{P_c}{A_c} \tag{5-1-3}$$

这里需要注意的是挤压面积A_c的计算。如图5-1-4a)所示的键连接，实际挤压面是一个平面，这时计算挤压面的面积就等于实际挤压面的面积。对于螺栓、销钉这类连接件，它们的实际挤压面是半个圆柱面，如图5-1-5a)所示，其上挤压应力的分布情况比较复杂，如图5-1-5b)所示，点B处的挤压应力最大，两侧为零。在实用计算中，以实际挤压面的正投影面积（或称直径面积）作为计算挤压面积[图5-1-5c)]，即：

$$A_c = t \cdot d$$

式中：t——钢板厚度；

d——铆钉直径。

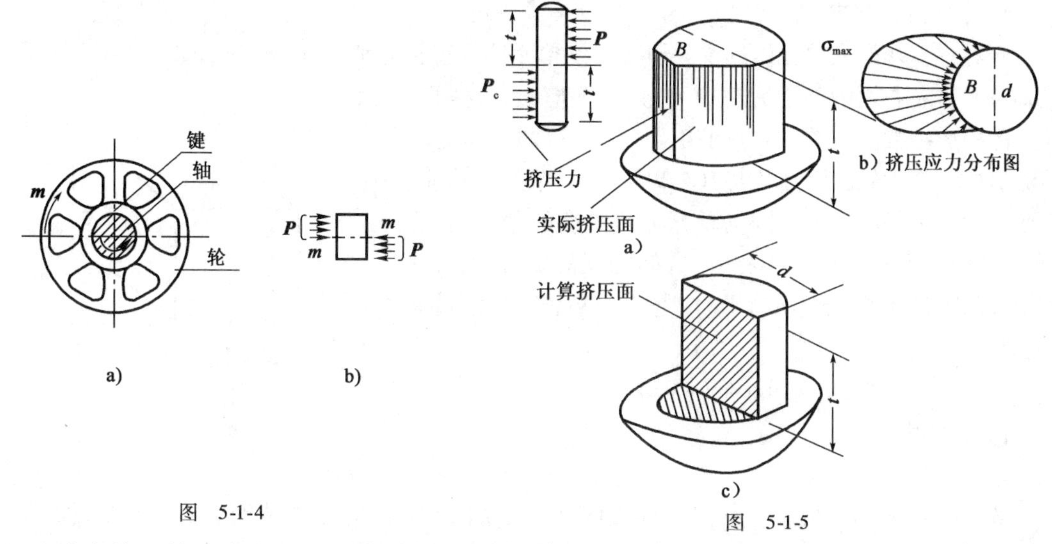

图 5-1-4

图 5-1-5

确定许用挤压应力也是首先按照连接件的实际工作情况，由试验测定使其半圆柱表面被压溃的挤压极限荷载，然后按实用挤压应力公式(5-1-3)算出其挤压的极限应力，再除以适当的安全系数而得到材料的许用挤压应力$[\sigma_c]$。由此可建立连接件的挤压强度条件：

$$\sigma_c = \frac{P_c}{A_c} \leqslant [\sigma_c] \tag{5-1-4}$$

各种常用工程材料的许用挤压应力可由有关规范查得。对于钢连接件，其许用挤压应力与钢材的许用应力$[\sigma]$之间大致有如下关系：

$$[\sigma_c] = (1.7 \sim 2.0)[\sigma]$$

4. 剪切胡克定律

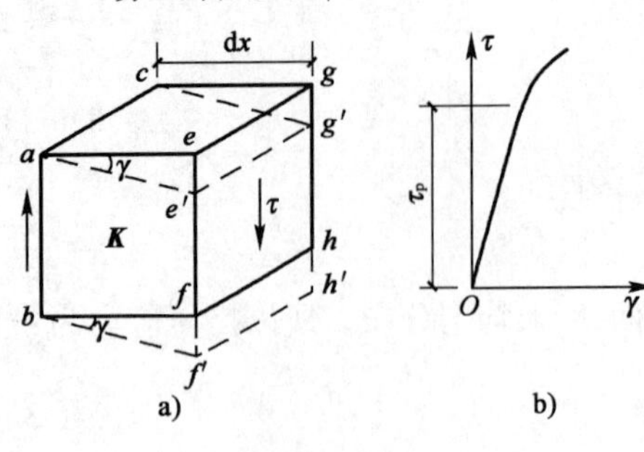

图 5-1-6

杆件发生剪切变形时,杆内与外力平行的截面就会产生相对错动。在杆件受剪部位中的某点取一微小的直角六面体(单元体),把它放大,如图5-1-6a)所示。剪切变形时,在剪应力τ作用下,截面发生相对滑动,致使直角六面体变为斜平行六面体。原来的直角有了微小的变化,这个直角的改变量,即为剪应变,用γ表示,它的单位是弧度(rad)。

τ与γ的关系,如同σ与ε一样。试验证明:当剪应力τ不超过材料的比例极限τ_b时,剪应力与剪应变成正比,如图5-1-6b)所示,即:

$$\tau = G\gamma \tag{5-1-5}$$

式(5-1-5)称为剪切胡克定律。式中,G为材料的剪切弹性模量,是表示材料抵抗剪切变形能力的量,其单位与应力相同,常采用GPa。各种材料的G值均由试验测定。钢的G值约为80GPa。G值越大,表示材料抵抗剪切变形的能力越大,是材料的刚度指标之一。对于各向同性材料,E、G、μ三者的关系为:

$$G = \frac{E}{2(1+\mu)} \tag{5-1-6}$$

5. 剪应力互等定理

现在进一步研究单元体的受力情况。设单元体的边长分别为dx、dy、dz,如图5-1-7所示。已知单元体左右两侧面上无正应力,只有剪应力。这两个面上的剪应力数值相等,但方向相反。于是这两个面上的剪力组成一个力偶,其力偶矩为$(\tau\, dzdy)dx$。单元体的前、后两个面上无任何应力。因为单元体是平衡的,所以它的上、下两个面上必存在大小相等、方向相反的剪应力τ',它们组成的力偶矩为$(\tau' dzdx)dy$,应与左、右面上的力偶平衡,即:

$$(\tau' dzdx)dy = (\tau\, dzdy)dx$$

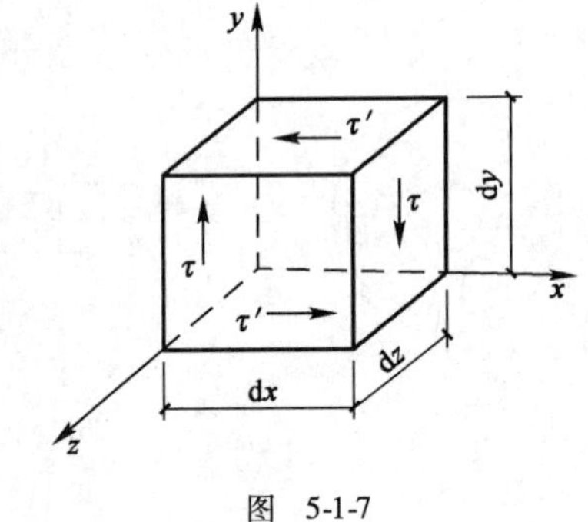

图 5-1-7

由此可得:

$$\tau' = \tau \tag{5-1-7}$$

式(5-1-7)表明,在过一点相互垂直的两个平面上,剪应力必然成对存在,且数值相等;两者都垂直于这两个平面的交线,方向则共同指向或共同背离这一交线。这一规律称为剪应力互等定理。

上述单元体的两个侧面上只有剪应力而无正应力,这种受力状态称为纯剪切应力状态。剪应力互等定理对纯剪切应力状态或剪应力和正应力同时存在的应力状态都是适用的。

二、任务实施

(1)试校核图5-1-8a)所示铆接件的强度,已知钢板和铆钉的材料相同,材料的许用正应

力 $[\sigma]=170\text{MPa}$，许用剪应力 $[\tau]=140\text{MPa}$，许用挤压应力 $[\sigma_c]=200\text{MPa}$，铆接件所受的拉力 $P=100\text{kN}$。

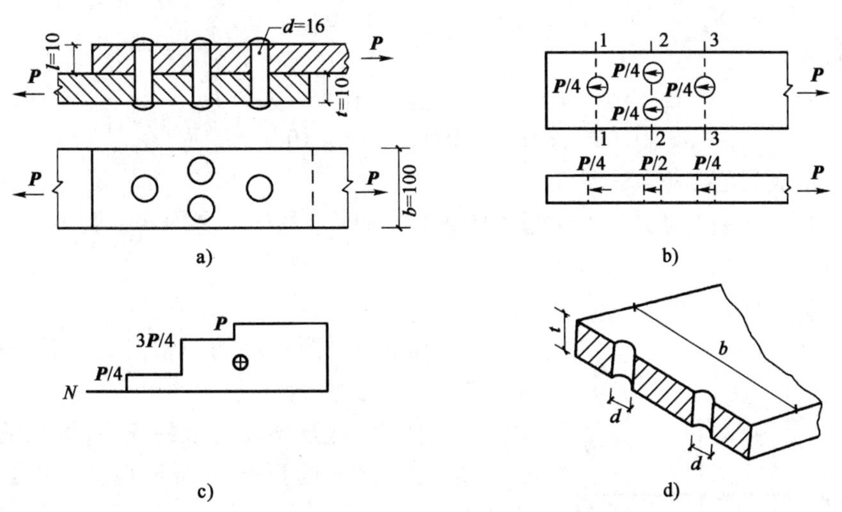

图 5-1-8 （尺寸单位：mm）

解：该铆接件的受力分析见图 5-1-8b），由图可知铆钉受到剪切和挤压，因此需要校核铆钉的剪切强度和挤压强度。另外，由于钢板钉孔削弱了截面强度，因此还需要校核钢板的抗拉强度。

①剪切强度校核。

每一个铆钉所受的剪力均为 $Q=\dfrac{P}{4}$，受剪面面积 $A=\dfrac{\pi d^2}{4}$。

根据剪切强度条件，有：

$$\tau=\frac{Q}{A}=\frac{P/4}{\pi d^2/4}=\frac{100\times10^3}{4\times\dfrac{1}{4}\times\pi\times16^2}=124\text{MPa}<[\sigma]$$

因此，铆钉满足剪切强度条件。

②挤压强度校核。

挤压力 $P_c=\dfrac{P}{4}$，计算挤压面积 $A_c=td$，由挤压强度条件

$$\sigma_c=\frac{P_c}{A_c}=\frac{P/4}{td}=\frac{100\times10^3}{4\times10\times16}=156\text{MPa}<[\sigma_c]$$

因此，铆钉满足挤压强度条件。

③钢板的抗拉强度校核。

由于铆钉孔而使横钢板截面受到削弱，这就需要对钢板进行抗拉强度校核。因为上下两块钢板的受力及开孔情况相同，所以只需校核其中一块即可。

校核上板，作轴力图[图 5-1-8c）]。由轴力图分析可知：1-1 截面与 3-3 截面的受拉面面积虽然相同，均为 $(b-d)t$，而 3-3 截面的轴力 $N_3=P$，大于 1-1 截面的轴力 $N_1=P/4$，所以 3-3 截面要比 1-1 截面危险。2-2 截面的轴力和受拉面面积都比 3-3 截面的小。可见，3-3 截面和 2-2截面都可能为危险截面，应该分别进行强度校核。

2-2 截面：

$$\sigma_2 = \frac{N_2}{A_2} = \frac{3P/4}{(b-2d)t} = \frac{3\times 100\times 10^3}{4(100-2\times 16)\times 10} = 110\text{MPa} < [\sigma]$$

3-3 截面：

$$\sigma_3 = \frac{N_3}{A_3} = \frac{P}{(b-d)t} = \frac{100\times 10^3}{(100-16)\times 10} = 119\text{MPa} < [\sigma]$$

因此,钢板满足拉伸强度条件。

(2)挤压与压缩有何区别?试指出图 5-1-9 中哪个物体应考虑压缩强度?哪个应考虑挤压强度?

解:①挤压与压缩的主要区别是:

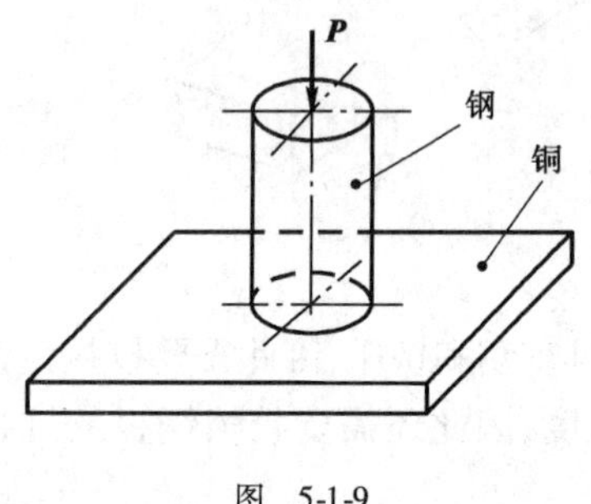

图 5-1-9

a. 压缩遍及导致压缩的两轴向外力间的整个杆件,挤压则局限于接触表面。

b. 压缩应力是严格意义上的应力,即压缩内力的集度,只是挤压面上的压强,“挤压应力”只是一种习惯叫法。

c. 压缩应力在截面上均匀分布,挤压应力在挤压面上分布复杂,只是在实用计算中被假定为均匀分布。

d. 挤压必定是相互的,压缩则无此特点。

②如图 5-1-9 所示钢柱受压缩,在与铜板接触处也受挤压,由于钢的挤压强度高于铜,因此对钢柱来说,只需考虑压缩强度。而铜板受挤压,因此只需考虑其挤压强度。

(3)某接头部分的销钉如图 5-1-10 所示,已知:$F = 100\text{kN}$,$D = 45\text{mm}$,$d_1 = 32\text{mm}$,$d_2 = 34\text{mm}$,$\delta = 12\text{mm}$。试求销钉的剪应力τ和挤压应力 σ_c 。

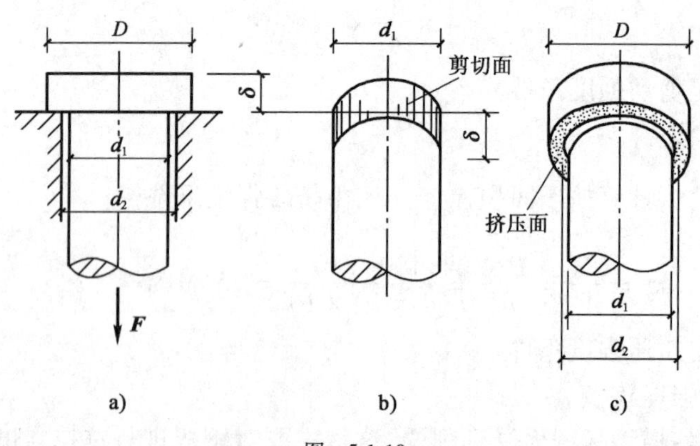

图 5-1-10

解:由图 5-1-10a)可看出销钉的剪切面是一个高度为 $\delta = 12\text{mm}$,直径为 $d_1 = 32\text{mm}$ 的圆柱体的外表面[图 5-1-10b)];挤压面是一个外径 $D = 45\text{mm}$,内径 $d_2 = 34\text{mm}$ 的圆环面[图 5-1-10c)]。

剪切面积:

$$A = \pi d_1 \delta = \pi \times 32 \times 12 = 1\,206\text{mm}^2$$

挤压面积：

$$A_c = \frac{\pi}{4}(D^2 - d_2^2) = \frac{\pi}{4}(45^2 - 34^2) = 683\text{mm}^2$$

根据力的平衡条件可得：

剪力：

$$Q = F = 100\text{kN}$$

挤压力：

$$P_c = F = 100\text{kN}$$

于是，根据式(5-1-1)和式(5-1-3)可分别求得：

剪应力：

$$\tau = \frac{Q}{A} = \frac{100 \times 10^3}{1\,206 \times 10^{-6}} = 82.9\text{MPa}$$

挤压应力：

$$\sigma_c = \frac{100 \times 10^3}{683 \times 10^{-6}} = 146.4\text{MPa}$$

学习任务二 圆轴的扭转计算

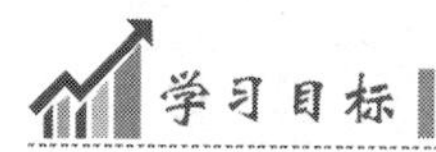

学习目标

1. 会描述工程实际中的扭转问题；
2. 会描述圆轴扭转时的受力特点与变形特点；
3. 会计算外力偶矩及圆轴横截面上的内力——扭矩，并绘制扭矩图；
4. 会分析圆轴扭转时截面上剪应力的分布规律及剪应力计算公式；
5. 会计算受扭圆轴的强度问题。

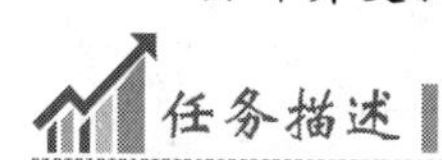

任务描述

某传动轴，横截面上的最大扭矩 $T_{max} = 1.5\text{kN} \cdot \text{m}$，材料的许用剪应力 $[\tau] = 50\text{MPa}$。试求：①若用实心轴，确定其直径 D_1；②若改用空心轴，且 $\alpha = \frac{d}{D} = 0.9$，确定其内径 d 和外径 D；③比较空心轴和实心轴的质量。

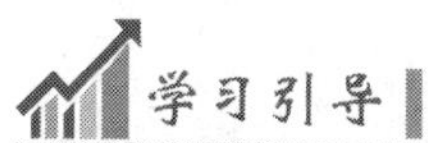

学习引导

本学习任务沿着以下脉络进行：

圆轴扭转变形的受力变形特点 → 扭转内力的计算 → 圆轴扭转时截面上最大剪应力计算 → 圆轴扭转强度条件应用

一、相关知识

扭转是杆件变形的另一种基本形式。在日常生活和工程实际中,经常会遇到以扭转变形为主的杆件,如图 5-2-1 所示,驾驶员转动转向盘时,相当于在转向轴的 A 端施加一作用面与转向轴垂直的力偶,与此同时,转向轴的 B 端受到来自转向器的阻力偶的作用,这两个作用于转向轴上的反向力偶,使转向轴产生了扭转变形。又如房屋的雨篷梁(图 5-2-2)、用螺丝刀拧紧螺丝时的螺丝刀杆(图 5-2-3)等,都是以扭转为主要变形形式的物体。工程中,通常将以扭转变形为主要变形形式的圆形杆件统称为**轴**。

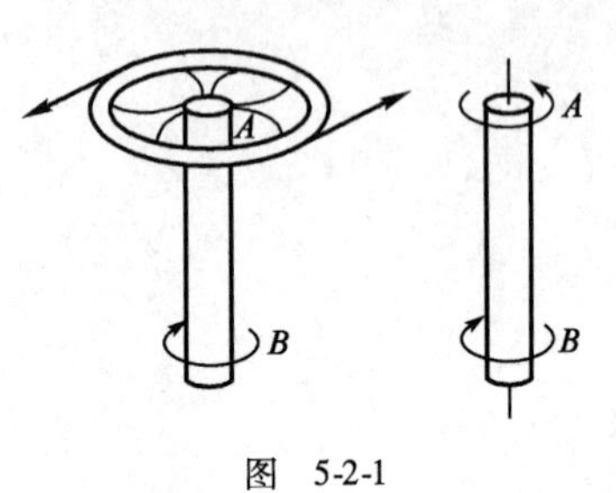

图 5-2-1

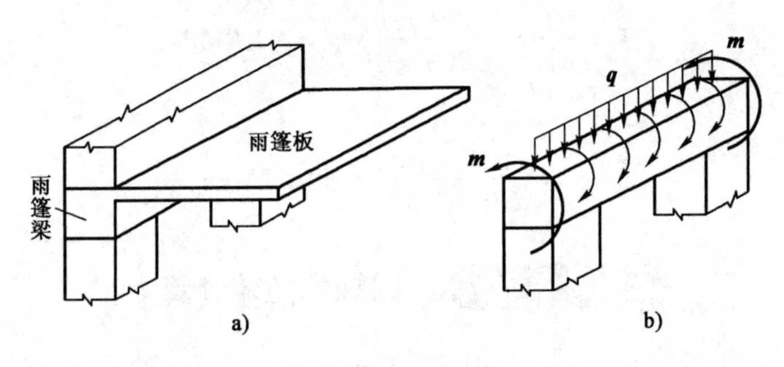

图 5-2-2

通过以上实例分析可以看出:

扭转的受力特点是外力偶的作用面与杆件轴线垂直。扭转变形的特点是杆件的各横截面绕轴线发生相对转动。杆件任意两横截面之间的相对转角 φ 称为扭转角。如图 5-2-4 中的 φ_{AB} 表示杆件受扭后,B 截面相对 A 截面的扭转角。圆轴外表面的纵向线 ab 倾斜的角度 γ(rad)称为剪切角(或剪应变)。

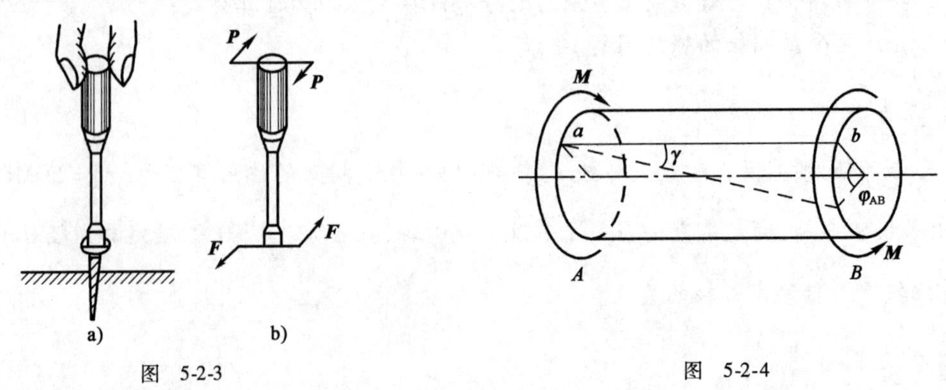

图 5-2-3　　图 5-2-4

1. 外力偶矩的计算

在工程实际中,作用于轴上的外力偶矩 $\boldsymbol{M}_{e}$ 往往不是直接给出的,通常给出轴所传递的功率和轴的转速。根据已知的传递功率 N 和轴的转速 n,可以证明,$\boldsymbol{M}_{e}$、N、n 的关系是:

$$M_e = 9\,549 \times \frac{N}{n} \quad (5\text{-}2\text{-}1)$$

式中：M_e——外力偶矩(N·m)；

N——轴传递的功率(kW)；

n——轴的转速(r/min)。

若功率的单位为马力(hp)，则式(5-2-1)应改写为：

$$M_e = 7\,024 \times \frac{N}{n} \quad (5\text{-}2\text{-}2)$$

由式(5-2-1)和式(5-2-2)可以看出，轴所承受的力偶矩与传递的功率成正比，与轴的转速成反比。因此，在传递同样的功率时，低速轴所受的力偶矩比高速轴大。所以在一个传动系统中，低速轴的直径要比高速轴的直径粗一些。

2. 扭转时的内力——扭矩

当杆受到外力偶作用发生扭转变形时，在杆的横截面上产生相应的内力，称为**扭矩**。用符号 $\boldsymbol{T}$ 表示。扭矩的常用单位是牛顿·米(N·m)或千牛顿·米(kN·m)。

扭矩 $\boldsymbol{T}$ 可用截面法求出。如图 5-2-5a)所示，圆轴 AB 受外力偶 $\boldsymbol{M}_e$ 作用，若求任意横截面 $m\text{-}m$ 上的内力，可假想将轴沿截面 $m\text{-}m$ 截开，任取一段(如左段)为分离体，其受力如图 5-2-5b)所示。由于 A 端作用一个外力偶 $\boldsymbol{M}_e$，为了保持左段平衡，在截面 $m\text{-}m$ 平面内，必然存在内力偶 $\boldsymbol{T}$ 与它平衡。由平衡条件 $\sum M_x = 0$，可求得这个内力偶的力偶矩大小。

由

$$\sum M_x = 0, M_e - T = 0$$

求得

$$T = M_e$$

若取轴的右段为研究对象，也可得到同样的结果[图 5-2-5c)]。

为了使从左右两段轴上求得的同一截面上的扭矩不仅数值相等，而且正负号也相同，需对扭矩的符号作如下规定：采用右手螺旋法则(图 5-2-6)，如果用四指表示扭矩的转向，当拇指的指向与截面的外法线 n 的方向相同时，规定该扭矩为正；反之为负。

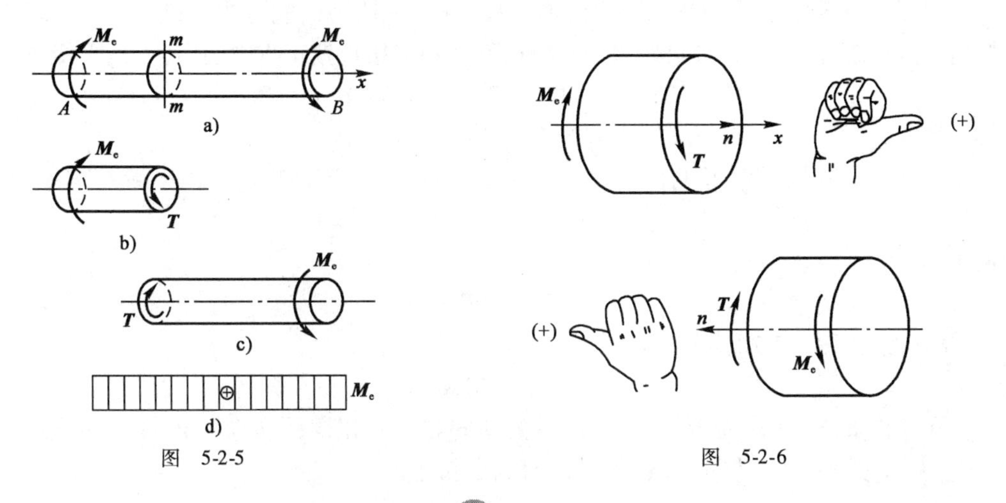

图 5-2-5 图 5-2-6

为了形象地表示扭矩沿杆轴线的变化规律,以便分析危险截面所在位置,可仿照轴力图的绘制方法,绘制扭矩图。通常规定:沿轴线方向的横坐标表示横截面的位置,垂直于轴线的纵坐标表示相应横截面上扭矩的数值。习惯上将正的扭矩画在横坐标轴的上侧,负的扭矩画在横坐标轴的下侧,这种反映扭矩随截面位置变化的图线称为**扭矩图**。

现举例说明扭矩的计算及扭矩图的绘制方法。

例 5-2-1 试作出图 5-2-7a)所示圆轴的扭矩图。

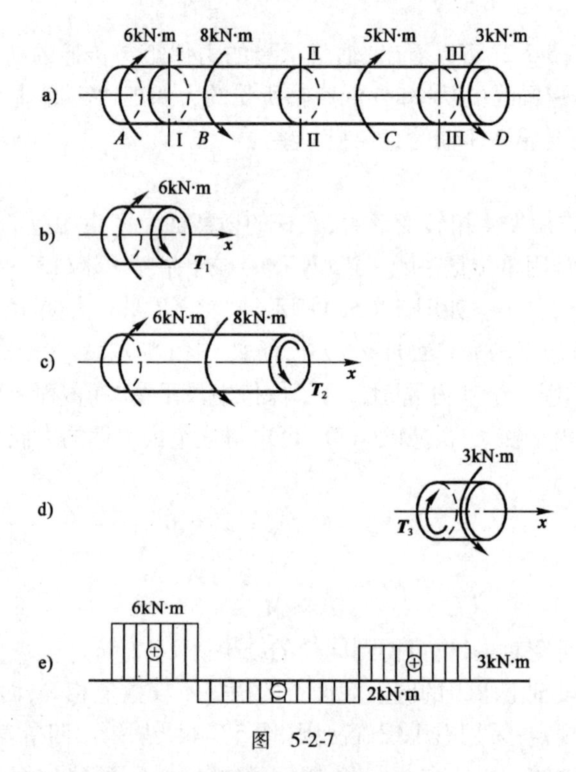

图 5-2-7

解:(1)用截面法计算 AB、BC 及 CD 段的扭矩。

AB 段:用截面Ⅰ-Ⅰ将轴截分为左右两段,保留左段为研究对象,并以 $\boldsymbol{T}_1$ 表示该截面的扭矩,假设该截面扭矩的转向如图 5-2-7b)所示(规定扭矩按正方向画出)。由平衡方程

$$\sum M_x = 0, T_1 - 6 = 0$$

得

$$T_1 = 6\text{kN} \cdot \text{m}$$

BC 段:计算截面Ⅱ-Ⅱ的扭矩时,考虑右段的平衡[图 5-2-7c)]。由平衡方程

$$\sum M_x = 0, T_2 + (8 - 6) = 0$$

得

$$T_2 = -2\text{kN} \cdot \text{m}$$

BD 段:由图 5-2-7d)同理得

$$T_3 = 3\text{kN} \cdot \text{m}$$

计算结果:$\boldsymbol{T}_1$ 及 $\boldsymbol{T}_3$ 为正值,表示假设的转向与实际扭矩的转向一致,且为正扭矩;$\boldsymbol{T}_2$ 为负值,表示假设的转向与实际转向相反,且为负扭矩。

(2)画扭矩图。

由于在每一段轴内扭矩的数值是不变的,故扭矩图由三段水平线组成[图 5-2-7e)]。该轴的最大扭矩为 $|T_{max}| = 6kN \cdot m$。

3. 圆轴扭转时横截面上的应力

1)试验现象

取一实心等直圆轴如图 5-2-8a)所示,在圆轴表面画上一些与轴线平行的纵向线和与轴线垂直的圆周线,将圆轴表面划分为许多小矩形。然后在圆轴两端施加外力矩 $\boldsymbol{M}_e$,使圆轴发生扭转变形,如图 5-2-8b)所示。可以观察到如下现象:

(1)各圆周线的形状、大小及两圆周线间的距离 dx 都没有改变,只是绕杆轴转了一个角度。

(2)所有纵向线都倾斜了同一个角度 γ,圆轴表面的小矩形(阴影部分)变形为平行四边形。

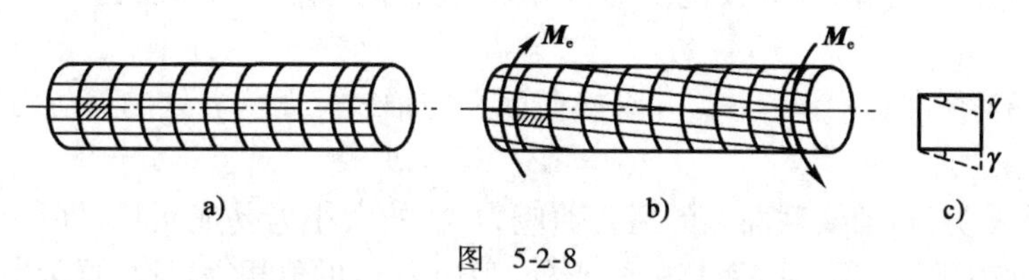

图 5-2-8

由上述试验现象,可以作出平面假设:圆轴扭转变形后其横截面仍保持为平面,像刚性圆盘一样绕轴线转动,相邻横截面之间发生错动。并由此推断圆轴扭转时横截面上没有正应力,只有垂直于半径方向的剪应力 τ。

2)圆轴扭转时横截面上的应力计算公式

(1)几何方面。

从图 5-2-8b)的圆轴中取出长为 dx 的微段来研究[图 5-2-9a)],并从中截取一楔形体 O_1O_2ABCD。根据平面假设,其变形如图 5-2-9b)中虚线所示。圆轴表层的矩形 $ABCD$ 变为平行四边形 $ABC'D'$;与轴线相距为 ρ 的矩形 $abcd$ 变为平行四边形 $abc'd'$,即产生剪切变形。

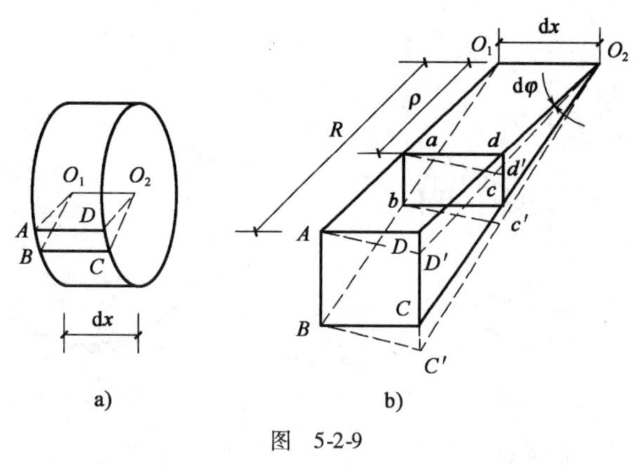

图 5-2-9

此楔形体左、右两端面的相对扭转角为 dφ,矩形 $abcd$ 的剪应变用 γ_ρ 表示,则由图中可以看出:

$$\gamma_{\rho} \approx \tan\gamma_{\rho} = \frac{\overline{dd'}}{ad} = \frac{\rho \mathrm{d}\varphi}{\mathrm{d}x}$$

即

$$\gamma_{\rho} = \rho \frac{\mathrm{d}\varphi}{\mathrm{d}x} \tag{5-2-3}$$

式中,$\frac{\mathrm{d}\varphi}{\mathrm{d}x}$是扭转角沿杆长的变化率,称为单位长度的扭转角,通常用 θ(弧度)表示。对同一截面而言,$\theta = \frac{\mathrm{d}\varphi}{\mathrm{d}x}$ 是常量。于是:

$$\gamma_{\rho} = \rho\theta \tag{5-2-4}$$

式(5-2-4)表明,圆轴横截面上任一点处剪应变的大小与它到截面中心的距离成正比。

(2)物理方面。

由剪切胡克定律可知,在弹性范围内剪应力与剪应变成正比,即:

$$\tau = G\gamma$$

将式(5-2-3)中的 γ_{ρ} 代入上式,并设横截面上与轴线相距为 ρ 处的剪应力为 τ_{ρ},于是:

$$\tau_{\rho} = G\gamma_{\rho} = G\rho\theta \tag{5-2-5}$$

式(5-2-5)表明,圆轴横截面上的扭转剪应力 τ_{ρ} 的大小与 ρ 成正比,即剪应力沿半径方向按直线规律变化,即与圆心等距离的各点处,剪应力 τ_{ρ} 的值相等,且垂直于半径方向。图5-2-10 表示了圆轴横截面上的剪应力沿任一半径方向的分布图。

(3)静力学方面。

上面已找出了横截面上剪应力的分布规律,但还不能直接用式(5-2-5)确定剪应力的大小,因为扭矩 $\theta = \frac{\mathrm{d}\varphi}{\mathrm{d}x}$ 和 $\boldsymbol{T}$ 之间的关系还不知道。为此,可在距离圆心为 ρ 处取一微面积 $\mathrm{d}A$,作用在它上面的剪应力为 τ_{ρ},则该微面积上的微内力 $\tau_{\rho}\mathrm{d}A$ 对圆心 O 的微力矩为 $\tau_{\rho}\rho\mathrm{d}A$,如图 5-2-11 所示。在整个横截面上所有微力矩之和等于横截面上的扭矩 $\boldsymbol{T}$,即:

$$T = \int_{A} \mathrm{d}T = \int_{A} \rho\, \tau_{\rho} \mathrm{d}A$$

式中:A——整个横截面面积。

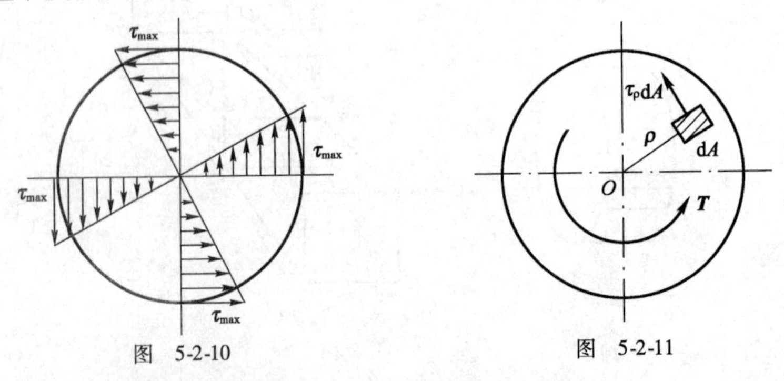

图 5-2-10　　　图 5-2-11

将式(5-2-5)代入上式,得:

$$T = \int_{A} G\rho^{2} \frac{\mathrm{d}\varphi}{\mathrm{d}x} \mathrm{d}A = G \frac{\mathrm{d}\varphi}{\mathrm{d}x} \int_{A} \rho^{2} \mathrm{d}A$$

若令

$$I_p = \int_A \rho^2 dA$$

则

$$T = G\theta I_p$$

或

$$\theta = \frac{T}{GI_p} \tag{5-2-6}$$

将式(5-2-6)代入式(5-2-5),即得到横截面上任一点的剪应力计算公式:

$$\tau_\rho = \frac{T}{I_p}\rho \tag{5-2-7}$$

式中,I_p 称为截面的**极惯性矩**,单位为 cm^4 或 mm^4,它是仅与截面形状和尺寸有关的几何量。对于直径为 D 的实心圆截面:

$$I_p = \frac{\pi D^4}{32} \approx 0.1D^4 \tag{5-2-8}$$

对于内外径比 $\frac{d}{D} = \alpha$ 的空心圆截面:

$$I_p = \frac{\pi D^4}{32}(1 - \alpha^4) \approx 0.1D^4(1 - \alpha^4) \tag{5-2-9}$$

需要指出的是,式(5-2-7)是在平面假设及材料符合胡克定律的前提下推导出来的,因此它只能适用于符合上述条件的等直圆轴在弹性范围内的计算,对于非圆截面杆不再适用。

4. 圆轴扭转时的强度条件

1)横截面上的最大剪应力

从式(5-2-7)可以看出,对同一截面而言,$\boldsymbol{T}$、I_p均为常量,因此,剪应力 τ_ρ 与 ρ 成正比,在圆心处 τ_ρ 为零,在截面周边 τ_ρ 最大,按直线分布,如图5-2-10所示。当 $\rho = \rho_{max}$(即 $\rho = \frac{D}{2}$)时,圆轴横截面上面的剪应力达到最大值,最大剪应力为:

$$\tau_{max} = \frac{T}{I_p}R$$

若令 $W_\rho = \frac{I_p}{\rho_{max}}$,则上式可以写成:

$$\tau_{max} = \frac{T}{W_\rho} \tag{5-2-10}$$

式中,W_ρ 为**抗扭截面模量**,是表示圆轴抵抗扭转破坏能力的几何参数,单位是 cm^3 或 mm^3。式(5-2-10)表明最大剪应力与横截面上的扭矩 $\boldsymbol{T}$ 成正比,而与 W_ρ 成反比。W_ρ 越大,τ_{max} 则越小;W_ρ 越小,τ_{max} 则越大。

对于直径为 D 的实心圆截面:

$$W_\rho = \frac{I_p}{\frac{D}{2}} = \frac{\frac{\pi D^4}{32}}{\frac{D}{2}} = \frac{\pi D^3}{16} \approx 0.2D^3 \tag{5-2-11}$$

对于内外径比 $\frac{d}{D}=\alpha$ 的空心圆截面:

$$W_\rho=\frac{\pi D^3}{16}(1-\alpha^4)\approx 0.2D^3(1-\alpha^4) \tag{5-2-12}$$

例 5-2-2 如果某轴的直径为 $D=50\text{mm}$,横截面上的扭矩为 $T=11\,707\text{N}\cdot\text{m}$,截面上点 A 到圆心的距离为 $\rho_A=15\text{mm}$,试求该横截面上 A 点的剪应力和最大剪应力。

解:圆截面对圆心的极惯性矩与抗扭截面系数分别为:

$$I_\rho=\frac{\pi D^4}{32}=\frac{\pi\times 50^4}{32}(\text{mm}^4)$$

$$W_\rho=\frac{\pi D^3}{16}=\frac{\pi\times 50^3}{16}(\text{mm}^3)$$

由式(5-2-7)和式(5-2-10)可得:

$$\tau_A=\frac{T}{I_\rho}\rho_A=\frac{1\,170.7\times 10^3\times 15}{\frac{\pi\times 50^4}{32}}=28.62(\text{MPa})$$

$$\tau_{max}=\frac{T}{W_\rho}=\frac{1\,170.7\times 10^3}{\frac{\pi\times 50^3}{16}}=47.7(\text{MPa})$$

2)圆轴扭转的强度条件

为了保证圆轴的正常工作,应使圆轴内的最大工作剪应力不超过材料的许用剪应力。对于扭矩沿轴长有变化的等截面圆轴而言,在扭矩最大的横截面上周边各点处的剪应力最大,由式(5-2-10)可得圆轴扭转时的强度条件为:

$$\tau_{max}=\frac{T_{max}}{W_\rho}\leqslant[\tau] \tag{5-2-13}$$

式中:T_{max}——轴的最大扭矩;

$[\tau]$——材料的许用剪应力。

式中的许用剪应力 $[\tau]$,是根据扭转试验并考虑适当的安全系数确定的,各种材料的许用剪应力可查阅有关手册。许用剪应力 $[\tau]$ 与许用拉应力有如下的近似关系:

对于钢材: $[\tau]=(0.5\sim 0.6)[\sigma]$

对于铸铁: $[\tau]=(0.8\sim 1.0)[\sigma]$

式中:$[\sigma]$——相同材料的许用拉应力。

因此也可用拉伸时的许用应力来估计许用剪应力。由于机器轴一类的构件除扭转外,往往还有弯曲变形,且有动荷载影响,故实际所用的值要比估计值低一些。

根据强度条件,可以对扭转轴进行强度校核、设计截面尺寸和确定许可扭矩这三方面的强度计算。

5. 矩形截面杆扭转时的应力简介

工程中常常会遇到非圆截面杆受扭转的情况。它们在扭转时的变形情况,比圆轴扭转的情况复杂得多。以矩形截面杆为例,如图 5-2-12a)所示,变形之前为平面的横截面在变形之后不再是平面,而发生了翘曲现象[图 5-2-12b)]。因此该情况不能应用由平面假设导出的圆轴受扭杆的应力和变形的计算公式。

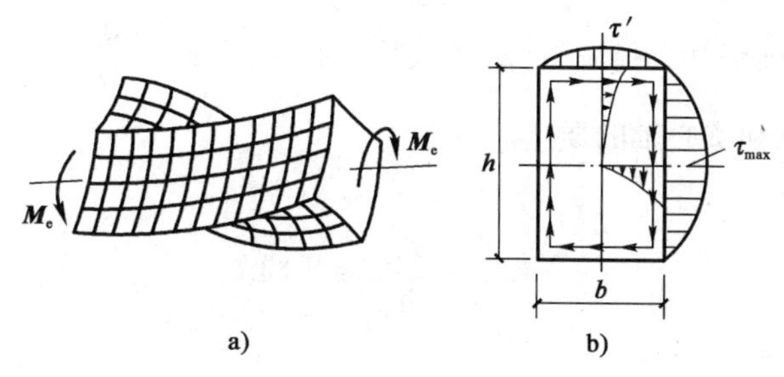

图 5-2-12

由于矩形截面杆在扭转时横截面将发生翘曲，如果横截面能自由地翘曲，则横截面上将只有剪应力而没有正应力，这种扭转称为自由扭转。如果杆件扭转时，横截面的翘曲受到阻碍，这种扭转称为约束扭转。在一般非圆截面杆中，约束扭转在横截面上所产生的正应力是很小的，在计算时可以略去不计；但在薄壁截面杆中，约束扭转所产生的正应力则将成为重要因素。

矩形截面杆的扭转问题需用弹性力学的方法来研究。下面将矩形截面杆在自由扭转时由弹性力学研究得出的主要结果叙述如下：

（1）横截面的四个角点处剪应力恒等于零。

（2）横截面周边各点处的剪应力必与周边相切，组成一个与扭转转向相同的环流。

（3）最大剪应力 τ_{max} 发生在横截面的长边的中点处，其值为：

$$\tau_{max} = \frac{T}{W_\rho} = \frac{T}{\alpha h b^2} \qquad (5\text{-}2\text{-}14)$$

（4）短边中点处的剪应力τ'是短边上的最大剪应力，其值为：

$$\tau' = \xi \tau_{max} \qquad (5\text{-}2\text{-}15)$$

（5）单位长度相对扭转角的计算公式为：

$$\theta = \frac{T}{GI_\rho} = \frac{T}{G\beta h b^3} \qquad (5\text{-}2\text{-}16)$$

上述式中：W_ρ——抗扭截面模量；

I_ρ——极惯性矩；

h——截面长边长度；

b——截面短边长度；

G——材料的剪切弹性模量；

α、β、ξ——与比值 h/b 有关的系数，其中 α、β 数值列于表 5-2-1 中。

系数 α、β 数值表　　表 5-2-1

h/b	1.00	1.20	1.50	1.75	2.00	2.50	3.00	4.00	5.00	1.00	∞
α	0.208	0.219	0.231	0.239	0.246	0.258	0.267	0.282	0.291	0.313	0.333
β	0.141	0.166	0.196	0.214	0.229	0.249	0.263	0.281	0.291	0.313	0.333

二、任务实施

某传动轴，横截面上的最大扭矩 $T_{max} = 1.5\text{kN} \cdot \text{m}$，材料的许用剪应力$[\tau] = 50\text{MPa}$。试

求:(1)若用实心轴,确定其直径 D_1;(2)若改用空心轴,且 $\alpha = \frac{d}{D} = 0.9$,确定其内径 d 和外径 D;(3)比较空心轴和实心轴的质量。

解:由强度条件:

$$\tau_{\max} = \frac{T_{\max}}{W_\rho} \leqslant [\tau]$$

得传动轴所需的抗扭截面模量为:

$$W_\rho \geqslant \frac{T_{\max}}{[\tau]} = \frac{1.5 \times 10^6}{50} = 3 \times 10^4 \text{mm}^3$$

(1)确定实心轴的直径 D_1。

由

$$W_\rho = \frac{\pi D_1{}^3}{16}$$

得

$$D_1 = \sqrt[3]{\frac{16W_\rho}{\pi}} \geqslant \sqrt[3]{\frac{16 \times 3 \times 10^4}{\pi}} = 53.5\text{mm}$$

取

$$D_1 = 54\text{mm}$$

(2)确定空心轴的内径 d 和外径 D。

空心轴的抗扭截面模量为:

$$W_\rho = \frac{\pi D^3}{16}(1 - \alpha^4)$$

即

$$D = \sqrt[3]{\frac{16W_\rho}{\pi(1 - \alpha^4)}} \geqslant \sqrt[3]{\frac{16 \times 3 \times 10^4}{\pi(1 - 0.9^4)}} = 76.3\text{mm}$$

$$d = \alpha D = 0.9 \times 76.3 = 68.9\text{mm}$$

取

$$D = 77\text{mm}, d = 69\text{mm}$$

(3)比较空心轴和实心轴的质量。

两根长度和材料都相同的轴,它们的质量比等于它们的横截面面积之比,即:

$$\frac{m_{空}}{m_{实}} = \frac{A_{空}}{A_{实}} = \frac{\frac{\pi}{4}(D^2 - d^2)}{\frac{\pi}{4}D_1{}^2} = \frac{77^2 - 69^2}{54^2} = 0.401 = 40.1\%$$

该任务表明,当两轴具有相同的承载能力时,空心轴比实心轴轻,可以节省大量材料,减轻自重。因为采用实心轴仅在圆截面边缘处的剪应力达到许用剪应力值,而在圆心附近的剪应力很小,这部分材料未得到充分利用,如将这部分材料移到离圆心较远处的位置,使其成为空心轴,这样便提高了材料的利用率,并增大了抗扭截面系数,从而提高了圆轴的承载能力。

三、学习效果评价反馈

学生自评	1. 剪切变形的内力(　　)于剪切面,用(　　)表示。工程实际中,通常假定切应力在剪切面上是(　　)分布的。计算剪应力的公式用(　　)表示。□ 2. 拉(压)杆件连接件的变形形式主要是剪切变形,并伴有(　　)变形。□ 3. 一般情况下,对连接件需做三种强度计算:(　　　　)、(　　　　)、(　　　　)。□ 4. 圆轴扭转时,其横截面上的剪应力与半径(　　),在同一半径的圆周上各点的剪应力(　　),同一半径上各点的应力按(　　)规律分布,轴线上的剪应力为(　　),外圆周上各点剪应力(　　)。□ (根据本人实际情况选择:A. 知道;B. 基本知道;C. 不知道)
学习小组评价	团队合作□　工作效率□　沟通能力□　获取信息能力□　表达能力□ (根据完成任务情况填写:A. 优秀;B. 良好;C. 合格;D. 有待改进)
教师评价	

小　　结

(1)剪切变形是基本变形之一,构件受到一对大小相等、方向相反、作用线互相平行且相距很近的横向力作用,相邻截面会发生相对错动。剪切变形时,剪切面上的内力 Q 称为剪力,剪切面上分布内力的集度τ称为剪应力。

连接件在产生剪切变形的同时,常伴有挤压变形,挤压面上的压力 P_c称为挤压力,挤压力在挤压面上的分布集度 σ_c称为挤压应力。

剪切强度条件　　$\tau = \dfrac{Q}{A} \leqslant [\tau]$

挤压强度条件　　$\sigma = \dfrac{P_c}{A_c} \leqslant [\sigma_c]$

剪切胡克定律　　$\tau = G\gamma$

(2)圆轴发生扭转时,横截面上的内力是一个力偶矩——扭矩 T,截面上只有剪应力τ存在。

(3)圆轴扭转时,截面上的剪应力大小沿半径方向呈线性分布,圆心处为零,边缘处最大,方向垂直于半径。计算公式为:

$$\tau_\rho = \frac{T}{I_\rho}\rho$$

$$\tau_{max} = \frac{T}{W_\rho}$$

式中,I_ρ、W_ρ 分别为截面的极惯性矩和抗扭截面模量。

对于直径为 D 的实心圆截面:

$$I_p = \frac{\pi D^4}{32} \approx 0.1D^4, W_\rho = \frac{\pi D^3}{16} \approx 0.2D^3$$

对于内外径比 $\frac{d}{D} = \alpha$ 的空心圆截面：

$$I_p = \frac{\pi D^4}{32}(1 - \alpha^4) \approx 0.1D^4(1 - \alpha^4), W_\rho = \frac{\pi D^3}{16}(1 - \alpha^4) \approx 0.2D^3(1 - \alpha^4)$$

(4)圆轴扭转时的强度条件为：

$$\tau_{max} = \frac{T_{max}}{W_\rho} \leqslant [\tau]$$

复习思考题

5-1　简述剪切变形的受力特点和变形特点是什么？

5-2　何谓挤压变形？挤压与压缩有什么区别？

5-3　指出思 5-3 图中连接件接头中的剪切面与挤压面。

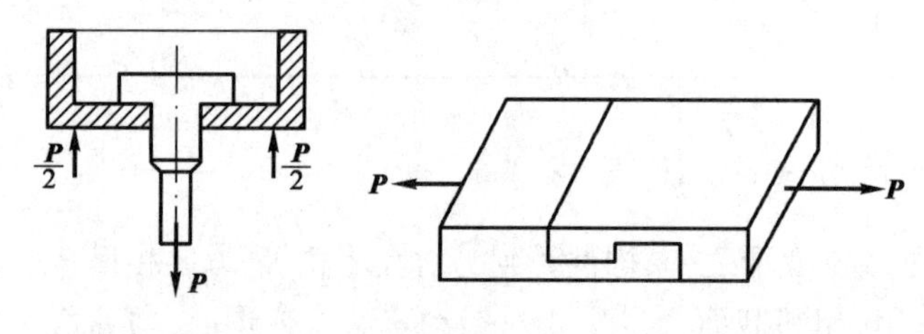

思 5-3 图

5-4　轴所传递的功率、转速与外力偶矩之间有何关系？

5-5　圆轴直径增大 1 倍，其他条件均不变，那么最大剪应力将如何变化？

5-6　直径 D 和长度 L 都相同，材料不同的两根轴，在相同扭矩 $\boldsymbol{T}$ 作用下，它们的最大剪应力 τ_{max} 是否相同？为什么？

5-7　已知空心圆轴的外径为 D，内径为 d，圆轴的极惯性矩和抗扭截面模量是否可按下式计算，为什么？

$$I_p = \frac{\pi}{32}(D - d)^4; W_\rho = \frac{\pi}{16}(D^3 - d^3)$$

习　　题

5-1　如题 5-1 图所示两块厚度为 10mm 的钢板，用两个直径为 17mm 的铆钉搭接在一起，钢板受拉力 $P = 60\text{kN}$，已知 $[\tau] = 140\text{MPa}$，$[\sigma_c] = 280\text{MPa}$，假定每个铆钉受力相等，试校核铆钉的强度。

5-2　如题 5-2 图所示铆接钢板的厚度 $\delta = 10\text{mm}$，铆钉直径 $d = 20\text{mm}$，铆钉的许用剪应力 $[\tau] = 140\text{MPa}$，许用挤压应力 $[\sigma_c] = 320\text{MPa}$，承受荷载 $P = 30\text{kN}$，试作强度校核。

5-3　试求题 5-3 图所示圆轴指定截面上的扭矩，并画出扭矩图。

5-4　一实心圆轴直径 $D = 100\text{mm}$，其两端作用外力偶矩 $M_e = 4\text{kN} \cdot \text{m}$，如题 5-4 图所示。试求：(1)图示截面 A、B、C 三点处的剪应力数值和方向；(2)最大剪应力 τ_{max}。

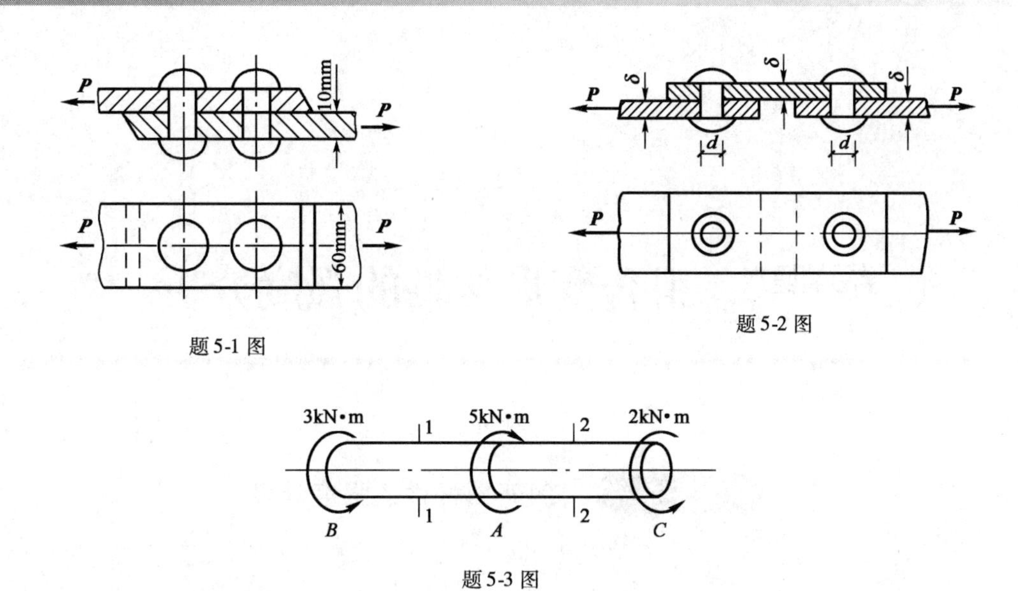

题 5-1 图

题 5-2 图

题 5-3 图

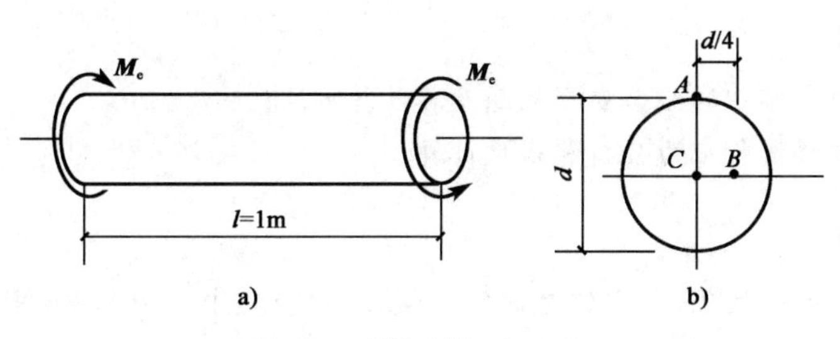

题 5-4 图

5-5　一钢质空心轴，受 $M_e = 6\,000\text{N} \cdot \text{m}$ 的外力偶矩作用，许用剪应力 $[\tau] = 70\text{MPa}$，若内外直径比 $\alpha = \dfrac{d}{D} = \dfrac{2}{3}$，试求轴的直径。

学习情境六 组合变形构件的强度分析

学习任务一 斜弯曲杆件的强度计算

学习目标

1. 会描述工程实际中的组合变形问题及其计算方法；
2. 会对斜弯曲梁进行应力分析和强度计算。

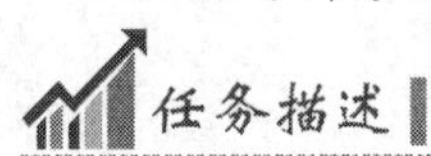

任务描述

图6-1-1所示为一№32a工字钢截面简支梁，跨中受集中力 $P=30\text{kN}$ 作用，$\varphi=15°$，若材料的容许应力$[\sigma]=160\text{MPa}$，试校核梁的正应力强度。

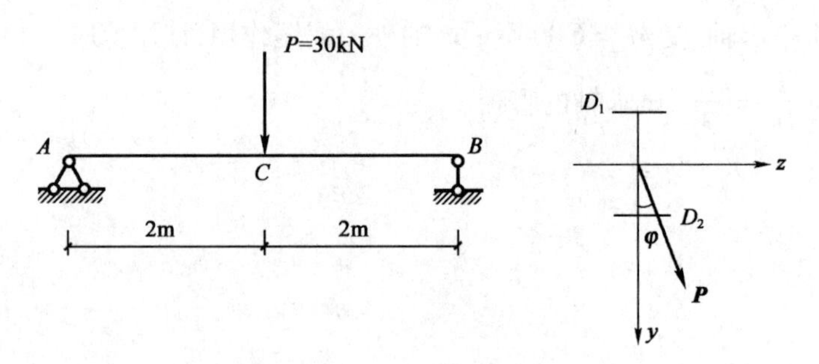

图 6-1-1

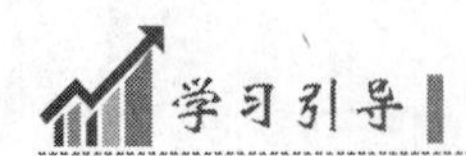

学习引导

本学习任务沿着以下脉络进行：

斜弯曲的概念→将斜弯曲分解为两个平面弯曲→用斜弯曲的正应力强度条件进行计算

一、相关知识

在前面的内容中，我们讨论了杆件在轴向拉（压）、剪切、扭转和平面弯曲四种基本变形时的内力、应力及变形计算，并建立了其相应的强度条件。我们知道，这种只产生一种基本变形的外力是有一定条件的。如讨论轴向拉(压)时,合外力的作用线必须与杆轴重合;又如讨论平面弯曲时,外力必须是垂直于梁轴的横向力(或力偶),并且作用在梁的同一个纵向对称平面内。

但在实际工程中,除基本变形的杆件外,很多杆件都是处在两种或两种以上基本变形的组合情况下工作。例如烟囱[图 6-1-2a)]除因自重引起的轴向压缩外,还受水平分力作用而弯曲;屋架上檩条的变形[图 6-1-2b)],是由檩条在 y、z 两个方向平面弯曲的组合;厂房支柱[图 6-1-2c)],在偏心力 $\boldsymbol{P}$ 作用下,除产生轴向压缩外,还产生弯曲;卷扬机轴[图 6-1-2d)],在力 $\boldsymbol{P}$ 作用下既产生扭转变形,也产生弯曲变形;悬臂吊车水平臂[图 6-1-2e)],在力 $\boldsymbol{P}$ 作用下,同时产生轴向压缩和弯曲变形。

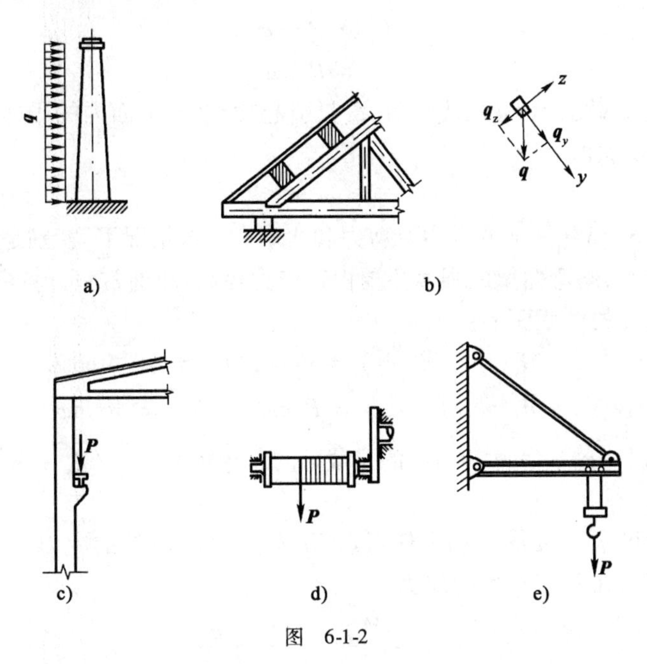

图 6-1-2

这种由两种或两种以上的基本变形组合而成的变形称为组合变形。在小变形和胡克定律适用的前提下,我们可以根据叠加原理来处理杆件的组合变形问题。

组合变形杆件的强度计算,通常按下述步骤进行:

(1)将作用于组合变形杆件上的外力分解或简化为基本变形的受力方式。

(2)应用前述知识对这些基本变形进行应力计算。

(3)将各基本变形同一点处的应力进行叠加,以确定组合变形时各点的应力。

(4)分析确定危险点的应力,建立强度条件。

由上可知,组合变形杆件的计算是对前面各学习情境内容的综合运用。

1. 斜弯曲的概念

在研究梁平面弯曲时的应力和变形的过程中,我们强调梁上的外力必须是横向力或力偶,并且作用在梁的同一个纵向对称平面内。如果梁上的外力虽然通过截面形心,但没有作用在纵向对称平面内,则梁变形后的挠曲线就不会在外力作用平面内,即不再是平面弯曲,这种弯曲称为**斜弯曲**。

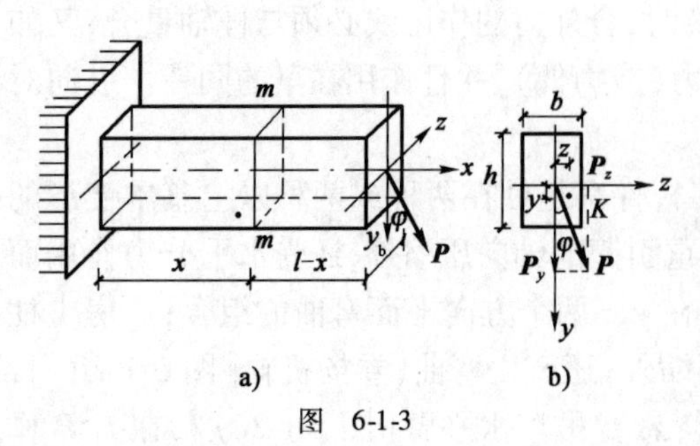

图 6-1-3

2. 斜弯曲梁的正应力计算

矩形截面悬臂梁(图 6-1-3),在自由端截面形心处,作用有集中力 $\boldsymbol{P}$,设截面正交对称轴分别为 y、z 轴;$\boldsymbol{P}$ 与梁轴垂直,与截面铅垂轴 y 的夹角为 φ,$\boldsymbol{P}$ 位于第一象限内。下面我们来讨论此悬臂梁的应力。

(1)分解外力。

将力 $\boldsymbol{P}$ 沿 y 轴和 z 轴方向分解,得到力 $\boldsymbol{P}$ 在梁的两个纵(横)向对称平面内的分力[图6-1-3b)]。

$$P_y = P\cos\varphi \tag{6-1-1}$$

$$P_z = P\sin\varphi \tag{6-1-2}$$

将力 $\boldsymbol{P}$ 用与之等效的 $\boldsymbol{P}_y$ 和 $\boldsymbol{P}_z$ 代替后,$\boldsymbol{P}_y$ 只引起梁在 xy 平面内的平面弯曲,$\boldsymbol{P}_z$ 只引起梁在 xz 平面内的平面弯曲。

(2)内力分析。

在 $\boldsymbol{P}_z$、$\boldsymbol{P}_y$ 作用下,横截面上的内力有剪力和弯矩。一般情况下,特别是实体截面梁时,剪力引起的剪应力较小,斜弯曲梁的强度主要由正应力控制,故通常只计算弯矩的作用。

在距固定端为 x 的横截面上:

$$\left.\begin{aligned} &P_y \text{ 产生的弯矩:} \quad M_z = P_y(l-x) = P\cos\varphi(l-x) = M\cos\varphi \\ &P_z \text{ 产生的弯矩:} \quad M_y = p_z(l-x) = P\sin\varphi(l-x) = M\sin\varphi \end{aligned}\right\} \tag{6-1-3}$$

式中,$M = P(l-x)$,为力 $\boldsymbol{P}$ 引起的 x 截面的总弯矩 $M = \sqrt{M_y^2 + M_z^2}$ 。

(3)应力分析。

应用叠加原理可求得 m-m 截面上任意点 K(坐标为 z,y)处的应力[图 6-1-3b)]。先分别计算两个平面弯曲在 K 点产生的应力:

$\boldsymbol{M}_z$引起的应力为:
$$\sigma' = -\frac{M_z y}{I_z} = -\frac{M\cos\varphi y}{I_z} \tag{6-1-4}$$

$\boldsymbol{M}_y$引起的应力为:
$$\sigma'' = -\frac{M_y z}{I_y} = -\frac{M\sin\varphi z}{I_y} \tag{6-1-5}$$

以上两式中的负号是由于 K 点的应力均是压应力之故。因此,点 K 处的应力 σ 是式(6-1-4)和式(6-1-5)两式的代数和。

$$\sigma = \sigma' + \sigma'' = -\frac{M_z y}{I_z} - \frac{M_y z}{I_y} = -M\left(\frac{\cos\varphi}{I_z}y + \frac{\sin\varphi}{I_y}z\right) \tag{6-1-6}$$

应用式(6-1-6)计算任意一点处的应力时,$\boldsymbol{M}_z$、$\boldsymbol{M}_y$、y、z 均以绝对值代入,应力 σ' 与 σ'' 的正负号可直接由弯矩的正负号来判断。如图 6-1-4a)、b)所示,m-m 截面在 $\boldsymbol{M}_z$ 单独作用下,上半截面为拉应力区,下半截面为压应力区,在 $\boldsymbol{M}_y$ 单独作用下,左半截面为拉应力区,右半截面为压应力区。将 σ' 和 σ'' 叠加后的正负号和大小如图 6-1-4c)所示。

矩形、工字形等截面具有两个对称轴,最大正应力必定发生在棱角点上[图 6-1-4c)]。将角点 A 或 C 的坐标代入式(6-1-6)便可求得任意截面上的最大正应力值。对于等截面梁而言,产生最大弯矩的截面就是危险截面,危险截面上 $|\sigma_{\max}|$ 所处的位置即为危险点。

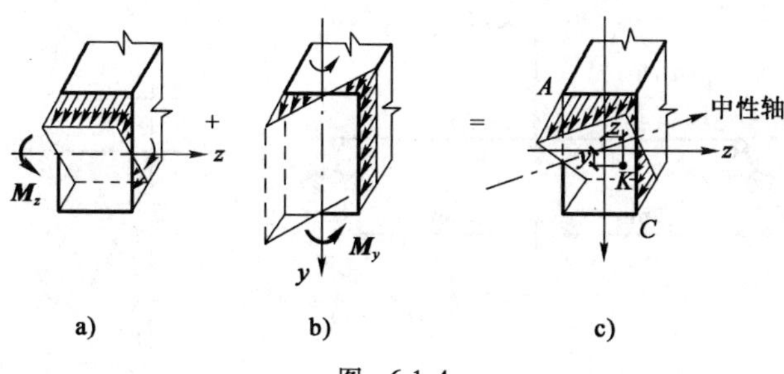

图 6-1-4

图6-1-3 所示悬臂梁的固定端截面弯矩最大，截面棱角点 A 处具有最大拉应力，棱角点 C 处具有最大压应力，如图 6-1-4c) 所示。因 $|y_A| = |y_C| = y_{max}$，$|z_A| = |z_C| = z_{max}$，所以 $|\sigma_{max}| = |\sigma_{min}|$。危险点的应力为：

$$|\sigma_{max}| = \frac{M_{zmax}y_{max}}{I_z} + \frac{M_{ymax}z_{max}}{I_y} = \frac{M_{zmax}}{W_z} + \frac{M_{ymax}}{W_y} \tag{6-1-7}$$

式中：$W_z = \frac{I_z}{y_{max}}$，$W_y = \frac{I_y}{z_{max}}$。

3. 斜弯曲梁正应力强度条件

梁斜弯曲时，危险点处于单向应力状态，则强度条件为：

$$|\sigma_{max}| = \frac{M_{zmax}}{W_z} + \frac{M_{ymax}}{W_y} \leqslant [\sigma] \tag{6-1-8}$$

或写为

$$|\sigma_{max}| = M_{max}\left(\frac{\cos\varphi}{W_z} + \frac{\sin\varphi}{W_y}\right) = \frac{M_{max}}{W_z}\left(\cos\varphi + \frac{W_z}{W_y}\sin\varphi\right) \leqslant [\sigma] \tag{6-1-9}$$

根据这一强度条件，同样可以进行强度校核、截面设计和确定许可荷载。但是，在设计截面尺寸时，要遇到 W_z 和 W_y 两个未知量，可先假设一个 $\frac{W_z}{W_y}$ 的比值，根据式(6-1-9)计算出所需要的 W_z 值，从而确定截面的尺寸及计算出 W_y 值，再按式(6-1-9)进行强度校核。通常矩形截面取 $\frac{W_z}{W_y} = 1.2 \sim 2$；工字形截面取 $\frac{W_z}{W_y} = 8 \sim 10$；槽形截面取 $\frac{W_z}{W_y} = 6 \sim 8$。

二、任务实施

(1) 图 6-1-5 为一№32a 工字钢截面简支梁，跨中受集中力 $P = 30\text{kN}$ 作用，$\varphi = 15°$，若材料的容许应力 $[\sigma] = 160\text{MPa}$，试校核梁的正应力强度。

解：①分解外力。

$$P_y = P\cos\varphi = 30 \times \cos 15° = 29\text{kN}$$
$$P_z = P\sin\varphi = 30 \times \sin 15° = 7.76\text{kN}$$

②计算内力。

在 xy 平面，$\boldsymbol{P}_y$ 引起的 $\boldsymbol{M}_{zmax}$ 在跨中截面。

$$M_{zmax} = \frac{P_y l}{4} = \frac{29 \times 4}{4} = 29\text{kN} \cdot \text{m}$$

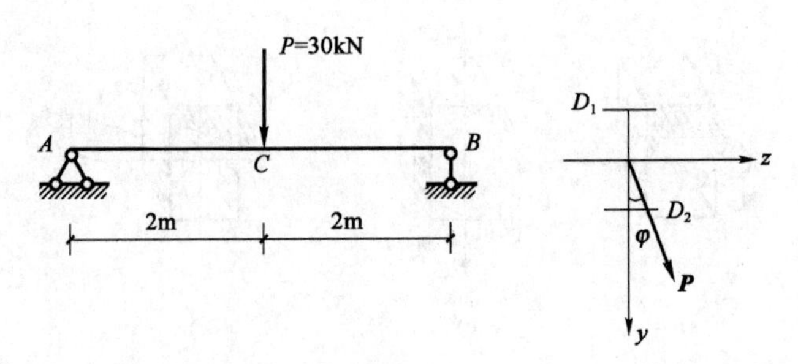

图 6-1-5

在 xz 平面,P_z 引起的 M_{ymax} 仍在跨中截面。

$$M_{ymax} = \frac{P_z l}{4} = \frac{7.76 \times 4}{4} = 7.76\text{kN} \cdot \text{m}$$

③计算应力。

显然,危险截面在跨中,危险点为 D_1、D_2 点。D_1 点处的拉应力最大,最大压应力点为 D_2,其值相等。

由型钢表查得№32a 工字钢 $W_y = 70.8\text{cm}^3$,$W_z = 692.2\text{cm}^3$

$$\sigma_{l\max} = \sigma_{y\max} = \frac{M_{ymax}}{W_y} + \frac{M_{zmax}}{W_z} = \frac{7.76 \times 10^6}{70.8 \times 10^3} + \frac{29 \times 10^6}{692.2 \times 10^3}$$

$$= 109.6 + 41.9 = 151.5\text{MPa} < [\sigma]$$

若外力 P 不偏离纵向对称平面,即 $\varphi = 0$,则跨中截面上的最大正应力为:

$$\sigma_{max} = \frac{\frac{1}{4} \times 30 \times 4 \times 10^6}{692.2 \times 10^3} = 43.3\text{MPa}$$

$$\frac{151.5 - 43.3}{43.3} = 2.5$$

可见,由于力 P 偏离了不大的 $\varphi = 15°$ 角,而最大正应力就由 43.3MPa 变为 151.5MPa,增加了 2.5 倍。这是由于工字钢截面的 W_y 远小于 W_z 的缘故。

(2)屋面结构中的木檩条,跨长 $l = 3$ m,受集度为 $q = 800\text{N/m}$ 的均布荷载作用(图 6-1-6)。檩条采用高宽比 $h/b = 3/2$ 的矩形截面,容许应力 $[\sigma] = 10\text{MPa}$,试选择其截面尺寸。

解:①分解外力。

$$q_y = q\cos30° = 800 \times 0.866 = 692.8\text{N/m}$$

$$q_z = q\sin30° = 800 \times 0.5 = 400\text{N/m}$$

②计算梁中 M_{max}。

$$M_{ymax} = \frac{q_z l^2}{8} = \frac{400 \times 3^2}{8} = 450\text{N} \cdot \text{m}$$

$$M_{zmax} = \frac{q_y l^2}{8} = \frac{692.8 \times 3^2}{8} = 779.4\text{N} \cdot \text{m}$$

③设计截面。

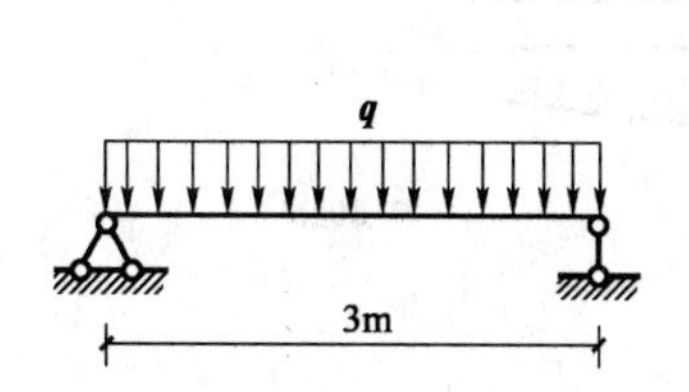

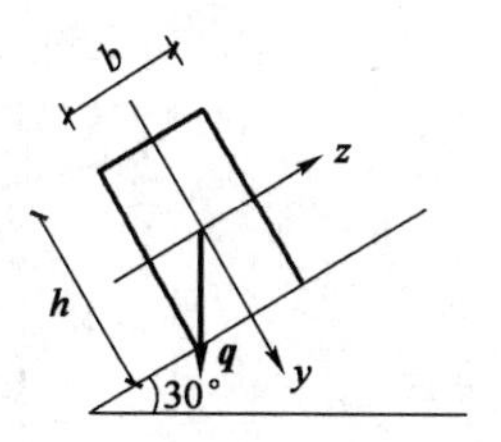

图 6-1-6

由于 $W_y=\dfrac{hb^2}{6}, W_z=\dfrac{bh^2}{6}, \dfrac{W_z}{W_y}=\dfrac{h}{b}=\dfrac{3}{2}$。代入强度条件

$$\frac{M_{y\max}}{W_y}+\frac{M_{z\max}}{W_z}\leqslant[\sigma]$$

$$\frac{1}{W_z}\left(\frac{W_z}{W_y}M_{y\max}+M_{z\max}\right)\leqslant[\sigma]$$

得

$$W_z\geqslant\frac{\frac{3}{2}M_{y\max}+M_{z\max}}{[\sigma]}=\frac{\left(\frac{3}{2}\times 450+779.4\right)\times 10^3}{10}=145.4\times 10^3\text{mm}^3$$

又因

$$W_z=\frac{bh^2}{6}=\frac{b\left(\frac{3}{2}b\right)^2}{6}=0.375b^3\geqslant 145.4\times 10^3$$

解得

$$b\geqslant 73\text{mm}$$

$$h=\frac{3}{2}b=\frac{3}{2}\times 73=109.5\text{ mm}$$

故取设计截面为7.5cm×11cm 的矩形。

学习任务二 偏心压缩杆件的强度计算

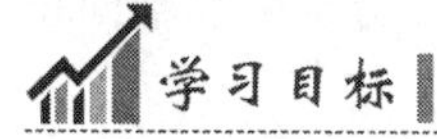

学习目标

1. 会判断偏心压缩；
2. 能够对偏心压缩杆件进行应力分析和强度计算；
3. 会解释截面核心的概念。

任务描述

起重机支架的轴线通过基础的中心。起重机自重为180kN,其作用线通过基础底面 Oz 轴,且有偏心距 $e=0.6$ m(图 6-2-1),已知基础混凝土的重度为 22kN/m^3,若矩形基础的短边长为3m,问:(1)其长边的尺寸 a 为多少时可使基础底面不产生拉应力?(2)在所选的 a 值之下,基础底面上的最大压应力为多少?

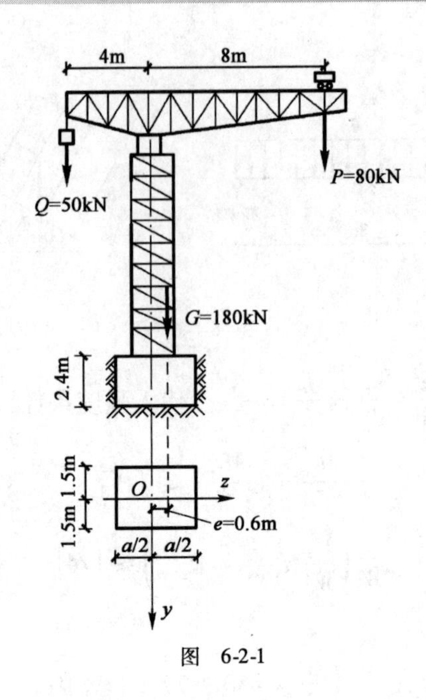

图 6-2-1

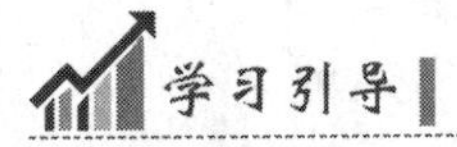

本学习任务沿着以下脉络进行:

判别偏心压缩的类型 → 计算偏心压缩时的内力 → 用偏心压缩的正应力强度条件进行计算

一、相关知识

轴向压缩的受力特点是压力作用线与杆件轴线相重合。当杆件所受外力的作用线与杆轴平行但不重合,外力作用线与杆轴间有一距离 e 时,称为**偏心压缩**。

1. 单向偏心压缩(拉伸)时的正应力计算

(1)单向偏心压缩时力的简化和截面内力。

矩形截面杆如图 6-2-2 所示,压力 $\boldsymbol{P}$ 作用在 y 轴的 E 点处,E 点到形心 O 的距离称为偏心距 e,将力 $\boldsymbol{P}$ 向杆端截面形心 O 简化,得到一个轴向力 $\boldsymbol{P}$ 和一个力偶矩 $M_z = P \cdot e$ [图 6-2-2b)]。杆内任意一个横截面上存在两种内力:轴力 $N = P$,弯矩 $M_z = P \cdot e$,分别引起轴向压缩和平面弯曲,即偏心压缩实际上是轴向压缩与平面弯曲的组合变形。

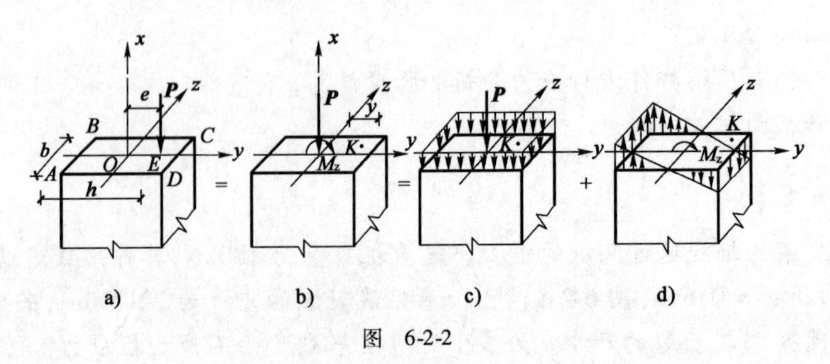

图 6-2-2

(2)单向偏心受压杆截面上的应力及强度条件。

偏心受压杆截面上任意一点 K 处的应力,可以由两种基本变形各自在 K 点产生的应力叠加求得。

轴向压缩时[图 6-2-2c)],截面上各点处的应力均相同,压应力的值为:

$$\sigma' = -\frac{P}{A}$$

平面弯曲时[图 6-2-2d)],截面上任意一点 K 处的应力为压应力,其值为:

$$\sigma'' = -\frac{M_z y}{I_z}$$

K 点处的总应力为:

$$\sigma = \sigma' + \sigma'' = -\frac{P}{A} - \frac{M_z y}{I_z} \tag{6-2-1}$$

式中:A——横截面面积;

I_z——截面对 z 轴的惯性矩;

y——所求应力点到 z 轴的距离,计算时代入绝对值。

截面上最大拉应力和最大压应力分别发生在 AB 边缘及 CD 边缘处,其值为:

$$\left.\begin{aligned}\sigma_{\max} &= -\frac{P}{A} + \frac{M_z}{W_z}\\ \sigma_{\min} &= -\frac{P}{A} - \frac{M_z}{W_z}\end{aligned}\right\} \tag{6-2-2}$$

截面上各点均处于单向应力状态,强度条件为:

$$\left.\begin{aligned}\sigma_{\max} &= -\frac{P}{A} + \frac{M_z}{W_z} \leqslant [\sigma_l]\\ \sigma_{\min} &= -\frac{P}{A} - \frac{M_z}{W_z} \leqslant [\sigma_y]\end{aligned}\right\} \tag{6-2-3}$$

对于 $b \times h$ 矩形截面的偏心压缩杆[图 6-2-2a)],由于 $W_z = \frac{bh^2}{6}$,$A = bh$,$M_z = P \cdot e$,代入式(6-2-2)可写成:

$$\begin{matrix}\sigma_{\max}\\ \sigma_{\min}\end{matrix} = -\left(\frac{P}{bh} \mp \frac{6Pe}{bh^2}\right) = -\frac{P}{bh}\left(1 \mp \frac{6e}{h}\right) \tag{6-2-4}$$

AB 边缘上最大拉应力 $\sigma_{\max}$ 的正负号,由式(6-2-4)中 $\left(1 - \frac{6e}{h}\right)$ 确定,可能出现三种情况:

①当 $e < \frac{h}{6}$ 时,$\sigma_{\max} < 0$,整个截面上均为压应力[图 6-2-3b)];

②当 $e = \frac{h}{6}$ 时,$\sigma_{\max} = 0$,整个截面上均为压应力,一个边缘处应力为零[图 6-2-3c)];

③当 $e > \frac{h}{6}$ 时,整个截面上有拉应力和压应力,两种应力同时存在[图 6-2-3d)]。

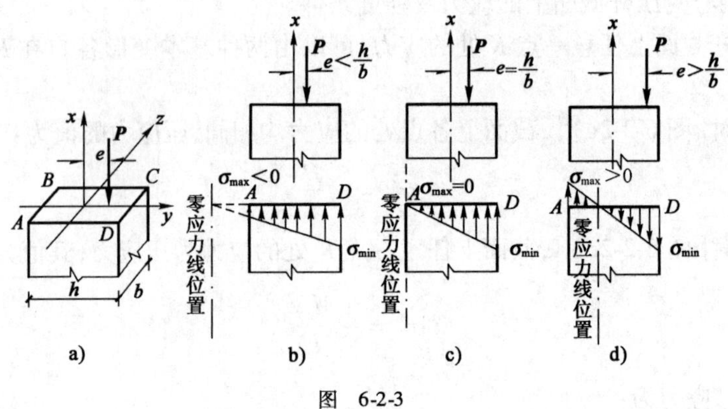

图 6-2-3

可见,偏心距 e 的大小决定着横截面上有无拉应力,而 $e = \frac{h}{6}$ 成为有无拉应力的分界线。

2. 双向偏心压缩(拉伸)时的正应力计算

图6-2-4a)所示压力 $\boldsymbol{P}$ 作用在端截面上任意位置 E 点处,距 y 轴的偏心距为 e_z,距 z 轴的偏心距为 e_y,这种受力情况称为**双向偏心压缩**。双向偏心压缩的计算方法和步骤与前面的单向偏心压缩类似。

(1)双向偏心压缩时力的简化和截面内力。

将力 $\boldsymbol{P}$ 向端截面形心简化得轴向压力 $\boldsymbol{P}$[图6-2-4b)],对 z 轴的力偶矩 $M_z = Pe_y$[图6-2-4c)]及对 y 轴的力偶矩 $M_y = Pe_z$[图6-2-4d)]。

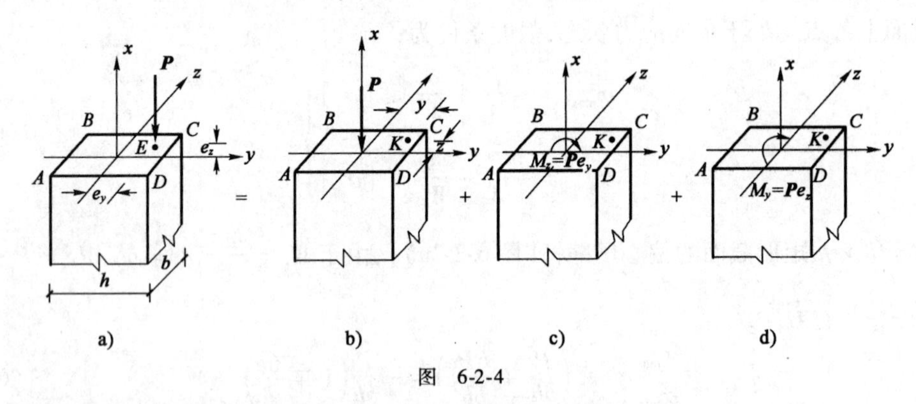

图 6-2-4

(2)双向偏心压缩杆截面上的应力及强度条件。

截面上任意一点 $K(y,z)$ 处的应力为三部分应力的叠加。

轴向压力 $\boldsymbol{P}$ 在 K 点处引起的应力为:

$$\sigma' = -\frac{P}{A}$$

$\boldsymbol{M}_z$ 引起的 K 点处的应力为:

$$\sigma'' = -\frac{M_z y}{I_z}$$

M_y引起的K点处的应力为：

$$\sigma''' = -\frac{M_y z}{I_y}$$

K点处的总应力为：

$$\sigma = \sigma' + \sigma'' + \sigma''' = -\frac{P}{A} - \frac{M_z y}{I_z} - \frac{M_y z}{I_y} \tag{6-2-5}$$

式中：A——构件的横截面面积；

I_z——截面对z轴的惯性矩；

I_y——截面对y轴的惯性矩；

y——所求应力点到z轴的距离，计算时代入绝对值；

z——所求应力点到y轴的距离，计算时代入绝对值。

由分析可知，最大拉应力产生在A点处，最小压应力产生在C点处，其值为：

$$\left.\begin{aligned}\sigma_{\max} &= -\frac{P}{A} + \frac{M_z}{W_z} + \frac{M_y}{W_y} \\ \sigma_{\min} &= -\frac{P}{A} - \frac{M_z}{W_z} - \frac{M_y}{W_y}\end{aligned}\right\} \tag{6-2-6}$$

危险点处于单向应力状态，强度条件为：

$$\left.\begin{aligned}\sigma_{\max} &= -\frac{P}{A} + \frac{M_z}{W_z} + \frac{M_y}{W_y} \leqslant [\sigma_l] \\ \sigma_{\min} &= -\frac{P}{A} - \frac{M_z}{W_z} - \frac{M_y}{W_y} \leqslant [\sigma_y]\end{aligned}\right\} \tag{6-2-7}$$

单向偏心压缩时所得的式(6-2-2)、式(6-2-3)，实际上是式(6-2-6)及式(6-2-7)的特殊情况，即压力作用在端截面的一根形心轴上，其中一个偏心距为零。

3. 截面核心的概念

本学习情境前面曾分析过，偏心受压杆件截面上是否出现拉应力与偏心距的大小有关。若外力作用在截面形心附近的某一个区域，使得杆件整个截面上全为压应力而无拉应力，这个外力作用的区域称为**截面核心**。

(1)矩形截面的截面核心。

截面上不出现拉应力的条件是式(6-2-5)中拉应力等于零或小于零，即：

$$\sigma_{\max} = -\frac{P}{A} + \frac{M_z}{W_z} + \frac{M_y}{W_y} = P\left(-\frac{1}{A} + \frac{e_y}{W_z} + \frac{e_z}{W_y}\right) \leqslant 0$$

将矩形截面的$W_y = \dfrac{bh^2}{6}$，$W_z = \dfrac{hb^2}{6}$及$A = bh$代入上式，化简得：

$$-1 + \frac{6}{b}e_z + \frac{6}{h}e_y \leqslant 0$$

上式是以E点的坐标e_y，e_z［图6-2-4a)］表示的直线方程。分别令e_y或e_z等于零，可得出此直线在z轴上和y轴上的截距e_z，e_y，即：

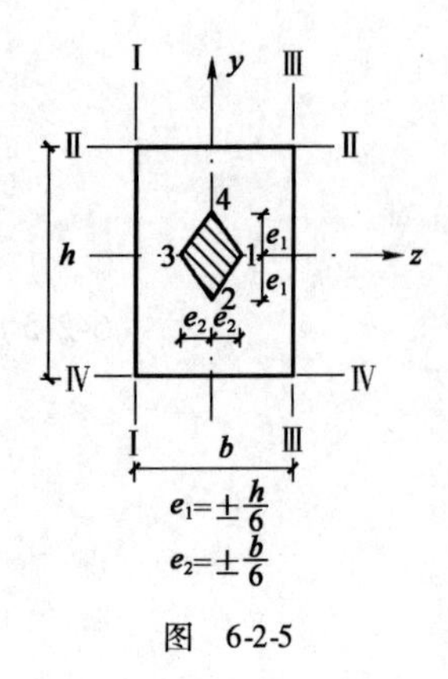

图 6-2-5

$$e_z \leqslant \frac{b}{6}, e_y \leqslant \frac{h}{6}$$

这表明当力 **P** 作用点的偏心距位于 y 轴和 z 轴上 1/6 的矩形尺寸之内时,可使截面上的拉应力等于零。由于截面的对称性,可得另一对偏心距,这样可在坐标轴上定出四点(1,2,3,4),称为核心点。因为直线方程 $-1+\frac{6}{b}e_z+\frac{6}{h}e_y \leqslant 0$ 中 e_z、e_y 是线性关系,因此可用直线连接这四点,得到一个区域(图 6-2-5),这个区域即为矩形截面的截面核心。若压力 **P** 作用在这个区域之内,截面上的任何部分都不会出现拉应力。

(2)圆形截面的截面核心。

由于圆形截面是极对称的,所以截面核心的边界也是一个圆。可以证明,其截面核心的半径 $e=\frac{d}{8}$[图 6-2-6a)],在图 6-2-6 中还给出了其他常见截面的截面核心图形及尺寸。

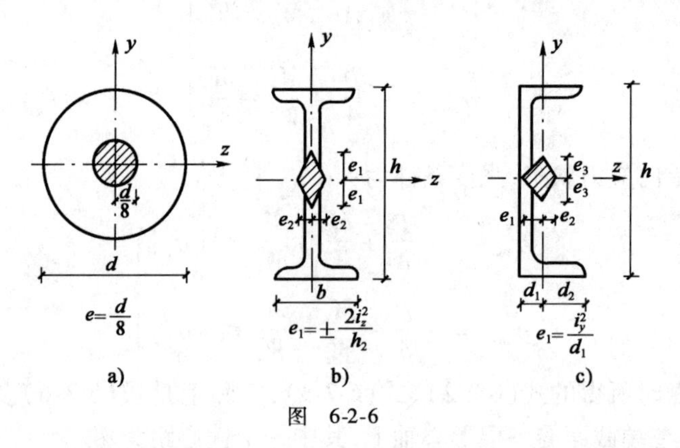

图 6-2-6

二、任务实施

(1)起重机支架的轴线通过基础的中心。起重机自重 180kN,其作用线通过基础底面 Oz 轴,且有偏心距 $e=0.6$ m(图 6-2-7),已知基础混凝土的重度等于 22kN/m³,若矩形基础的短边长 3m,问:①其长边的尺寸 a 为多少时可使基础底面不产生拉应力?②在所选的 a 值之下,基础底面上的最大压应力为多少?

解:①用截面法求基础底面内力。

$$\sum X = 0,$$

$$N = -(180+50+80+3\times 2.4\times a\times 22) = -(310+158.4a)\text{kN}$$

$$M_y = 0,$$

$$M_y = 80\times 8 - 50\times 4 + 180\times 0.6 = 548\text{kN}\cdot\text{m}$$

②计算基底应力。

要使基底截面不产生拉应力,必须使 $\sigma_{\max}=\frac{N}{A}+\frac{M}{W}=0$,即:

$$\frac{310+158.4a}{3a}+\frac{548}{\frac{3\times a^2}{6}}=0$$

得 $a=3.68\text{m}$,取 $a=3.7\text{m}$。

③当选定 $a=3.7\text{m}$ 时,基底的最大应力为:

$$\sigma_{\max}=-\frac{(310+158.4\times3.7)\times10^3}{3\times3.7}-\frac{548\times10^3}{\frac{3\times3.7^2}{6}}=-161\times10^3\text{Pa}=-0.161\text{MPa}$$

(2)某浆砌块石挡土墙(图6-2-8),通常取单位长度(1m)的挡土墙来进行计算。已知墙体自重 $G_1=72\text{kN}$,$G_2=77\text{kN}$,土压力 $E=95\text{kN}$,其作用线与水平面夹角 $\theta=42°$,作用点 $x_0=0.43\text{m}$,$y_0=1.67\text{m}$。砌体的容许压应力 $[\sigma_y]=3.5\text{MPa}$,容许拉应力 $[\sigma_l]=0.14\text{MPa}$,试对 BC 截面进行强度校核。

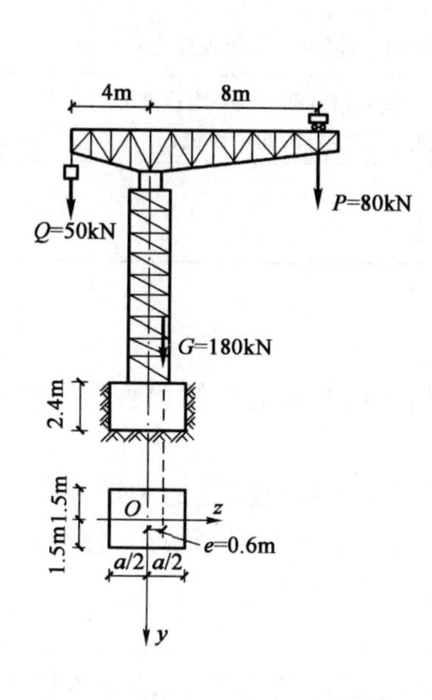

图 6-2-7

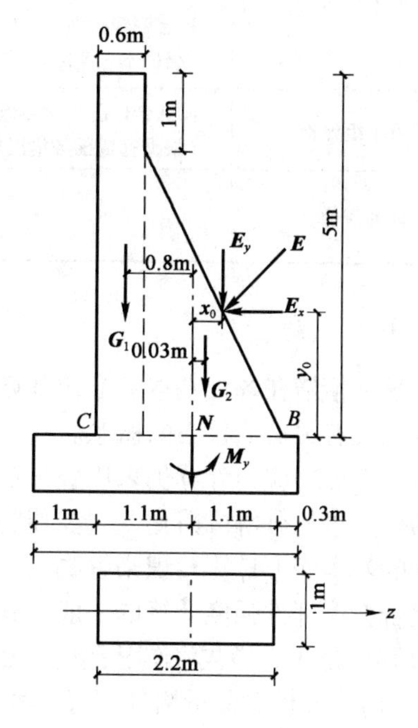

图 6-2-8

解:①求 BC 截面上的内力。

$$\sum X=0,N=-(G_1+G_2+E\sin\theta)=-(72+77+95\sin42°)=-212.6\text{kN}$$

$$\begin{aligned}\sum M_y=0,M_y&=-0.8G_1+0.03G_2+x_0E\sin\theta-y_0E\cos45°\\&=-0.8\times72+0.03\times77+0.43\times95\times\sin42°-1.67\times95\times\cos42°\\&=-145.86\text{kN}\cdot\text{m}\end{aligned}$$

可见,$\boldsymbol{M}_y$ 使 BC 截面 C 侧受压。

②求截面上的最大正应力。

C 点处:

$$\sigma = \frac{N}{A} + \frac{M_y}{W_y} = -\frac{212.6 \times 10^3}{1 \times 2.2 \times 10^6} - \frac{145.86 \times 10^6}{\frac{1 \times 2.2^2 \times 10^9}{6}} = -0.28\text{MPa} < [\sigma_y]$$

B 点处:

$$\sigma = \frac{N}{A} + \frac{M_y}{W_y} = -\frac{212.6 \times 10^3}{1 \times 2.2 \times 10^6} + \frac{145.86 \times 10^6}{\frac{1 \times 2.2^2 \times 10^9}{6}} = 0.084\text{MPa} < [\sigma_l]$$

故 BC 截面满足强度要求。

三、学习效果评价反馈

学生自评	1. 举 1 ~2 个实例来描述工程实际中的组合变形问题及其计算方法。□ 2. 能对斜弯曲梁进行应力分析和强度计算。□ 3. 能够对偏心压缩杆件进行应力分析和强度计算。□ 4. 会解释截面核心的概念。□ (根据本人实际情况选择:A. 能够完成;B. 基本能完成;C. 不能完成)
学习小组评价	团队合作□ 学习效率□ 沟通能力□ 获取信息能力□ 表达能力□ (根据完成任务情况填写:A. 优秀;B. 良好;C. 合格;D. 有待改进)
教师评价	

小结

本学习情境在各种基本变形的基础上,主要讨论斜弯曲与偏心压缩两种组合变形的强度计算以及有关截面核心的概念。

组合变形的应力计算仍采用叠加法。分析组合变形构件强度问题的关键在于:对任意作用的外力进行分解或简化。只要能将组成组合变形的几个基本变形找出,便可应用我们所熟知的基本变形计算知识来解决。

组合变形杆件强度计算的一般步骤:

(1)外力分析。首先将作用于构件上的外力向截面形心处简化,使其产生几种基本变形形式。

(2)内力分析。分析构件在每一种基本变形时的内力,从而确定出危险截面的位置。

(3)应力分析。根据内力的大小和方向找出危险截面上的应力分布规律,确定出危险点的位置并计算其应力。

(4)强度计算。根据危险点的应力进行强度计算。

斜弯曲与偏心压缩的强度条件为:

$$\sigma_{max} \leqslant [\sigma]$$

本学习情境主要的应力公式及强度条件:

①斜弯曲。

应力公式:

$$\begin{matrix}\sigma_{max}\\ \sigma_{min}\end{matrix} = \pm \frac{M_z}{W_z} \pm \frac{M_y}{W_y}$$

强度条件：

$$\sigma_{\max} = \frac{M_z}{W_z} + \frac{M_y}{W_y} \leqslant [\sigma]$$

②单向偏心压缩。

应力公式：

$$\left.\begin{matrix}\sigma_{\max}\\ \sigma_{\min}\end{matrix}\right. = -\frac{P}{A} \pm \frac{M_z}{W_z}$$

强度条件：

$$\sigma_{\max} = -\frac{P}{A} + \frac{M_z}{W_z} \leqslant [\sigma_l]$$

$$\sigma_{\min} = -\frac{P}{A} - \frac{M_z}{W_z} \leqslant [\sigma_y]$$

③双向偏心压缩。

应力公式：

$$\left.\begin{matrix}\sigma_{\max}\\ \sigma_{\min}\end{matrix}\right. = -\frac{P}{A} \pm \frac{M_z}{W_z} \pm \frac{M_y}{W_y}$$

强度条件：

$$\sigma_{\max} = -\frac{P}{A} + \frac{M_z}{W_z} + \frac{M_y}{W_y} \leqslant [\sigma_l]$$

$$\sigma_{\max} = -\frac{P}{A} - \frac{M_z}{W_z} - \frac{M_y}{W_y} \leqslant [\sigma_y]$$

偏心压缩的杆件，若外力作用在截面形心附近的某一个区域内，杆件整个横截面上只有压应力而无拉应力，则截面上的这个区域称为截面核心。截面核心是工程中很有用的概念，应学会确定工程实际中常见简单图形的截面核心。

复习思考题

6-1 何谓组合变形？组合变形构件的应力计算是依据什么原理进行的？

6-2 斜弯曲与平面弯曲有何区别？

6-3 何谓偏心压缩和偏心拉伸？它与轴向拉（压）有什么不同？它和拉（压）与弯曲组合变形是否是一回事？

6-4 判别思6-4图所示构件 A、B、C、D 各点处应力的正负号，并画出各点处的应力单元体。

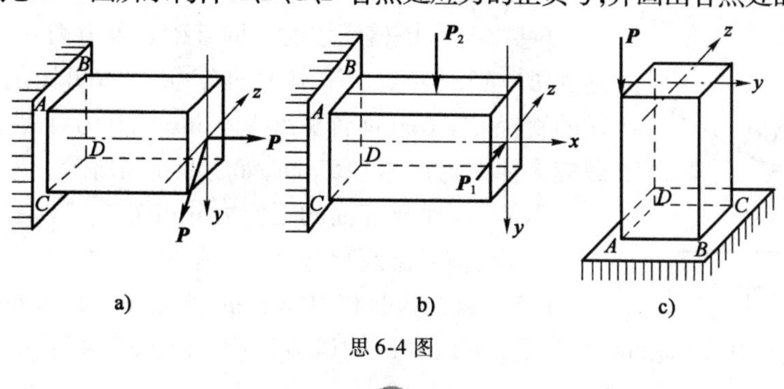

思6-4图

6-5　何谓截面核心？矩形截面杆和圆形截面杆受偏心压力作用时，不产生拉应力的极限偏心距各是多少？它们的截面核心各为什么形状？

习　题

6-1　矩形截面的悬臂梁承受荷载如题6-1图所示。已知材料的容许应力$[\sigma]=10\text{MPa}$，弹性模量$E=10^4\text{MPa}$。试设计矩形截面的尺寸b和$h\left(设\dfrac{h}{b}=2\right)$。

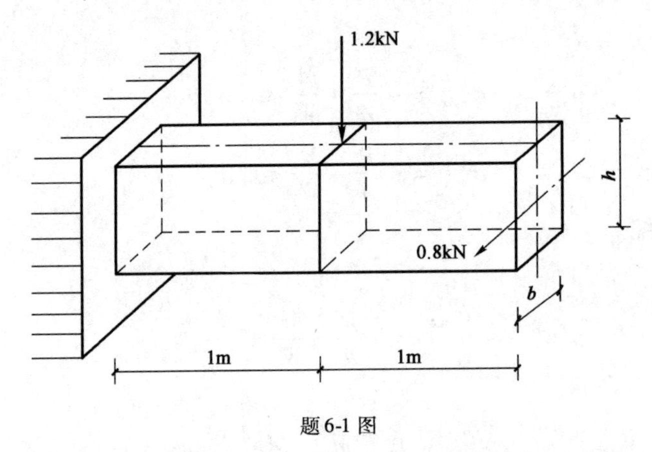

题6-1图

6-2　由200mm×200mm×20mm的等边角钢制成的简支梁如题6-2图所示。已知$P=25\text{kN}$，试求梁内的最大拉应力和最大压应力，并说明其各发生在何处。

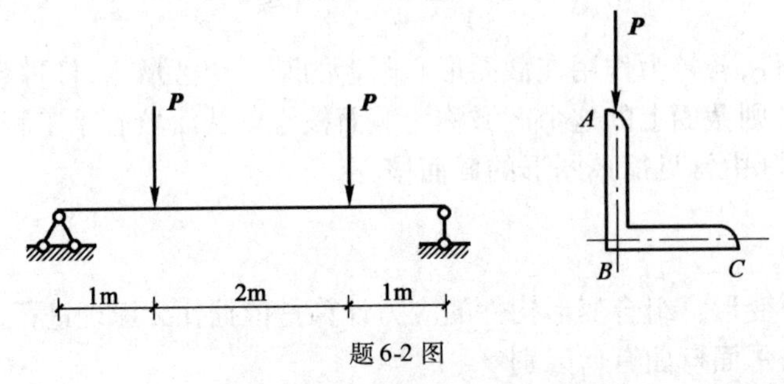

题6-2图

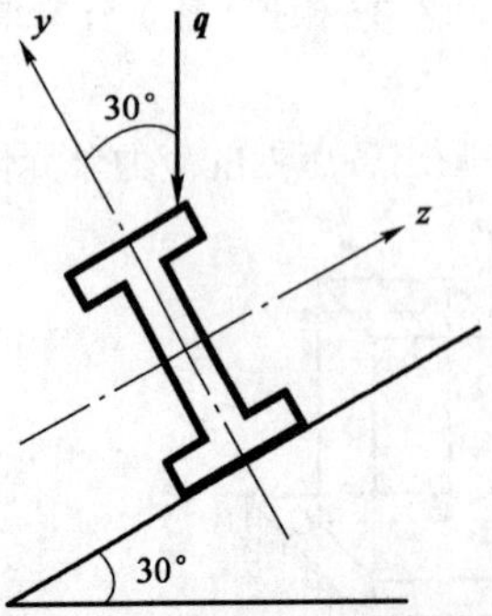

题6-3图

6-3　简支于屋架上的檩条承受均布荷载$q=14\text{kN/m}$，如题6-3图所示。檩条跨长$l=4\text{m}$，采用工字钢制造，其容许应力$[\sigma]=160\text{MPa}$。试选择工字钢型号。

6-4　某水塔盛满水时连同基础总重力为$G=2\,000\text{kN}$，在离地面$H=15\text{m}$处受水平风力的合力$P=60\text{kN}$的作用。圆形基础的直径$d=6\text{m}$，埋置深度$h=3\text{m}$，地基为红黏土，其容许的承载应力为$[\sigma_y]=0.15\text{MPa}$，如题6-4图所示。

(1)绘制基础底面的正应力分布图；

(2)校核基础底部地基土的强度。

6-5　砖砌烟囱高$H=30\text{m}$，底截面1-1的外径$d_1=3\text{m}$，内径$d_2=2\text{m}$，自重力$G_1=2\,000\text{kN}$，受$q=1\text{kN/m}$的风力作用，如题6-5图所示。试求：(1)烟

囱底截面上的最大压应力；(2)若烟囱的基础埋深 $h = 4m$，基础及填土自重力按 $G_2 = 1\,000kN$ 计算，地基土的容许压应力 $[\sigma_y] = 0.3MPa$，求圆形基础的直径 D 应为多大(计算风力时，可略去烟囱直径的变化，把它看作是等截面的)。

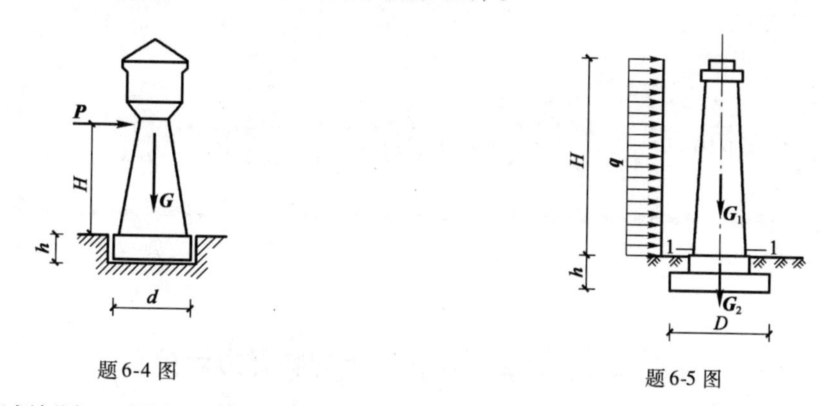

题 6-4 图　　　　题 6-5 图

6-6　试绘题 6-6 图所示截面的截面核心。

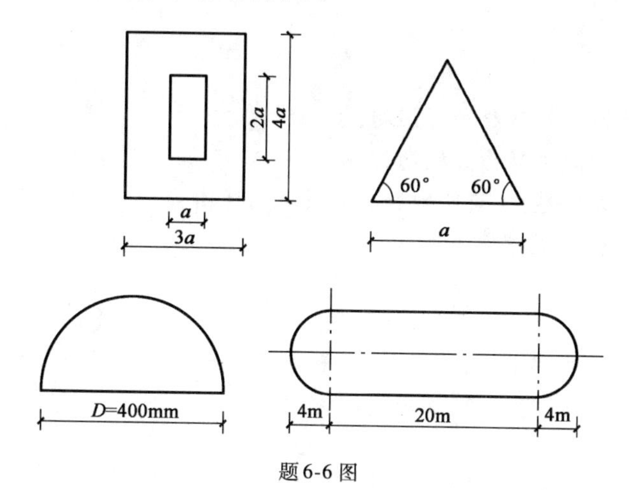

题 6-6 图

学习情境七 细长压杆的稳定性分析

学习任务一 压杆稳定的临界力计算

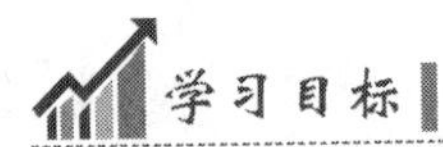

学习目标

1. 能描述工程实际中的压杆稳定问题；
2. 会解释稳定、失稳、临界力的概念；
3. 会用欧拉公式求临界力，说明欧拉公式的适用范围；
4. 会查阅和使用脚手架操作规程。

任务描述

请以2人为一组查阅图书、网络资料，对影响钢管脚手架稳定性的步距、扣件的紧固程度、横向支撑等主要因素进行分析，并说明理由。

学习引导

本学习任务沿着以下脉络进行：

压杆失稳的概念 → 影响临界力的因素 → 细长压杆临界力的欧拉公式 → 欧拉公式的使用条件 → 柔度对临界应力的影响

一、相关知识

1. 压杆稳定的概念

受轴向压力的直杆叫作压杆。从强度观点出发，压杆只要满足轴向压缩的强度条件就能正常工作。这种结论对于短粗杆来说是正确的，而对于细长的杆则不然。例如，取一根长度为1m的松木直杆，其横截面面积为$(5\times30)\text{mm}^2$，抗压强度极限为$\sigma_b=40\text{MPa}$。此杆的极限承载能力应为：

$$P_b=\sigma_b\times A=40\times10^6\times5\times30\times10^{-6}=6\,000\text{N}=6\text{kN}$$

试验发现，木杆在$P=30\text{N}$时就突然变弯，这个压力比计算的极限荷载小两个数量级。

可见，细长压杆的承载能力并不取决于轴向压缩的抗压强度而是与该杆在一定压力作用下突然变弯、不能保持原有的直线形状有关。这种在一定轴向压力作用下，细长直杆突然丧失其原有直线平衡形态的现象叫作压杆丧失稳定性，简称失稳，又称屈曲。

历史上曾发生过多次由于压杆失稳而导致的重大事故。例如，1907 年加拿大魁北克省 14.4km 横跨圣劳伦斯河上的钢结构大桥，在施工中，由于桁架中一根受压弦杆的突然失稳，造成了整个大桥的倒塌，9 000t 的钢结构瞬间变成了一堆废铁，在桥上施工的 86 名工人中有 75 人丧生。实际上，在灾难发生的前 23 天，已发现悬臂桁架西侧的下弦杆有两节变弯，当时被解释为加工中的问题。前 9 天又发现东侧下弦杆有三节变弯，还是没有引起相关人员的警觉。前 2 天的早晨发展到侧跨的西侧也有一节变弯了，之后还发现多处。技术监督虽然向上级主管做了报告，上级主管却很平静，认为最大工作应力小于许用应力（前者不超过后者的 85%），应是安全的。事故发生的当天早晨，设计顾问电话通知说，桥上不能再增加荷载了，要立即修复已经弯曲的杆件。虽然他已经体察到事态有些严重，但还不清楚下弦杆已经失稳，要想逆转事态的发展已经不可能了。

此外，1925 年苏联的莫兹尔桥和 1940 年美国的塔科马桥的毁坏，也都是由压杆失稳引起的重大工程事故。1891 年，瑞士一座长 42m 的桥，当列车从其上通过时，因结构失稳而坍塌，12 节车厢中的 7 节落入河中，造成 200 多人死亡。

我们将轴线是直线、材料是均匀的、压力 $\boldsymbol{P}$ 的作用线与杆件的轴线重合的压杆称为理想压杆。下面通过图 7-1-1 所示的一端固定、一端自由的压杆来说明与稳定性有关的几个概念。当细长杆的压力 $\boldsymbol{P}<\boldsymbol{P}_{cr}$ 时，杆件保持直线平衡状态。此时，如果作用一微小的横向干扰力，杆件就会突然发生弯曲，如图 7-1-1a）所示。将干扰力去掉后，杆将自动恢复直线平衡状态。这表明此时细长直杆处于稳定的直线平衡状态。当压力继续增大到 $\boldsymbol{P}>\boldsymbol{P}_{cr}$ 时，再施加一微小的横向干扰力，使杆件发生弯曲，此时去掉干扰力，杆件将保持曲线形状平衡而不能恢复原状，如图 7-1-1b）所示，即原来的直线平衡状态是不稳定的。压杆由稳定直线平衡状态过渡到不稳定平衡状态，称为压杆丧失稳定性，简称失稳。从稳定平衡过渡到不稳定平衡的特定状态称为临界状态。临界状态下作用的压力 $\boldsymbol{P}_{cr}$ 称为临界力。临界力 $\boldsymbol{P}_{cr}$ 是判别压杆是否会失稳的重要指标。当 $\boldsymbol{P}<\boldsymbol{P}_{cr}$ 时，平衡是稳定的；$\boldsymbol{P}>\boldsymbol{P}_{cr}$ 时，平衡是不稳定的。所谓压杆的稳定性是指细长压杆在轴向力作用下保持其原有直线平衡的能力。

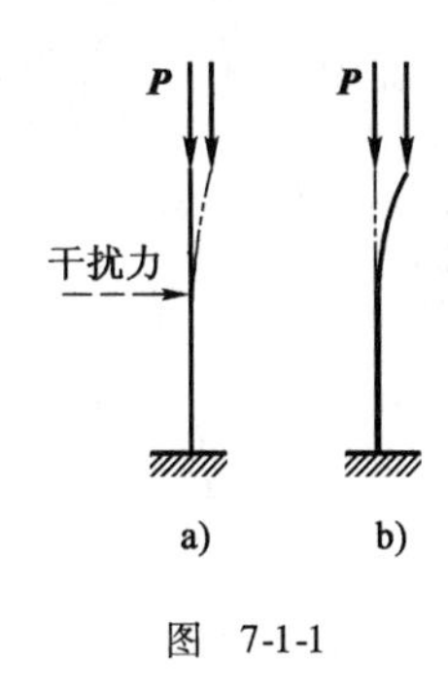

图 7-1-1

压杆失稳与强度破坏，就其性质而言是完全不同的，导致压杆失稳的压力比发生强度破坏时的压力要小得多。因此，对细长压杆必须进行稳定性计算。

2. 临界力的欧拉公式

通过试验得知，临界力 $\boldsymbol{P}_{cr}$ 的大小与压杆的抗弯刚度成正比，与杆的长度成反比，而且与杆端的支承情况有关，杆端约束越强，临界力就越大。在材料服从胡克定律和小变形条件下，可推导出细长压杆临界力的计算公式——欧拉公式。

$$P_{cr}=\frac{\pi^2 EI}{(\mu l)^2} \tag{7-1-1}$$

式中:E——材料的弹性模量;

l——杆的长度,μl 称为计算长度;

I——杆件横截面的最小惯性矩;

μ——长度系数。

长度系数 μ 与压杆两端的约束条件有关:

两端固定: $\mu = 0.5$

一端固定一端铰支: $\mu = 0.7$

两端铰支: $\mu = 1$

一端固定一端自由: $\mu = 2$

3. 欧拉公式的适用范围

(1)临界应力与柔度(长细比)。

当压杆处于临界状态时,杆件可以维持其直线形状的不稳定平衡状态,此时杆内的应力仍是均匀分布的,即:

$$\sigma_{cr} = \frac{P_{cr}}{A}$$

式中,σ_{cr}为压杆的临界应力(Critical Stress);A 为压杆的横截面面积。

$$\sigma_{cr} = \frac{P_{cr}}{A} = \frac{\pi^2 EI}{A(\mu l)^2}$$

利用惯性半径 $i = \sqrt{\frac{I}{A}}$,则上式可以成:

$$\sigma_{cr} = \frac{\pi^2 EI}{A(\mu l)^2} = \frac{\pi^2 E}{\frac{(\mu l)^2}{i^2}}$$

上式中的 μl 和 i 都是反映压杆几何性质的量,工程上取 μl 与 i 的比值来表示压杆的细长程度,叫作压杆的柔度或长细比。柔度用 λ 表示,是无量纲的量。

$$\lambda = \frac{\mu l}{i} \tag{7-1-2}$$

于是临界应力的计算公式可简化为:

$$\sigma_{cr} = \frac{\pi^2 E}{\lambda^2} \tag{7-1-3}$$

式(7-1-3)是欧拉公式的另一种表达形式。式中压杆的柔度 λ 综合反映了杆长、约束条件、截面尺寸和形状对临界应力的影响。λ 越大,表示压杆越细长,临界应力就越小,临界力也就越小,压杆就越易失稳。因此,柔度 λ 是压杆稳定计算中的一个十分重要的几何参数。

(2)欧拉公式的适用范围。

欧拉公式是在弹性条件下推导出来的,因此临界应力 σ_{cr} 不应超过材料的比例极限。即:

$$\sigma_{cr} = \frac{\pi^2 E}{\lambda^2} \leqslant \sigma_p \tag{7-1-4}$$

由式(7-1-4)可得,使临界应力公式成立的柔度条件为:

$$\lambda \geqslant \pi\sqrt{\frac{E}{\sigma_p}}$$

若用 λ_p 表示对应于 $\sigma_{cr}=\sigma_p$ 时的柔度值，则有：

$$\lambda_p = \pi\sqrt{\frac{E}{\sigma_p}} \tag{7-1-5}$$

显然，当 $\lambda \geqslant \lambda_p$ 时，欧拉公式才成立。通常将 $\lambda \geqslant \lambda_p$ 的杆件称为细长压杆，或大柔度杆。只有细长压杆才能用欧拉公式(7-1-1)和式(7-1-3)来计算杆件的临界压力和临界应力。

对于常用的 Q235A 钢，$E=206\text{GPa}$，$\sigma_p=200\text{MPa}$，代入式(7-1-5)得：

$$\lambda_p = \pi\sqrt{\frac{E}{\sigma_p}} = \pi\sqrt{\frac{206\times10^3}{200}} \approx 100$$

也就是说，由这种钢材制成的压杆，当 $\lambda \geqslant 100$ 时欧拉公式才适用。其他常用材料的 λ_p 值，见表 7-1-1。

常用材料的 λ_p 和 λ_s 值 表 7-1-1

材　料	λ_p	λ_s	材　料	λ_p	λ_s
Q235A 钢	100	61.4	铸铁	80	
优质碳钢	100	60	硬铝	50	
硅钢	100	60	松木	50	

例 7-1-1 钢筋混凝土柱，高 6m，下端与基础固结，上端与屋架铰接，如图 7-1-2 所示。柱的截面为 $b\times h=250\text{mm}\times600\text{mm}$，弹性模量 $E=26\text{GPa}$。试计算该柱的临界力。

解：柱子截面的最小惯性矩为：

$$I_{min} = \frac{bh^3}{12} = \frac{600\times250^3}{12} = 781.3\text{mm}^4$$

一端固定，一端铰支时的长度系数 $\mu=0.7$。

由欧拉公式可得：

$$P_{cr} = \frac{\pi^2 EI}{(\mu l)^2} = \frac{\pi^2\times26\times10^9\times781.3\times10^{-6}}{(0.7\times6)^2} = 11\ 365\text{kN}$$

P

图 7-1-2

例 7-1-2 一根两端铰支的№20a 工字钢压杆，长 $l=3\text{m}$，钢的弹性模量 $E=200\text{GPa}$。试确定其临界力。

解：由附表型钢表查得№20a 工字钢的惯性矩为：

$$I_z = 2\ 370\text{cm}^4, I_y = 158\text{cm}^4$$

取

$$I_{min} = 158\text{cm}^4$$

由于两端铰支，其长度系数为：

$$\mu = 1$$

由欧拉公式可得：

$$P_{cr} = \frac{\pi^2 EI}{(\mu l)^2} = \frac{\pi^2\times200\times10^9\times158\times10^{-8}}{(1\times3)^2} = 346.5\text{kN}$$

4. 压杆的临界应力总图

由上面讨论可知,轴向受压直杆的临界应力σ_{cr}的计算与压杆的柔度$\lambda=\frac{\mu \cdot l}{i}$有关。对于$\lambda \geqslant \lambda_p$的大柔度(细长)压杆,临界应力可按欧拉公式(7-1-1)计算。对于$\lambda < \lambda_p$的小柔度杆,欧拉公式不再适用,工程中对这类压杆的临界应力的计算,一般采用建立在试验基础上的经验公式,主要有直线公式和抛物线公式两种。这里仅介绍直线公式,其形式为:

$$\sigma_{cr}=a-b\lambda \tag{7-1-6}$$

式中,a和b是与材料有关的常数。例如,对Q235A钢制成的压杆,$a=304\text{MPa}$,$b=1.12\text{MPa}$。其他材料的a和b数值可以查阅有关手册。

柔度很小的粗短杆,其破坏主要是应力达到屈服应力σ_s或强度极限σ_b所致,其本质是强度问题。因此,对于塑性材料制成的压杆,按经验公式求出的临界应力最高值只能等于σ_s,设相应的柔度为λ_s,则

$$\lambda_s=\frac{a-\sigma_s}{b} \tag{7-1-7}$$

λ_s是应用直线公式的最小柔度值。对屈服应力为$\sigma_s=235\text{MPa}$的Q235A钢,$\lambda_s \approx 62$。

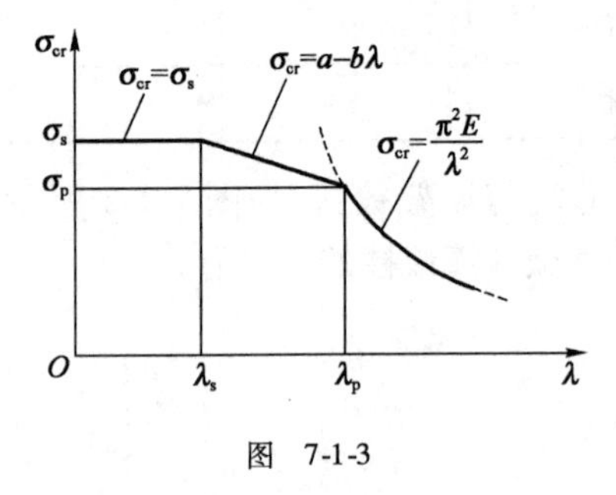

图 7-1-3

柔度介于λ_p与λ_s之间的称为中柔度杆或中长杆。$\lambda<\lambda_s$的压杆称为小柔度杆或粗短杆。

由以上讨论可知,压杆按其柔度值可分为三类,分别应用不同的公式计算临界应力。对于柔度大于等于λ_p的细长杆,应用欧拉公式;对于柔度介于λ_p和λ_s之间的中长杆,应用经验公式;对于柔度小于λ_s的粗短杆,应用强度条件计算。图7-1-3表示临界应力σ_{cr}随压杆柔度λ变化的图线,称为临界应力总图。

二、任务实施

请查阅资料,对影响钢管脚手架稳定性的步距、扣件的紧固程度、横向支撑等主要因素进行分析,并说明理由。

(1)步距(水平杆的间距)。在其他条件相同时,步距变化对脚手架承载能力影响很大。脚手架的承载能力随步距加大而降低,当步距由1.2m增加到1.8m时,临界荷载将下降26%~29%;当步距增大,在考虑稳定性的时候,相当于增加了立杆的计算长度,由欧拉公式$P_{cr}=\frac{\pi^2 EI}{(\mu l)^2}$可知,当$l$越大时,临界荷载$P_{cr}$就会越小,稳定性就会越差。

(2)扣件的紧固程度。扣件的紧固程度标准为40~50N·m。当扣件的紧固扭矩为30N·m时,将比50N·m的临界荷载降低20%;但当达到50N·m时,再增加扣件的紧固程度,脚手架的承载能力则提高很小。这说明紧固程度达到一定数值后,再采用增加扣件扭矩的方法,对提高脚手架承载力的影响已经很小;扣件的紧固程度,直接影响到立杆两端的约束情况,欧拉公式$P_{cr}=\frac{\pi^2 EI}{(\mu l)^2}$中的$\mu$直接反映了压杆两端的约束情况,约束越紧,$\mu$值取得

越小,临界荷载P_{cr}就越大,稳定性就越好。但是在计算临界荷载时,μ最少取值到0.5(即两端可简化成固定端约束),所以当紧固程度到一定数值后,对稳定性的影响就不大了。

(3)横向支撑(剪刀撑)。设置横向支撑比不设置横向支撑的临界荷载将提高15%。当脚手架到一定的高度后,必须设置横向支撑(剪刀撑),以此来保证脚手架整体的稳定性。

(4)钢管的质量。规范要求承重架钢管壁厚为3.5mm,如果所用钢管壁厚过薄必将影响脚手架的承载能力;当钢管壁厚不符合要求后,使得钢管横截面面积变小,从而导致工作压应力过大,超过临界应力。

(5)安装不规范。如支架欠高、垂直不符合规范要求;支架剪刀撑的斜杆夹角有的不符合规范要求,相当一部分斜杆没有做到与每一杆扣紧;支架的碗扣松动、没有锁紧,个别的地方可能没有连上碗扣。

立杆不垂直,致使立杆从轴心受力变成偏心受力,立杆处于不利受力状态,容易失稳;支架剪刀撑的斜杆夹角应为45°~60°,这种角度可保证整个结构的稳定性;支架的碗扣的松紧直接影响到立杆的两端约束情况。

学习任务二 压杆的稳定计算

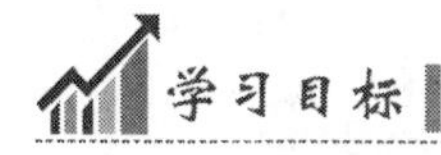

1. 会选用和计算折减系数;
2. 能够对压杆进行稳定性计算;
3. 叙述提高压杆稳定性的主要措施。

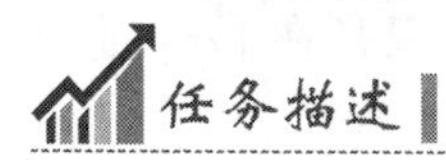

一钢管支柱高$l=2.2$m,支柱的两端铰支,其外径$D=102$mm,内径$d=86$mm,承受的轴向压力$P=300$kN,许用应力$[\sigma]=160$MPa。试校核支柱的稳定性。

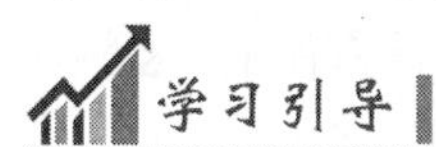

本学习任务沿着以下脉络进行:

压杆的稳定条件→折减系数的计算→提高压杆稳定性的主要措施

一、相关知识

1. 压杆的稳定条件

要使压杆不丧失稳定,应使作用在杆上的轴向压力P不超过压杆的临界力P_{cr},再考虑到压杆应具有一定的安全储备,则压杆的稳定条件为:

$$P \leqslant \frac{P_{cr}}{K_w} = [P_{cr}] \tag{7-2-1}$$

式中:P——实际作用在压杆上的压力;

P_{cr}——压杆的临界压力;

K_w——稳定安全系数,是随 λ 而变化的。λ 越大,杆越细长,所取安全系数 K_w 也越大。一般稳定安全系数比强度安全系数大,这是因为失稳具有更大的危险性,且实际压杆总存在初曲率和荷载偏心等影响。

利用式(7-2-1)可进行压杆的稳定性计算,以保证压杆满足稳定性要求。这种方法在土建工程计算中应用较少。

在压杆设计中常用的方法是,将压杆的许用应力[σ]写作材料的抗压强度许用应力[σ]乘以一个随压杆柔度 λ 而改变的系数 $\varphi = \varphi(\lambda)$,即:

$$\frac{P}{A} \leqslant \frac{P_{cr}}{AK_w} = \frac{\sigma_{cr}}{K_w}$$

上式中 $\frac{P}{A} = \sigma$ 为压杆横截面上的压应力,$\frac{P_{cr}}{A} = \sigma_{cr}$ 为压杆的临界应力,则有:

$$\sigma \leqslant \frac{\sigma_{cr}}{K_w} = [\sigma_{cr}] \tag{7-2-2}$$

式中,$[\sigma_{cr}]$ 称为稳定许用应力。由于临界应力 σ_{cr} 和稳定安全系数 K_w 随压杆柔度值 λ 而变化,所以 $[\sigma_{cr}]$ 也随 λ 而变化,它是不同于强度计算中的许用应力 $[\sigma]$ 的。令:

$$\varphi = \frac{[\sigma_{cr}]}{[\sigma]}$$

不难看出,$[\sigma_{cr}]$ 必小于 $[\sigma]$,因此 $\varphi < 1$, φ 称为折减系数。

式(7-2-2)可以方便地改写为与强度条件类似的公式:

$$\sigma \leqslant \varphi[\sigma] \tag{7-2-3}$$

式(7-2-3)是稳定条件的另一种形式,与强度条件公式 $\sigma \leqslant [\sigma]$ 比较只是在 $[\sigma]$ 前乘了一个小于1的 φ 值而已。

关于 φ 值的含义可作如下解释:考虑到压杆在强度破坏前将丧失稳定而破坏,应将许用应力 $[\sigma]$ 降低,以保证压杆安全工作。在应用式(7-2-3)进行稳定性计算时,显然只要确定了 φ 值,其他问题就迎刃而解了。可见,利用式(7-2-3)进行稳定计算是非常方便的,这种方法称为折减系数法。

通常压杆的材料是给定的,许用应力是一个已知常量,所以从式(7-2-3)可见,φ 值只随 λ 值的变化而变化,即给定一个 λ 值,就对应一个 φ 值。工程上为了应用方便,在有关结构设计规范中都列出了常用建筑材料随 λ 变化而变化的 φ 值,现摘录一部分制成表7-2-1,以备查阅。

几种常见材料的折减系数 φ 表7-2-1

λ	折减系数 φ				
	Q235A钢	16锰钢	木材	M5以上砂浆的砖石砌体	混凝土
20	0.981	0.973	0.932	0.95	0.96
40	0.927	0.895	0.822	0.84	0.83
60	0.842	0.776	0.658	0.69	0.70

续上表

λ	折减系数 φ				
	Q235A 钢	16 锰钢	木材	M5 以上砂浆的砖石砌体	混凝土
70	0.789	0.705	0.575	0.62	0.63
80	0.731	0.627	0.460	0.56	0.57
90	0.699	0.546	0.371	0.51	0.51
100	0.604	0.462	0.300	0.45	0.46
110	0.536	0.384	0.248		
120	0.466	0.325	0.209		
130	0.401	0.279	0.178		
140	0.349	0.242	0.153		
150	0.306	0.213	0.134		
160	0.272	0.188	0.117		
170	0.243	0.168	0.102		
180	0.218	0.151	0.093		
190	0.197	0.136	0.083		
200	0.180	0.124	0.075		

2. 压杆的稳定计算

如上所述,压杆的稳定条件可表达为:

$$\sigma = \frac{P}{A} \leqslant \varphi[\sigma] \tag{7-2-4}$$

通常改写为:

$$\frac{P}{\varphi A} \leqslant [\sigma] \tag{7-2-5}$$

式中:P——压杆实际承受的轴向压力;

φ——压杆的折减系数;

A——压杆的横截面面积。

应用稳定条件,可对压杆进行三个方面的计算:

(1)若已知压杆的材料、杆长、截面尺寸、杆端的约束条件和作用力,校核杆件是否满足稳定条件。首先根据 $\lambda = \frac{\mu l}{i}$ 计算 λ,再据折减系数表或有关公式由 λ 得到 φ,这样,可代入式(7-2-4)或式(7-2-5)进行稳定性校核。

(2)若已知压杆的材料、杆长和杆端的约束条件,而需要进行压杆截面尺寸选择时,由于压杆的柔度 λ(或折减系数 φ)受到截面的大小和形状的影响,通常需采用试算法。

(3)若已知压杆的材料、杆长、杆端的约束条件、截面的形状与尺寸,求压杆所能承受的

许用压力值,可根据式(7-2-6)计算许用压力:

$$[P] \leqslant \varphi A[\sigma] \tag{7-2-6}$$

3. 提高压杆稳定性的措施

压杆临界力的大小反映了压杆稳定性的高低。要提高压杆的稳定性,就要提高压杆的临界力。

(1)减小压杆的长度。压杆的临界力与杆长的平方成反比,所以减小压杆长度是提高压杆稳定性的有效措施之一。在条件许可的情况下,应尽可能增加压杆中间支承。

(2)改善杆端支承,可减小长度系数μ,从而使临界应力增大,即提高了压杆的稳定性。

(3)选择合理的截面形状。压杆的临界应力与柔度λ的平方成反比,柔度越小,临界应力越大。柔度与惯性半径成反比,因此,要提高压杆的稳定性,应尽量增大惯性半径。由于$i=\sqrt{\frac{I}{A}}$,所以要选择合理的截面形状,尽量增大惯性矩。例如选用空心截面或组合截面(图7-2-1)。

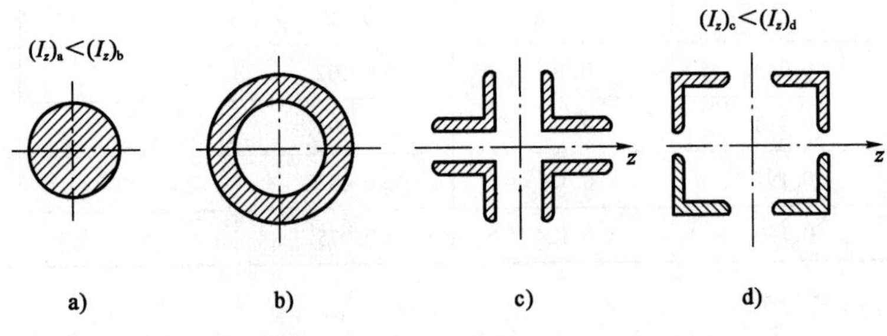

图 7-2-1

(4)选择适当的材料。在其他条件相同的情况下,可以选择弹性模量E值高的材料来提高压杆的稳定性。但是,细长压杆的临界力与强度指标无关,普通碳素钢与合金钢的E值相差不大,因此采用高强度合金钢不能提高压杆的稳定性。

(5)改善结构受力情况。在可能的条件下,也可以从结构形式方面采取措施,改压杆为拉杆,从而避免了失稳问题的出现,如图7-2-2所示的结构,斜杆从受压杆变为受拉杆。

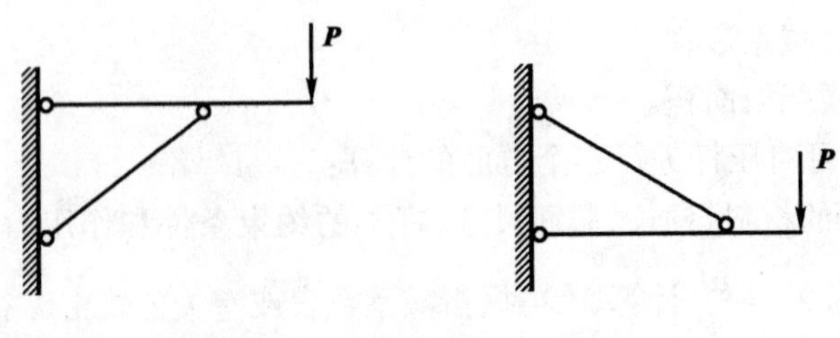

图 7-2-2

二、任务实施

(1)一钢管支柱高$l=2.2\text{m}$,支柱的两端铰支,其外径$D=102\text{mm}$,内径$d=86\text{mm}$,承受

的轴向压力 $P=300\text{kN}$,许用应力$[\sigma]=160\text{MPa}$。试校核支柱的稳定性。

解:钢管支柱两端铰支,故 $\mu=1$。

钢管截面惯性矩:

$$I=\frac{\pi}{64}(D^4-d^4)=\frac{\pi}{64}(102^4-86^4)=262\times10^4\text{mm}^4$$

钢管截面面积:

$$A=\frac{\pi}{4}(D^2-d^2)=\frac{\pi}{4}(102^2-86^2)=23.6\times10^2\text{mm}^2$$

惯性半径:

$$i=\sqrt{\frac{I}{A}}=\sqrt{\frac{262\times10^4}{23.6\times10^2}}=33.3\text{mm}$$

柔度:

$$\lambda=\frac{\mu l}{i}=\frac{1\times2\,200}{33.3}=66$$

查表 7-2-1,得:

当 $\lambda=60$ 时,$\varphi=0.842$;

当 $\lambda=70$ 时,$\varphi=0.789$。

用直线插入法确定 $\lambda=66$ 时的 φ:

$$\varphi=0.842-\frac{66-60}{70-60}(0.842-0.789)=0.842-0.032=0.81$$

校核稳定性:

$$\sigma=\frac{P}{A}=\frac{300\times10^3}{23.6\times10^2}=127.1\text{MPa}$$

$$\varphi[\sigma]=0.81\times160=128\text{MPa}$$

因 $\sigma<\varphi[\sigma]$,所以支柱满足稳定性条件。

(2)图 7-2-3 所示三角支架,已知其压杆 BC 为 16 号工字钢,材料的许用应力$[\sigma]=160\text{MPa}$。在结点 B 处作用一竖向荷载 $\boldsymbol{Q}$,BC 杆长度为 1.5m,试从 BC 杆的稳定条件考虑,计算该三角支架的许可荷载$[Q]$。

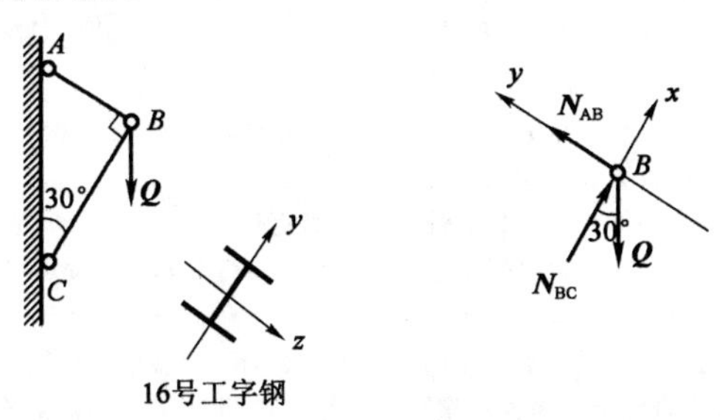

图 7-2-3

解:①据 B 点平衡条件,确定 $\boldsymbol{Q}$ 与压杆 BC 的压力 N_{BC} 之间的关系。

$$\sum X=0,N_{BC}-Q\cos30^\circ=0$$

$$N_{BC} = Q\cos30° = \frac{\sqrt{3}}{2}Q$$

②计算柔度,确定折减系数 φ。

两端铰支,$\mu = 1$。查型钢表可知,16 号工字钢的有关数据为:$A = 26.1\text{cm}^2$,$i_y = 8.58\text{cm}$,$i_z = 1.89\text{cm}$,因 $i_z < i_y$,则 $i = i_z = 1.89\text{cm}$。因此,其柔度值为:

$$\lambda = \frac{\mu l}{i} = \frac{1 \times 1.5}{1.89 \times 10^{-2}} = 79.4$$

由 λ 值查表 7-2-1 得折减系数:

$$\begin{aligned}\varphi &= 0.789 - \frac{79.4 - 70}{80 - 70}(0.789 - 0.731)\\ &= 0.789 - 0.0545\\ &= 0.735\end{aligned}$$

③计算许可荷载[Q]。

由稳定条件,得:

$$Q \leqslant \varphi A[\sigma]$$

将 $P = N_{BC} = \frac{\sqrt{3}}{2}Q$ 代入,得:

$$[Q] \leqslant \frac{2}{\sqrt{3}} \times 0.735 \times 26.1 \times 10^{-4} \times 160 \times 10^{6} = 354.4\text{kN}$$

从 BC 杆的稳定性考虑,可取$[Q] = 354\text{kN}$。

三、学习效果评价反馈

学生自评	1. 举例说明工程中的压杆稳定问题。□ 2. 解释稳定、失稳、临界力概念;并说明欧拉公式的适用范围。□ 3. 能用折减系数法对压杆进行稳定性计算。□ 4. 列举 1 ~2 个实例来说明提高压杆稳定性的措施。□ 5. 压杆的柔度反映了(　　)、(　　)、(　　)等因素对临界应力的综合影响。□ 6. 欧拉公式只适用于应力小于(　　)的情况;若用柔度来表示,则欧拉公式的适用范围为(　　)。□ 7. 在一些结构会出现拉压杆(比如桁架结构、桩结构),对于那些细长压杆,我们除了要做强度计算还需要验算其(　　)。□ 8. 提高细长压杆稳定性的主要措施有(　　)、(　　)和(　　)。□ (根据本人实际情况选择:A. 能够完成;B. 基本能完成;C. 不能完成)
学习小组评价	团队合作□　工作效率□　沟通能力□　获取信息能力□　表达能力□ (根据完成任务情况填写:A. 优秀;B. 良好;C. 合格;D. 有待改进)
教师评价	

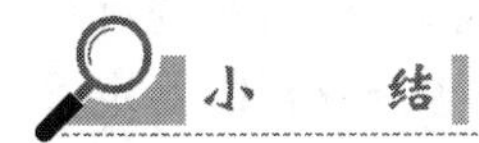

小　结

(1)压杆的稳定性问题是工程力学研究的内容之一。

(2)确定压杆的临界力是解决压杆稳定性问题的关键。压杆临界力和临界应力的计算,应按压杆柔度大小分别进行。

大柔度杆: $P_{\alpha} = \dfrac{\pi^2 EI}{(\mu l)^2}, \sigma_{\alpha} = \dfrac{\pi^2 E}{\lambda^2}$

中柔度杆: $\sigma_{\alpha} = a - b\lambda, P_{\alpha} = \sigma_{\alpha} A$

短粗杆属强度问题,应按强度条件进行计算。

(3)柔度 λ 是一个重要的概念,它综合考虑了杆件的长度、截面形状、尺寸以及杆端约束条件的影响。

$$\lambda = \frac{\mu l}{i}$$

柔度 λ 值愈大,临界力与临界应力就愈小,这说明当压杆的材料、横截面面积一定时,λ 值愈大,压杆就愈容易失稳。因此,对于两端支承情况和截面形状沿两个方向不同的压杆,在失稳时总是沿 λ 值大的方向失稳。

(4)折减系数法是稳定计算的实用方法。其稳定条件为:

$$\sigma = \frac{P}{A} \leqslant \varphi[\sigma]$$

式中,$[\sigma]$是强度计算时的许用应力。

复习思考题

7-1　什么是临界力?什么是临界应力?

7-2　细长杆、中长杆、短粗杆分别用什么公式计算临界应力?

7-3　欧拉公式的适用范围如何?

7-4　何谓压杆的柔度?其物理意义是什么?

7-5　当压杆的横截面 I_z 和 I_y 不相等时,应计算哪个方向的稳定性?

7-6　何谓折减系数?如何用折减系数法计算压杆的稳定性问题?

习　题

7-1　试用欧拉公式计算下面两种情况下轴向受压圆截面木柱的临界力和临界应力。已知:木柱长 $l = 3.5$m,直径 $d = 200$mm,弹性模量 $E = 10$GPa。

(1)两端铰支;(2)一端固定,一端自由。

7-2　一端固定、另一端自由的细长受压杆如题 7-2 图所示,该杆是由№14 号工字钢做成。已知钢材的弹性模量 $E = 200$GPa,材料的屈服极限 $\sigma_s = 240$,杆长 $l = 3$m。(1)求该杆的临界力 $\boldsymbol{P}_{cr}$;(2)从强度角度计算该杆的屈服荷载 $\boldsymbol{P}_s$,并将 $\boldsymbol{P}_{cr}$ 与 $\boldsymbol{P}_s$ 进行比较。

7-3　一端固定、一端自由的矩形截面受压木杆,已知杆长 $l = 2.8$m,截面尺寸 $b \times h = 100\text{mm} \times 200\text{mm}$,轴向压力 $P = 20$kN,木材的许用应力$[\sigma] = 10$MPa,试对该压杆进行稳定性校核。

7-4　题 7-4 图所示三角支架中,BD 杆为圆截面钢杆,已知 $P=10\mathrm{kN}$,BD 杆材料的许用应力$[\sigma]=160\mathrm{MPa}$,直径 $d=20\mathrm{mm}$,试求:(1)校核压杆 BD 的稳定性;(2)从 BD 杆的稳定性考虑,求三角支架能承受的最大安全荷载 $\boldsymbol{P}_{\max}$。

7-5　题 7-5 图所示结构中,横梁为№16 号工字钢,立柱为圆钢管,其外径 $D=80\mathrm{mm}$,内径 $d=76\mathrm{mm}$,已知 $l=6\mathrm{m}$,$a=3\mathrm{m}$,$q=4\mathrm{kN/m}$,钢管材料的许用应力$[\sigma]=160\mathrm{MPa}$,试对立柱进行稳定性校核。

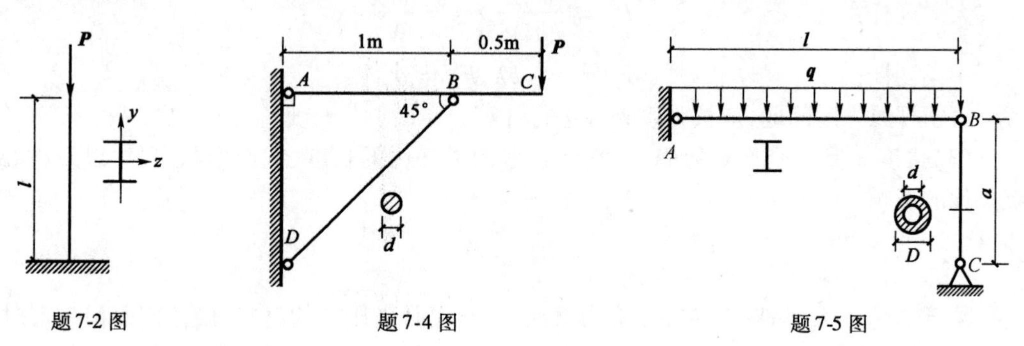

题 7-2 图　　题 7-4 图　　题 7-5 图

学习情境八 典型静定结构的受力分析

学习任务一 几何不变体系的组成分析

学习目标

1. 会叙述自由度、计算自由度、静定结构、超静定结构等概念；
2. 能够列举一杆件体系，阐述几何不变体系的组成规则；
3. 能够用几何不变体系组成规则进行几何组成分析。

任务描述

对某个体系进行几何组成分析，判定体系的几何组成。

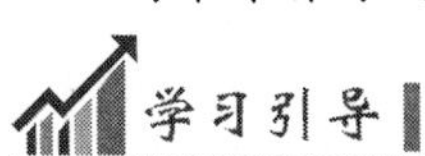

学习引导

本学习任务沿着以下脉络进行：

学习几何组成分析的基本概念 → 熟悉几何不变体系的组成规则 → 进行几何组成分析

一、相关知识

1. 几何不变体系与几何可变体系

1）几何不变体系与几何可变体系简述

图 8-1-1a）所示为由两根竖杆和一根横杆绑扎组成的支架。假定竖直杆在地里埋得很浅，那么支点 C 和 D 可视为铰支座，结点 A 和 B 也可视为铰结点，图 8-1-1b）所示为其计算简图。显然这个支架是不牢固的，在外力作用下很容易倾倒，如图 8-1-1b）中虚线所示。但是，如果我们加上一根斜撑，就得到图 8-1-1c）所示支架，这样就变成一个牢固的体系了。结构受荷载作用时，截面下产生内力，材料因而产生应变。由于材料的应变，结构会产生变形。这种变形一般是很小的，在几何构造分析中，我们不考虑这种由于材料应变所产生的变形。这样，杆件体系可以分为两类，即几何不变体系和几何可变体系。

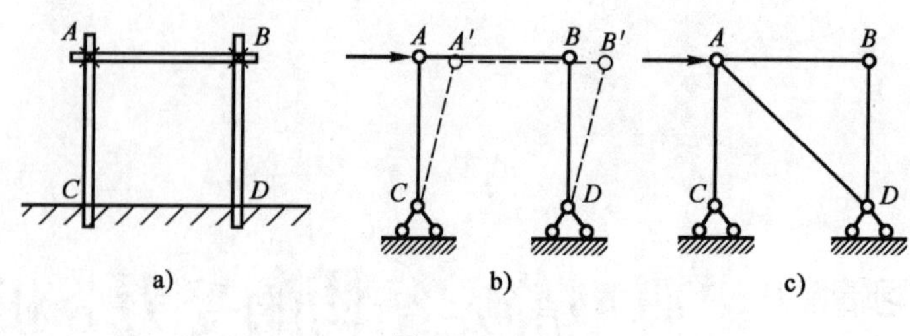

图 8-1-1

(1)几何不变体系。

如图 8-1-2 所示,在不考虑材料应变的条件下,任意荷载作用后位置和形状均能保持不变的体系叫作**几何不变体系**。

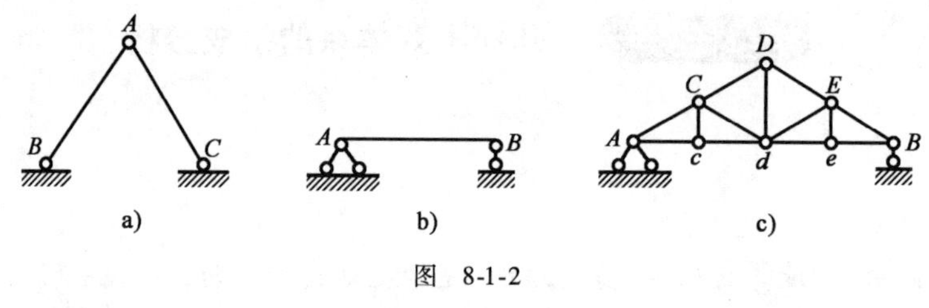

图 8-1-2

(2)几何可变体系。

如图 8-1-3 所示,在不考虑材料应变的条件下,即使不大的荷载作用,也会产生机械运动而不能保持其原有形状和位置的体系叫作**几何可变体系**。

一般结构都必须是几何不变体系,而不能采用几何可变体系。几何构造分析的一个主要目的就是要检查并设法保证结构的几何不变性。

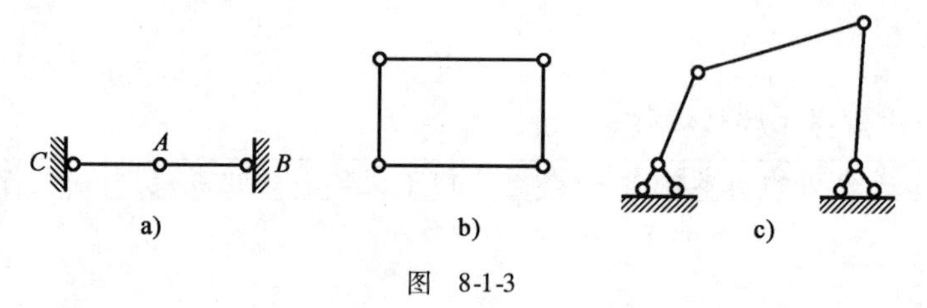

图 8-1-3

2)瞬变体系

图 8-1-4a)所示体系是几何可变体系的一种特殊情况,它的特点是两根链杆共线,三个铰在同一直线上。从微小运动的角度来看,这也是一种可变体系。因为链杆 1 和 2 分别绕铰 A 和铰 B 转动时,在 C 点处有一公切线,此时铰 C 可以沿此公切线做微小的上下移动。当 C 点沿公切线发生微小位移后,两根链杆就不再彼此共线,铰的移动便不能再进行,于是体系变成几何不变体系。

上述这种本来是几何可变,经微小位移后又成为几何不变的体系称为**几何瞬变体系**。瞬变体系是可变体系的一种特殊情况。为了明确起见,可变体系还可以进一步分为瞬变体系和常变体系两种情况。如果一个几何可变体系可以发生大位移,则称为**几何常变体系**,如图8-1-3b)、c)所示均为常变体系的例子。

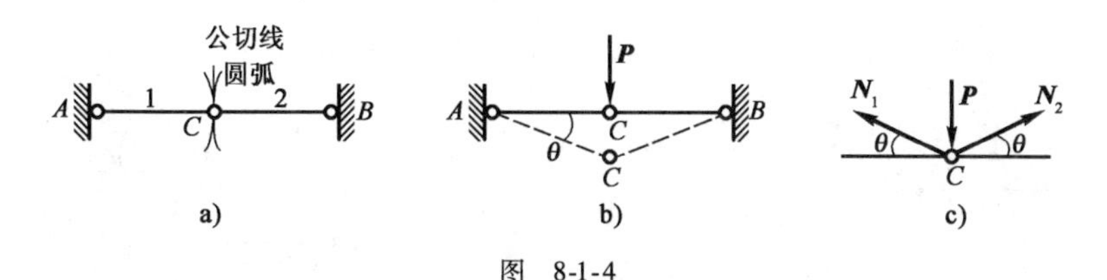

图　8-1-4

瞬变体系能否应用于工程结构？为此我们来分析图 8-1-4b）所示体系中 AC 和 BC 两根杆件的内力。取结点 C 为隔离体[图 8-1-4c)]，由：

$$\sum X=0,\quad N_1=N_2=N$$

$$\sum Y=0,\quad 2N\sin\theta-P=0$$

得

$$N=\frac{P}{2\sin\theta}$$

θ 在理论上，为一无穷小量，故：

$$\theta\to 0 \text{ 时},\quad N\to\infty$$

可见，即使荷载不大，也会使杆件产生非常大的内力和变形。因此，瞬变体系在工程中不能采用，对于接近瞬变的体系也应避免采用。

3）自由度

（1）刚片。

在进行体系的几何组成分析时，我们假设所有的杆件、地基都不会变形，它们的形状和大小都不改变。形状和大小都不改变的物体称为**刚体**，平面刚体又称为**刚片**。刚片可以是一根杆件（称为刚性杆件），也可以是体系中的某一几何不变部分，例如图 8-1-5a）中，三根杆件组成的铰接三角形 ABC，即可视为一个刚片。再如图 8-1-5b）所示简支梁中 AB 为一刚片；基础也可视为一刚片。而图 8-1-5c）所示体系不是刚片，因为它的几何形状是可变的。

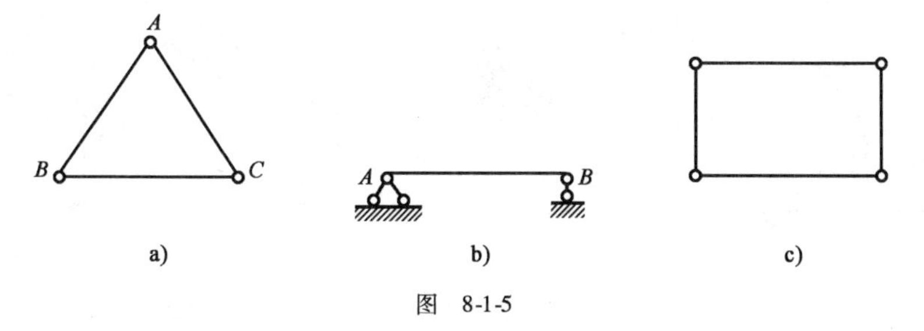

图　8-1-5

（2）自由度。

图 8-1-6 所示为平面内一点 A 的运动情况。A 点在平面内可以沿水平方向（x 轴方向）移动，又可以沿竖直方向（y 轴方向）移动。换句话说，平面内一点有两种独立的运动方式（两个坐标 x、y 可以独立地改变），这时我们说一点在平面内有两个自由度。

图 8-1-7 所示为平面内一个刚片（即平面刚体），由原来的位置 AB 改变到位置 $A'B'$。这时刚片可以有 x 轴方向的移动（Δx）、y 轴方向的移动（Δy），还可以有转动（$\Delta\theta$）。因为一个刚片在平面内有三种独立的运动方式（两个坐标 x、y，θ 可以独立地改变），我们说一个刚片在平面内有三个自由度。

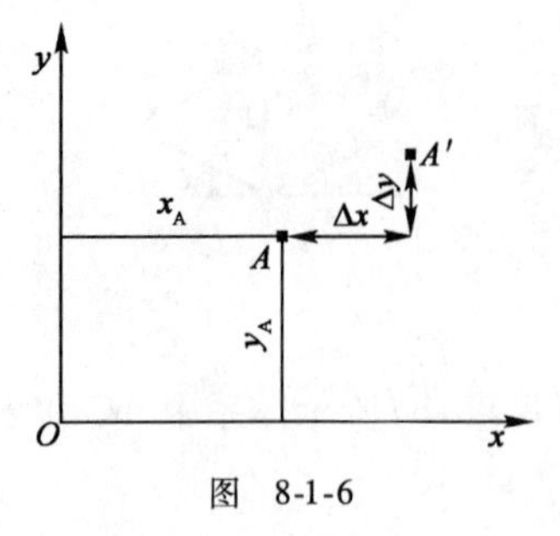

图 8-1-6

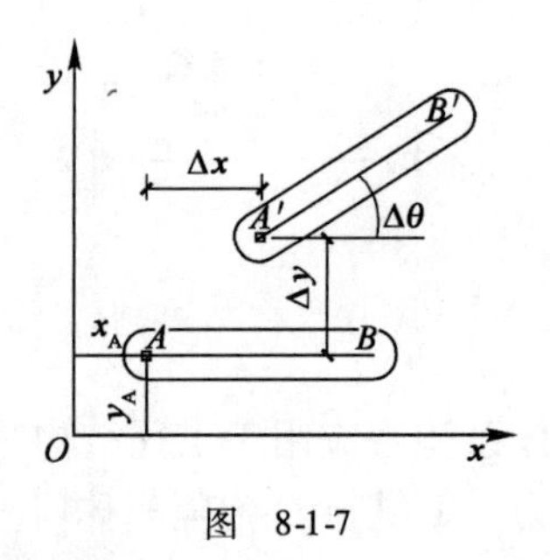

图 8-1-7

一般来说,如果一个体系有几个独立的运动方式,我们就说这个体系有几个自由度。换句话说,一个体系的自由度,等于这个体系运动时可以独立改变的坐标数目。

4)约束

物体的自由度,将因加入限制运动的装置而减少。凡能减少体系自由度的装置称为**约束**。能减少一个自由度的装置,称为一个约束。常用的约束有链杆、支座、结点等。

(1)链杆的约束作用。

图 8-1-8a)用一根链杆 AC 把刚片与地基相连后,刚片上的 A 点就不能沿链杆方向移动,只能绕 C 点转动,而刚片本身还可绕 A 点转动。此时,由链杆 AC 绕 C 点的转动角度 φ_1,以及直线 AB 的倾角 φ_2 就能确定该刚片的位置。刚片原来有 3 个自由度,加了一根链杆后,刚片的自由度等于 2,比原来减少了 1 个。如果在刚片与地基之间用两根链杆相连[图 8-1-8b)],当链杆 AC 绕 C 点转过角度 φ_1 时,另一根链杆由于刚片相连,也随之转动一定的角度,B 点的位置已能确定,这时刚片的位置由链杆 AC 的转角 φ_1 就能确定。刚片在增加两个链杆后,自由度等于 1,比原来减少了 2 个。所以,一个链杆能减少一个自由度,相当于一个约束。

链杆也可以是曲杆或折杆,如图 8-1-8c)、d)所示,两铰间距不变,起到虚线所示直杆的约束作用。

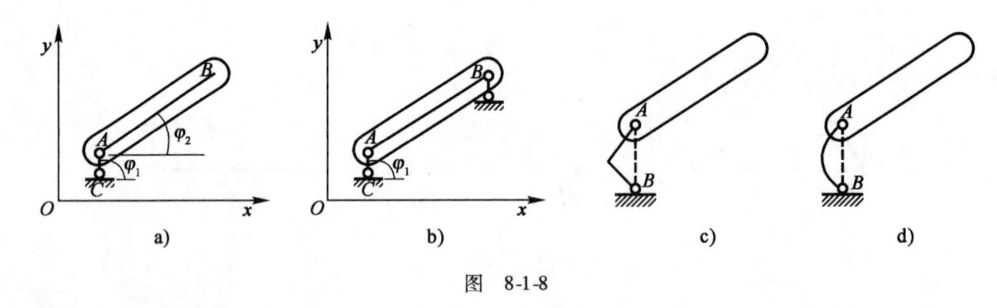

图 8-1-8

(2)支座的约束作用。

支座是结构与基础间的联系,也是基础对结构的一种约束。可动铰支座[图 8-1-9a)]与一根链杆作用相同,相当于一个约束;固定铰支座[图 8-1-9b)]与两根链杆的作用相同,相当于两个约束;定向支座[图 8-1-9c)]与两根链杆的作用相同,也相当于两个约束,不过它与固定铰支座的约束性质不一样,只限制转动和沿链杆方向的移动;固定支座[图 8-1-9d)]的约束作用与图 8-1-9e)或图 8-1-9f)所示的三根链杆的作用相同,相当于三个约束。

(3)结点的约束作用。

结点是杆件与杆件之间的联系。由于一根杆件的自由度与一个刚片的自由度相同,都

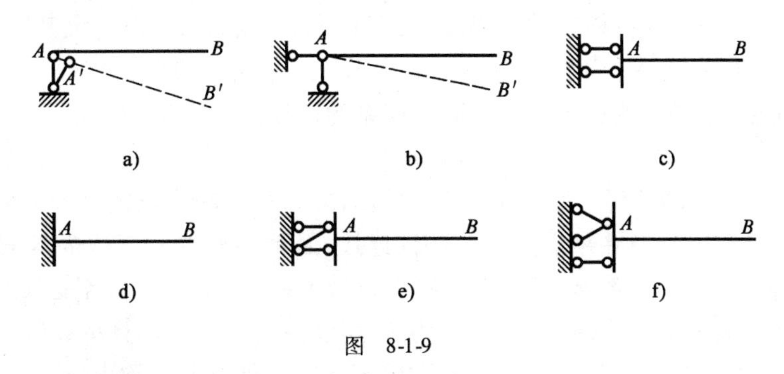

图 8-1-9

等于3，所以在讨论结点的约束作用时，也可把结点视为刚片与刚片之间的联系。

①铰结点。

a. 单铰。连接两个刚片的铰叫单铰。设刚片Ⅰ和刚片Ⅱ在 A 点铰接，A 为单铰［图 8-1-10a）］。当刚片Ⅰ的位置确定时，刚片Ⅱ上的 A 点的位置已随之而定，故只需再用刚片Ⅱ上面任意一条直线（如 AC）的倾角就可确定其位置。因此，两刚片用单铰连接后，自由度等于4，比原来两个独立刚片的自由度总数减少了2个。所以，一个单铰能减少两个自由度，相当于两个约束。在计算简图中，常把固定铰支座的两根链杆改画成一个铰与基础连接［图 8-1-10b）］，也是这个道理。

b. 复铰。连接3个或3个以上刚片的铰称复铰。复铰的作用可用折算成单铰的办法来分析，刚片Ⅰ、Ⅱ、Ⅲ用一个复铰连接［图 8-1-10c）］。若刚片Ⅰ的位置已确定，则刚片Ⅱ和Ⅲ只能绕 B 点转动，刚片Ⅱ和Ⅲ各减少两个自由度，这样，连接三个刚片的复铰相当于两个单铰。推而广之，连接 n 个刚片的复铰相当于 $(n-1)$ 个单铰，减少 $2(n-1)$ 个自由度。

②刚结点。刚片Ⅰ与刚片Ⅱ由刚结点 A 连成一体［图 8-1-10d）］后，自由度等于3，比原来减少了3个。所以，一个刚结点能减少3个自由度，相当于三个约束。

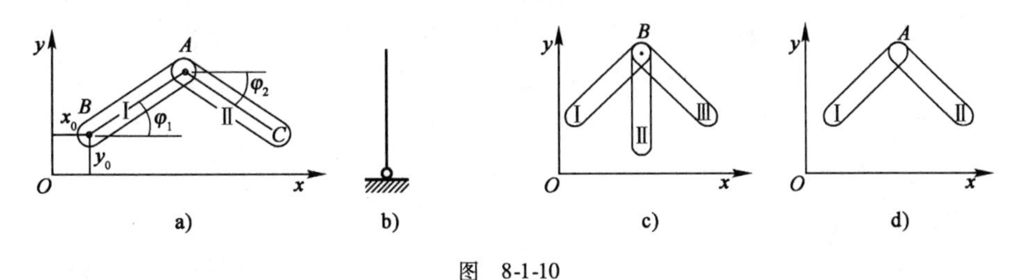

图 8-1-10

5）体系自由度计算

用计算的方法求得体系的自由度，称为计算自由度。运用几何不变体系组成规则分析得出的体系自由度称为实际自由度，这两者通常是一致的。若约束布置不合理，也会出现两者不一致的情况，这在后面会讲到。以下研究计算自由度的求解方法。

任何一个体系均可以认为是由基本部件加约束装置所组成。用不考虑约束作用时体系上所有部件自由度的总和减去体系中全部约束数，即得体系自由度数。根据基本部件选择角度的不同，下面介绍两种计算自由度的方法。

（1）刚片法。

以刚片作为组成体系的基本部件进行自由度计算的方法，称为刚片法。一个平面体系，通常是若干个刚片彼此用铰相连并用支座链杆与基础相连而组成的。设其刚片数为 m,每个刚片的自由度为3,则基本部件的总自由度为 $3m$,联结刚片的单铰数目为 n,支座链杆的数目为 r,则约束的总数目为 $(2n+r)$。那么,体系的计算自由度 W 为:

$$W = 3m - 2n - r \tag{8-1-1}$$

下面举例说明 W 的计算。如图8-1-11a)所示体系,可将除支座链杆外的各杆件均当作刚片。其中 BD 与 DG 两杆在结点 D 处为刚性连接,因而 BDG 为一连续整体,故可作为一个刚片。这样,体系的刚片总数 $m=8$。在计算单铰数 n 时,应正确识别各复铰所连接的刚片数。如 D 结点连接三个刚片,折算单铰数为2,其余各结点处的折算单铰数均在括号内示出。这样,体系的单铰数共为 $n=10$。注意到固定支座 A 处有3个约束,相当于有3根支座链杆,则支座链杆数 $r=4$。于是根据式(8-1-1),体系的计算自由度为:

$$W = 3m - 2n - r = 3\times 8 - 2\times 10 - 4 = 0$$

对于图8-1-11b)所示体系,其自由度为:

$$W = 3m - 2n - r = 3\times 13 - 2\times 18 - 3 = 0$$

对于图8-1-11c)所示体系,其自由度为:

$$W = 3m - 2n - r = 3\times 6 - 2\times 8 - 3 = -1$$

(2)铰结点法。

如图8-1-11b)所示,这种完全由两端铰接的杆件所组成的体系,称为铰接链杆体系。这类体系的计算自由度,除可用式(8-1-1)计算外,还可用更简便的公式来计算。假定取铰结点作为体系的基本部件,将链杆作为约束,这种计算方法称为铰结点法。前面已经指出,一个结点有两个自由度,一根链杆相当于一个约束。现设 j 表示结点数,b 表示杆件数,r 为支座链杆数。若先按每个结点都自由考虑,则有 $2j$ 个自由度。联结结点的每根链杆都起一个约束的作用,故体系的计算自由度 W 为:

$$W = 2j - b - r \tag{8-1-2}$$

例如图8-1-11b)所示体系,按式(8-1-2)计算自由度,有:

$$W = 2j - b - r = 2\times 8 - 13 - 3 = 0$$

其结果与式(8-1-1)算得的结果相同,但后者的运算更简便。

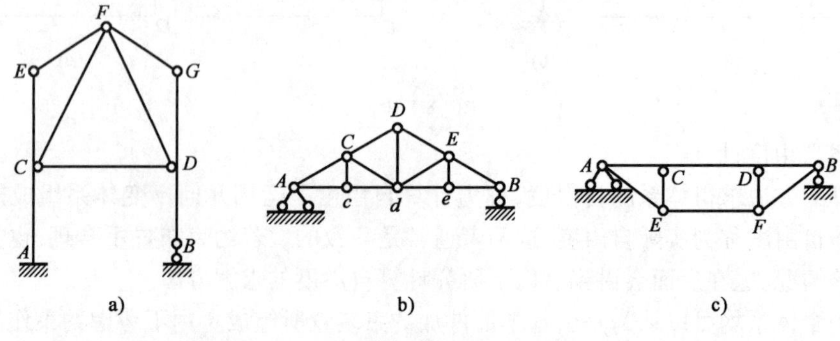

图 8-1-11

2.平面体系几何不变的必要条件

任何平面体系的计算自由度,按式(8-1-1)或式(8-1-2)计算的结果将有以下三种情况:

(1) $W>0$,表明体系缺少足够的约束,因此是几何可变的。

(2) $W=0$，表明体系具有成为几何不变所必需的最少约束数目。

(3) $W<0$，表明体系具有多余的约束。

因此，一个几何不变体系必须满足 $W\leqslant 0$ 的条件。

有时我们不考虑支座链杆，而只考虑体系本身(或称体系内部)的几何不变性。这时，由于本身为几何不变的体系作为一个刚片在平面内尚有 3 个自由度，因此体系本身为几何不变时必须满足 $W\leqslant 3$ 的条件。必须指出，$W\leqslant 0$(就体系本身 $W\leqslant 3$)只是体系几何不变的必要条件，不是充分条件。因为尽管体系总的约束数目足够甚至还有多余，但若布置不当，则仍可能是几何可变的。如图 8-1-12 所示两个体系，虽然都是 $W=0$，但前者是几何不变的，后者是几何可变的。为了判别体系是否为几何不变，还必须进一步研究体系几何不变的充分条件，即几何不变体系的基本组成规则。

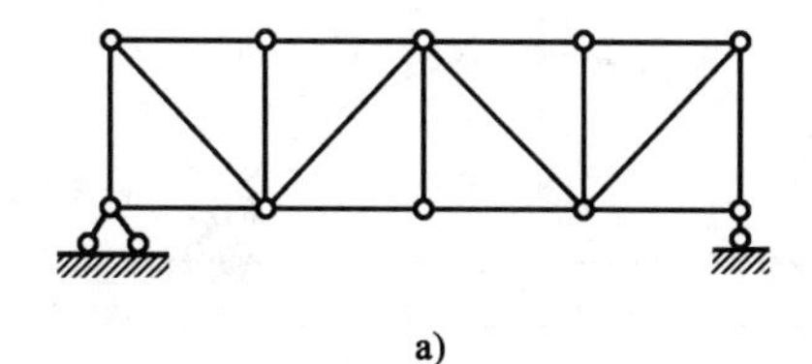

a)

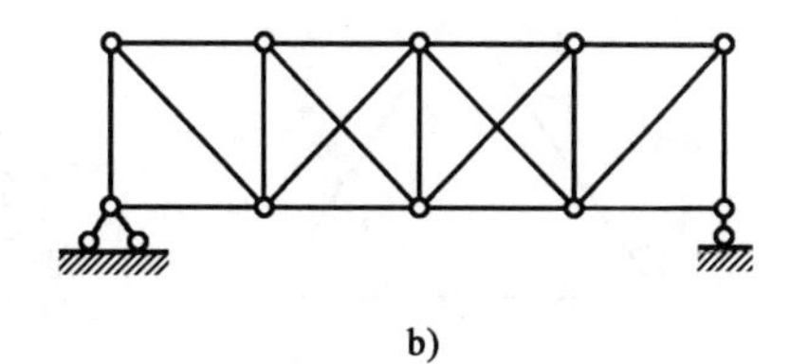

b)

图　8-1-12

3. 几何不变体系的组成规则

由前面内容可知，由公式计算得自由度 $W\leqslant 0$ 并不能保证体系一定是几何不变的。为了判别体系是否几何不变，还需进一步研究几何不变体系的组成规则。为此，先介绍虚铰的概念，然后介绍几何不变体系的组成规则。

1) 虚铰的概念

如图 8-1-13 所示，两刚片用两根链杆相连。假定地基为刚片Ⅱ，不动，刚片Ⅰ运动时，链杆 AB 将绕 A 点转动，因而 B 点将沿与 AB 杆垂直的方向运动；同理，D 点将沿与 CD 杆垂直的方向运动。显然，整个刚片Ⅰ将绕 AB 与 CD 两杆延长线的交点 O 转动，O 点称为刚片Ⅰ和Ⅱ的相对转动瞬心。此情形就相当于将刚片Ⅰ和Ⅱ在 O 点用一个铰相连一样。因此，联结两个刚片的两根链杆的作用相当于在其交点处的一个单铰，不过这个铰的位置是随着链杆的转动而改变的，这种铰称为**虚铰**。图 8-1-14 所示为虚铰的三种特殊情况。当链杆布置为如图 8-1-14a)时，成为**实铰**。当链杆布置如图 8-1-14b)时，虚铰位置在两链杆的相交处。当链杆布置如图8-1-14c)时，虚铰的位置可以认为在无穷远处，刚片Ⅰ的瞬时运动成为平动。

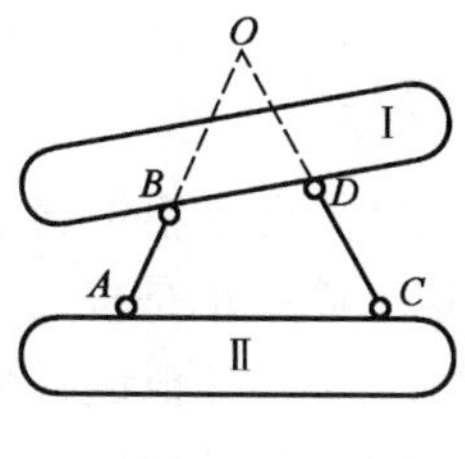

图　8-1-13

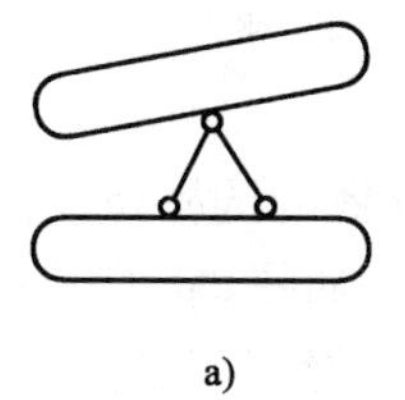

a)

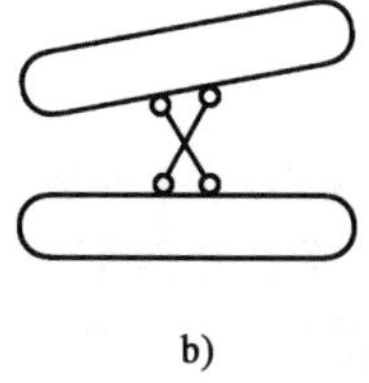

b)

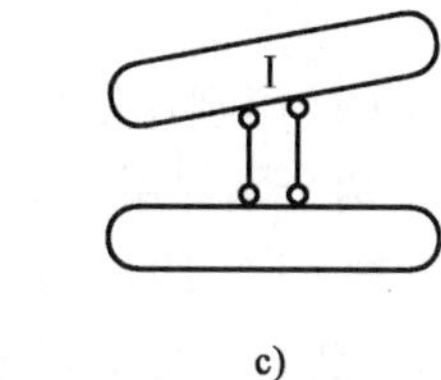

c)

图　8-1-14

2)几何不变体系的基本组成规则

(1)三刚片规则。

三个刚片用不在同一直线上的三个单铰两两相联,组成的体系是几何不变的。如图8-1-15所示,每一根杆件均为一个刚片,每两个刚片间均用一个单铰相连,故称为“两两相联”。假定刚片Ⅰ不动,则刚片Ⅱ只能绕铰A转动,其上的C点只能在以A为圆心以AC为半径的圆弧上运动。刚片Ⅲ只能绕铰B转动,其上的C点只能在以B为圆心以BC为半径的圆弧上运动。但是刚片Ⅱ、Ⅲ又用铰C相连,铰C不可能同时沿两个方向不同的圆弧运动,因而只能在两个圆弧的交点处固定不动。可见,此时各刚片之间不可能发生任何相对运动。因此,这样的体系是几何不变的。

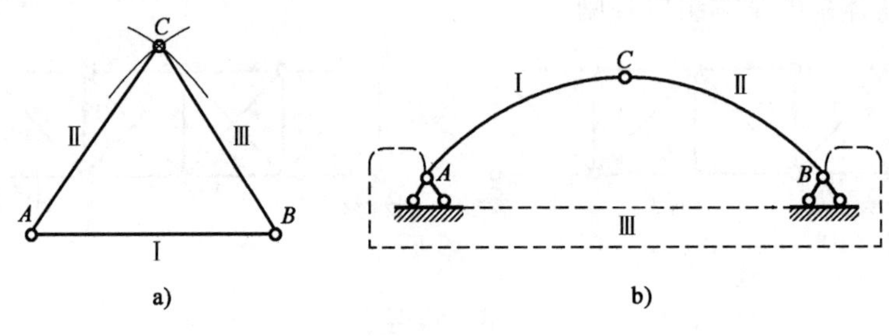

图 8-1-15

如图8-1-15所示三铰拱,其左、右两半拱可视作为刚片Ⅰ、Ⅱ,整个地基视作刚片Ⅲ,A、B、C处铰接。所以此体系是由不在同一直线上的三个单铰两两相联组成的,因而是几何不变体系。由于两根链杆的约束作用相当于在其交点处的一个单铰,故三刚片规则里所说的三个单铰中的任何一个,都可以用适当位置的两根链杆来代替。但若链杆和单铰的布置不恰当,则体系可成为瞬变的。需注意,规则中有一个限制条件,即三个铰不能在一条直线上。图8-1-16c)所示为三铰位于一直线的情况,如把刚片Ⅲ固定,则刚片Ⅰ可绕铰A作稍许的转动,刚片Ⅱ则可绕铰B点作稍许转动。不过,只要铰C发生微小移动,三个铰就不再在一条直线上,刚片Ⅱ、Ⅲ也就不能再继续转动。这样的体系,是瞬变体系。

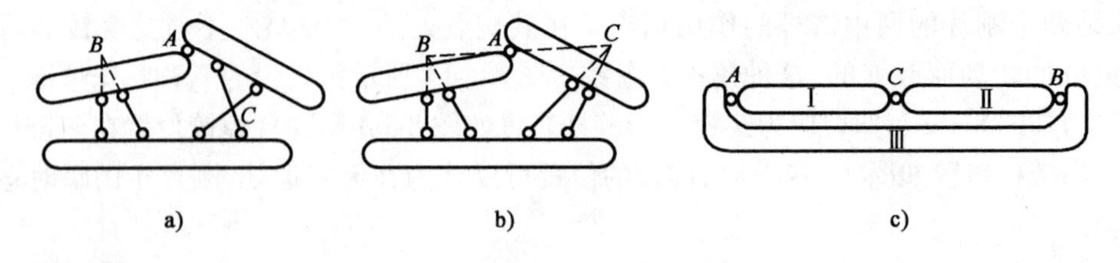

图 8-1-16

(2)两刚片规则。

两个刚片用一个铰和一根不通过此铰的链杆相连;或用三根不全平行也不汇交于一点的链杆相连,组成的体系是几何不变的。如图8-1-17a)所示,显然这个体系也是按三刚片规则组成的,只是我们把其中一个刚片当作链杆罢了。图8-1-17b)所示为用三根链杆将两个刚片相连,根据虚铰概念,链杆AB、CD可看作是在其交点O处的一个铰,故此两刚片又相当于用铰O和链杆EF相连,且铰与链杆不共线,所以体系是几何不变的。

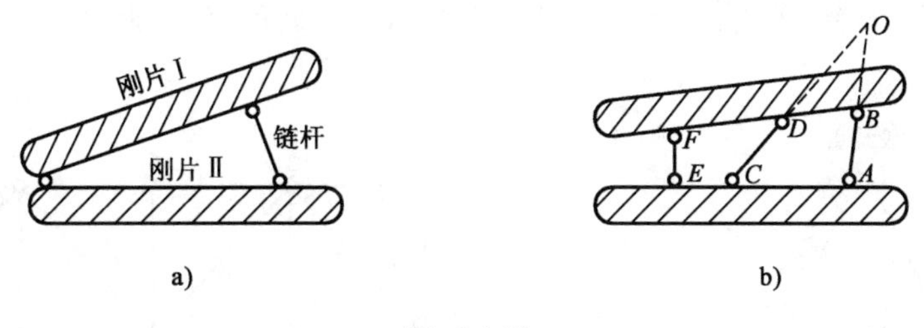

图 8-1-17

例如对图 8-1-18a)所示体系进行机动分析，可把地基作为一个刚片Ⅱ，当中的T字形部分作为另一个刚片Ⅰ，左右两个折线形部分因本身为刚片且分别用两个铰与刚片Ⅰ、Ⅱ相连，故它们的作用相当于如虚线所示的两根链杆(这里仅从约束效果的角度来说)。这样，此体系便是两个刚片用 AB、CD 和 EF 三根链杆相连而组成，且三杆不全平行也不交于一点，故为几何不变体系。请读者自行分析图 8-1-18b)所示体系。

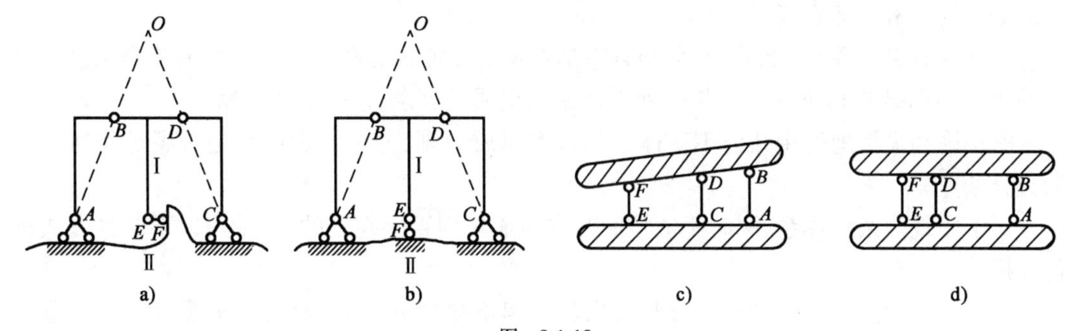

图 8-1-18

两刚片如果用三根互相平行但不等长的链杆相连[图 8-1-18c)]，则此两刚片可沿垂直于链杆的方向发生相对移动。但稍许移动后，三根链杆不再互相平行，这种体系是瞬变体系。

如果联结两刚片的三根链杆的长度相等且互相平行[图 8-1-18d)]，则此两刚片发生相对移动后三根链杆仍互相平行，还可继续发生移动，这种体系是几何可变体系。

(3)二元体规则。

在一个刚片上增加一个二元体，仍为几何不变体系。

如图 8-1-19 所示体系，是按三刚片规则组成的。但若我们把其中的两个刚片看作是链杆，则此体系又可以认为是这样组成的:在一个刚片上增加两根链杆，此两杆不在同一直线上，两杆的另一端用铰相连。这种两根不在同一直线上的链杆连接一个新结点的构造称为**二元体**。显然，在一个刚片上增加二元体，体系仍为几何不变的，因为实质上它与三刚片规则是相同的，只是在分析某些问题时，使用二元体规则更为方便。

如图 8-1-20 所示，选择任一铰接三角形 123 为基础，增加一个二元体得结点 4，得到不变体系 1234，再增加一个二元体得结点 5。依此类推，最后组成该桁架。可见，此桁架是几何不变的。

此外，也可以反过来，用拆除二元体的方法来分析。如图 8-1-20，从结点 10 开始拆除一个二元体，然后依次拆除结点 9、8、7…，最后剩下铰接三角形 123，它是几何不变的，故知原体系是几何不变的。当然,若去掉二元体后剩下的部分是几何可变的,则原体系必定也是几何可变的。

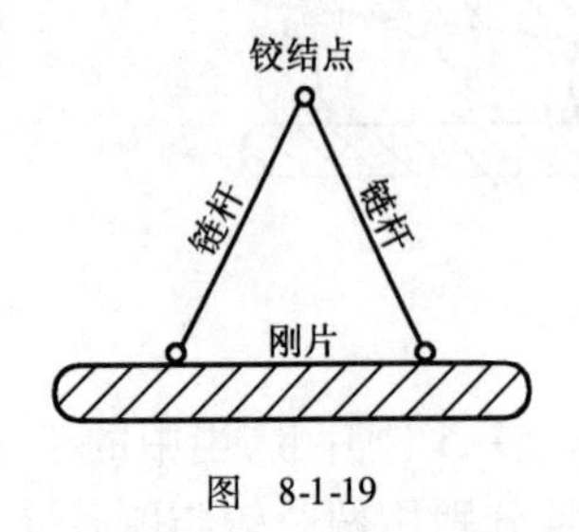

图 8-1-19

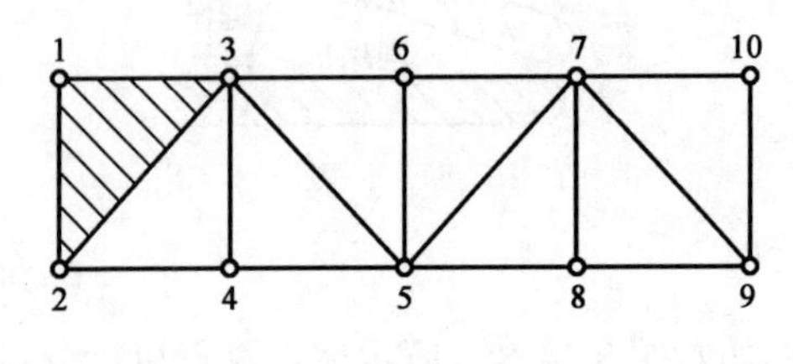

图 8-1-20

综上所述,在一个体系上增加或拆除二元体,不会改变原有体系的几何构造性质。

3)几何组成分析步骤

根据给定体系的几何组成,分析该体系是否几何不变,称为体系的几何组成分析。几何组成分析的一般步骤有以下几点:

①计算给定体系的自由度,即先检查它是否满足几何不变的必要条件,只有当自由度 $W \leq 0$(或 $W \leq 3$)时才进行下一步分析。如果体系的组成不复杂,这一步也可略去。

②正确和灵活地运用几何不变体系的基本组成规则,分析给定体系是否满足几何不变的充分条件。

对于比较复杂的体系,一时不能按照基本组成规则直接判定的,常采用以下两种方法进行分析:

①扩大刚片法。先把能够直接观察出的几何不变部分视为刚片,再按照组成规则逐次扩大刚片(即几何不变部分)的范围。如果能把刚片范围扩大至整个体系,则可以判定给定的体系为几何不变的。

②拆除二元体法。先逐个拆除体系中的二元体,使体系的组成被简化,然后再根据组成规则判定剩下部分是否几何不变。对剩下部分所得出的结论,就代表了整个体系的几何组成性质。当体系仅有三根支座链杆与基础相连时,可去掉支座,仅考虑上部结构。

为了便于分析,对于体系中的折线形链杆或曲杆,可以用直杆来等效代换。

(1)能直接观察出的几何不变部分。

①与基础相连的二元体。

如图 8-1-21 所示的三角桁架,是用不在同一直线上的两链杆将一结点 C 和基础相连,构成几何不变体系。

②与基础相连的一刚片。

如图 8-1-22 所示的简支梁,是用不全平行也不交于同一点的三根链杆,将刚片 AB 和基础相连,构成几何不变体系。

③与基础相连的两刚片。

如图 8-1-23 所示的三铰刚架,是用不在一条直线上的三个铰,将两刚片 AC、BC 和基础三者两两相连,构成几何不变体系。

(2)几何组成分析示例。

下面举例说明几何组成分析的方法。

例 8-1-1 试对图 8-1-24 所示体系进行几何组成分析。

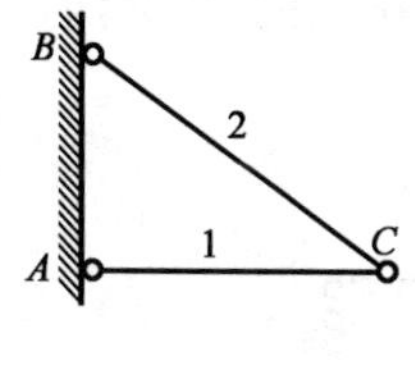

图 8-1-21

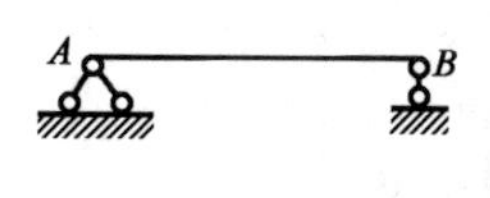

图 8-1-22

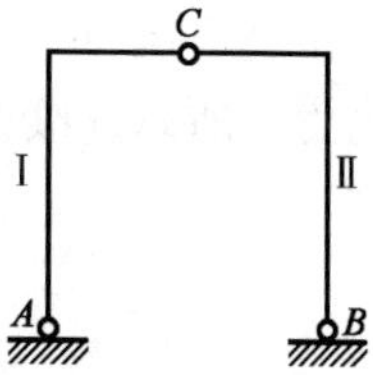

图 8-1-23

解:①计算自由度。

$$W = 3m - 2n - r = 3 \times 8 - 2 \times 10 - 4 = 0$$

以上算式中,把 8 根杆都看作刚片;A、B 作为桁架与基础相连的两个铰,相当于 4 根支座链杆;A 处同时还作为体系中的一个单铰。也可以把 1、2、3 这三根杆看作桁架与基础相连的支座链杆,则刚片数为 5,单铰数为 6,计算公式变为:

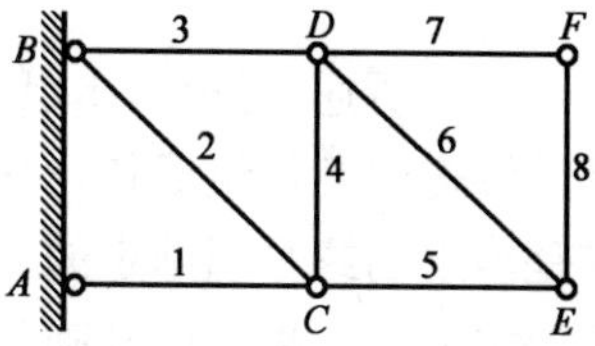

$$W = 3m - 2n - r = 3 \times 5 - 2 \times 6 - 3 = 0$$

图 8-1-24

②分析几何组成。

可以将 ABC 部分看作一刚片,在此基础上依次增加由 3、4 杆,5、6 杆和 7、8 杆组成的 3 个二元体便可得到整个体系。因此可以判定由此组成的体系是几何不变体系,且无多余约束。

例 8-1-2 试对图 8-1-25 所示体系作几何组成分析。

解:①计算自由度。

$$W = 3m - 2n - r = 3 \times 6 - 2 \times 5 - 8 = 0$$

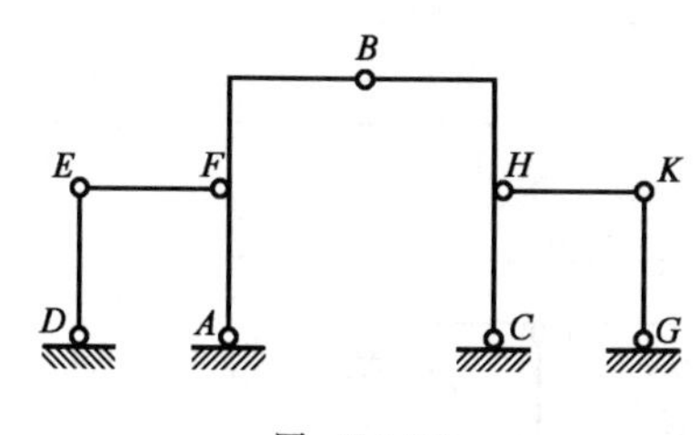

图 8-1-25

②分析几何组成。

首先把三铰刚架 ABC 与基础一起看作刚片Ⅰ,通过 D、E、F 三个不共线的铰把另外两个刚片 DE 和 EF 与刚片Ⅰ联结在一起,共同组成刚片Ⅱ。H、K、G 三个不共线的铰又把刚片 HK 和 KG 同刚片Ⅱ联结在一起,形成一个几何不变体系,且无多余约束。

4. 几何组成与静定性的关系

(1)静定结构与超静定结构。

平面杆系结构可以分为静定结构和超静定结构两种。凡只需利用静力平衡条件就能计算出全部支座反力和杆件内力的结构称为**静定结构**。结构的全部支座反力和杆件内力不能只由静力平衡条件予以确定的称为**超静定结构**。

(2)几何组成与静定性的关系。

通过分析体系的几何组成可以判定结构是静定的还是超静定的。

如图 8-1-26a)所示的简支梁是无多余约束的几何不变体系,3 根支座链杆对梁有 3 个支座反力。取梁 AB 为研究对象,可以建立 3 个静力平衡方程:$\sum X = 0$,$\sum Y = 0$ 和 $\sum M_A = 0$,能够确定 3 个支座反力,并进一步用截面法确定任一截面的内力。因此,简支梁是静定的。

如图 8-1-26b)所示的连续梁是有一个多余约束的几何不变体系。它的 4 个支座链杆有

4个约束反力,但取梁 AB 为研究对象所能建立的独立平衡方程只有3个。除其中的水平反力能由 $\sum X=0$ 确定外,其余3个竖向反力由两个平衡方程是无法确定的,也无法进一步计算内力。所以连续梁是超静定的。

图 8-1-26

综上所述,可以得出以下结论:静定结构的几何组成特征是几何不变且无多余约束;超静定结构的几何组成特征是几何不变且有多余约束。据此,可以从结构的几何组成来判定它是静定的或是超静定的。按基本组成规则所组成的几何不变体系都无多余约束,因此都是静定的。如果在此基础上还有多余约束,就是超静定的。

对于几何常变体系和几何瞬变体系,因为它们不能作为结构,所以谈不上是静定或超静定。

二、任务实施

1.简述以下概念	几何不变体系—— 几何可变体系—— 几何瞬变体系—— 刚片—— 自由度—— 约束—— 单铰—— 复铰——
2.用图表示几何不变体系的组成规则	
3.对图示体系进行几何组成分析	A B E F C D ①

学习任务二　静定多跨梁和静定平面刚架内力图

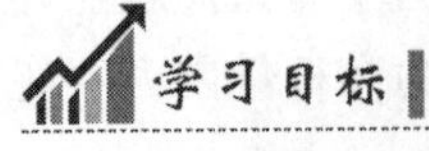

学习目标

1.能够叙述静定多跨梁的结构特点和受力特点;

2.能够绘制静定多跨梁的内力图;

3.能够说明静定平面刚架的特点;

4.能够绘制静定平面刚架的内力图。

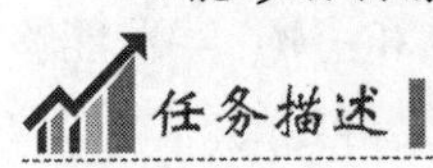

任务描述

对一个静定多跨梁或者静定平面刚架进行受力分析,说明其受力特点,绘制其内力图。

本学习任务沿着以下脉络进行：

说明静定多跨梁和静定平面刚架的结构特点和受力特点 → 绘制静定多跨梁内力图 → 绘制静定平面刚架的内力图

一、相关知识

1. 多跨静定梁的组成和特点

多跨静定梁是由若干单跨梁用铰连接而成的静定结构，用来跨越几个相连的跨度。图8-2-1a）所示为一用于公路桥的多跨静定梁，图8-2-1b）为其计算简图。

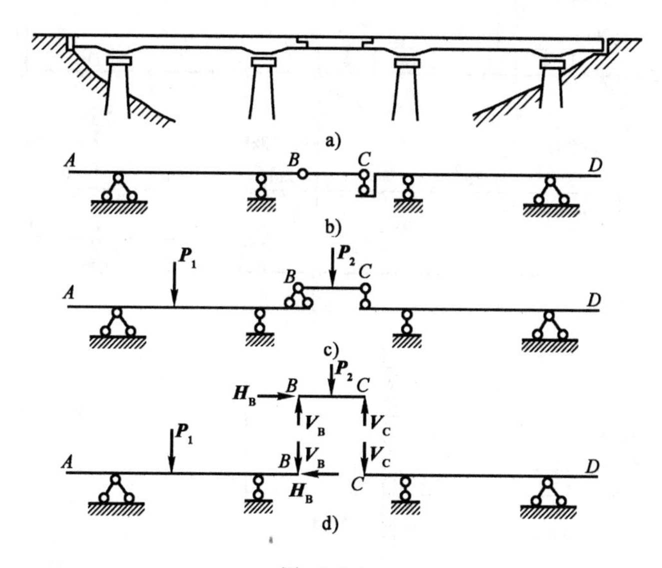

图 8-2-1

从几何组成上看，多跨静定梁的特点是组成整个结构的各单跨梁可以分为基本部分和附属部分两类。结构中，凡本身能独立维持几何不变的部分称为基本部分。需要依靠其他部分的支承才能保持几何不变的部分称为附属部分。例如图8-2-1b）所示的多跨静定梁，*AB*和*CD*都由三根支座链杆固定于基础，它们不依赖其他部分就能独立维持自身的几何不变性，所以是基本部分；而*BC*支承于基本部分之上，它必须依靠基本部分才能保持几何不变性，所以是附属部分。为了清楚地表明多跨静定梁各部分之间的支承关系，我们常把基本部分画在下层，附属部分画在上层，如图8-2-1c）所示，这样的图称为层叠图。

从传力关系来看，多跨静定梁的特点是作用于基本部分的荷载，只能使基本部分产生支座反力和内力，附属部分不受力；而作用于附属部分的荷载，不仅能使附属部分本身产生支座反力和内力，而且能使与它相关的基本部分也产生支座反力和内力[图8-2-1d）]。

2. 多跨静定梁的内力分析

根据附属部分和基本部分的传力关系可知，多跨静定梁的计算顺序应该是先附属部分，后基本部分。这样可以顺利地依次求出铰结点处的约束反力和各支座反力，不必解联立方程。而每取一部分为分离体进行计算时[图 8-2-1d)],都与单跨梁的情况无异,故其反力计算和内力图的绘制均较容易。

下面是计算多跨静定梁和绘制其内力图的一般步骤:

(1)分析各部分的固定次序,弄清楚哪些是基本部分,哪些是附属部分,然后按照与固定次序相反的顺序,将多跨静定梁拆成单跨梁。

(2)遵循先附属部分后基本部分的原则,对各单跨梁逐一进行反力计算,并将计算出的支座反力按其真实方向标在原图上。在计算基本部分时应注意不要遗漏由它的附属部分传来的作用力。

(3)根据其整体受力图,利用剪力、弯矩和荷载集度之间的微分关系,再结合区段叠加法,绘制出整个多跨静定梁的内力图。

例 8-2-1 试作如图 8-2-2a)所示多跨静定梁的内力图。

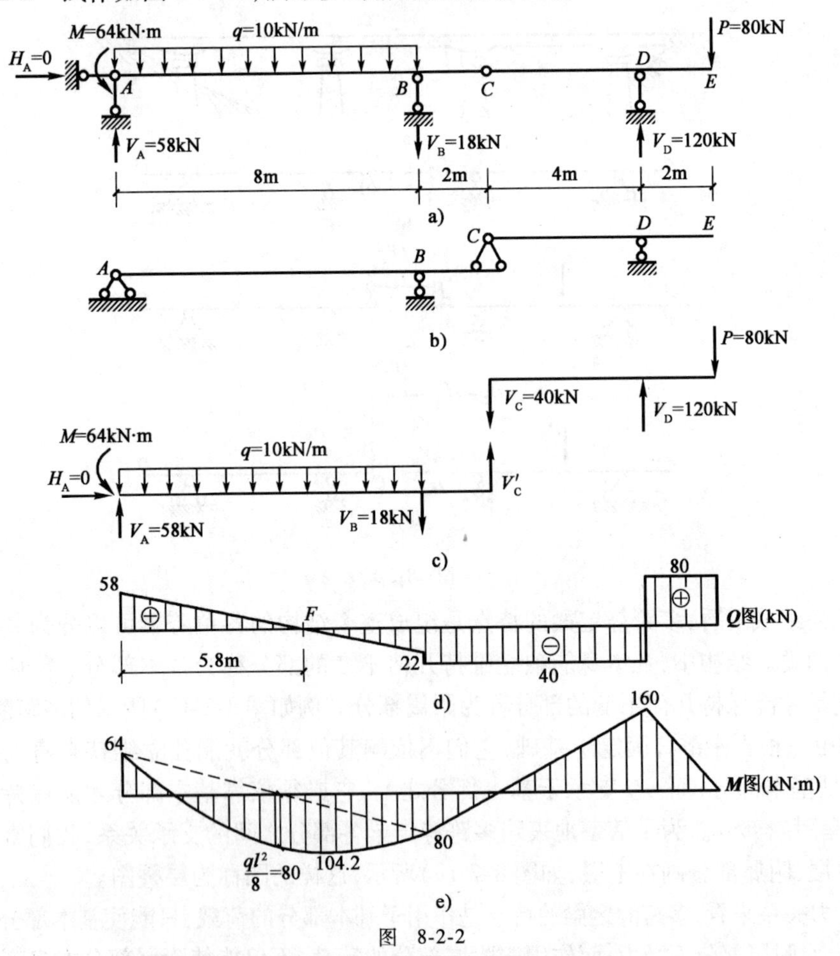

图 8-2-2

解:此梁的固定次序为先 AC,后 CE,前者为基本部分,后者为附属部分。层叠图如图 8-2-2b)所示。计算时,将它拆成如图 8-2-2c)所示的两个单跨梁。

(1)计算约束反力。

①先计算附属部分。由 $\sum M_C = 0$,即:

$$V_D \times 4 - 80 \times 6 = 0$$

得 $$V_D = \frac{80 \times 6}{4} = 120\text{kN}(\uparrow)$$

由 $\sum M_D = 0$,即: $$V_C \times 4 - 80 \times 2 = 0$$

得 $$V_C = \frac{80 \times 2}{4} = 40\text{kN}(\downarrow)$$

将 $\boldsymbol{V}_C$反向,就是 AC 梁上 C 点的荷载 $\boldsymbol{V}'_C$。

②再计算基本部分。由 $$\sum X = 0$$

得 $$H_A = 0$$

由 $\sum M_A = 0$,即 $$V_B \times 8 - 40 \times 10 + 10 \times 8 \times 4 - 64 = 0$$

得 $$V_B = \frac{40 \times 10 - 10 \times 8 \times 4 + 64}{8} = 18\text{kN}(\downarrow)$$

由 $\sum M_B = 0$,即 $$V_A \times 8 - 40 \times 2 - 10 \times 8 \times 4 - 64 = 0$$

得 $$V_A = \frac{40 \times 2 + 10 \times 8 \times 4 + 64}{8} = 58\text{kN}(\uparrow)$$

校核:由整体平衡条件 $\sum Y = 58 - 10 \times 8 - 18 + 120 - 80 = 0$ 知,无误。

(2)绘制内力图。

将整个梁分为 AB、BD、DE 三段,由于中间铰 C 处不是外力的不连续点,故不必将它选为分段点。

由内力计算法则(直接由外力求内力规律),得各段两端的杆端剪力为:

$$Q_{A右} = 58\text{kN}$$

$$Q_{B左} = 58 - 10 \times 8 = -22\text{kN}, Q_{B右} = 58 - 10 \times 8 - 18 = -40\text{kN}$$

$$Q_{D左} = 80 - 120 = -40\text{kN}, Q_{D右} = 80\text{kN}$$

$$Q_{E左} = 80\text{kN}$$

据此绘得剪力图如图 8-2-2d)所示。其中 AB 段剪力等于零的截面 F 距 A 点 5.8m。

由内力计算法则,得各段两端的杆端弯矩和 AB 段弯矩的极值 $\boldsymbol{M}_F$:

$$M_A = -64\text{kN} \cdot \text{m}$$

$$M_B = -64 + 58 \times 8 - 10 \times 8 \times 4 = 80\text{kN} \cdot \text{m}$$

$$M_D = -80 \times 2 = -160\text{kN} \cdot \text{m}$$

$$M_E = 0$$

$$M_F = -64 + 58 \times 5.8 - 10 \times 5.8 \times \frac{5.8}{2} = 104.2\text{kN} \cdot \text{m}$$

据此绘得弯矩图如图 8-2-2e)所示。其中 AB 段因有均布荷载,故需在直线弯矩图(图中的虚线)的基础上叠加上相应简支梁在跨间荷载作用下的弯矩图。

由本例可见,多跨静定梁的弯矩图必通过中间铰的中心。实际上,由于铰结点只能传递轴力和剪力,不能传递弯矩,所以中间铰处弯矩一定为零。

3.静定平面刚架的内力图

1)刚架的组成和特点

刚架是由直杆(梁和柱)组成的具有刚结点的结构。刚架的几何组成特点是具有刚结点。

刚架由于具有刚结点,所以在变形和受力方面有以下特点:

(1)变形特点——在刚结点处,各杆不能发生相对转动,因而各杆之间的夹角始终保持不变。

(2)受力特点——刚结点可以承受和传递弯矩,因而刚架中的弯矩是主要内力。

由于刚架有弯矩分布比较均匀,内部空间大,比较容易制作等优点,所以在工程中得到广泛的应用。图 8-2-3 是一例由 T 形刚架构成的多跨静定刚架公路桥。

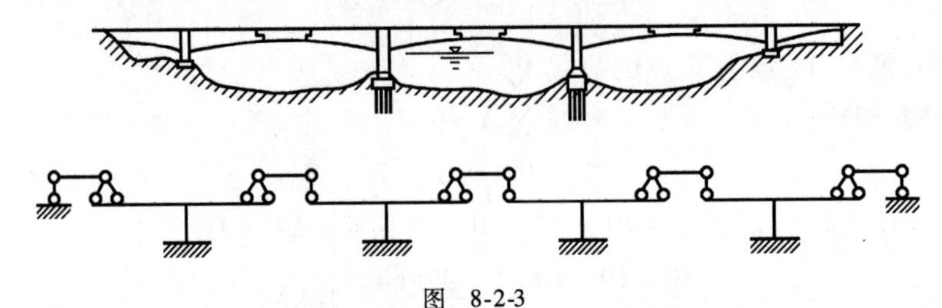

图 8-2-3

当刚架各杆的轴线都在同一平面内且外力也可简化到此平面内时,称为平面刚架。平面刚架可分为静定的和超静定的两类。常见的静定平面刚架有悬臂刚架(如图 8-2-4 所示站台雨棚)、简支刚架(如图 8-2-5 所示渡槽的横向计算简图)和三铰刚架(如图 8-2-6 所示屋架)。本节只讨论静定平面刚架。

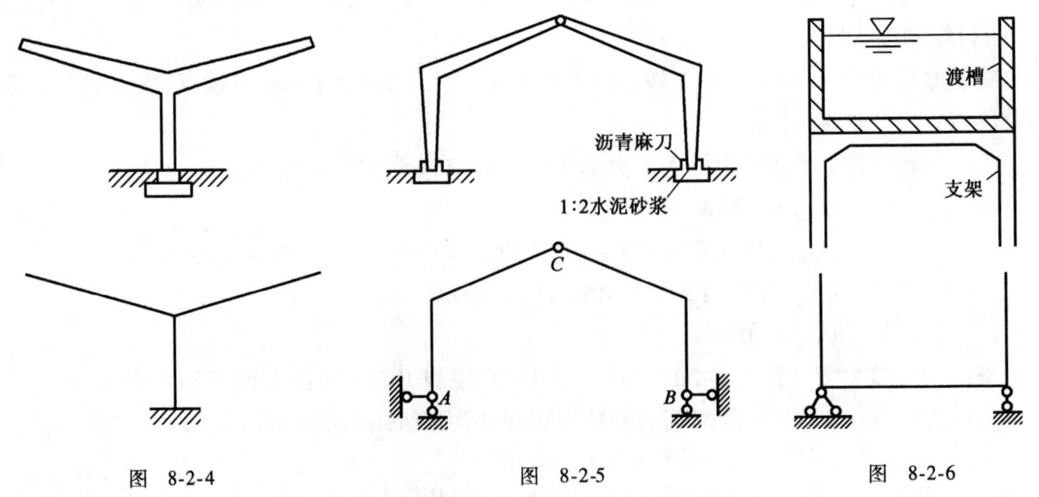

图 8-2-4 图 8-2-5 图 8-2-6

2)静定平面刚架的内力分析及内力图

静定刚架的内力计算方法原则上与静定梁相同,其分析步骤为:

(1)计算反力。由整体或部分的平衡条件求出支座反力或铰接处的约束反力。

(2)分段。将所有外力不连续的点(集中力、集中力偶的作用点,分布荷载的起、终点)及刚架的所有结点作为分段点,把刚架分为若干杆段。

(3)计算杆端内力。将每段杆看作梁,用截面法(或内力计算法则)计算各杆端截面的内力。

(4)作内力图。根据各杆端截面内力逐杆绘制内力图(必要时运用区段叠加法)。

其中,计算杆端内力是较为关键的一步。

刚架各杆的杆端内力有弯矩、剪力和轴力三个分量。在刚架中,剪力和轴力的正负号规定与梁相同,剪力图和轴力图可绘制在杆件的任一侧,但必须标明正负号。弯矩则通常不统一规定正负号(在具体算题时可根据需要临时设定),只规定弯矩图的纵距应画在杆件的受拉一侧而不注正负号。为了方便绘制内力图,通常我们要求在每个杆端弯矩的最终计算结果后面用括号标明杆件的哪一侧受拉。

为了明确地表示刚架上不同截面的内力,尤其是为区分汇交于同一结点的各杆端截面的内力,使之不致混淆,我们在内力符号后面引用两个脚标:第一个表示内力所属截面,第二个表示该截面所属杆件的另一端。例如 $\boldsymbol{M}_{AB}$ 表示 AB 杆 A 端截面的弯矩,$\boldsymbol{Q}_{AC}$ 则表示 AC 杆 A 端截面的剪力。

例 8-2-2 试作图 8-2-7a)所示刚架的内力图。

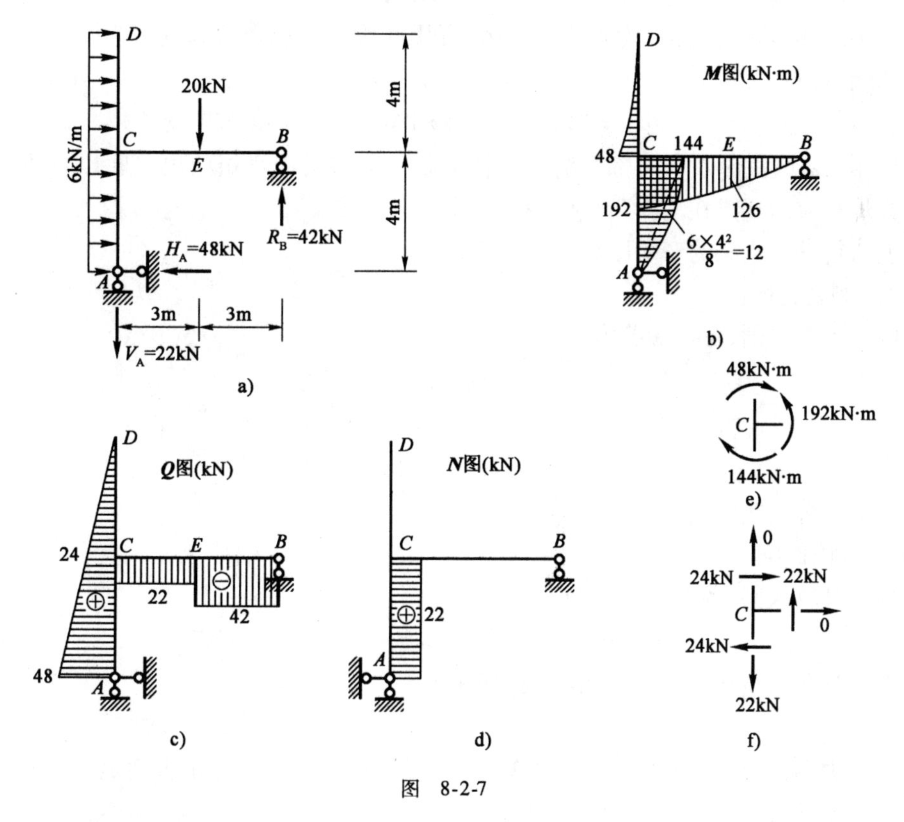

图 8-2-7

解:(1)计算支座反力。

此为一简支刚架,反力只有 3 个,考虑刚架的整体平衡。

由 $\sum X = 0$ 可得:

$$H_A = 6 \times 8 = 48\text{kN}(\leftarrow)$$

由 $\sum M_A = R_B \times 6 - 6 \times 8 \times 4 - 20 \times 3 = 0$ 可得:

$$R_B = 42\text{kN}(\uparrow)$$

由 $\sum Y = V_A + 20 - 42 = 0$ 可得:

$$V_A = 22\text{kN}(\downarrow)$$

(2)绘制弯矩图。

作弯矩图时应逐杆考虑。首先考虑 CD 杆,该杆相当于一悬臂梁,故其弯矩图可直接绘

出。其 C 端弯矩为:

$$M_{CD}=6\times4\times2=48\text{kN}\cdot\text{m}(\text{左侧受拉})$$

其次考虑 CB 杆。该杆上作用一集中荷载,可分为 CE 和 EB 两无荷区段,用内力计算法可求出各杆端截面的弯矩如下:

$$M_{BE}=0$$

$$M_{EB}=M_{EC}=42\times3=126\text{kN}\cdot\text{m}(\text{下侧受拉})$$

$$M_{CE}=42\times6-20\times3=192\text{kN}\cdot\text{m}(\text{下侧受拉})$$

将相邻两杆端弯矩用直线相连,绘出该杆弯矩图。

最后考虑 AC 杆。该杆受均布荷载作用,可用区段叠加法来绘制其弯矩图。为此,先求出该杆两端弯矩:

$$M_{AC}=0,\quad M_{CA}=48\times4-6\times4\times2=144\text{kN}\cdot\text{m}(\text{右侧受拉})$$

这里 M_{CA} 是取截面 C 下边部分为分离体算得的。将两端弯矩绘出并联以直线,再于此直线上叠加相应简支梁在均布荷载作用下的弯矩图即成。

由上所得整个刚架的弯矩图如图 8-2-7b)所示。

(3)绘制剪力图。

由内力计算法则,各杆端剪力为:

$$Q_{DC}=0,\qquad Q_{CD}=6\times4=24\text{kN}$$

$$Q_{BE}=Q_{EB}=-42\text{kN},\qquad Q_{EC}=Q_{CE}=-42+20=-22\text{kN}$$

$$Q_{AC}=48\text{kN},\qquad Q_{CA}=48-6\times4=24\text{kN}$$

根据上列各值绘得 $\boldsymbol{Q}$ 图如图 8-2-7c)所示。

(4)绘制轴力图。

由内力计算法则,各杆端轴力为:

$$N_{DC}=N_{CD}=0,\quad N_{BC}=N_{CB}=0,\quad N_{AC}=N_{CA}=22\text{kN}$$

根据上列各值绘得 $\boldsymbol{N}$ 图如图 8-2-7d)所示。

(5)校核。

作出内力图后应进行校核。对于弯矩图,通常是检查刚结点处是否满足力矩平衡条件。例如取结点 C 为分离体[图 8-2-7e)],有:

$$\sum M_C=48-192+144=0$$

可见这一平衡条件是满足的。

为了校核剪力图和轴力图的正确性,可取刚架的任何部分为分离体,检查 $\sum X=0$ 和 $\sum Y=0$ 的平衡条件是否得到满足。例如取结点 C 为分离体[图 8-2-7f)],有:

$$\sum X=24-24=0$$

$$\sum Y=22-22=0$$

故知此结点投影平衡条件无误。

静定刚架的内力分析,不仅是其强度计算的依据,而且是位移计算和分析超静定刚架的基础,尤其是弯矩图的绘制,以后应用很广,它是学习本课程后应具备的最重要的基本功之一,务必通过足够的习题切实掌握。绘制弯矩图时,若能熟练掌握以下几点,则可以不求或少求反力而迅速绘出弯矩图。

①结构上若有悬臂部分或简支梁部分(含两端铰接直杆承受横向荷载),则其弯矩图可直接绘出;

②刚结点处力矩应平衡;

③铰结点处若无集中力偶作用,弯矩必为零;

④铰结点处若无集中力作用,弯矩图切线的斜率不变;

⑤无荷载的区段弯矩图为直线;

⑥有均布荷载的区段,弯矩图为二次抛物线,抛物线的凸向与均布荷载的指向一致;

⑦运用区段叠加法;

⑧外力与杆轴重合时不产生弯矩,外力与杆轴平行及外力偶产生的弯矩为常数。

二、任务实施

(1)分析多跨静定梁的几何组成特点和受力特点。

从几何构造看,多跨静定梁由基本部分及附属部分组成,将各段梁之间的约束解除仍能平衡其上外力的称为__________,不能独立平衡其上外力的称为__________,__________是支承在__________的。图 8-2-8 所示多跨静定梁中 *ABC*,*DEFG* 是__________,*CD*,*GH* 是__________。其层次图如图 8-2-8 所示。

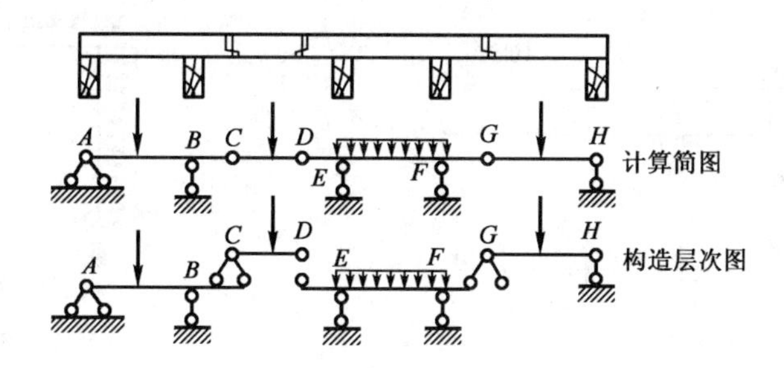

图 8-2-8

由构造层次图可得到多跨静定梁的受力特点为:

力作用在__________时,__________不受力;力作用在__________时,附属部分和基本部分都受力。

(2)如图 8-2-9 和图 8-2-10 所示,请阐述刚架的特点。

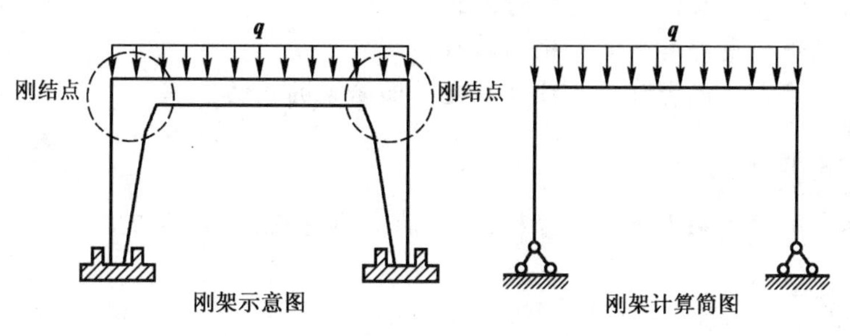

图 8-2-9

①____

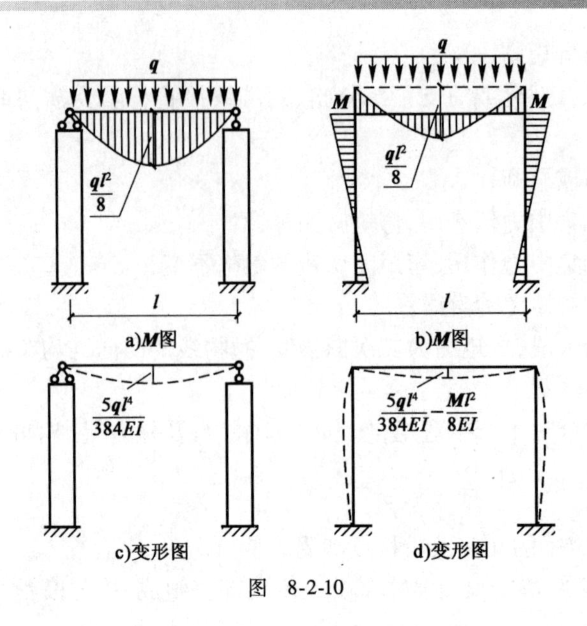

图 8-2-10

②______

(3)绘制弯矩图(图 8-2-11、图 8-2-12)。

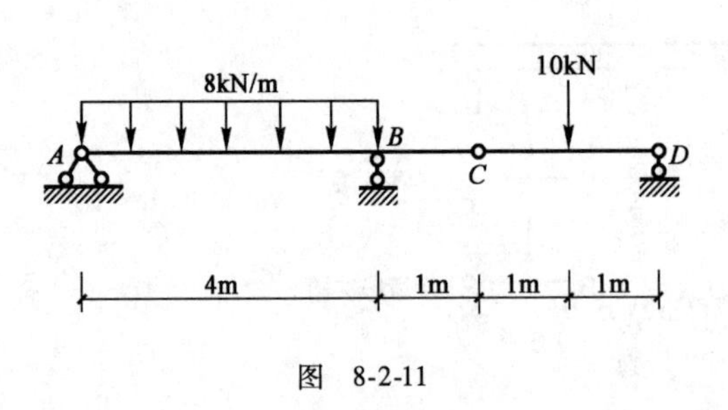

图 8-2-11

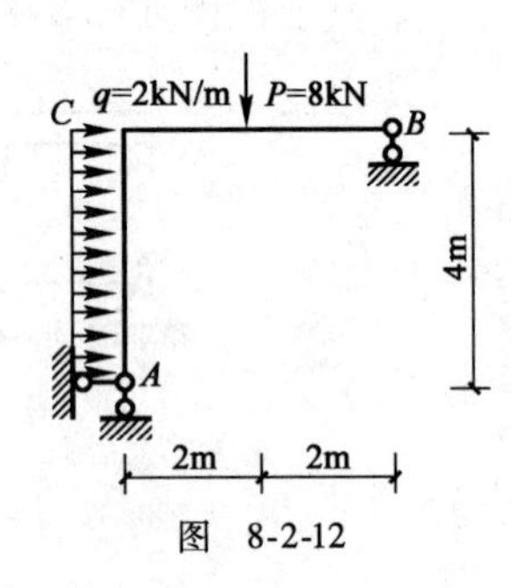

图 8-2-12

学习任务三 静定平面桁架的内力计算

学习目标

1. 能够说明静定平面桁架的受力特点;
2. 能用结点法判定静定平面桁架的零杆;
3. 能够运用节点法或者截面法计算静定平面桁架的内力。

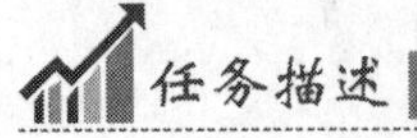

任务描述

对一个静定平面桁架进行受力分析,说明其受力特点,计算其内力。

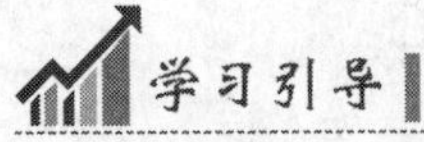

学习引导

本学习任务沿着以下脉络进行:

分析静定平面桁架的受力特点 → 用结点法判定零杆 → 计算静定平面桁架的内力

一、相关知识

1. 概述

1)桁架的组成和特点

梁和刚架是以承受弯矩为主的,横截面上主要产生非均匀分布的弯曲正应力,其边缘处应力最大,而中部的材料并未充分利用。桁架是由若干杆件在每杆两端用铰联结而成的结构。当各杆的轴线都在同一平面内,且外力也在这个平面内时,称为平面桁架。在平面桁架的计算简图(图 8-3-1)中,通常引用如下假定:

(1)各结点都是无摩擦的理想铰。

(2)各杆轴线绝对平直,并通过铰的中心。

(3)荷载和支座反力作用在结点上。

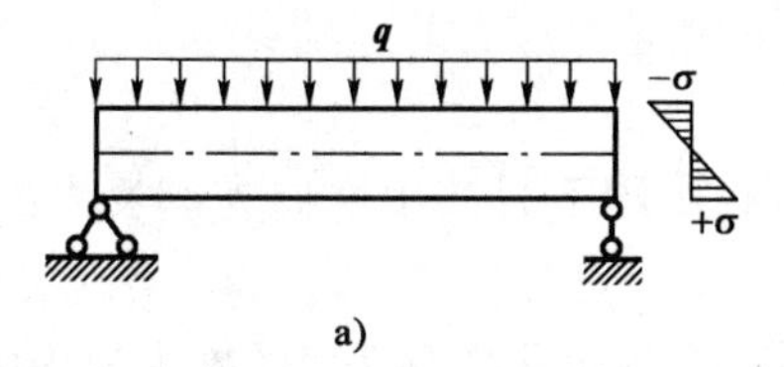

a)

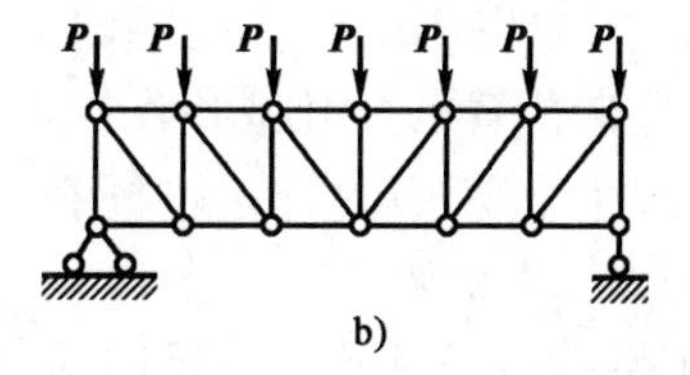

b)

图 8-3-1

在符合上述假定的理想条件下,桁架各杆将只承受轴力,截面上的应力是均匀分布的,材料能够得到充分利用。因而与梁相比,桁架的用料较省,并能跨越更大的跨度。

桁架多用钢材、木材或钢筋混凝土制作,在桥梁、房建和水工等结构中广泛应用。实际的桁架一般并不完全符合上述理想桁架的假定(图 8-3-2)。例如,结点具有一定的刚性,有些杆件在结点处可能连续不断;各杆轴线无法绝对平直,结点上各杆的轴线也不一定完全交于一点;荷载不一定都作用在结点上,等等。因此,实际桁架在荷载作用下,杆件将产生弯曲应力,并不像理想条件下只产生均匀分布的轴向应力。但科学试验和工程实践表明,结点刚性等因素对桁架内力的影响一般说来是次要的。因此,可以将图 8-3-2a)、b)分别简化为如图8-3-2c)、d)所示的计算简图。按照这种计算简图所求得的内力称为桁架的主内力。由于实际情况与上述假定不同而产生的附加内力称为桁架的次内力。这里只讨论主内力的计算。

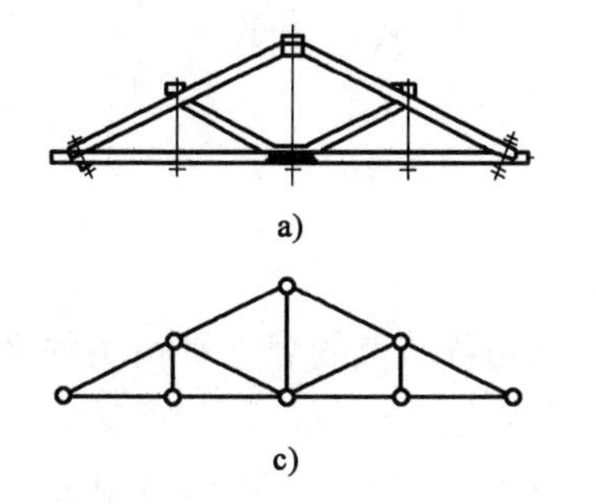

a)　　c)

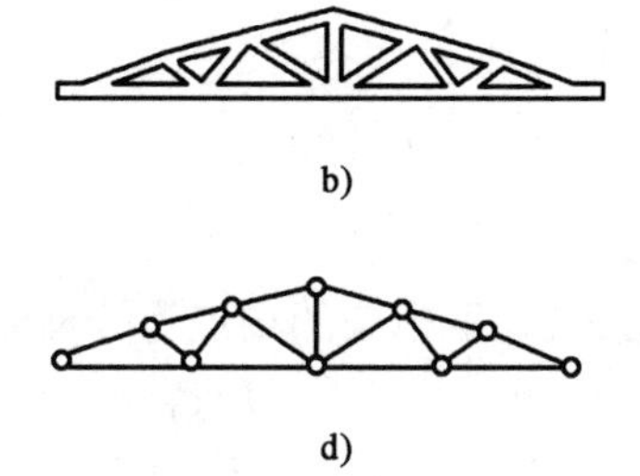

b)　　d)

图 8-3-2

2)桁架各部分的名称

桁架各部分的名称如图 8-3-3 所示。其上边的杆件称为上弦杆,下边的杆件称为下弦

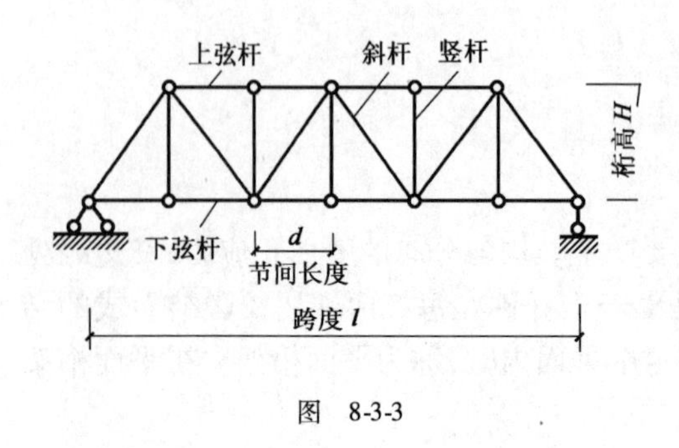

图 8-3-3

杆,上下弦杆统称为弦杆。联结上弦和下弦的杆件统称为腹杆,其中竖直的称为竖杆,倾斜的称为斜杆。桁架两端的杆,若是竖杆称为端竖杆,若为斜杆则称为端斜杆。弦杆上相邻两结点间的距离称为节间。两支座间的水平距离称为跨度。支座连线至桁架最高点的距离称为桁高。

3)桁架的分类

(1)按照桁架的外形分。

①平行弦桁架[图8-3-4a)]:多用于桥梁、吊车梁和托架梁等。

②折弦桁架[图8-3-4b)]:多用于较大跨度的桥梁和工业与民用建筑。

③三角形桁架[图8-3-4c)]:多用于民用房屋建筑。

(2)按照竖向荷载是否引起水平推力分。

①梁式桁架[图8-3-4a)、b)、c)]:在竖向荷载作用下只产生竖向支座反力的桁架。梁式桁架又称为无推力桁架。

②拱式桁架[图8-3-4d)]:在竖向荷载作用下产生水平支座反力(推力)的桁架。拱式桁架也称为有推力桁架。

(3)按照桁架的几何组成分。

①简单桁架[图8-3-4a)、b)、c)]:由一个铰接三角形依次增加二元体所组成的桁架。

②联合桁架[图8-3-4d、e)]:由几个简单桁架,按几何不变体系的基本组成规则联成的桁架。

③复杂桁架[图8-3-4f)]:凡不是按照上述两种方式组成的其他桁架,都称为复杂桁架。

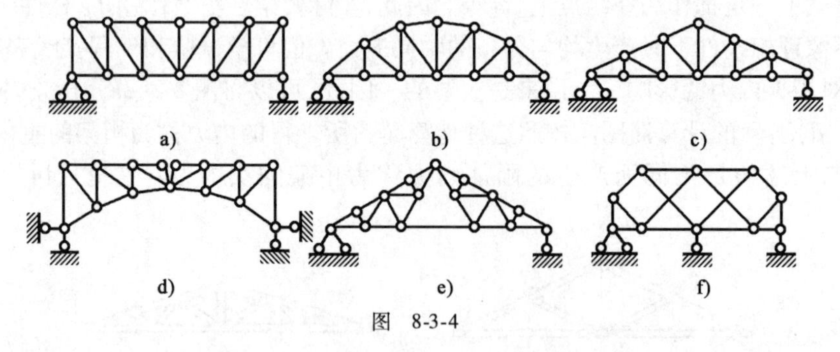

图 8-3-4

2. 结点法

1)方法概述

所谓结点法,就是取桁架的结点为分离体,利用各结点的静力平衡条件来计算杆件内力或支座反力的一种计算方法。一般说来,任何静定桁架的内力和支座反力都可以用结点法求解。因为作用于任一结点的各力(包括荷载、支座反力和杆件内力)组成一个平面汇交力系,我们可就每一结点列出两个平衡方程式:$\sum X=0$,$\sum Y=0$。设桁架的结点数为j,杆件数为b,支座链杆数为r,则一共可列出$2j$个独立的平衡方程,而需求解的各杆内力和支座反力一共有$b+r$个未知数。由于静定桁架的自由度$W=2j-b-r=0$,故恒有$b+r=2j$,即未知数的数目恰与方程的数目相等。因此,所有内力和支座反力都可用结点法解出。

但是,在实际计算中,只有当所取结点上的未知力不超过两个且可以独立解算时,应用结点法才是方便的。结点法最适用于简单桁架的内力计算。因为简单桁架是从一个基本铰接三角形出发依次增加二元体所组成,其最后一个结点只包含两根杆件。故分析这类桁架时,可先由结构的整体平衡条件求出支座反力,然后从最后一个结点开始,依次倒算回去,即可顺利地求得所有各杆的内力。

在计算桁架内力时,通常规定:杆件受拉时,轴力符号为正;反之为负。在解算未知内力时,一般先假定其为拉力,如计算结果为正,则表示杆件受拉;反之则杆件受压。

2)结点平衡的特殊情况

在桁架中常有一些特殊形状的结点,掌握了这些特殊结点的平衡规律,可给计算带来很大的方便。现列举几种特殊结点介绍如下。

(1)L 形结点。或称两杆结点[图 8-3-5a)],当结点上无荷载时两杆内力皆为零。凡内力为零的杆件称为零杆。

(2)T 形结点。这是三杆汇交的结点而其中两杆在一直线上[图 8-3-5b)],当结点上无荷载时,第三杆(又称单杆)必为零杆,而共线两杆内力相等且符号相同(即同为拉力或同为压力)。

(3)X 形结点。这是四杆结点且两两共线[图 8-3-5c)],当结点上无荷载时,则共线两杆内力相等且符号相同。

(4)K 形结点。这也是四杆结点,其中两杆共线,而另外两杆在此直线同侧且交角相等[图 8-3-5d)]。结点上如无荷载,则非共线两杆内力大小相等而符号相反(一为拉力,则另一为压力)。

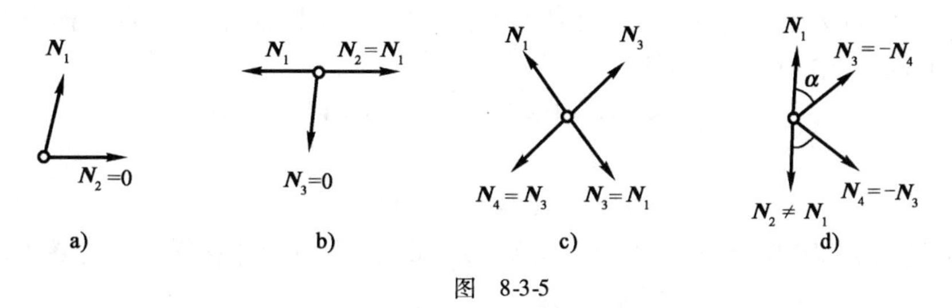

图 8-3-5

上述结论均可根据适当的投影平衡方程得出,读者可自行证明。

应用上述结论,不难判断图中各桁架中的零杆。在分析桁架时,首先将零杆识别出来,可使计算工作大为简化。

3. 截面法

所谓截面法,就是用一适当截面将桁架分为两部分,然后任取一部分为分离体(分离体至少包含两个结点),根据平衡条件来计算所截杆件的内力。通常作用在分离体上的诸力为平面一般力系,故可建立三个平衡方程。因此,若分离体上的未知力不超过三个,则一般可将它们全部求出。

在用截面法解桁架时,为了避免解联立方程,应对截面的位置、平衡方程的形式(力矩式或是投影式)和矩心等加以选择。如果选取恰当,将使计算工作大为简化。

例 8-3-1 折弦桁架如图 8-3-6a)所示,试计算杆件 1、2、3 的内力。

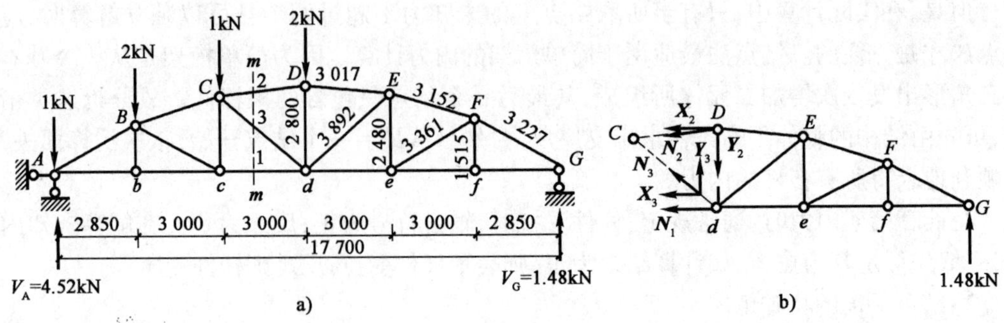

图 8-3-6 (尺寸单位:mm)

解:(1)计算支座反力。

由 $$\sum M_A = V_G \times 17\,700 - 1 \times 8\,850 - 2 \times 5\,850 - 2 \times 2\,850 = 0$$

得 $$V_G = 1.48\text{kN}(\uparrow)$$

由 $$\sum M_B = V_A \times 17\,700 - 1 \times 17\,700 - 2 \times 14\,850 - 2 \times 11\,850 - 1 \times 8\,850 = 0$$

得 $$V_A = 4.52\text{kN}(\uparrow)$$

校核: $$\sum Y = 1.48 + 4.52 - 1 - 2 - 2 - 1 = 0$$

因此无误。

(2)计算杆 1、2、3 的内力。

作截面 m-m,截开 1、2、3 三杆,取右边部分为分离体,如图 8-3-6b)所示。分离体上共有 3 个未知力:$\boldsymbol{N}_1$、$\boldsymbol{N}_2$、$\boldsymbol{N}_3$(全部假设为拉力),它们可用 3 个平衡方程求出。

应用平衡方程求轴力时,应注意避免解联立方程。例如,为了求未知力 $\boldsymbol{N}_1$,可取其他两个未知力 $\boldsymbol{N}_2$和 $\boldsymbol{N}_3$的交点 C 为矩心,列出力矩平衡方程。这时,轴力 $\boldsymbol{N}_1$就是方程中唯一的未知量,因而可直接求出。由力矩方程

$$\sum M_C = 2.48N_1 + 1 \times 3.00 - 1.48 \times 11.85 = 0$$

得

$$N_1 = 5.87\text{kN}(拉力)$$

同样,求 $\boldsymbol{N}_2$时,可取 $\boldsymbol{N}_1$与 $\boldsymbol{N}_3$的交点 d 为矩心。此外,为便于计算斜杆轴力 $\boldsymbol{N}_2$的力矩,可先将 $\boldsymbol{N}_2$在 D 点分解为 $\boldsymbol{X}_2$和 $\boldsymbol{Y}_2$,由力矩方程:

$$\sum M_D = -2.80X_2 - 1.48 \times 8.85 = 0$$

得

$$X_2 = -4.68\text{kN}$$

再由比例关系,得:

$$N_2 = -4.68 \times \frac{3.017}{3.00} = -4.70\text{kN}(压力)$$

最后,求 $\boldsymbol{N}_3$时,由于其他未知力已经求出,故也可利用投影方程来求。由:

$$\sum X = -X_3 - N_1 - X_2 = 0$$

得

$$X_3 = -N_1 - X_2 = -5.87 + 4.68 = -1.19\text{kN}$$

再由比例关系,得:

$$N_3 = -1.19 \times \frac{3.89}{3.00} = -1.54\text{kN}$$

校核：可用平衡方程 $\sum Y = 0$ 来进行求解（略）。

值得注意的是，用截面法求桁架内力时，应尽量使所截断的杆件不超过3根，这样所截杆件的内力均可求出。有时，所作截面虽然截断了3根以上的杆件，但只要在被截各杆中，除一杆外，其余均汇交于一点或均平行，则该杆内力仍可首先求得。例如在图8-3-7所示桁架中作截面I-I，由 $\sum M_K = 0$ 可求得 $\boldsymbol{N}_a$。又如在图8-3-8所示桁架中作截面I-I，由 $\sum X = 0$ 可求出 $\boldsymbol{N}_b$。

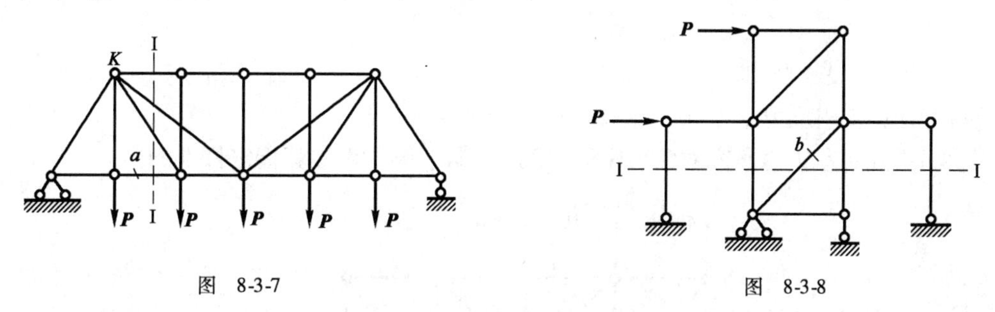

图 8-3-7　　　　图 8-3-8

上面分别介绍了结点法和截面法。对于简单桁架，当要求全部杆件内力时，用结点法是适宜的；若只求个别杆件的内力，则往往用截面法较方便。对于联合桁架，若只用结点法将会遇到未知力超过两个的结点，故宜先用截面法将联合杆件的内力求出。例如图8-3-9所示桁架，应先由截面Ⅰ-Ⅰ求出联合杆件 DE 的内力，然后再对各简单桁架进行分析。

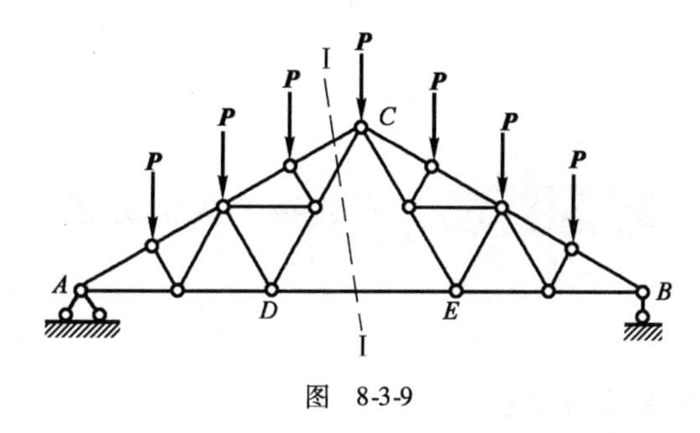

图 8-3-9

4. 截面法和结点法的联合应用

前面已指出，截面法和结点法各有所长，应根据具体情况选用。在有些情况下，将两种方法联合使用更为方便。

二、任务实施

(1)用结点法分析图8-3-10所示结构的各杆内力。

分析：因为__________、__________结点为T形结点，得到__________、__________是零杆，进一步得到__________、__________是零杆，__________、__________是零杆，最后由结点 C 的平衡条件得到 N_{CA} = __________，N_{CE} = __________。

(2)用截面法计算图8-3-11所示桁架指定杆件的内力。

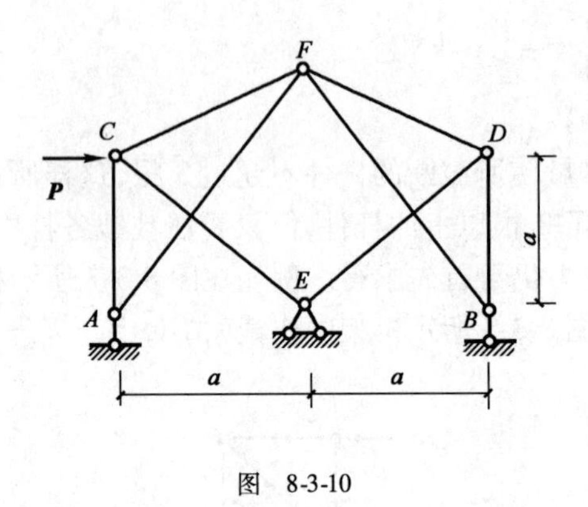

图 8-3-10

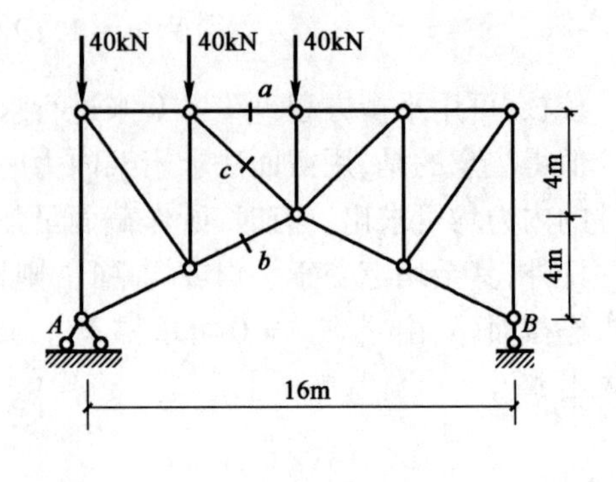

图 8-3-11

解:①计算支座反力。

②取I-I截面左边为研究对象(图8-3-12),根据平衡方程计算指定杆件的内力。

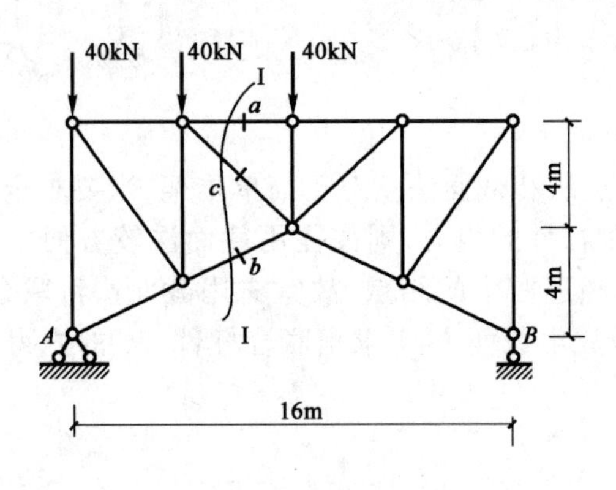

图 8-3-12

学习任务四 三铰拱的内力分析

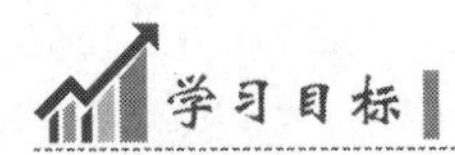

学习目标

1. 能够说明拱结构的受力特点;
2. 能够利用公式计算三铰拱的内力;
3. 能够理解合理拱轴线。

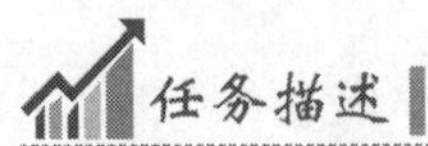

任务描述

对一个三铰拱进行受力分析,说明其受力特点,分析其内力。

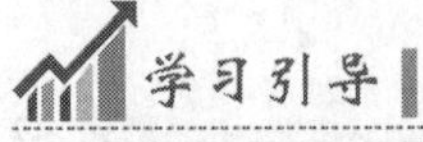

学习引导

本学习任务沿着以下脉络进行:

分析三铰拱的结构特点和受力特点→计算三铰拱的内力→判定三种荷载作用下三铰拱的合理拱轴线

一、相关知识

1. 概述

1)拱的特点

拱是杆轴线为曲线并且在竖向荷载作用下会产生水平推力的结构。所谓水平推力,是指方向指向拱内的水平支座反力。拱在工程中有很广泛的应用。在公路工程中,拱桥是最基本的桥型之一。图 8-4-1a)所示为一三铰拱,图 8-4-1b)是它的计算简图。

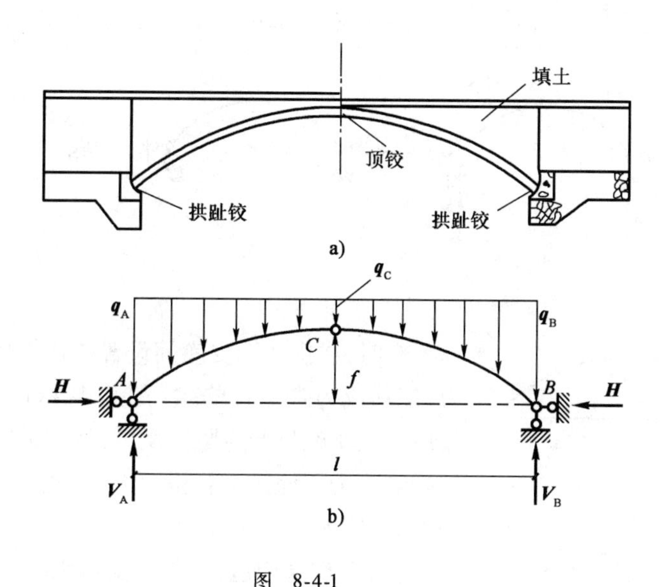

图 8-4-1

拱的特点是在竖向荷载作用下支座处有水平推力,内力以轴向压力为主。在竖向荷载作用下有无水平推力是拱和梁的基本区别。图 8-4-2 所示的两个结构,虽然它们的杆轴都是曲线,但图 8-4-2a)所示结构因 B 端可以沿水平方向自由移动,在竖向荷载作用下不产生水平推力,其任一横截面上的弯矩与相应简支梁对应截面的弯矩相同,所以它不是拱而是一根曲梁。图 8-4-2b)所示结构则由于两端都有水平方向的约束,A 端和 B 端都不可能沿水平方向向外移动,所以在竖向荷载作用下有水平推力,属于拱结构。由于水平推力的存在,拱内各截面的弯矩要比相应的曲梁或简支梁的弯矩小得多,这使拱成为一种以受压为主或单纯受压的结构。因此,拱可以用抗压强度较高而抗拉性能较差的廉价材料如砖、石、混凝土等来建造。这是拱结构的主要优点。拱的主要缺点也正在于支座要承受水平推力,因而要求比梁具有更为坚固的基础或支承结构(墙、柱、墩、台等)。

2)拱的分类

拱的分类方法较多,这里仅介绍几种常用的分类方法。

(1)按含铰数目,可分为无铰拱、两铰拱和三铰拱三类(图 8-4-3)。

(2)按计算方法,可分为静定拱和超静定拱两类。

无铰拱和两铰拱属于超静定拱。三铰拱是静定拱。在公路工程中,三铰拱多用于空腹式拱上建筑的腹拱,有时也用于地质条件较差的拱桥的主拱。

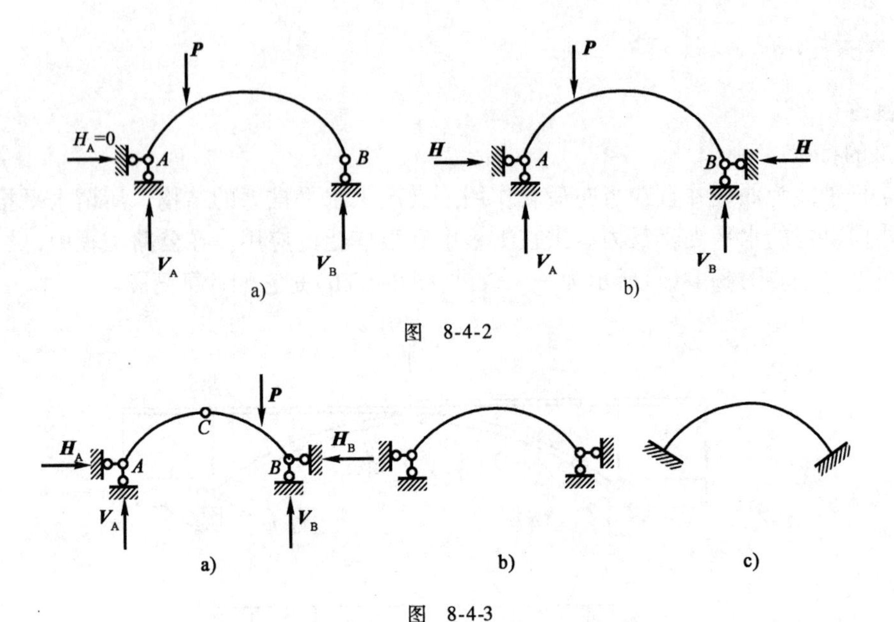

图 8-4-2

图 8-4-3

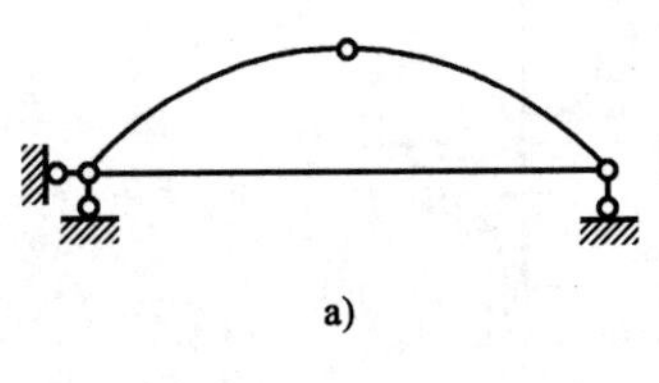

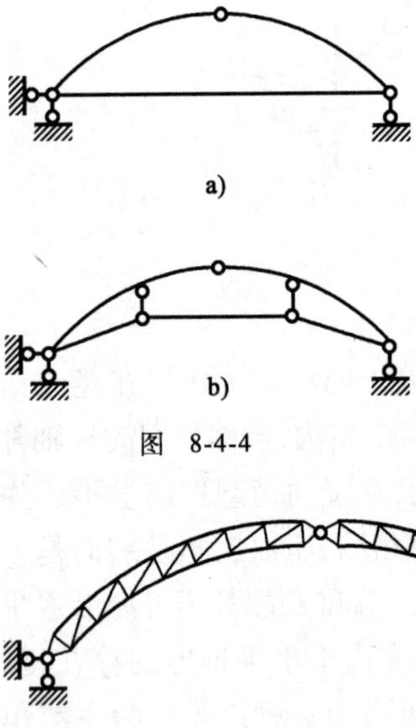

图 8-4-4

有时,在拱的两支座间设置拉杆来代替支座承受水平推力,使其成为带拉杆的拱[图 8-4-4a)]。这样,在竖向荷载作用下支座就只产生竖向反力,从而消除了推力对支承结构的影响。为了使拱下获得较大的净空,有时也将拉杆做成折线形的[图 8-4-4b)]。

(3)按拱身构造,可分为实体拱和桁架拱两类。

当拱身为实体截面时,称为实体拱。它通常用砖、石、混凝土或钢筋混凝土筑成。若拱身为桁架所构成,则称为桁架拱。它通常用钢材或钢筋混凝土建造(图 8-4-5)。

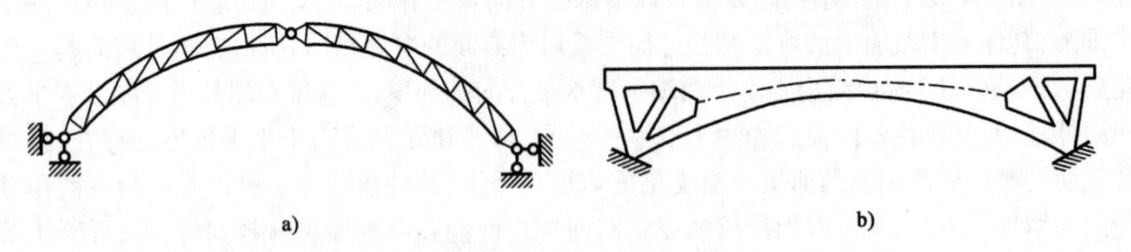

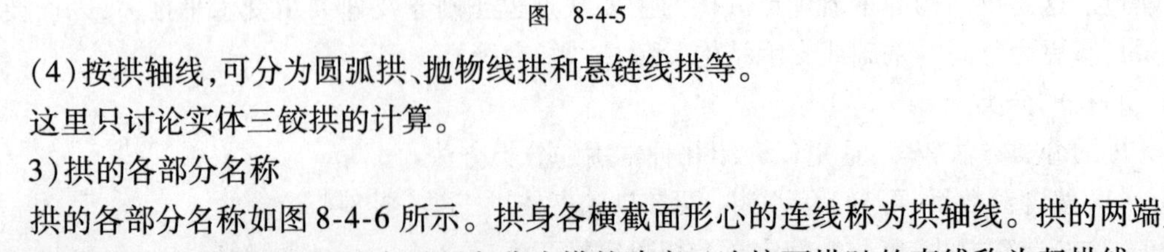

图 8-4-5

(4)按拱轴线,可分为圆弧拱、抛物线拱和悬链线拱等。

这里只讨论实体三铰拱的计算。

3)拱的各部分名称

拱的各部分名称如图 8-4-6 所示。拱身各横截面形心的连线称为拱轴线。拱的两端支座处称为拱趾。两拱趾之间的水平距离称为拱的跨度。连接两拱趾的直线称为起拱线。拱轴线上最高的一点称为拱顶,三铰拱通常在拱顶处设置铰。拱顶至起拱线之间的竖直距离称为拱高或矢高。拱高与跨度之比称为矢跨比或高跨比。在桥梁专业中,常将矢跨比大于或等于 1/5 的拱称为陡拱,矢跨比小于 1/5 的拱称为坦拱。两拱趾在同一水平线上的拱称为平拱,不在同一水平线上的拱称为斜拱或坡拱。

本书以竖向荷载作用下的平拱为例,来说明三铰拱的反力和内力的计算方法。

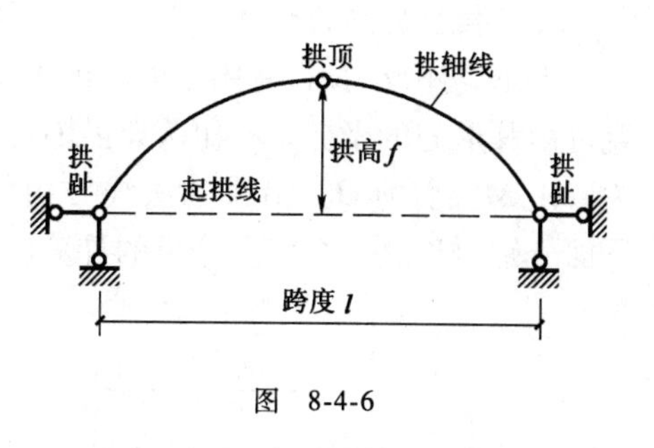

图 8-4-6

2. 三铰拱的支座反力计算

三铰拱的两端都是固定铰支座,共有 4 个未知反力[图 8-4-7a)],故需列 4 个平衡方程式进行解算。与三铰刚架支座反力计算方法相同,除了取全拱为分离体可建立 3 个平衡方程外,还须取左(或右)半拱为分离体,以中间铰 C 为矩心,根据平衡条件 $\sum M_C = 0$ 建立一个方程,从而求出所有的反力。

首先考虑全拱的整体平衡,由:

$$\sum M_B = V_A l - P_1 b_1 - P_2 b_2 = 0$$

可得左端支座的竖向反力为:

$$V_A = \frac{P_1 b_1 + P_2 b_2}{l} = \frac{\sum P_i b_i}{l} \tag{8-4-1}$$

同理,由 $\sum M_A = 0$,可得右端支座的竖向反力为:

$$V_B = \frac{P_1 a_1 + P_2 a_2}{l} = \frac{\sum P_i a_i}{l} \tag{8-4-2}$$

由 $\sum X = 0$,可得:

$$H_A = H_B = H \tag{8-4-3}$$

再取左半拱为分离体,由 $\sum M_C = 0$ 有:

$$V_A l_1 - P_1(l_1 - a_1) - Hf = 0$$

可得

$$H = \frac{V_A l_1 - P_1(l_1 - a_1)}{f} \tag{8-4-4}$$

观察式(8-4-1)和式(8-4-2)的右边,可知其恰等于相应简支梁[图 8-4-7b)]的支座竖向反力 $\boldsymbol{V}_A^0$ 和 $\boldsymbol{V}_B^0$,而式(8-4-4)右边的分子则等于相应简支梁上与拱的中间铰处对应的截面 C 的弯矩 $\boldsymbol{M}_C^0$,因此可将以上各式写为:

$$\left.\begin{aligned} V_A &= V_A^0 \\ V_B &= V_B^0 \\ H &= \frac{M_C^0}{f} \end{aligned}\right\} \tag{8-4-5}$$

由式(8-4-5)可知,推力 $\boldsymbol{H}$ 等于相应简支梁截面 C 的弯矩 $\boldsymbol{M}_C^0$ 除以拱高 f。当荷载和拱的跨度 l 一定时,$\boldsymbol{M}_C^0$ 即为定值。若再给定拱高 f,则推力 $\boldsymbol{H}$ 即可确定。这表明三铰拱的反力只与荷载及三个铰的位置有关,而与各铰间的拱轴线形状无关。当荷载及拱跨不变时,推力 $\boldsymbol{H}$ 将与拱高 f 成反比,f 愈大即拱愈陡时 $\boldsymbol{H}$ 愈小,反之,f 愈小即拱愈平坦时 $\boldsymbol{H}$ 愈大。若 $f = 0$,则 $H = \infty$,此时三个铰已在一直线上,属于瞬变体系。

3. 三铰拱的内力计算

求出支座反力后,应用截面法即可求出拱身任一横截面上的内力。任一横截面 K 的位置可由其形心的坐标 x、y 和该处拱轴切线的倾角 φ 确定[图 8-4-8a)]。截面的内力可分解为弯矩 $\boldsymbol{M}_{K}$、剪力 $\boldsymbol{Q}_{K}$(沿拱轴法线方向作用)和轴力 $\boldsymbol{N}_{K}$(沿拱轴切线方向作用)三个分量。下面分别讨论这三个内力分量的计算。

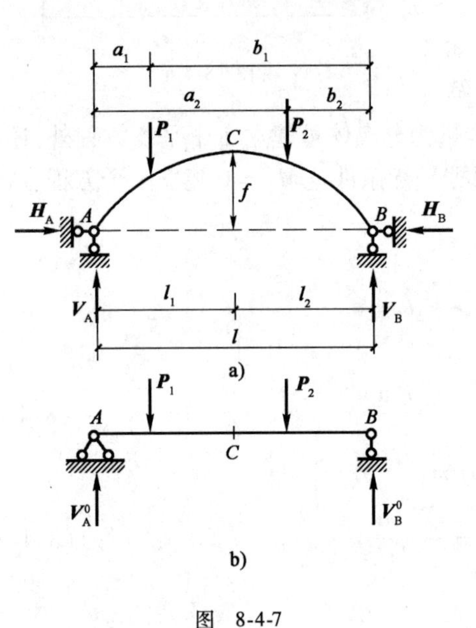

图 8-4-7

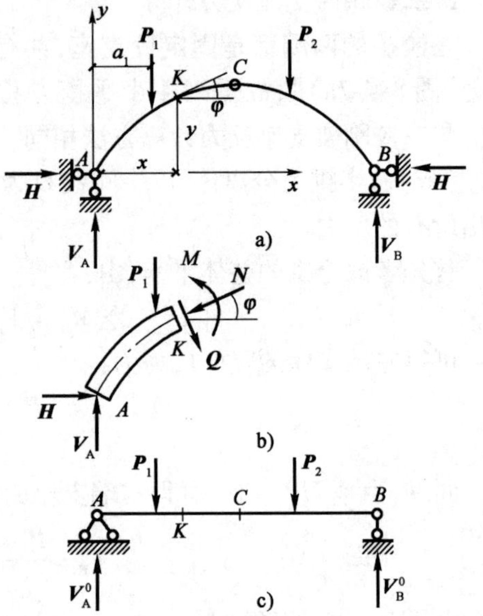

图 8-4-8

(1)弯矩的计算。

弯矩的符号,通常规定以使拱内侧纤维受拉者为正,反之为负。取 AK 段为分离体[图 8-4-8b)],由:

$$\sum M = V_{A}x_{K} - P_{1}(x_{K} - a_{1}) - Hy_{K} - M_{K} = 0$$

得截面 K 的弯矩为:

$$M_{K} = [V_{A}x_{K} - P_{1}(x_{K} - a_{1})] - Hy_{K}$$

由于 $V_{A} = V_{A}^{0}$,可见方括号内的值恰等于相应简支梁[图 8-4-8c)]截面 K 的弯矩 M_{K}^{0},所以上式可改写为:

$$M_{K} = M_{K}^{0} - Hy_{K}$$

即拱内任一截面的弯矩,等于相应简支梁对应截面的弯矩减去由于拱的推力 $\boldsymbol{H}$ 所引起的弯矩 $\boldsymbol{H}y_{K}$。由此可知,由于推力的存在,三铰拱的弯矩比相应简支梁的弯矩小。

(2)剪力的计算。

剪力的符号,规定以绕所取分离体顺时针转动者为正,反之为负。取 AK 段为分离体,将其上各力向截面 K 切线方向投影[图 8-4-8b)],由平衡条件:

$$Q_{K} + P_{1}\cos\varphi_{K} + H\sin\varphi_{K} - V_{A}\cos\varphi_{K} = 0$$

即得截面 K 的剪力:

$$Q_{K} = (V_{A} - P_{1})\cos\varphi_{K} - H\sin\varphi_{K}$$

式中，$(V_A - P_1)$等于相应简支梁在截面K处的剪力Q_K^0，故上式可改写为：

$$Q_K = Q_K{}^0\cos\varphi_K - H\sin\varphi_K$$

其中，φ_K的符号在图示坐标系中左半拱取正号，右半拱取负号。

(3)轴力的计算。

因拱常受压，故规定轴力以压力为正，拉力为负。取AK段为分离体，将其上各力向截面K的法线方向投影[图8-4-8b)]，由平衡条件：

$$N_K + P_1\sin\varphi_K - H\cos\varphi_K - V_A\sin\varphi_K = 0$$

即得截面K的轴力：

$$N_K = (V_A - P_1)\sin\varphi_K + H\cos\varphi_K$$

由于$(V_A - P_1) = Q_K{}^0$，故上式可改写为：

$$N_K = Q_K{}^0\sin\varphi_K + H\cos\varphi_K$$

式中，φ_K的符号在左半拱取正号，右半拱取负号。

综上所述，三铰平拱在竖向荷载作用下的内力计算公式可写为：

$$\left.\begin{aligned} M_K &= M_K{}^0 - Hy_K \\ Q_K &= Q_K{}^0\cos\varphi_K - H\sin\varphi_K \\ N_K &= Q_K{}^0\sin\varphi_K + H\cos\varphi_K \end{aligned}\right\} \qquad (8\text{-}4\text{-}6)$$

由式(8-4-6)可知，三铰拱的内力值不但与荷载及三个铰的位置有关，而且与各铰间拱轴线的形状有关。

4. 三铰拱的合理拱轴线

1)合理拱轴线的概念

由前已知，当荷载及三个铰的位置给定时，三铰拱的反力就可确定，而与各铰间拱轴线形状无关；三铰拱的内力则与拱轴线形状有关。当拱上所有截面的弯矩都等于零(可以证明，从而剪力也为零)而只有轴力时，截面上的正应力是均匀分布的，材料能得到最充分的利用。从力学的角度来看，这是最经济的，所以我们把在已知荷载作用下拱截面上只有轴向压力的拱轴线称为**合理拱轴线**。

合理拱轴线可根据弯矩为零的条件来确定。在竖向荷载作用下，三铰平拱任一截面的弯矩可由式(8-4-6)的第一式计算，故合理拱轴线方程可由下式求得：

$$M(x) = M^0(x) - Hy = 0$$

由此得

$$y = \frac{M^0(x)}{H} \qquad (8\text{-}4\text{-}7)$$

式(8-4-7)即为三铰拱在竖向荷载作用下合理拱轴线的一般方程。它表明：合理拱轴线的纵坐标和相应简支梁弯矩图的纵距成正比。当拱上作用的荷载已知时，只需求出相应简支梁的弯矩方程，然后除以推力H，即得合理拱轴线方程。

2)几种常见的合理拱轴线

(1)在竖向均布荷载作用下，三铰拱的合理拱轴线如图8-4-9所示。

三铰拱在竖向均布荷载作用下合理拱轴线为抛物线。

(2)在径向均布荷载作用下，三铰拱的合理拱轴线如图8-4-10所示。

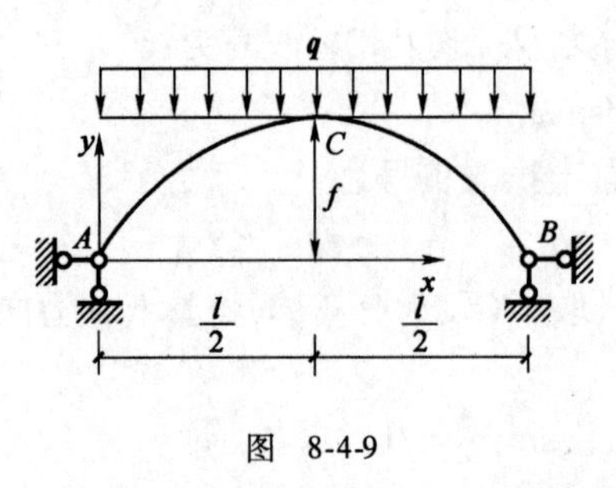

图 8-4-9

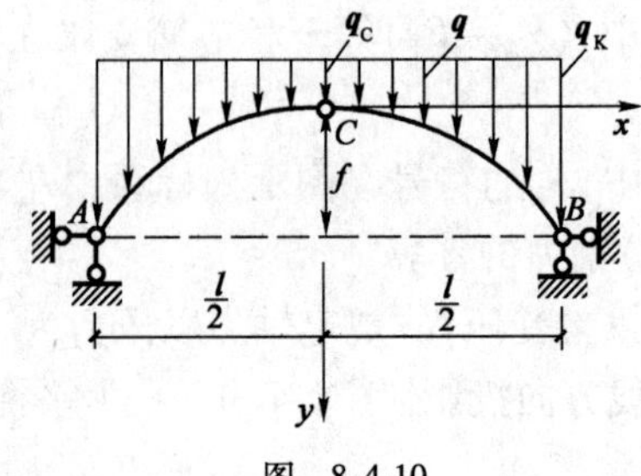

图 8-4-10

三铰拱在径向均布荷载作用下的合理拱轴线为圆弧线。

(3)在填料荷载作用下,三铰拱的合理拱轴线如图 8-4-11 所示。

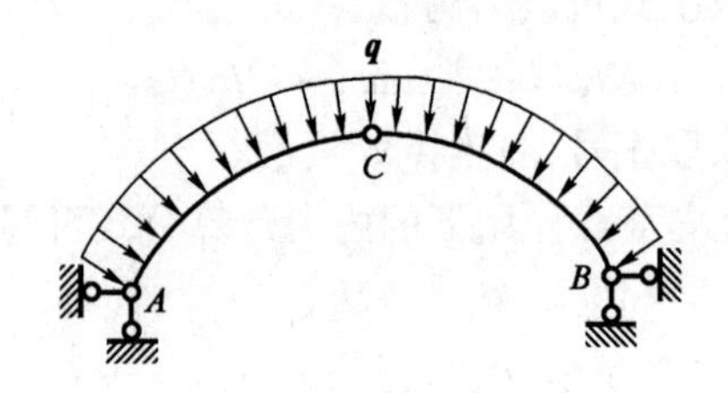

图 8-4-11

三铰拱在填料荷载作用下的合理拱轴线为悬链线。

二、任务实施

(1)以小组为单位,通过收集资料,完成如下问答。

拱结构的优点:____

____

拱结构的缺点:____

拱结构的常见类型:____________________________________

____

(2)三铰拱的内力计算公式:

三、学习效果评价反馈

学生自评	1. 举 1 ~2 个实例来说明静定结构受力特点。□ 2. 能对静定多跨梁进行计算,并绘制内力图。□ 3. 能够对桁架结构进行零杆的判断和轴力计算。□ 4. 会解释合理拱轴线的概念。□ 5. 列举一个拱桥实例说明该桥选用的合理拱轴线类型。□ (根据本人实际情况选择:A. 能够完成;B. 基本能完成;C. 不能完成)
学习小组评价	团队合作□　学习效率□　沟通能力□　获取信息能力□　表达能力□ (根据完成任务情况填写:A. 优秀;B. 良好;C. 合格;D. 有待改进)
教师评价	

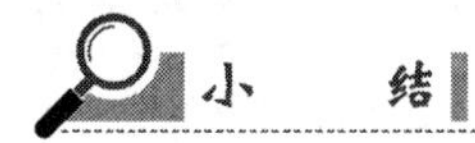

小　结

1. 多跨静定梁的内力和内力图

(1)多跨静定梁是由若干单跨梁用铰联结而成的结构,其几何组成特点是组成结构的各单跨梁可以分为基本部分和附属部分两类,其传力关系的特点是加在附属部分上的荷载,使附属部分和与其相关的基本部分都受力,而加在基本部分上的荷载却只使基本部分受力,附属部分不受力。

(2)计算多跨静定梁首先要分清哪些是基本部分,哪些是附属部分,然后按照与单跨静定梁相同的方法,先算附属部分,后算基本部分,并且在计算基本部分时不要遗漏由它的附属部分传来的作用力。

(3)多跨静定梁内力图的绘制方法也和单跨静定梁相同,可采用将各附属部分和基本部分的内力图拼合在一起的方法,或根据整体受力图直接绘制的方法皆可。

(4)多跨静定梁的弯矩图一定通过中间铰的中心。

2. 静定平面刚架的内力和内力图

(1)刚架是由直杆(梁和柱)组成的结构,其几何组成特点是具有刚结点。刚架的变形特点是在刚结点处各杆的夹角始终保持不变。刚架的受力特点是刚结点可以承受和传递弯矩,弯矩是它的主要内力。

(2)静定平面刚架的内力计算和内力图绘制,在方法上也和静定梁基本相同。需要注意的是,刚架的弯矩图通常不统一规定正负号,只强调弯矩图应绘制在杆件的受拉侧。刚架弯矩图用区段叠加法绘制比较简捷。

3. 三铰拱的反力、内力计算

(1)拱是在竖向荷载作用下有水平推力的曲杆结构。在竖向荷载作用下有无水平推力,是拱和梁的基本区别。由于水平推力的存在,拱内各截面的弯矩要比相应的曲梁或简支梁的弯矩小得多。轴向压力是拱的主要内力。

拱可以用抗压强度较高而抗拉性能较差的廉价材料来建造。但拱要求有坚固的基础或加拉杆来承受水平推力。

(2)三铰拱在竖向荷载作用下的支座反力、内力计算公式:

$$\left.\begin{aligned} V_A &= V_A^0 \\ V_B &= V_B^0 \\ H &= \frac{M_C^0}{f} \end{aligned}\right\}$$

$$\left.\begin{aligned} M_K &= M_K{}^0 - Hy_K \\ Q_K &= Q_K{}^0\cos\varphi_K - H\sin\varphi_K \\ N_K &= Q_K{}^0\sin\varphi_K + H\cos\varphi_K \end{aligned}\right\}$$

其内力计算,通常沿拱跨将拱身等分后列表进行。

(3)在已知荷载作用下,使拱身截面只有轴向压力的拱轴线称为合理拱轴线。合理拱轴线只是相对于某一种荷载情况而言的。当荷载的大小或作用位置改变时,合理拱轴线一般要发生相应的变化。但若荷载中所有力的大小都按某一比例增加或减小,而不改变其作用位置和作用方向,则合理拱轴线不变。

在竖向荷载作用下,三铰拱的合理拱轴线可用下式求得:

$$y = \frac{M^0(x)}{H}$$

在竖向均布荷载、径向均布荷载和填料荷载作用下,三铰拱的合理拱轴线分别为抛物线、圆弧线和悬链线。

4. 静定平面桁架的内力

(1)桁架是全部由链杆组成的结构。在桁架的计算简图中,通常引用下述假定:各结点都是理想铰;各杆的轴线绝对平直,且通过铰心;外力只作用在结点上。

符合上述假定的桁架称为理想桁架。理想桁架的受力特点是各杆只受轴力作用,截面上的应力均匀分布。

(2)静定平面桁架内力计算的基本方法是结点法和截面法。这两种方法的原理和计算步骤相同,区别仅在于所取分离体包含的结点数不同,作用于分离体上的力系不同。当截面法所取分离体只包含一个结点时,即称为结点法。

结点法宜应用于简单桁架,所取结点上的未知力不得超过两个。计算前识别零杆和计算时利用比例关系式 $\frac{N}{l} = \frac{X}{l_x} = \frac{Y}{l_y}$ 可使计算工作得到简化。截面法宜应用于联合桁架的计算和简单桁架中只求少数杆件内力的计算,所取分离体上的未知力一般不得超过三个。结点法的应用技巧也可用于截面法。

重点是各种静定结构的内力计算和内力图绘制。学习多跨静定梁,要着重掌握如何将它正确地拆成若干个单跨梁。学习静定平面刚架,要着重掌握杆端内力的计算,并注意剪力和轴力的正负号,以及弯矩图画在杆件的哪一侧。学习三铰拱,要注意三个内力公式和有关的正负号规定,以及推力公式 $H=\frac{M_C^0}{f}$,应在理解的基础上记熟。此外,拱的特点和合理拱轴线的概念也很重要,同样应很好地了解和掌握。学习桁架应着重注意解题技巧,如零杆识别,比例关系式利用,分离体的选取,投影轴和矩心的选择以及平衡方程的选取等,并要求通过练习求得熟练。

复习思考题

8-1 什么是几何不变体系和几何可变体系?

8-2 进行几何组成分析的作用有哪些?

8-3 什么是几何瞬变体系?为什么瞬变体系不能应用于工程结构?

8-4 什么是静定结构?什么是超静定结构?它们有什么共同点?其根本区别是什么?举例予以说明。

8-5 思 8-5 图所示各体系是静定的还是超静定的?如果是超静定的,它们各有几个多余约束?

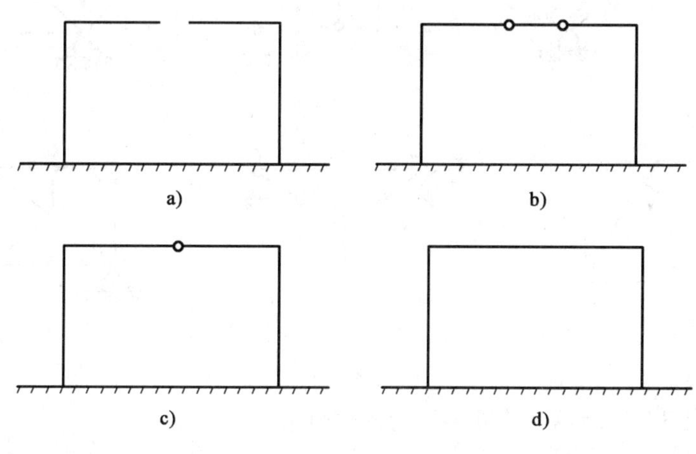

思 8-5 图

8-6 什么是多跨静定梁?其几何组成和传力关系各有什么特点?

8-7 为什么多跨静定梁应先计算附属部分,后计算基本部分?

8-8 与多跨简支梁相比较,多跨静定梁有哪些优点?哪些缺点?

8-9 什么是刚架?其几何构造特点是什么?

8-10 刚架在变形和受力方面有何特点?

8-11 刚架内力的正负号是怎样规定的?如何计算三铰刚架的支座反力?

8-12 刚架为什么能广泛应用于工程之中?

8-13 什么是拱?它和梁的基本区别在哪里?

8-14 三铰拱剪力和轴力公式中的 φ,为什么在左半拱取正号,而在右半拱取负号?

8-15 何谓合理拱轴线?若竖向荷载的大小和作用位置改变,三铰拱的合理拱轴线会不会改变?为什么?

8-16　在竖向均布荷载、径向均布荷载和填料荷载作用下,三铰拱的合理拱轴线各是什么曲线?

8-17　何谓桁架?在平面桁架的计算简图中,通常引用哪些假定?

8-18　什么是简单桁架和联合桁架?什么是梁式桁架和拱式桁架?试各举一例说明。

8-19　何谓结点法?在什么情况下应用这一方法比较适宜?

8-20　何谓零杆?怎样识别?零杆是否可以从桁架中撤去?为什么?

8-21　何谓截面法?在什么情况下应用这一方法比较适宜?

8-22　在桁架计算中,怎样避免解联立方程?

习　题

8-1　对题 8-1 图所示结构几何组成进行分析。

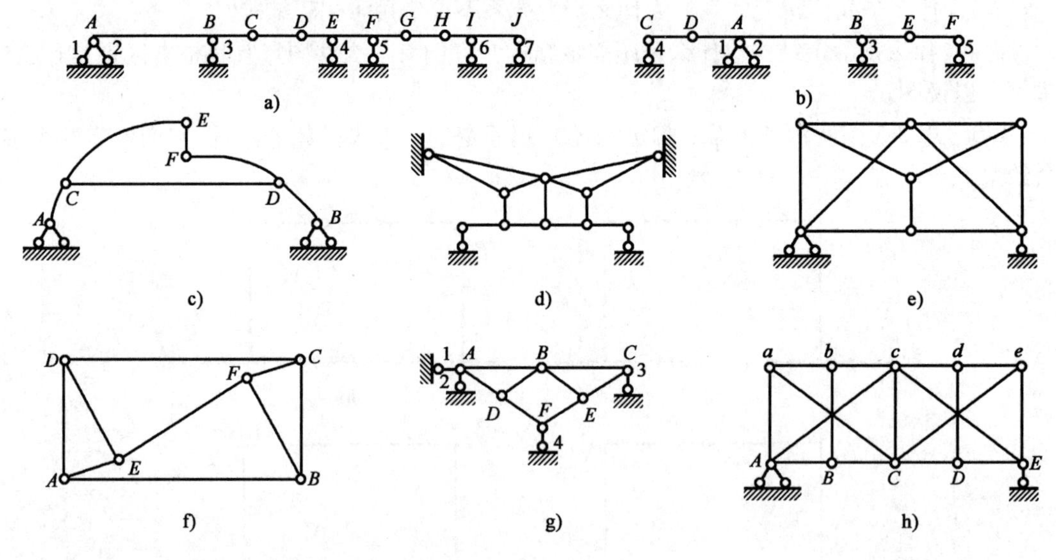

题 8-1 图

8-2　试作题 8-2 图所示多跨静定梁的 $\boldsymbol{M}$、$\boldsymbol{Q}$ 图。

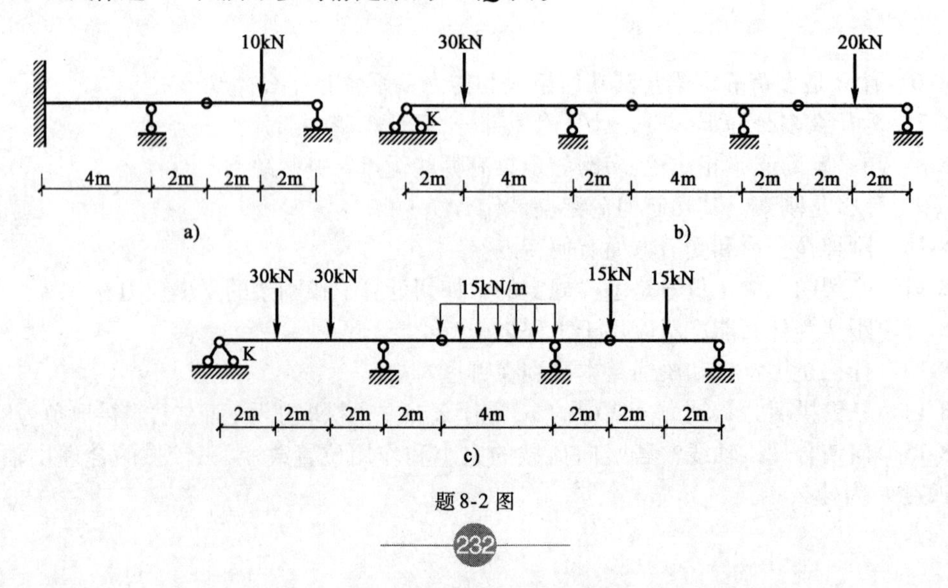

题 8-2 图

8-3 试作题8-3图所示刚架的M、Q、N图。

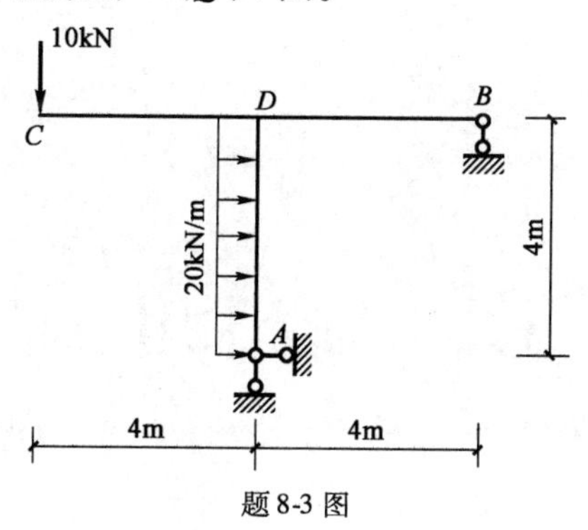

题8-3图

8-4 试作题8-4图所示刚架的M图。

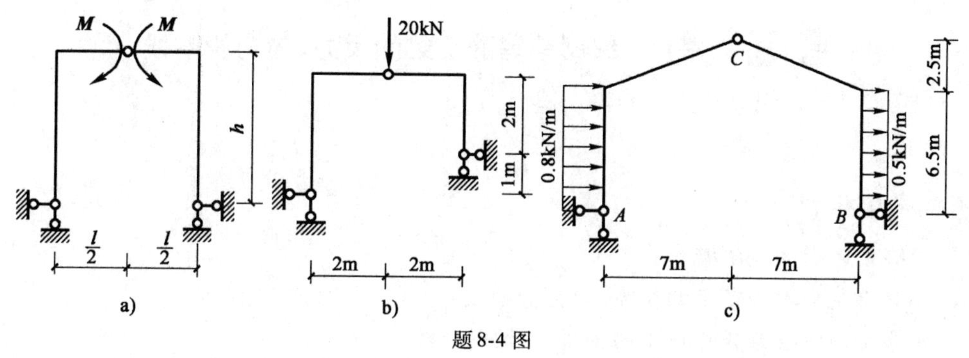

题8-4图

8-5 试求题8-5图所示圆弧三铰拱的支座反力和截面K的内力。

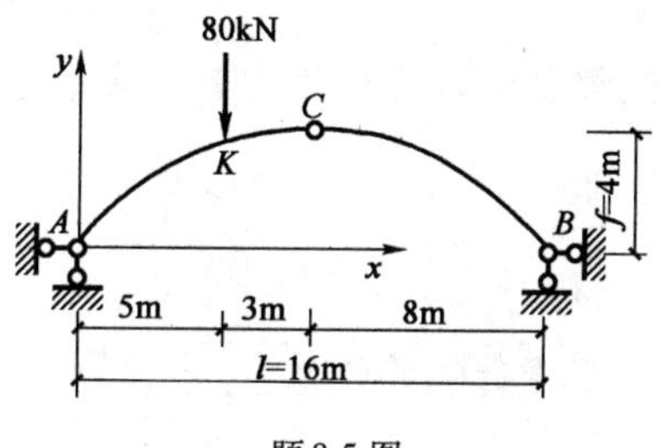

题8-5图

8-6 试计算题8-6图所示桁架中指定杆件的内力。

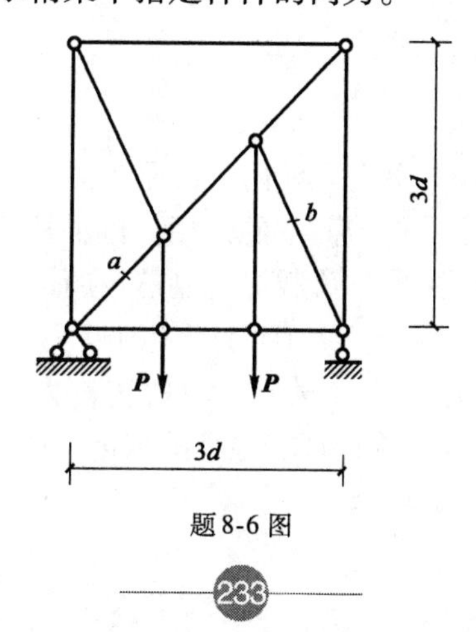

题8-6图

学习情境九 移动荷载作用下结构的内力分析

学习任务一 绘制单跨静定梁的反力、内力影响线

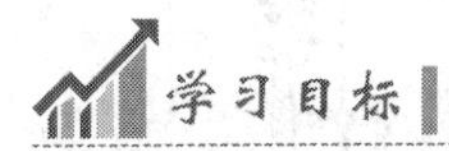

1. 能够描述影响线的概念；
2. 能够绘制单跨静定梁的反力、内力影响线；
3. 能够绘制间接荷载作用下的主梁影响线。

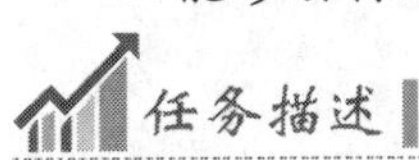

通过对影响线概念的理解，绘制间接荷载作用下单跨静定梁的反力、内力影响线。

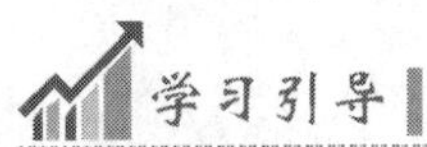

本学习任务沿着以下脉络进行：

理解影响线的概念 → 绘制单跨静定梁的反力、内力影响线 → 绘制间接荷载作用下单跨静定梁的反力、内力影响线

一、相关知识

1. 影响线的概念

结构在固定荷载作用下，其支座反力和内力都是不变的。但在实际工程中部分结构除了承受固定荷载作用外，还要承受移动荷载的作用。例如桥梁要承受火车、汽车、走动的人群等荷载，厂房中的吊车梁要承受吊车荷载等。显然，在移动荷载作用下，结构的支座反力和内力（$\boldsymbol{N}$、$\boldsymbol{Q}$、$\boldsymbol{M}$）将随着荷载位置的移动而变化（即反力和内力将是关于荷载位置的函数）。为了方便分析，将某一支座反力和某一个内力统称为“量值”。必须求出移动荷载作用下反力和内力的最大值以作为结构设计和验算的依据。

为此，我们需要解决如下三个问题：

(1)荷载移动时反力和内力的变化规律。不同的反力和不同截面的内力的变化规律是各不相同的，即使对于同一截面，不同的内力(例如弯矩和剪力)的变化规律也不相同。例如图9-1-1所示简支梁，当汽车由左向右移动时，反力 $\boldsymbol{R}_{\mathrm{A}}$ 将逐渐减小，而反力 $\boldsymbol{R}_{\mathrm{B}}$ 却逐渐增大。因此，一次只宜研究一个反力和一个截面的某一项内力的变化规律。

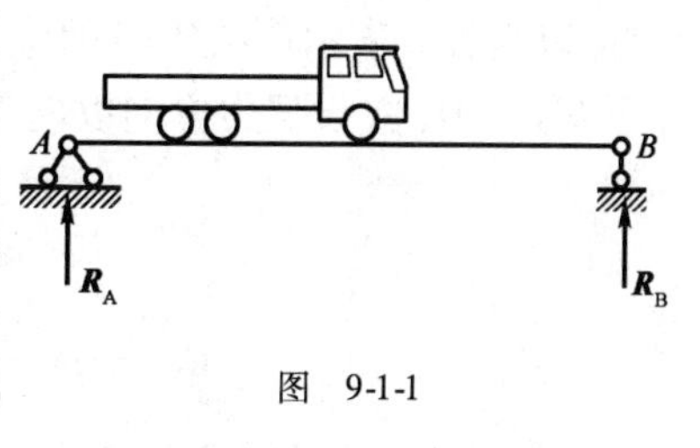

图 9-1-1

工程实际中的移动荷载通常是由很多间距不变的竖向荷载所组成，而其类型是多种多样的，我们不可能一一加以研究，但无论何种荷载都是竖向单位集中荷载 $P=1$ 的倍数。也就是说，只要我们能研究清楚竖向单位集中荷载 $P=1$ 沿结构移动时反力和内力的变化规律，对于具体荷载，只需扩大相应的倍数再根据叠加原理就可进一步解决问题。

例如图9-1-2a)所示简支梁，当荷载 $P=1$ 分别移动到 A、1、2、3、B 各等分点时，反力 $\boldsymbol{R}_{\mathrm{A}}$ 的数值分别为1、$\frac{3}{4}$、$\frac{1}{2}$、$\frac{1}{4}$、0。如果以横坐标表示 $P=1$ 的位置，以纵坐标表示反力 $\boldsymbol{R}_{\mathrm{A}}$，则可将以上各数值在水平基线上用竖标绘出。再把它们的顶点用曲线连起来，这样所得的图形[图9-1-2b)]就表示了 $P=1$ 在梁上移动时反力 $\boldsymbol{R}_{\mathrm{A}}$ 的变化规律。这一图形就称为反力 $\boldsymbol{R}_{\mathrm{A}}$ 的影响线。

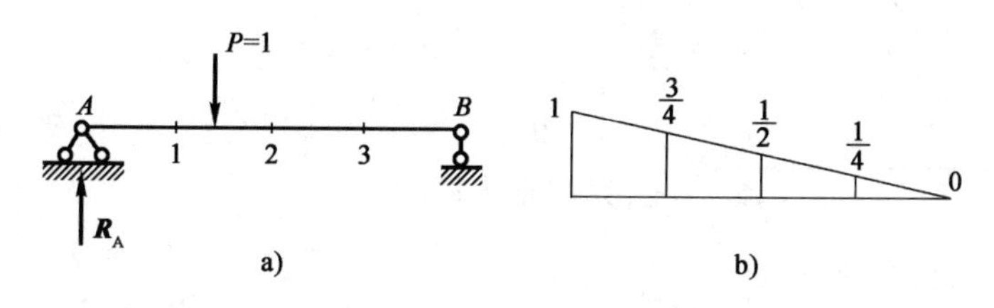

图 9-1-2

由此，我们引出影响线的定义如下：表示在竖向单位移动荷载 $P=1$ 作用下，结构上某一量值变化规律的图形，称为该量值的影响线。

(2)如需求出某量值(反力或内力)的最大值，就必须先确定产生这一最大值的荷载位置，对应某量值最大值的荷载位置称为最不利荷载位置。某量值的影响线一经绘出，就可利用它来确定最不利荷载的位置。因此，影响线是研究移动荷载计算问题的工具。

(3)最不利荷载位置一经确定，问题又归结为固定荷载作用下的量值求解问题。用前有知识固然可解，但直接利用影响线和叠加原理则更为方便。

2. 单跨静定梁的影响线

绘制影响线的方法有三种，静力法和机动法为两种基本方法；第三种方法为取两种基本方法的优点而形成的联合法。本节只介绍静力法。

用静力法绘制影响线，就是将荷载 $P=1$ 放在任意位置，并选定坐标系，以横坐标 x 表示荷载作用点的位置，然后根据平衡条件求出所求量值与荷载位置之间的函数关系式，这种关系式称为影响线方程，再根据方程作图。

1)简支梁的影响线

(1)反力影响线。设要绘制图9-1-3a)所示简支梁支反力 $\boldsymbol{R}_{\mathrm{A}}$ 的影响线。为此，可取 A 为原点,以坐标 x 表示荷载 $P=1$ 的位置。当 $P=1$ 在梁上任意位置(即 $0\leqslant x\leqslant l$)时,由平衡条件 $\sum M_B=0$,并设反力方向以向上为正,则有:

$$R_A l - P(l-x) = 0$$

得

$$R_A = P\frac{l-x}{l} = \frac{l-x}{l} \qquad (0\leqslant x\leqslant l)$$

这就是 $\boldsymbol{R}_A$ 的影响线方程。由于它是 x 的一次函数,故知 $\boldsymbol{R}_A$ 的影响线是一段直线。只需定出两点:

$$x=0,\quad R_A=1$$
$$x=l,\quad R_A=0$$

便可绘出 $\boldsymbol{R}_A$ 的影响线,如图 9-1-3b)所示。在绘制影响线时,通常规定正值的竖标绘在基线的上方,负值的竖标绘在基线的下方。

根据影响线的定义,$\boldsymbol{R}_A$ 影响线中的任一竖标即代表当荷载 $P=1$ 作用于该处时反力 $\boldsymbol{R}_A$ 的大小,例如图中的 y_k 即代表了 $P=1$ 作用在 K 点时反力 $\boldsymbol{R}_A$ 的大小。

为了绘制反力 $\boldsymbol{R}_B$ 的影响线,由 $\sum M_A=0$ 有:

$$R_B l - Px = 0$$

得

$$R_B = \frac{x}{l} \qquad (0\leqslant x\leqslant l)$$

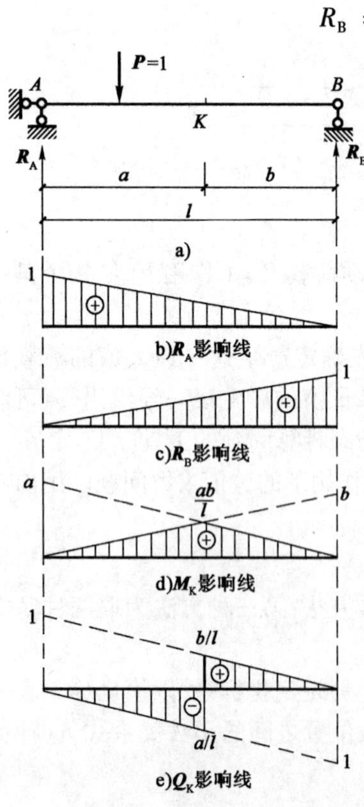

图 9-1-3

它也是 x 的一次函数,故 $\boldsymbol{R}_B$ 的影响线也是一段直线,只需定出两点:

$$x=0,\quad R_B=0$$
$$x=l,\quad R_B=1$$

便可绘出 $\boldsymbol{R}_B$ 的影响线,如图 9-1-3c)所示。

因 $P=1$ 是一无量纲量,故反力影响线的竖标也是无量纲量。

(2)弯矩影响线。设要绘制某指定截面 K[图 9-1-3a)]的弯矩影响线。弯矩仍以下侧纤维受拉为正。为计算简便,当荷载 $P=1$ 在 K 以左的梁段 AK 上移动时,可取截面 K 以右部分为隔离体,当荷载在 K 以右的梁段 KB 上移动时,取 K 截面以左部分为隔离体,则有:

$$M_K = \begin{cases} R_B b = \dfrac{x}{l}b, & 0\leqslant x\leqslant a \\ R_A a = \dfrac{l-x}{l}a, & a\leqslant x\leqslant l \end{cases}$$

由方程可见,K 截面弯矩影响线由左、右两段直线所组成。

由 $x=0$ 时,$M_K=0$;$x=a$ 时,$M_K=\dfrac{ab}{l}$,可绘出

左直线。

由 $x = a$ 时，$M_K = \dfrac{ab}{l}$；$x = l$ 时，$M_K = 0$，可绘出右直线。整体如图 9-1-3d）所示。

由上述弯矩影响线方程可看出，其左直线可由反力 $\boldsymbol{R}_B$ 的影响线乘以常数 b 并取 AK 段而得到，右直线则可由反力 $\boldsymbol{R}_A$ 的影响线乘以常数 a 并取 KB 段而得到。

（3）剪力影响线。设要绘制截面 K 的剪力影响线。当 $P=1$ 在 AK 段（$0 \leqslant x < a$）移动时，取截面 K 以右部分为隔离体，并以绕隔离体顺时针转的剪力为正，则有：

$$Q_K = -R_B$$

这表明，将 $\boldsymbol{R}_B$ 的影响线反号并取 AK 段即得影响线的左直线［图 9-1-3e）］。

同理，当荷载在 KB 段（$a < x \leqslant l$）移动时，取截面 K 以左部分为隔离体，可得

$$Q_K = R_A$$

因此，可直接利用 $\boldsymbol{R}_A$ 的影响线并取其 KB 段即得 $\boldsymbol{Q}_c$ 影响线的右直线［图 9-1-3e）］。由上可知，$\boldsymbol{Q}_c$ 的影响线由两段相互平行的直线组成，其竖标在 K 点处有一突变，也就是当 $P=1$ 由 K 点的左侧移到其右侧时，截面 K 的剪力值将发生突变，突变值等于 1。而当 $P=1$ 恰作用于 K 点时，$\boldsymbol{Q}_K$ 是不确定的。

2）外伸梁的影响线

（1）反力影响线。如图 9-1-4a）所示外伸梁，仍取 A 为原点，x 以向右为正。由平衡条件可求得两支座反力为：

$$R_A = \frac{l-x}{l},\quad R_B = \frac{x}{l} \qquad (-l_1 \leqslant x \leqslant l + l_2)$$

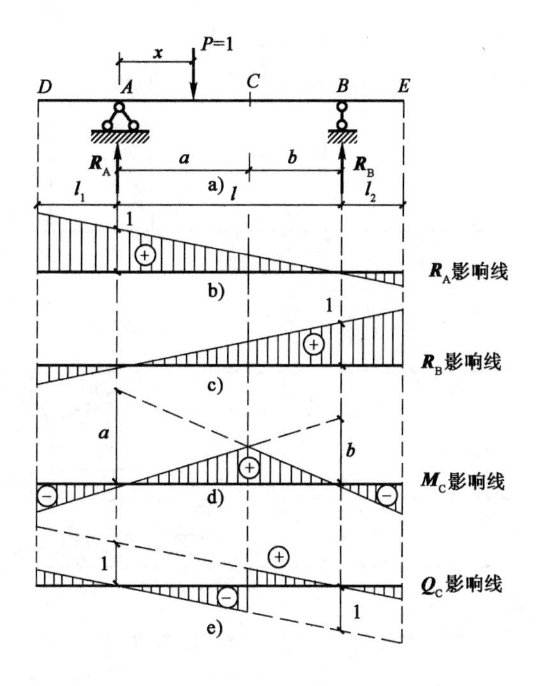

图 9-1-4

注意到,当 $P=1$ 位于 A 点以左时,x 为负值,故以上两方程在梁的全长范围内都是适用的。由于以上两式与简支梁的反力影响线方程完全相同,因此只需将简支梁的反力影响线向两个外伸部分延长,即得外伸梁的影响线,如图 9-1-4b)、c)所示。

(2)跨内部分截面内力影响线。为求两支座间的任一指定截面 C 的弯矩和剪力影响线,可将它们表示为反力 $\boldsymbol{R}_A$ 和 $\boldsymbol{R}_B$ 的函数如下:$P=1$ 在 DC 段移动时,取 C 截面以右部分为分离体,有:

$$M_C = R_B b$$

$$Q_C = -R_B$$

当 $P=1$ 在 CE 段移动时,取截面 C 以左部分为分离体,有:

$$M_C = R_A a$$

$$Q_C = R_A$$

据此可绘出 $\boldsymbol{M}_C$ 和 $\boldsymbol{Q}_C$ 的影响线如图 9-1-4d)、e)所示。可以看出,只需将简支梁相应截面的弯矩和剪力影响线的左、右直线分别向左、右两外伸部分延长,即可得外伸梁的 $\boldsymbol{M}_C$ 和 $\boldsymbol{Q}_C$ 影响线。

(3)外伸部分截面内力影响线。外伸部分与悬臂梁相同,在求任一指定截面 K[图 9-1-5a)]的弯矩和剪力影响线时,为计算方便,改取 K 为原点,x 轴仍以向右为正。当 $P=1$ 在 DK 段移动时,取截面 K 以右部分为分离体有:

$$M_K = 0$$

$$Q_K = 0$$

当 $P=1$ 在 KE 段上移动时,仍取右部分为分离体有:

$$M_K = -x$$

$$Q_K = 1$$

由上可绘出 $\boldsymbol{M}_K$ 和 $\boldsymbol{Q}_K$ 的影响线如图 9-1-5b)、c)所示。

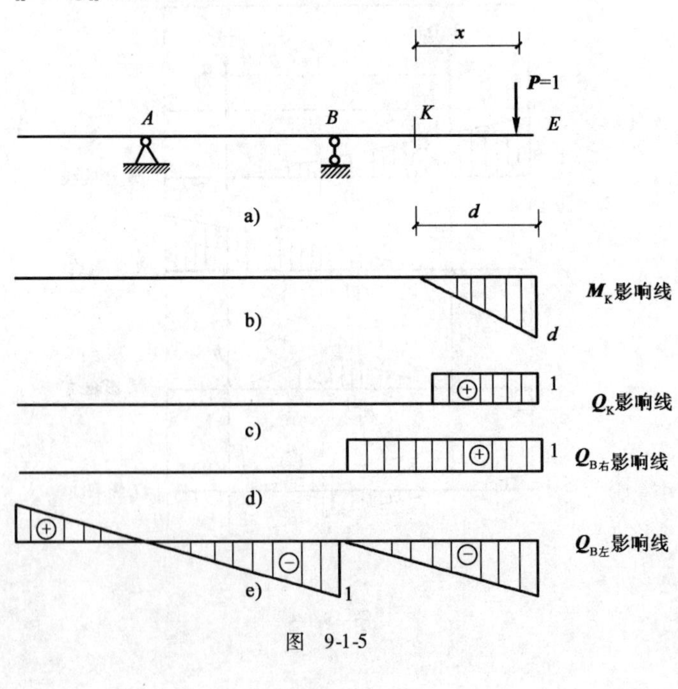

图 9-1-5

对于支座处截面的剪力影响线，需分别就支座左、右两侧的截面进行讨论，因为这两侧的截面分属于外伸部门和跨内部分。例如支座 B 左侧截面的剪力 $\boldsymbol{Q}_{B左}$ 的影响线，可由图 9-1-4 中 $\boldsymbol{Q}_C$ 的影响线使截面 C 趋于截面 B 左而得到，如图 9-1-5e）所示；而支座 B 右侧截面的剪力 $\boldsymbol{Q}_{B右}$ 的影响线则可由 $\boldsymbol{Q}_C$ 的影响线使截面 K 趋于截面 B 右而得到，如图 9-1-5d）所示。

最后需指出，对于静定结构，其反力和内力的影响线方程都是 x 的一次函数，故静定结构的反力、内力影响线都是由直线所组成。而静定结构的位移，以及超静定结构的各种量值的影响线则一般为曲线。

另外，必须切实从本质上区别内力图与内力影响线。具体应从如下四个方面考虑：

（1）横坐标含义不同。内力图的横坐标表示截面的位置；而内力影响线的横坐标则表示荷载 $P=1$ 的位置。

（2）纵标含义不同。内力图不同的纵标表示不同截面的内力；而内力影响线即使不同处的纵标也表示的是同一截面的某一项内力值，只不过荷载 $P=1$ 的位置不同而已。

（3）荷载不同。不需赘述。

（4）量纲不同。如剪力图的量纲是力的量纲，而剪力影响线无量纲；弯矩图的量纲是力矩的量纲，而弯矩影响线的量纲是长度的量纲。

3. 间接荷载作用下的主梁影响线

图 9-1-6a）所示为桥梁结构中的纵横梁桥面系统及主梁的简图。计算主梁时通常可假定纵梁简支在横梁上，横梁简支在主梁上。荷载直接作用在纵梁上，再通过横梁传到主梁上，主梁只在各横梁处（结点处）受到集中力作用。对主梁而言，这种荷载称为间接荷载或结点荷载。下面以主梁上 C 截面的弯矩为例，来说明间接荷载作用下影响线的绘制方法。

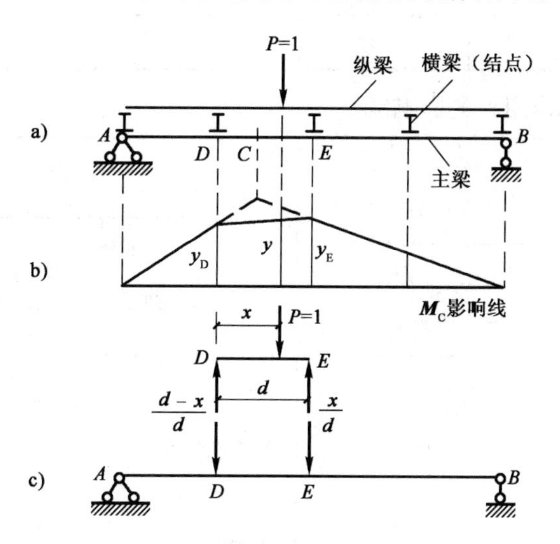

图 9-1-6

首先考虑 $P=1$ 移动到各结点处时的情况。显然这与荷载直接作用在主梁上的情况完全相同。因此，可先作出荷载直接作用在主梁上的 $\boldsymbol{M}_C$ 影响线［图 9-1-6b）］，而在此影响线中，可以肯定对于间接荷载来说，各结点处的竖标都是正确的。

其次，考虑荷载 $P=1$ 在任意两相邻结点 D、E 之间的纵梁上移动的情况。此时，主梁将

在 D、E 两点处分别同时受到结点荷载 $\frac{d-x}{d}$ 及 $\frac{x}{d}$ 的作用[图 9-1-6c)]。设直接荷载作用下 M_C 影响线在 D、E 处的竖标分别为 y_D 和 y_E，则根据影响线的定义和叠加原理可知，在上述两荷载作用下 M_C 值应为：

$$y=\frac{d-x}{d}y_D+\frac{x}{d}y_E$$

上式为 x 的一次函数，且由：

$$x=0,\quad y=y_D$$
$$x=d,\quad y=y_E$$

可知，连接竖标 y_D 和 y_E 的直线，即是该段影响线。

上面的结论，实际上适用于间接荷载作用下任何量值的影响线。由此，可将绘制间接荷载作用下影响线的一般方法归纳如下：

(1)首先作出直接荷载作用下所求量值的影响线(画成虚线)。

(2)然后取各结点处的竖标，并将其顶点在每一纵梁范围内连以直线。

二、任务实施

(1)分组讨论比较弯矩影响线和弯矩图的区别。

	弯矩影响线	弯 矩 图
承受的荷载		
横坐标 x		
纵坐标 y		

(2)绘制直接荷载作用下的影响线。

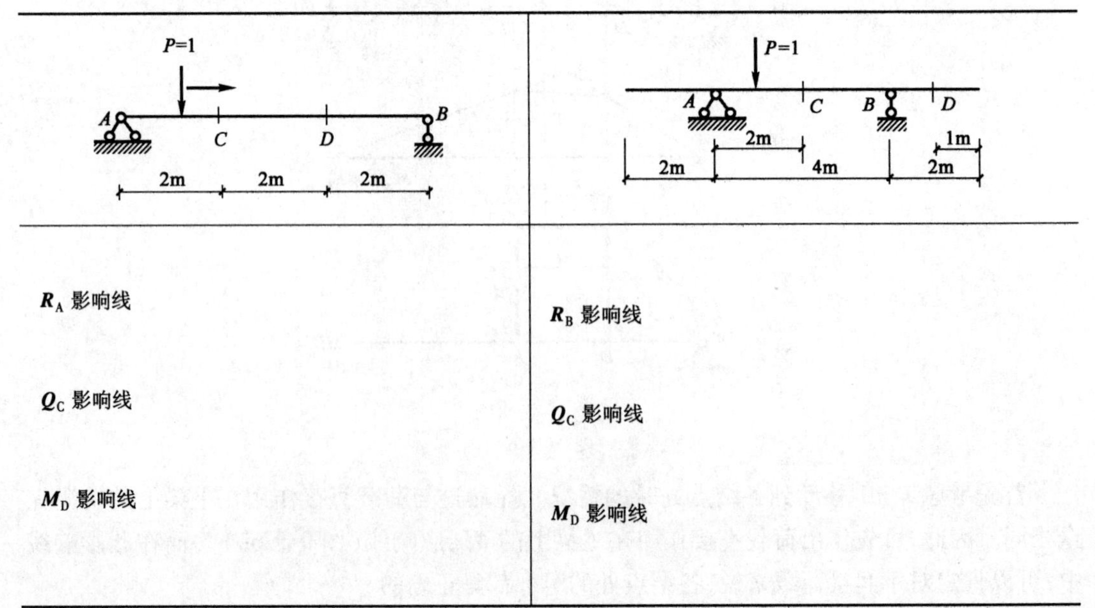

(3)绘制间接荷载作用下的影响线。

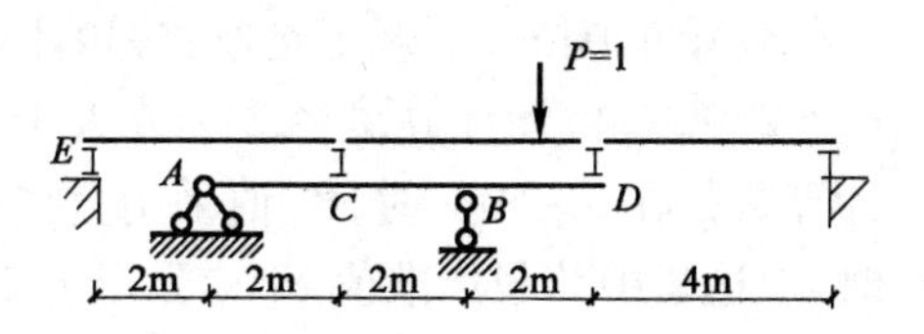

R_A 影响线

M_C 影响线

$Q_{C左}$ 影响线

学习任务二　结构最不利荷载位置的确定

1. 能够叙述我国公路标准荷载;
2. 会利用影响线计算固定荷载作用下的梁的支座反力和内力;
3. 能够利用影响线确定结构最不利荷载位置。

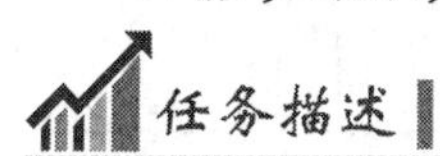

确定单跨梁在公路标准荷载作用下的最不利荷载位置。

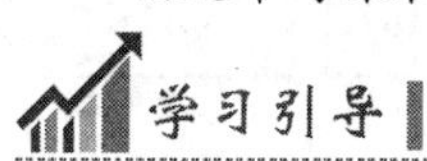

本学习任务沿着以下脉络进行:

熟悉我国公路标准荷载→利用影响线求量值→单跨梁某截面最不利荷载位置的确定

一、相关知识

1. 我国公路标准荷载

我国现行《公路工程技术标准》(JTG B01—2014)中规定:

(1)汽车荷载分为公路—I 级和公路—II 级两个等级。

(2)汽车荷载由车道荷载和车辆荷载组成。车道荷载由均布荷载和集中荷载组成。桥梁结构的整体计算采用车道荷载;桥梁结构的局部加载、涵洞、桥台和挡土墙土压力等的计算采用车辆荷载。车辆荷载与车道荷载的作用不得叠加。

(3)车道荷载的计算图式见图9-2-1。

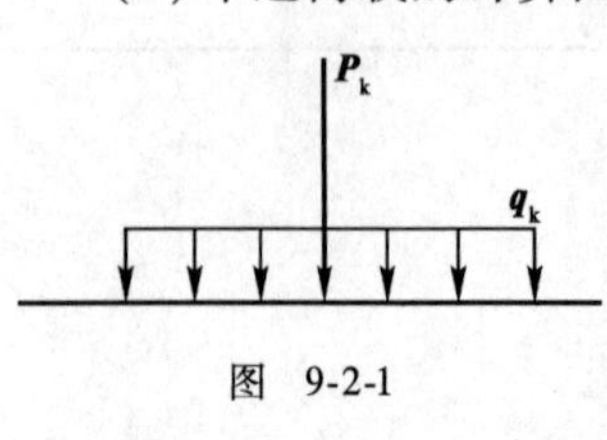

图 9-2-1

①公路—I级车道荷载的均布荷载标准值为 $q_k=10.5\text{kN/m}$;集中荷载标准值按以下规定选取:桥涵计算跨径小于或等于5m时,$P_k=270\text{kN}$;桥涵计算跨径等于或大于50m时,$P_k=360\text{kN}$;桥涵计算跨径在5~50m时,$\boldsymbol{P}_k$ 值采用直线内插求得。计算剪力效应时,上述集中荷载标准值 $\boldsymbol{P}_k$ 应乘以1.2的系数。

②公路—Ⅱ级车道荷载的均布荷载标准值 $\boldsymbol{q}_k$ 和集中荷载标准值 $\boldsymbol{P}_k$ 按公路—I级车道荷载的0.75倍采用。

③车道荷载的均布荷载标准值应满布于使结构产生最不利效应的同号影响线上;集中荷载标准值只作用于相应影响线中一个最大影响线峰值处。

④车辆荷载的立面尺寸见图9-2-2。

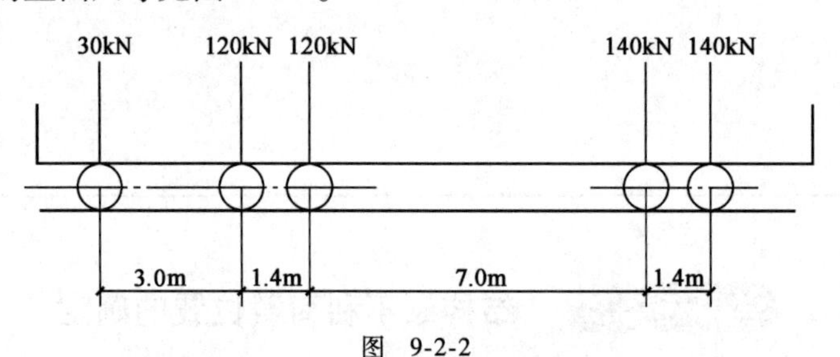

图 9-2-2

2.求固定荷载作用下的量值

绘制影响线的目的是为了利用它来确定实际移动荷载对于某一量值的最不利位置,从而求出该量值的最大值。在研究这一问题之前,应先讨论当若干个固定集中荷载或分布荷载作用于某已知位置时,如何利用影响线求量值。

(1)集中荷载。

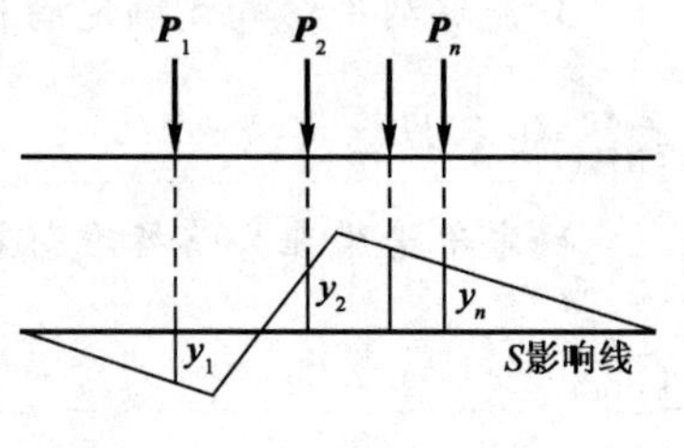

图 9-2-3

设某量值的影响线已绘出,如图9-2-3所示。现有若干竖向集中力($\boldsymbol{P}_1,\boldsymbol{P}_2,\cdots,\boldsymbol{P}_n$)作用于已知位置,其对应于影响线上的竖标分别为 $y_1,y_2,\cdots,y_n$,要求由这些集中荷载作用所产生的量值 S 的大小。我们知道,影响线上的竖标 y_1 代表荷载$P=1$作用于该处时 S 的大小,若荷载不是1而是 P_1,则 S 应为 P_1y_1。因此,当若干集中荷载作用时,据叠加原理可知,所产生的 S 值为:

$$S=P_1y_1+P_2y_2+\cdots+P_ny_n=\sum P_iy_i \tag{9-2-1}$$

(2)分布荷载。

若将分布荷载沿其长度分成无穷(小)的微段,则每一微段 $\mathrm{d}x$ 上的荷载 $\boldsymbol{q}(x)\mathrm{d}x$ 都可作为一集中荷载(图9-2-4),故在 ab 区段内的分布荷载所产生的量值 S 为:

$$S=\int_a^b q(x)\mathrm{d}x \tag{9-2-2}$$

若 $\boldsymbol{q}(x)$ 为均布荷载 $\boldsymbol{q}$,则式(9-2-2)可写成:

$$S=q\int_a^b \mathrm{d}x=q\omega \tag{9-2-3}$$

式中,ω 表示影响线在均布荷载范围 ab 内的面积。若在该范围内影响线有正有负,则 ω 应为正负面积的代数和。

例 9-2-1 试求图 9-2-4a)所示外伸梁 C 截面的弯矩 M_C。

解:作出 M_C 弯矩影响线如图 9-2-4b)所示。据前面公式得:

$$M_C = 30\times\frac{2}{3}+15\times\frac{4}{3}+6\times\left(\frac{2}{3}\times1\times\frac{1}{2}-\frac{4}{3}\times2\times\frac{1}{2}\right)+12\times\left(-\frac{4}{3}\right)=18\text{kN}\cdot\text{m}$$

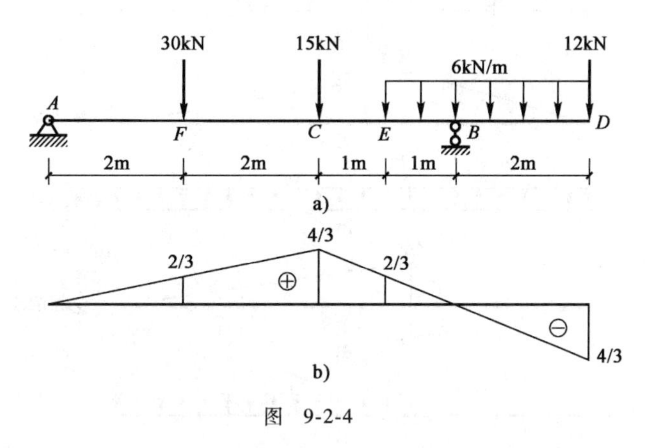

图 9-2-4

3. 最不利荷载位置

如前所述,在移动荷载作用下,结构上的各种量值均将随荷载位置而变化,而设计时必须求出各种量值的最大值(包括最大正值和最大负值,最大负值也称最小值),以作为设计依据。为此,必须先确定使某一量值发生最大(或最小)值的位置,即最不利荷载位置。只要确定所求量值的最不利荷载位置,其量值便可依前述固定荷载作用下量值的求解方法算出。下面讨论如何用影响线来确定最不利荷载位置。

当荷载的情况比较简单时,最不利荷载位置凭直观便可确定。

(1)单个集中力。对于只有一个集中力 $\boldsymbol{P}$ 的情况,将 $\boldsymbol{P}$ 置于 S 影响线的最大竖标处即产生 S_{max};而将 $\boldsymbol{P}$ 置于最小竖标处即产生 S_{min} 值(图 9-2-5)。

(2)任意长均布荷载(也称可动均布荷载,如人群、货物等),由 $S=q\omega$ 易知,将荷载布满对应于影响线所有正面积的部分,则产生 S_{max};反之,将荷载布满对应于影响线所有负面积的部分,则产生 S_{min} 值(图 9-2-6)。

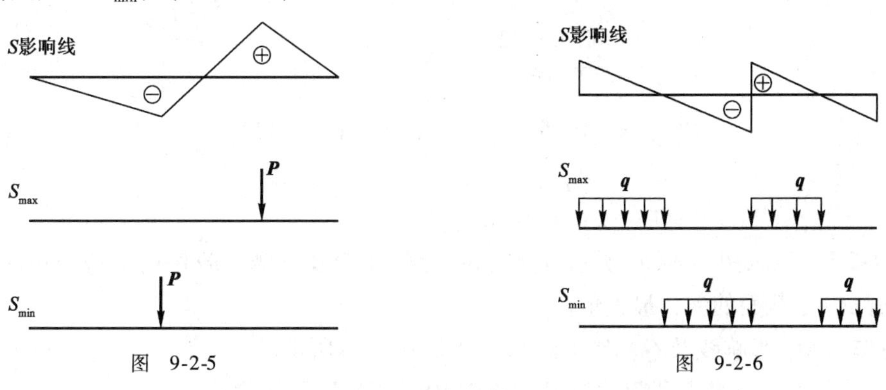

图 9-2-5　　图 9-2-6

(3)车道荷载。对于公路—Ⅰ级、公路—Ⅱ级车道荷载是由可任意断续布置的均布荷载和单个集中力所组成,因此,将上述两种情况下结果叠加即可找出最不利荷载位置。

例 9-2-2 试求图 9-2-7a)所示简支梁在公路—Ⅰ级荷载作用下 C 截面的弯矩及剪力最大、最小值。

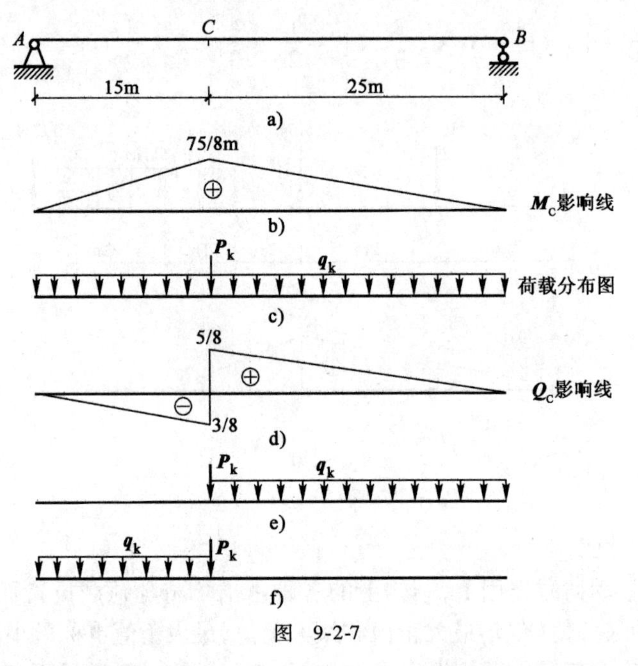

图 9-2-7

解:作出弯矩、剪力影响线如图 9-2-7b)、d)所示,最不利荷载分别如图 9-2-7c)、e)、f)所示。

均布荷载为:$q_C = 10.5\text{kN/m}$

由直线内插法可求得:

$$P_C = 180 + (360 - 180)\frac{40 - 5}{50 - 5} = 320\text{kN}$$

$$M_{max} = 10.5 \times \frac{1}{2} \times \frac{75}{8} \times 40 + 320 \times \frac{75}{8} = 1\,968.75 + 3\,000$$
$$= 4\,968.75\text{kN}\cdot\text{m}$$

$$Q_{C\max} = 10.5 \times \frac{1}{2} \times \frac{5}{8} \times 25 + 1.2 \times 320 \times \frac{5}{8}$$
$$= 82.03 + 240$$
$$= 322.03\text{kN}$$

$$Q_{C\min} = -10.5 \times \frac{1}{2} \times \frac{3}{8} \times 15 - 1.2 \times 320 \times \frac{3}{8}$$
$$= -29.53 - 144$$
$$= -173.53\text{kN}$$

例 9-2-3 试求图 9-2-8a)所示简支梁在公路—Ⅰ级及车辆荷载作用下跨中截面 C 的弯矩最大值及 $A_{右}$ 截面的剪力最大值。

解:作出 $\boldsymbol{M}_C$ 影响线及 $\boldsymbol{Q}_{A右}$ 影响线如图 9-2-8b)、e)所示。

车道荷载作用下最不利荷载位置如图 9-2-8c)、f)所示,可得

$$M_{\text{Cmax}} = 10.5 \times \frac{1}{2} \times 1.25 \times 5 + 180 \times 1.25 = 257.81\text{kN} \cdot \text{m}$$

$$Q_{\text{A右max}} = 10.5 \times \frac{1}{2} \times 1 \times 5 + 1.2 \times 180 \times 1 = 242.25\text{kN}$$

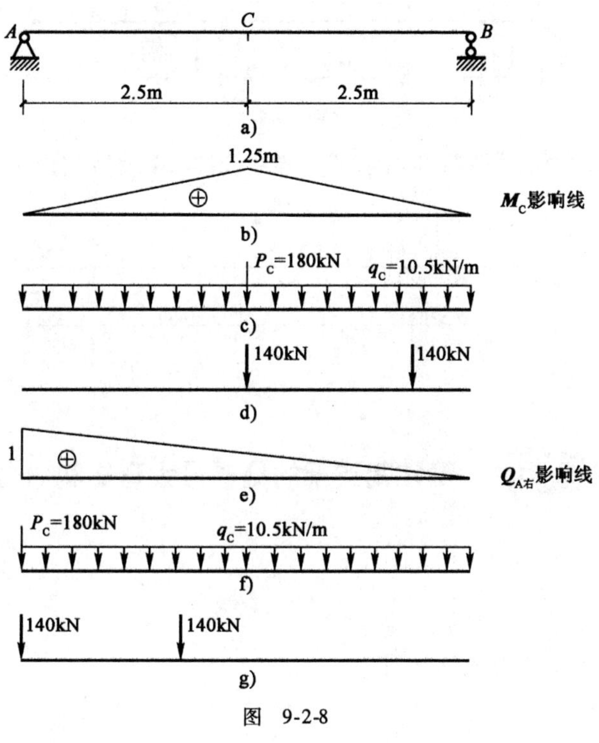

图 9-2-8

车辆荷载作用下最不利荷载位置如图 9-2-8d)、g)所示,可得:

$$M'_{\text{Cmax}} = 140 \times (1.25 + 1.25 \times \frac{1.1}{2.5}) = 329\text{kN} \cdot \text{m}$$

$$Q'_{\text{A右max}} = 140 \times (1 + \frac{3.6}{5}) = 240.8\text{kN}$$

二、任务实施

(1)分组讨论并应用我国公路标准荷载绘制跨径 30m 的简支梁的荷载分布图。

公路—Ⅰ级车道荷载	公路—Ⅰ级车辆荷载
公路—Ⅱ级车道荷载	公路—Ⅱ级车辆荷载

(2)利用影响线计算图 9-2-9 所示结构的 M_C、$Q_{B右}$。

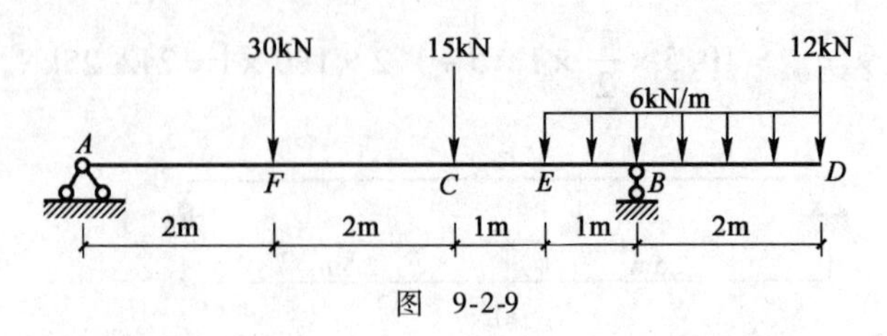

图 9-2-9

(3)运用影响线分析图 9-2-10 所示简支梁在公路—I 级荷载作用下 C 截面的弯矩和剪力最大、最小值。

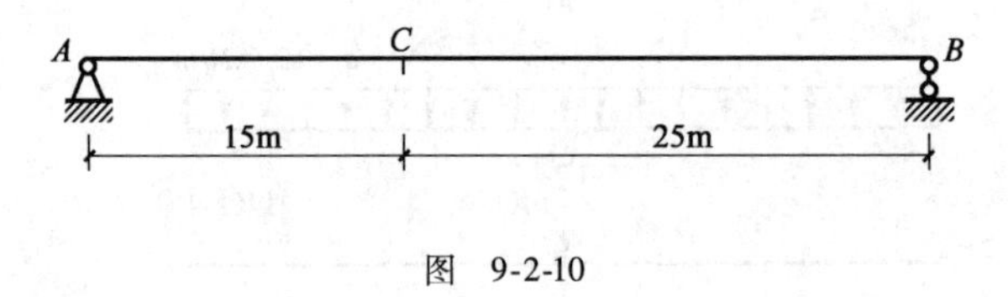

图 9-2-10

学习任务三　确定简支梁的绝对最大弯矩和内力包络图

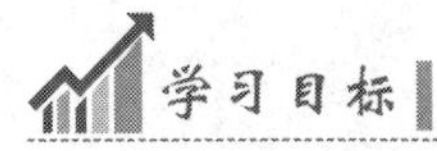

学习目标

1. 能够确定简支梁的绝对最大弯矩；
2. 能够绘制简支梁的内力包络图。

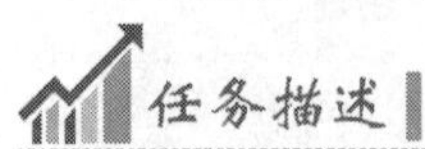

任务描述

利用分析结构在移动荷载作用下的内力变化规律，确定简支梁的绝对最大弯矩和内力包络图。

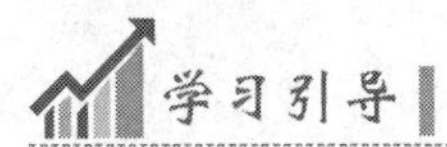

学习引导

本学习任务沿着以下脉络进行：

分析简支梁的绝对最大弯矩→绘制简支梁内力包络图

一、相关知识

1. 简支梁的绝对最大弯矩

前面给出了简支梁任意指定截面在荷载作用下弯矩最大值的求解方法，那么，在无限多个最大值中必有一个更大者，称此为简支梁的绝对最大弯矩。下面就车道荷载进行讨论。

由在车道荷载作用下，简支梁任意截面弯矩最大值计算公式：

$$M_{Cmax} = q_K \cdot \omega + P_K y_{max}$$

可知，欲使 M_{Cmax} 取得绝对最大，应使简支梁弯矩影响线面积 ω 与峰值 y_{max} 同时取得最大。

如图 9-3-1b）所示为简支梁任意截面弯矩影响线，由图知：

$$\omega = \frac{1}{2} \cdot l \cdot \frac{x(l-x)}{l}$$

$$y_{max} = \frac{x(l-x)}{l}$$

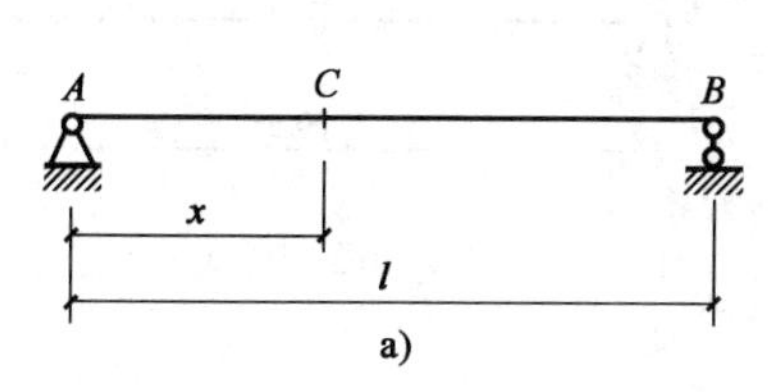

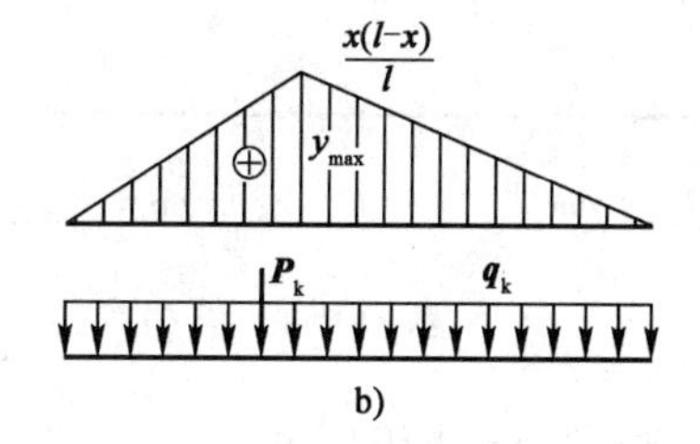

图 9-3-1

对以上两式求一阶导数且令其分别为零可得：

$$x = l/2$$

此时，ω 、y_{max} 同时取得最大，分别为：

$$\omega_{max} = \frac{l^2}{8}$$

$$y_{max} = \frac{l}{4}$$

故

$$M_{max} = \frac{q_k l^2}{8} + \frac{P_K l}{4} \tag{9-3-1}$$

2.简支梁的内力包络图

在结构设计或验算中，经常需求出结构在恒载和活载共同作用下，各截面的最大、最小内力值。联络各截面的最大、最小内力的图形，称为内力包络图。本学习任务以一实例来说明简支梁的弯矩、剪力包络图的绘制方法。在实际工作中，对于活载尚需考虑其冲击力的影响，这通常是将静载和活载所产生的内力值乘以冲击系数 $1+\mu$ 来实现的。冲击系数的确定详见《公路桥涵设计通用规范》（JTG D60—2004）。关于荷载沿桥横向分布系数 m_c 及其沿桥纵向的变化须进一步学习。

设梁所承受的恒载为均布荷载 $\boldsymbol{q}$，某一内力 S 影响线的正、负面积及总面积分别为 ω_+、ω_- 及 $\sum\omega$，活载为车道荷载，均布荷载为 $\boldsymbol{q}_K$，集中力为 $\boldsymbol{P}_K$，则在恒载和活载共同作用下该内力的最大、最小值的计算公式为：

$$\left.\begin{aligned} S_{max} &= q\sum\omega + (1+\mu)m_c(q_K\omega + P_K y_{max}^+) \\ S_{min} &= q\sum\omega + (1+\mu)m_c(q_K\omega_- + P_K y_{max}^-) \end{aligned}\right\} \tag{9-3-2}$$

二、任务实施

（1）分组讨论绝对最大弯矩和内力包络图的概念及用途。

（2）分析图 9-3-2 所示结构在公路—I 级荷载作用下的绝对最大弯矩，并与跨中截面 C 的最大弯矩相比较。

(3)如图9-3-3所示,一跨径为19.5m的公路钢筋混凝土T梁桥,共由五片梁组成,双车道,中主梁受集中荷载 $q=16.7kN/m$,冲击系数为 $1+\mu=1.261$,其跨中横向分布系数 $m_c=0.5$,假设沿桥纵向不变化。承受公路—II级活载作用。分组讨论并绘制中主梁的弯矩和剪力包络图。

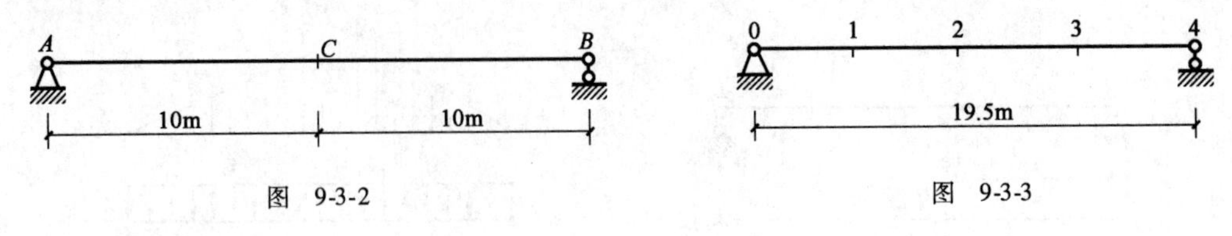

图 9-3-2

图 9-3-3

三、学习效果评价反馈

学生自评	1.能否说明影响线的概念?□ 2.能否绘制间接荷载作用下单跨梁的内力、反力影响线?□ 3.能否描述我国公路标准荷载?□ 4.能否利用影响线求量值?□ 5.能否确定单跨梁在公路标准荷载作用下的最不利荷载位置?□ (根据本人实际情况填写:A.能够完成;B.基本完成;C.不能完成)
学习小组评价	团队合作□ 学习效率□ 交流沟通能力□ 获取信息能力□ 表达能力□ (根据小组完成任务情况填写:A.优秀;B.良好;C.合格;D.有待改进)
教师评价	

小 结

(1)影响线是单位竖向移动荷载 $P=1$ 作用下某量值变化规律的图形。它反映结构的某一量值(指某个支座反力,某一截面的内力等)随单位荷载 $P=1$ 位置改变而改变。

(2)内力影响线与内力图的区别:内力影响线表示某一指定截面的某一内力值(弯矩、剪力或轴力)随单位荷载 $P=1$ 位置改变而变化的规律;内力图表示结构在某种固定荷载作用下各个截面的某一内力的分布规律。

(3)静力法是绘制影响线的最基本方法。它是根据分离体的平衡条件列出影响线方程,再用图线表示出来。要注意影响线方程分段方法,正确地画出各种单跨梁的影响线。

(4)在间接荷载作用下,结构主梁上某量值的影响线的做法是,先作直接荷载作用下该量值的影响线,然后将相邻的结点竖标用直线连接即可。

(5)影响线的应用有两种:一是计算各种固定荷载产生的量值。固定集中荷载产生的量值为 $S=\sum P_i y_i$,固定均布荷载产生的量值为 $S=q\omega$。二是用来确定移动荷载的最不利荷载位置,从而计算出量值的最大值。

(6)我国现行的公路荷载分为公路—Ⅰ级和公路—Ⅱ级两个等级。汽车荷载分为车道荷载和车辆荷载两种类型。

复习思考题

9-1 举例说明工程中的移动荷载和固定荷载。

9-2 影响线与内力图的区别是什么？影响线和内力图上任一点的横坐标和纵坐标各代表什么意义？思 9-2 图 a)表示一简支梁的弯矩图，思 9-2 图 b)为简支梁 C 截面的弯矩影响线，二者形状及竖标均完全相同，试指出图中 y_1 和 y_2 各代表的具体意义。

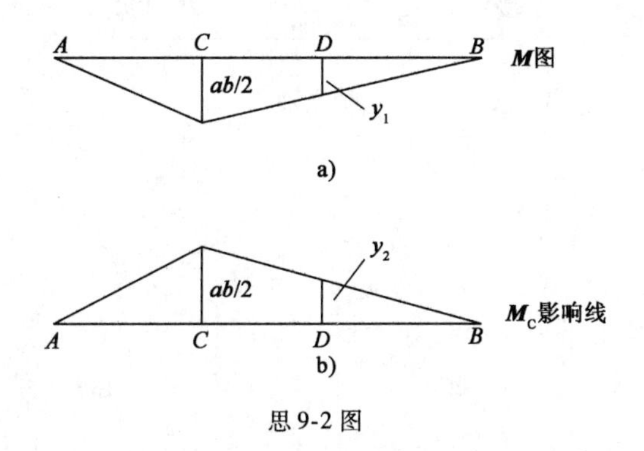

思 9-2 图

9-3 梁中同一截面的不同内力(如弯矩 $\boldsymbol{M}$、剪力 $\boldsymbol{Q}$ 等)的最不利荷载位置是否相同？为什么？

习 题

9-1 试作题 9-1 图所示悬臂梁的反力 $\boldsymbol{V}_{A}$、$\boldsymbol{H}_{A}$、$\boldsymbol{M}_{A}$ 及内力 $\boldsymbol{Q}_{C}$、$\boldsymbol{M}_{C}$ 的影响线。

9-2 试作题 9-2 图所示外伸梁中 $\boldsymbol{R}_{B}$、$\boldsymbol{M}_{C}$、$\boldsymbol{Q}_{C}$、$\boldsymbol{M}_{B}$、$\boldsymbol{Q}_{B左}$、$\boldsymbol{Q}_{B右}$ 的影响线。

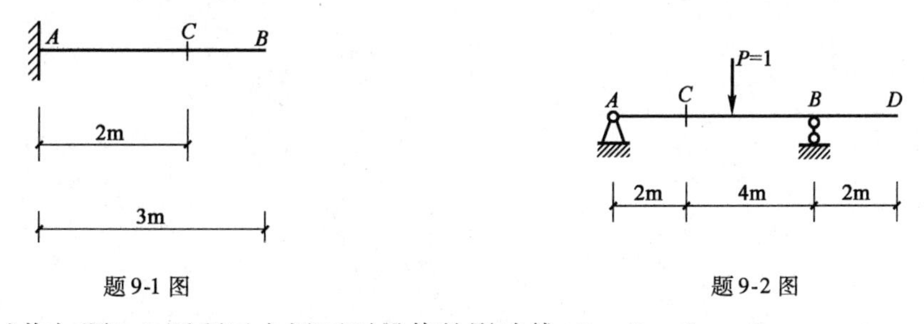

题 9-1 图　　　　题 9-2 图

9-3 试作如题 9-3 图所示主梁下列量值的影响线：$\boldsymbol{R}_{B}$、$\boldsymbol{Q}_{D}$、$\boldsymbol{Q}_{C左}$、$\boldsymbol{Q}_{C右}$。

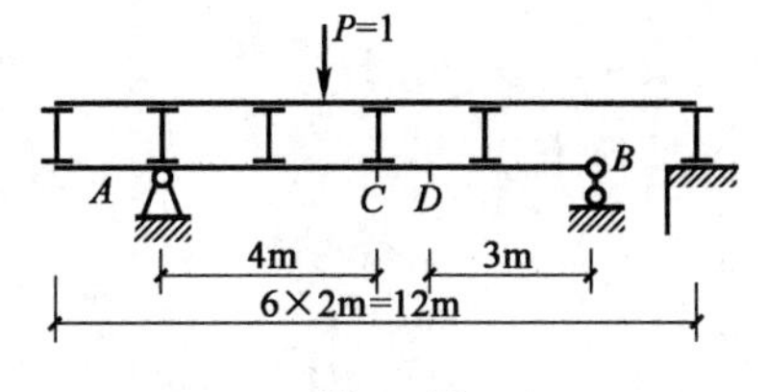

题 9-3 图

9-4 试求题 9-4 图所示简支梁在公路—Ⅰ级荷载作用下 C 截面的弯矩、剪力最大值。

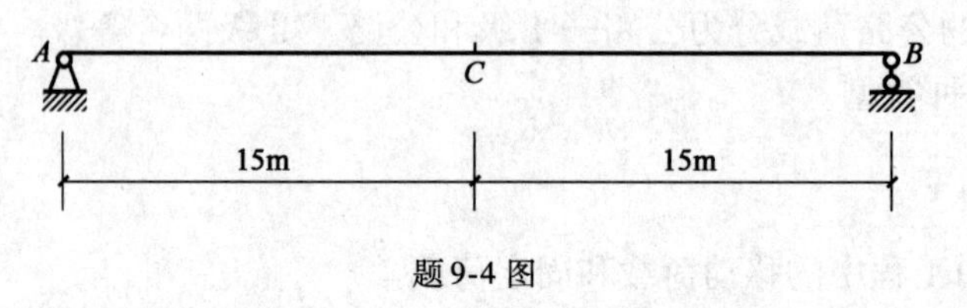

题 9-4 图

9-5　试求题 9-5 图所示简支梁在公路—Ⅱ级及车辆荷载作用下跨中截面的内力最大、最小值及绝对最大弯矩。

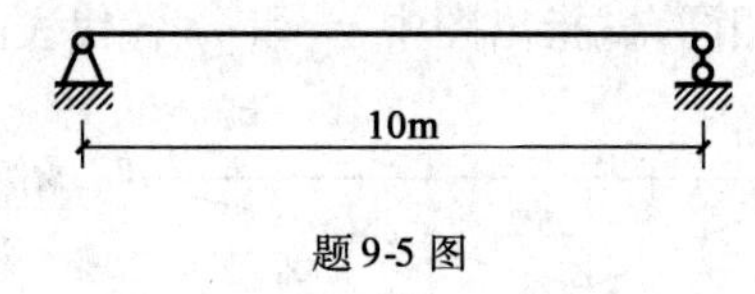

题 9-5 图

学习情境十 超静定结构的内力分析

学习任务一 超静定结构分析

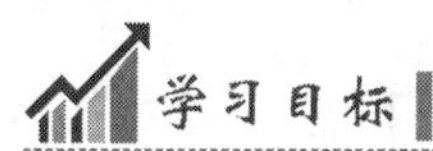

学习目标

1. 能够解释超静定结构的基本概念；
2. 能够阐述超静定结构的特性；
3. 会分析超静定结构的超静定次数。

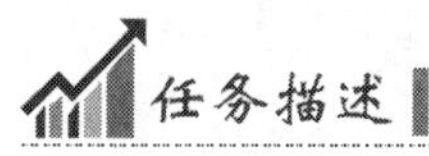

任务描述

对一个超静定结构(工程实物)进行结构简化,绘制受力简图,说明超静定结构的特性,并判定此结构的超静定次数。

学习引导

本学习任务沿着以下脉络进行：

结构简化→绘制受力图→分析超静定结构的特性→判定超静定次数

一、相关知识

1. 超静定结构的组成

前面研究了静定结构的计算,如图 10-1-1a)所示,其几何组成是无多余约束的几何不变体系,其所有约束反力与内力由静力平衡方程可以全部解出。而如图 10-1-1b)所示的梁,共有 4 个支座反力,只靠 3 个平衡方程是无法全部求解的,因而称为超静定结构。其在几何组成上可看出是有一个多余约束的几何不变体系。

所谓多余约束是指去掉它时体系仍保持几何不变的约束。多余约束并非是无用的,它影响着结构的内力及变形。图 10-1-1b)中的 A、B、C,三个竖向支座链杆中的任何一个都可看成是多余约束,其对应的约束反力称为多余约束力。应当注意,图 10-1-1b)中 A 处的水平支座链杆对维持体系的几何不变是绝对必要的,所以称之为绝对必要约束。

2. 超静定次数的确定

超静定结构中存在的多余约束数目称为该结构的超静定次数。确定超静定次数的方法

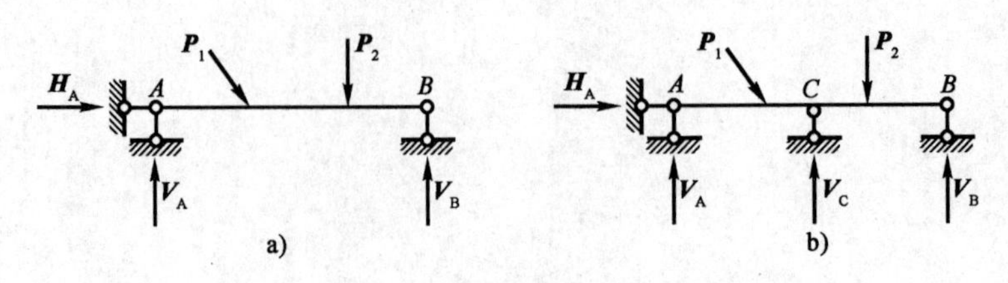

图 10-1-1

可以从几何组成分析的角度出发,将结构中的全部多余约束去掉,使之变成静定结构,同时用相应的多余约束力代替所去掉的原多余约束,我们称这个结构为基本结构。基本结构上多余约束力的数目就是原结构的超静定次数。

去掉多余约束的方式通常有以下几种:

(1)去掉一个支座链杆或切断一个链杆,相当于去掉一个约束,如图 10-1-2b)、c)和图 10-1-3b)所示。

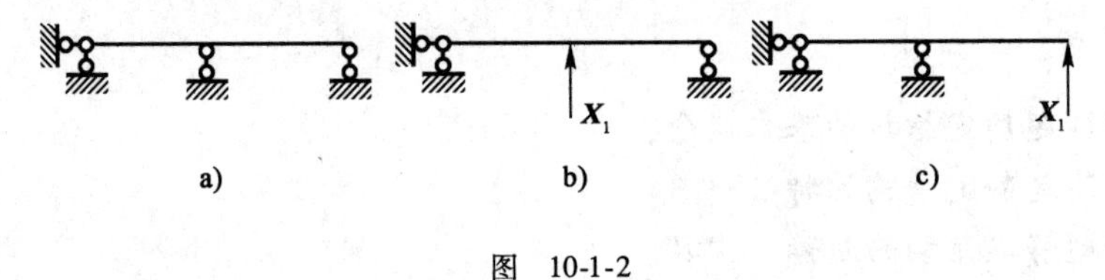

图 10-1-2

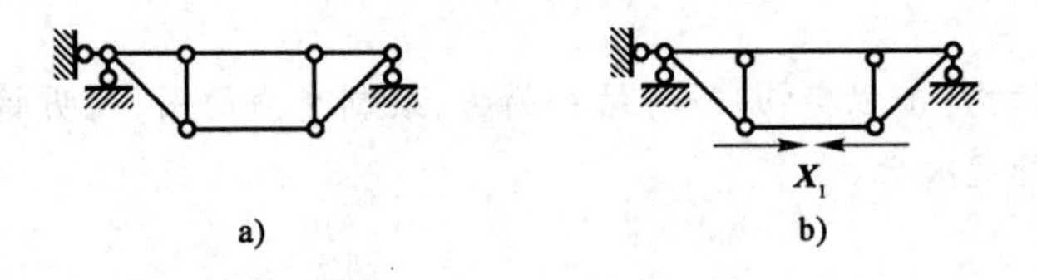

图 10-1-3

(2)去掉一个固定铰支座,或拆除一个单铰,相当于去掉两个约束,如图 10-1-4b)和图 10-1-5b)所示。

(3)在刚性连接处切断(即切断一个连续杆),或去掉一个固定端支座,相当于去掉三个约束[图 10-1-6b)、c)]。

(4)加铰法,即将两个杆的刚结变成铰接,或者在连续杆上加一个单铰,相当于去掉一个约束,如图 10-1-4c)、图 10-1-5c)、图 10-1-6d)所示。

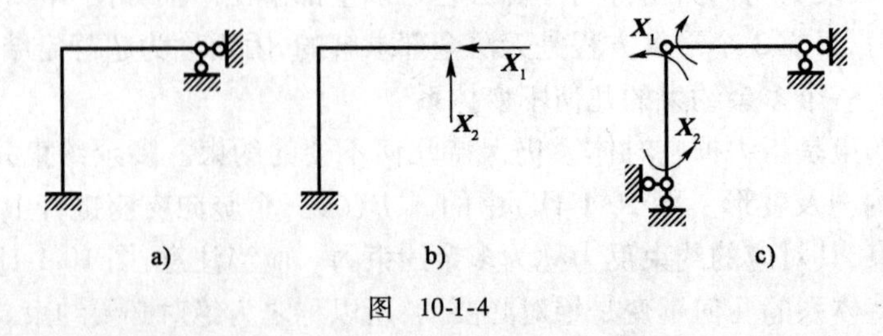

图 10-1-4

应用上述去掉多余约束的基本方法,可以确定结构的超静定次数。例如图 10-1-7a)所示桁架,去掉一个支座链杆,切断内部两个链杆,得到图 10-1-7b)所示的静定桁架,共去掉 3

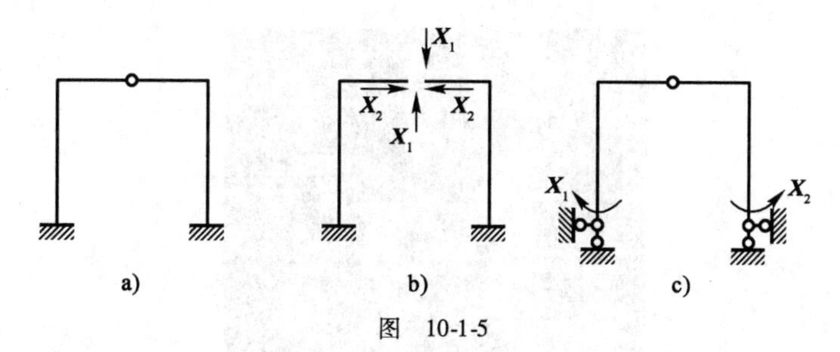

图 10-1-5

个约束，即超静定次数 $n=3$。

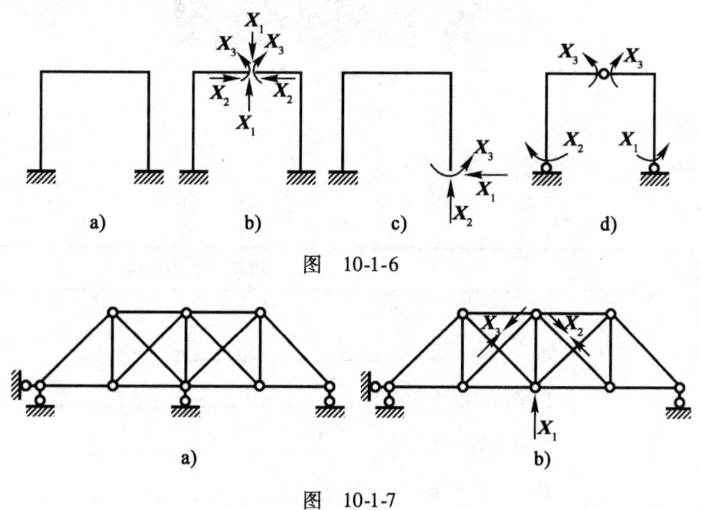

图 10-1-6

图 10-1-7

如图 10-1-8a）所示结构，去掉一个水平支座链杆，在刚性连接处切断，得到图 10-1-8b）所示的静定结构，共去掉4 个约束，所以其超静定次数 $n=4$。可见，一个封闭框架有 3 个多余约束。

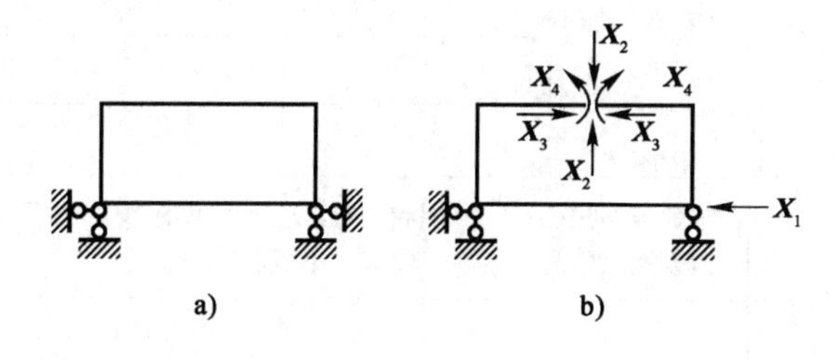

图 10-1-8

二、任务实施

1. 任务布置

（1）学生分组。

（2）分组绘制图 10-1-9 所示工业厂房中平面刚架的受力图，判定超静定次数，并说明超静定结构的特性。

2. 收集资讯

（1）结构简化原则。

图 10-1-9

(2)超静定次数判定方法。

(3)比较静定结构和超静定结构。

3.填写任务单

主　　题	超静定结构分析
小组成员与分工	组　　　长________ 网络信息收集________ 图书资料查找________ 撰 写 任 务 单________ 实地考察记录________ 资 料 整 理________ 咨 询 导 师________ 其　　　他________
学习方法	实地考察法□　问卷调查法□　集体研讨法□　访谈法□　统计法□ 搜索网络信息□　收集图书资料□
结构简图	
超静定结构次数判定过程	
超静定结构特性	

三、学习效果评价反馈

学生自评	1. 能否说明超静定结构的特性？□ 2. 是否会判定超静定结构的超静定次数？□ （根据本人实际情况填写：A. 能够完成；B. 基本完成；C. 不能完成）
学习小组评价	团队合作□ 工作效率□ 交流沟通能力□ 获取信息能力□ 写作能力□ 表达能力□ （根据小组完成任务情况填写：A. 优秀；B. 良好；C. 合格；D. 有待改进）
教师评价	

学习任务二 计算静定梁和静定刚架的位移

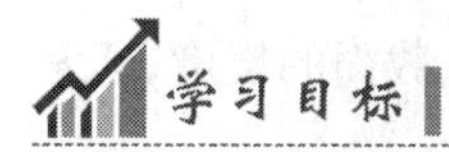

学习目标

1. 能够说明位移的概念以及位移计算的目的；
2. 能够阐述梁的挠度与转角的概念；
3. 能够运用叠加法计算静定梁的位移；
4. 能够运用图乘法计算静定梁和静定刚架的位移。

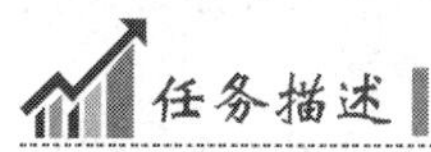

任务描述

通过对位移计算方法的学习，运用叠加法计算静定单跨梁结构的挠度和运用图乘法计算静定刚架的位移。

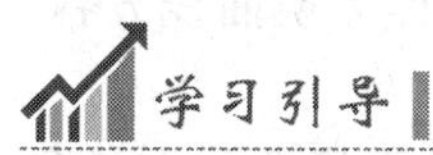

学习引导

本学习任务沿着以下脉络进行：

熟悉位移的概念及计算用途 → 运用叠加法计算静定梁的位移 → 运用图乘法计算静定梁和静定刚架的位移

一、相关知识

1. 梁的位移

梁在荷载作用下，既产生应力也产生变形。为了保证梁的正常工作，梁除了满足强度要求还需满足刚度要求。刚度要求就是控制梁的变形，即梁在荷载作用下产生的变形不能过大，否则会影响工程上的正常使用。例如，桥梁的变形（如挠度）过大，在车辆通过时将会引起较大振动；楼板梁的变形过大时，会使梁下部的灰层开裂、脱落；吊车梁的变形过大时，将影响吊车的正常运行，等等。在工程中，根据不同的用途，对梁的变形应进行一定的限制，使之不能超过一定的容许值。

显然,要进行梁的刚度计算,需先算出梁的变形;此外,在解超静定梁时,也需借助于梁的变形情况建立补充方程。

下面以图 10-2-1 所示梁为例,说明平面弯曲时变形的一些概念。AB 线表示梁的轴线,设直角坐标系 xAy,x 轴向右为正,y 轴向下为正。xAy 平面就是梁的纵向对称面,外力作用在这个平面上,梁轴线也在此平面内弯曲。

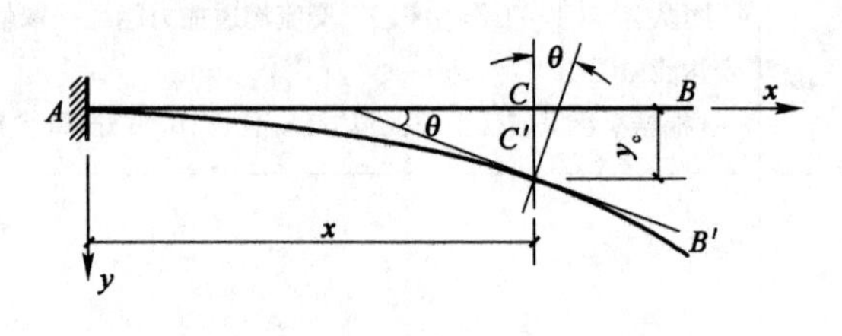

图 10-2-1

1)挠度和转角

通过观察梁在平面弯曲时的变形,可以看出梁的横截面产生了两种位移。

(1)挠度。梁任一横截面的形心沿 y 轴方向产生的线位移$\overline{CC'}$,称为该截面的挠度,通常用 y 表示,并以向下为正。其单位为米(m)或毫米(mm),与长度单位一致。

实际上,梁发生平面弯曲时,横截面形心沿轴线 x 轴方向也将产生线位移,但工程上梁的变形一般为小变形,曲率很小,弯曲引起的最大轴线位移不足杆长的十万分之一,因而可以忽略不计。

(2)转角。梁任一横截面在梁变形后相对于原来位置绕中性轴转过一个角度,称为该截面的转角,通常用 θ 表示,并以顺时针转向为正。其单位是弧度(rad)。

(3)挠曲线方程。梁发生弯曲变形后,轴线由直线变成一条连续光滑的曲线,此曲线称为梁的挠曲线或弹性曲线。

梁的挠度随截面位置的不同而不同,挠曲线可用方程 $y=y(x)$ 表示,称为挠曲线方程。它反映了梁的挠度沿梁轴线方向的变化规律。

根据平面假设,梁的横截面在梁弯曲前垂直于轴线,弯曲后仍将垂直于挠曲线在该处的切线,因此转角 θ 就等于挠曲线在该处的切线与 x 轴的夹角。挠曲线上任意一点处的斜率为:

$$\tan\theta = \frac{\mathrm{d}y}{\mathrm{d}x} = y'(x)$$

由于梁的实际变形属于小变形,因此挠曲线为一条很平缓的曲线,θ 为一阶无穷小量,所以:

$$\tan\theta \approx \theta$$

即

$$\theta = \frac{\mathrm{d}y}{\mathrm{d}x} = y'(x)$$

上式表明,挠曲线上任一点处切线的斜率表示该点处横截面的转角 θ,它也随截面位置的不同而不同，可用方程 $\theta=\theta(x)$ 表示，称为转角方程。它反映了梁的转角沿梁轴线方向的变化规律。

2）叠加法求梁的变形

在实际工程中，梁上可能同时作用有几种（或几个）荷载，此时若用积分法来计算位移（转角和挠度），其计算过程的工作量较大。在小变形条件下，当梁内的应力不超过材料的比例极限时，梁的挠曲线近似微分方程是一个线性微分方程，因此可以采用叠加法求梁的变形，即梁在几个简单荷载共同作用下某一截面的挠度和转角等于各个简单荷载单独作用时该截面挠度和转角的代数和。

梁在简单荷载作用下的挠度和转角可从表 10-2-1 中查得。

简单荷载作用下梁的挠度和转角　　表 10-2-1

序号	梁的简图	挠曲线方程	端截面转角	最大挠度
1	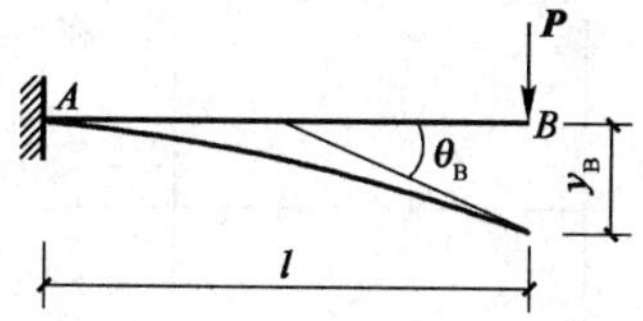	$y=\frac{Px^2}{6EI}(3l-x)$	$\theta_B=\frac{Pl^2}{2EI}$	$y_B=\frac{Pl^3}{3EI}$
2	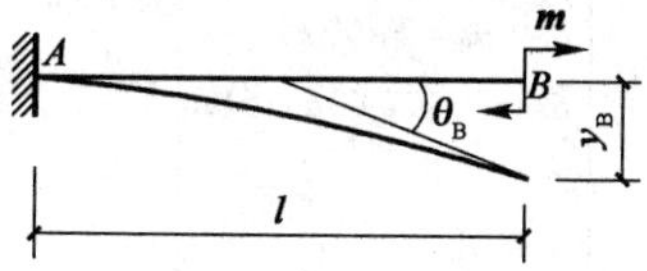	$y=\frac{mx^2}{2EI}$	$\theta_B=\frac{ml}{EI}$	$y_B=\frac{ml^2}{2EI}$
3	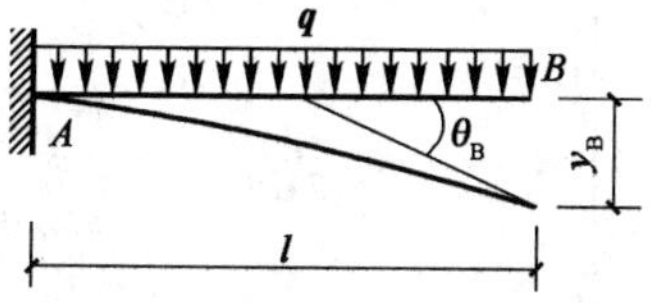	$y=\frac{qx^2}{24EI}(x^2-4lx+6l^2)$	$\theta_B=\frac{ql^3}{6EI}$	$y_B=\frac{ql^4}{8EI}$
4	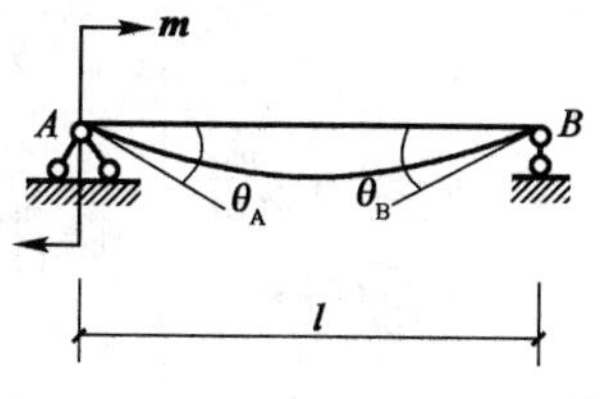	$y=\frac{mx^2}{6EIl}(l-x)(2l-x)$	$\theta_A=\frac{ml}{3EI}$ $\theta_B=-\frac{ml}{6EI}$	$x=(1-\frac{\sqrt{3}}{3})l$ $y_{max}=\frac{ml^2}{9\sqrt{3}EI}$ $x=\frac{1}{2}$ $y_{l/2}=\frac{ml^2}{16EI}$
5	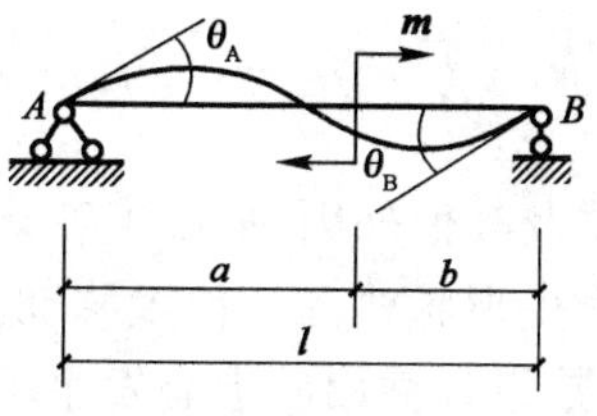	$y=-\frac{mx}{6EI}(l^2-3b^2-x^2)$ $(0\leqslant x\leqslant \alpha)$ $y=-\frac{m}{6EIl}[-x^3+3l(x-a)^2+(l^2-3b^2)x]$ $(a\leqslant x\leqslant l)$	$\theta_A=-\frac{m}{6EI}(l^2-3b^2)$ $\theta_B=-\frac{m}{6EIl}(l^2-3a^2)$	

续上表

序号	梁的简图	挠曲线方程	端截面转角	最大挠度
6	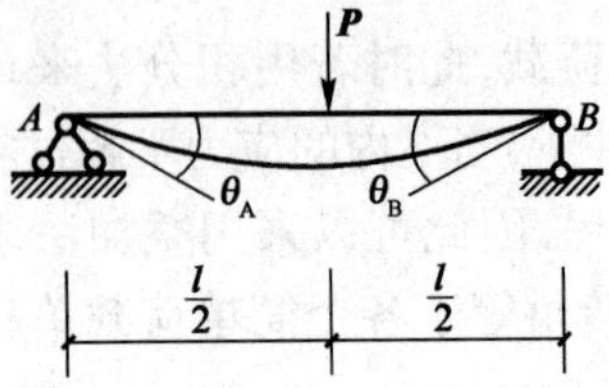	$y=\frac{Px}{48EI}(3l^2-4x^2)$ $(0\leqslant x\leqslant l)$	$\theta_A=-\theta_B=\frac{Pl^2}{16EI}$	$y_{max}=\frac{Pl^3}{48EI}$
7	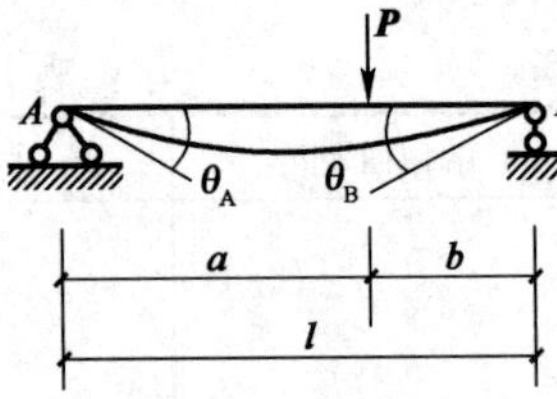	$y=\frac{Pbx}{6EIl}(l^2-x^2-b^2)$ $(0\leqslant x\leqslant a)$ $y=\frac{Pb}{6EIl}[\frac{1}{b}(x-a)^3+(l^2-b^2)x-x^3]$ $(a\leqslant x\leqslant l)$	$\theta_A=Pab(l+b)/6EIl$ $\theta_B=-Pab(l+a)/6EIl$	设$a>b$,在$x=\sqrt{(l^2-b^2)/3}$处,$y_{max}=\frac{Pb(l^2-b^2)^{2/3}}{9\sqrt{3}EIl}$ 在$x=\frac{1}{2}$处,$y_{l/2}=\frac{Pab}{48EI}(3l^2-4b^2)$
8	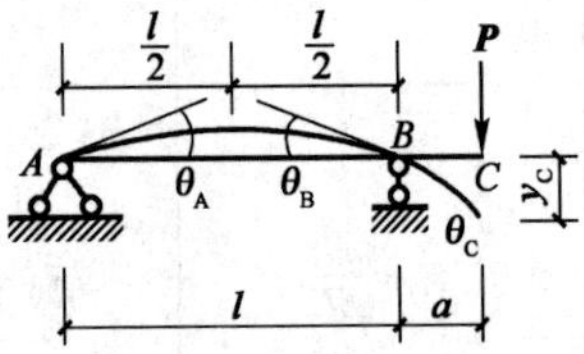	$y=-\frac{Pax}{6EIl}(l^2-x^2)$ $(0\leqslant x\leqslant l)$ $y=\frac{P(l-x)}{6EI}[(x-l)^2-3xa+al]$ $[l\leqslant x\leqslant(l+a)]$	$\theta_A=-Pal/6EI$ $\theta_B=Pal/3EI$ $\theta_C=Pa(2l+3a)/6EI$	$y_C=Pa^2(l+a)/3EI$ $y_D=-Pal^2/16EI$
9	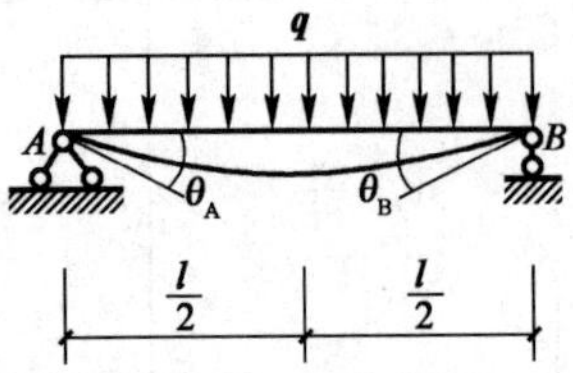	$y=\frac{qx}{24EI}(l^3-2lx^2+x^3)$	$\theta_A=-\theta_B=\frac{ql^3}{24EI}$	在$x=\frac{l}{2}$处,$y_{max}=\frac{5ql^4}{384EI}$
10	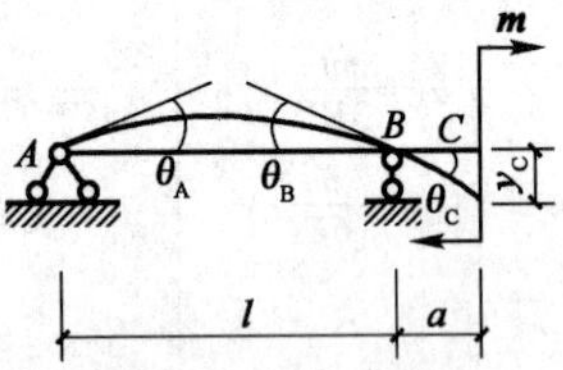	$y=-\frac{mx}{6EIl}(l^2-x^2)$ $(0\leqslant x\leqslant l)$ $y=\frac{m}{6EI}(3x^2+l^2-4xl)$ $[l\leqslant x\leqslant(1+a)]$	$\theta_A=-\frac{1}{2}\theta_B=\frac{ml}{6EI}$ $\theta_C=\frac{m}{3EI}(l+3a)$	$y_C=\frac{ma}{6EI}(2l+3a)$

2. 结构位移概述

1)结构的位移

无论何种工程结构都是由可变形材料制成的,在荷载及其他外因,如温度变化、支座移动、材料收缩、制造误差等单独作用或组合作用下,均会产生形状改变和位置移动。形状改变是指结构全部或部分形状的变化,简称变形;位置移动是指各截面的形心发生了移动,同时一般都伴随有截面绕自身某轴的转动,此两项简称位移。有变形必有位移,有位移时未必有变形。例如图10-2-2所示刚架在荷载作用下发生如虚线所示的变化，使截面A的形心A点移到了A'点，线段AA'称为A点的线位移，以符号Δ_A表示，通常以其水平分量Δ_{Ax}和竖向分量Δ_{Ay}来表示。同时，A截面还转动了一个角度，称为截面A的角位移，用φ_A表示。再如图10-2-3所示刚架，发生了如虚线所示的变形；任意两点间距离的改变量称为相对线位移，图中$\Delta_{CD}=\Delta_C+\Delta_D$是为$CD$两点水平相对线位移。任意两个截面相对转动量称为角位移，图中$\varphi_{AB}=\varphi_A+\varphi_B$即为$AB$两截面的相对角位移。

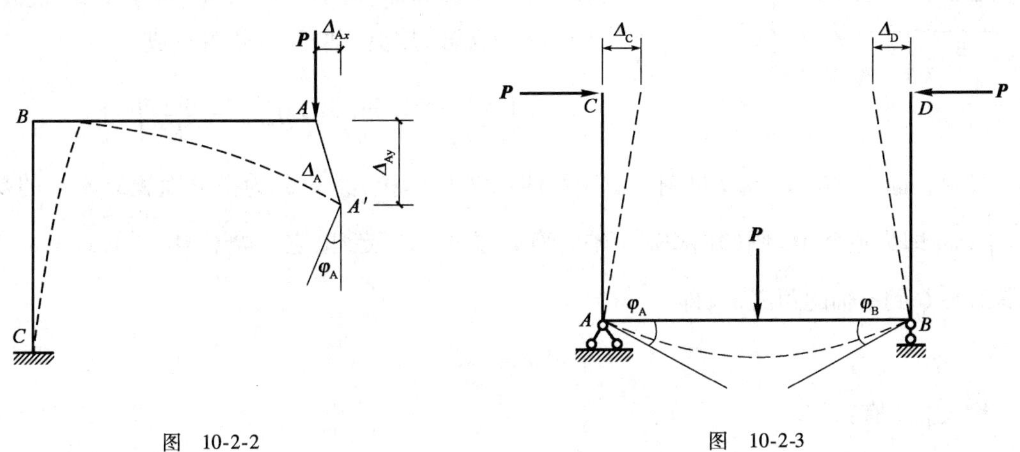

图 10-2-2

图 10-2-3

2）位移计算目的

计算结构位移的目的之一是为了校核结构的刚度。我们知道，结构在荷载作用下如果变形太大，也就是没有足够的刚度，则即使不破坏也是不能正常使用的。因此，《公路桥涵设计通用规范》（JTG D60—2004）规定：公路钢桥、钢筋混凝土桥上部构造的竖向位移，钢板梁、主梁不得超过跨度的$\frac{1}{600}$；拱、桁架不得超过跨度的$\frac{1}{800}$。其次，结构在制作、施工、架设和养护等过程中采取技术措施时，也常常需要知道其位移。

计算结构位移还有一个重要目的，就是为分析超静定结构打下基础。因为静定结构的内力单凭静力平衡条件不能全部确定，还必须考虑变形条件，因而建立变形条件时就必须计算结构的位移。

此外，在结构的动力计算和稳定计算中，也需要计算结构的位移。可见，结构的位移计算在工程上是具有重要意义的。

3. 图乘法

由虚功原理和单位荷载法可以得到如下位移计算公式：

$$\Delta_{kP}=\sum\int\frac{\overline{M}M_P\mathrm{d}s}{EI} \tag{10-2-1}$$

式(10-2-1)需进行积分运算，仍是比较麻烦的。但是，当结构的各杆段符合下列条件时：①杆轴为直线；②EI=常数；③$\overline{M}$和M_P两个弯矩图中至少有一个是直线图形，则可用下述图乘法来代替积分运算，从而简化计算工作。

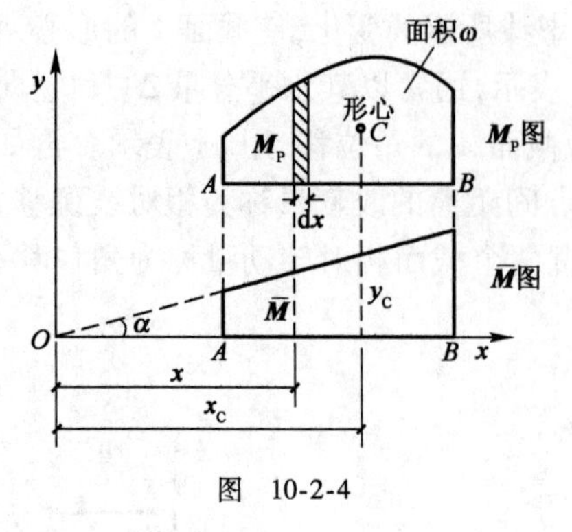

图 10-2-4

如图 10-2-4 所示,设等截面直杆 AB 段上的两个弯矩图中,$\overline{M}$图为一段直线,而 M_P 图为任意形状。我们以杆轴为 x 轴,以$\overline{M}$图的延长线与 x 轴的交点 O 为原点并设置 y 轴,则积分式:$\int\frac{\overline{M}M_P\mathrm{d}s}{EI}$ 中 $\mathrm{d}s=\mathrm{d}x$,EI 可提到积分号外面,$\overline{M}$为直线变化,故有$\overline{M}=x\tan\alpha$,且 $\tan\alpha$ 为常数,故上面的积分式可写成:

$$\int\frac{\overline{M}M_P\mathrm{d}s}{EI}=\frac{\tan\alpha}{EI}\int xM_P\mathrm{d}x=\frac{\tan\alpha}{EI}\int x\mathrm{d}\omega$$

式中,$\mathrm{d}\omega=M_P\mathrm{d}x$,为 M_P 图中有阴影线的微分面积,故 $x\mathrm{d}\omega$ 为微分面积对 y 轴的静矩。$\int x\mathrm{d}\omega$ 即为整个 M_P 图的面积对 y 轴的静矩,据合力矩定理,它应等于 M_P 图的面积 ω 乘以其形心 C 到 y 轴的距离 x_C,即:

$$\int x\mathrm{d}\omega=\omega x_C$$

代入上式有:

$$\int\frac{\overline{M}M_P\mathrm{d}s}{EI}=\frac{\tan\alpha}{EI}\omega x_C=\frac{\omega y_C}{EI}$$

这里,y_C 是 M_P 图的形心 C 处所对应的$\overline{M}$图的竖标。可见,上述积分式等于一个弯矩图的面积 ω 乘以其形心处所对应的另一个直线图形上的竖标 y_C,再除以 EI,这就称为图乘法。

如果结构上所有各杆段均可图乘,则位移计算公式(10-2-1)可写为:

$$\Delta_{kP}=\sum\int\frac{\overline{M}M_P\mathrm{d}s}{EI}=\sum\frac{\omega y_c}{EI}\tag{10-2-2}$$

根据上面的推证过程可知,应用图乘法时应注意下列各点:①必须符合上述前提条件;②竖标y_C 只能取自直线图形;③ω 与 y_C 若在杆件的同侧则乘积取正号,异侧则取负号。

几种常用的简单图形的面积形心如图 10-2-5 所示。在各抛物线中,“顶点”是指其切线平行于底边的点,而顶点在中点或端点者称为“标准抛物线”。

在实际应用中,当图形的面积或形心位置不便确定时,我们可以将它分解为几个简单图形,将它们分别与另一图形相乘,然后把所得结果叠加。

例如,两个梯形相乘时(图 10-2-6),可把它们分解成一个矩形及一个三角形(或两个三角形)。此时,$M_P=M_{Pa}+M_{Pb}$,故有:

$$\frac{1}{EI}\int\overline{M}M_P\mathrm{d}x=\frac{1}{EI}\int\overline{M}(M_{Pa}+M_{Pb})\mathrm{d}x=\frac{1}{EI}\left[\int\overline{M}M_{Pa}\mathrm{d}x+\int\overline{M}M_{Pb}\mathrm{d}x\right]$$

$$=\frac{1}{EI}\left[\frac{a-b}{2}ly_a+bly_b\right]$$

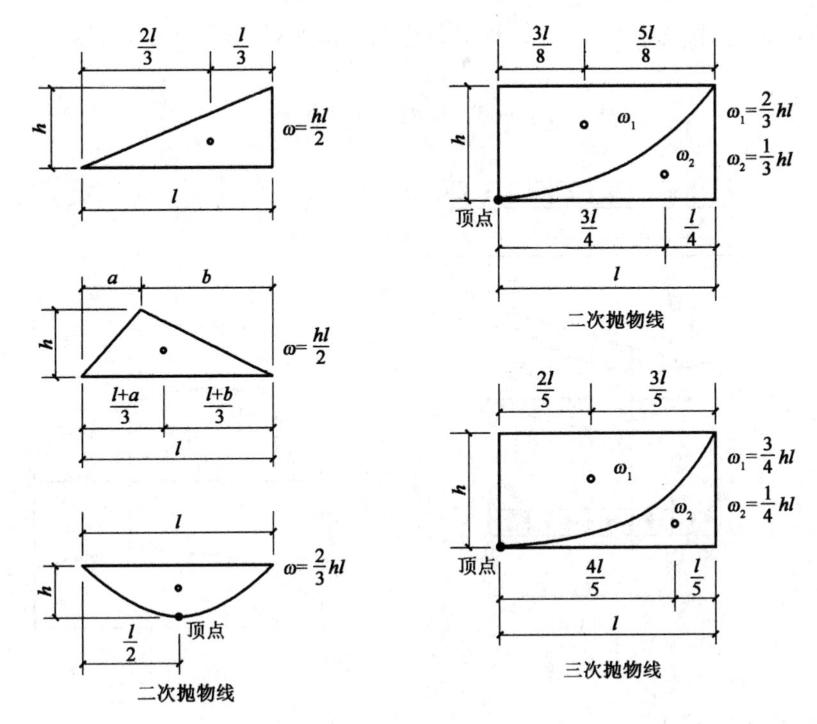

图 10-2-5

其中，$y_{\mathrm{a}}=\frac{d-c}{3}+c, y_{\mathrm{b}}=\frac{d-c}{2}+c$。

当 $\boldsymbol{M}_{\mathrm{P}}$ 或 $\overline{\boldsymbol{M}}$ 图的两个竖标 a、b 或 c、d 不在基线的同一侧时(图 10-2-7)，处理原则仍和上面一样，可分解为位于基线两侧的两个三角形，按上述方法分别图乘，然后叠加。

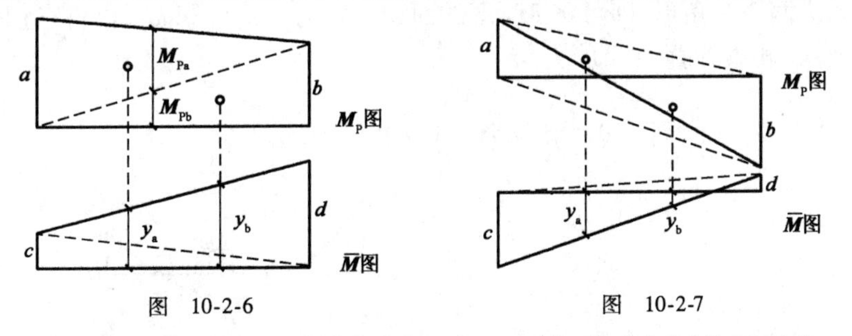

图 10-2-6　　图 10-2-7

对于均布荷载作用下的任何一段直杆[图 10-2-8a)]，其弯矩图均可看成一个梯形与一个标准抛物线图形的叠加。因为这段直杆的弯矩图与图 10-2-8b)所示对应简支梁在杆端弯矩 $\boldsymbol{M}_{\mathrm{A}}$、$\boldsymbol{M}_{\mathrm{B}}$ 和均布荷载 $\boldsymbol{q}$ 作用下的弯矩图是相对的。

这里还需注意，所谓弯矩图的叠加，是指其竖标的叠加，而不是原图形状的剪贴拼合。因此，叠加后的抛物线图形的所有竖标仍应为竖向的，而不是垂直于 $\boldsymbol{M}_{\mathrm{A}}$、$\boldsymbol{M}_{\mathrm{B}}$ 连线的。这样叠加后的抛物线图形与原标准抛物线的形状并不相同，但两者任一处对应的竖标 y 和微段长度 $\mathrm{d}x$ 仍相等，因而相应的每一窄条微分面积仍相等。由此可知，两个图形总的面积大小和形心位置仍然是相同的。理解了这个道理对于分解复杂的弯矩图形是有利的。

此外，在应用图乘法时，当 y_{C} 所属图形不是一段直线而是由若干段直线组成时，或当各

杆段的截面不相等时,均应分段图乘,再进行叠加。例如对于图 10-2-9 应为:

$$\Delta = \frac{1}{EI}(\omega_1 y_1 + \omega_2 y_2 + \omega_3 y_3)$$

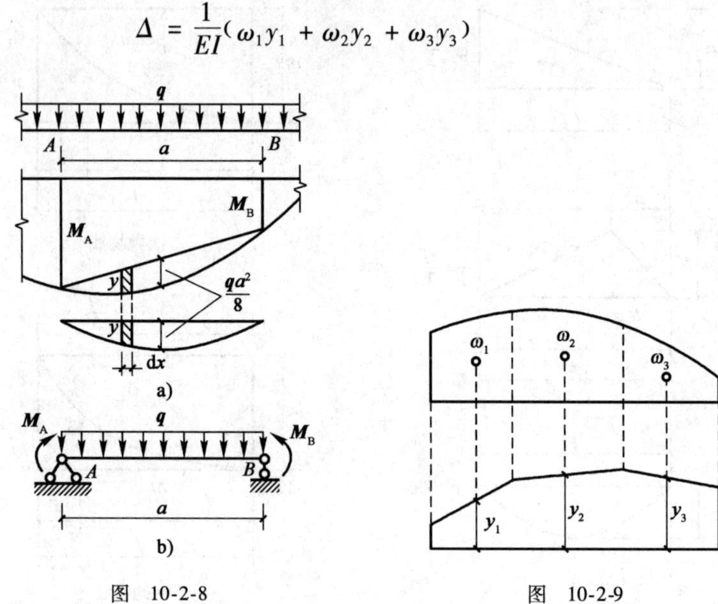

图 10-2-8　　图 10-2-9

对于图 10-2-10 应为:

$$\Delta = \frac{\omega_1 y_1}{EI_1} + \frac{\omega_2 y_2}{EI_2} + \frac{\omega_3 y_3}{EI_3}$$

又如,在均布荷载 $\boldsymbol{q}$ 作用下的某一段杆的 $\boldsymbol{M}_P$ 图[图 10-2-11a)],可将其分解为基线上侧的一个梯形再叠加基线下侧的一个标准抛物线,如图 10-2-11b)、c)所示,而图 10-2-11b)中的梯形又可分解为两个三角形,即可将 $\boldsymbol{M}_P$ 图的面积分解为 ω_1、ω_2 和 ω_3,再将它们分别和 $\overline{\boldsymbol{M}}$ 图中的 y_{C1}、y_{C2} 和 y_{C3} 相乘并叠加,即:

$$\Delta = \frac{1}{EI}(\omega_1 y_{C1} + \omega_2 y_{C2} - \omega_3 y_{C3})$$

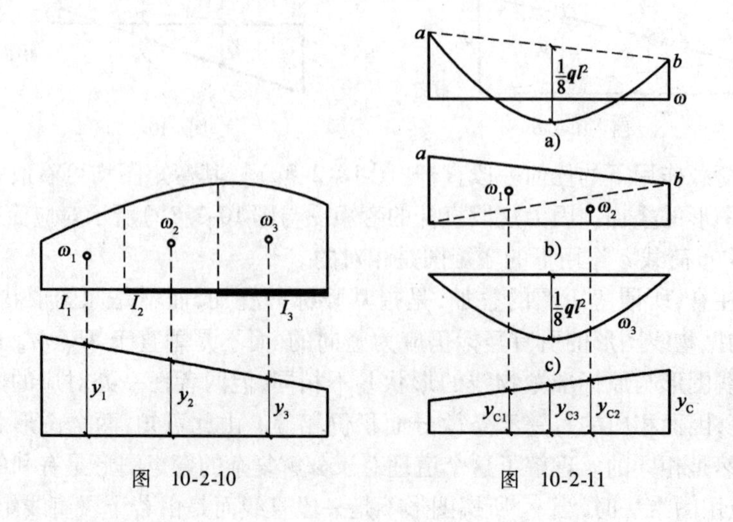

图 10-2-10　　图 10-2-11

4. 静定结构支座移动时的位移计算

设图 10-2-12a)所示静定结构，其支座发生了水平位移 c_1、竖向沉陷 c_2 和转角 c_3，现要求由此引起的任一点沿任一方向的位移，例如 K 点的竖向位移 Δ_{KC}。

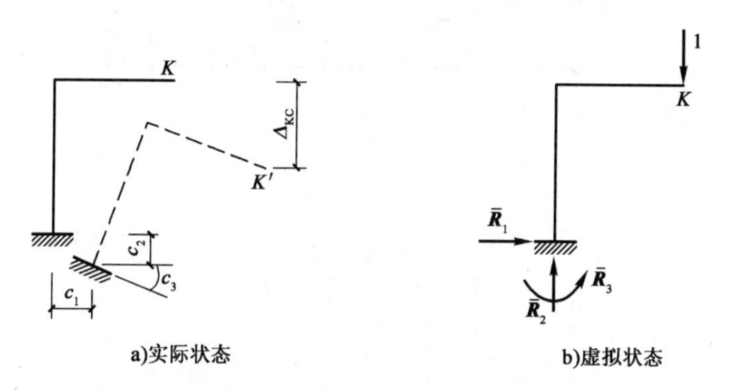

图 10-2-12

前已指出，静定结构由于支座移动并不引起内力，因而材料不发生变形，故结构的位移纯属刚体位移，通常不难由几何关系求得，但这里仍用虚功原理来解决这种问题。注意到，此时虚拟状态[图 10-2-12b)]的支座反力 $\boldsymbol{R}$ 也将在实际状态相应的支座移动上做功及内力虚功为零。由位移计算的一般公式有：

$$\Delta_{KC} = -\sum \overline{R}C$$

上式即静定结构支座移动时的位移公式。式中，$\sum \overline{R}C$ 为反力虚功，当$\overline{\boldsymbol{R}}$与 C 方向一致时取正号，相反时取负号。此外，上式中右边负号系原来移项时所得，不可漏掉。

二、任务实施

1. 任务布置

(1)学生预习相关位移的概念。

(2)分组讨论，合作完成位移计算。

2. 收集资讯

(1)位移的概念。

(2)位移计算的用途。

(3)叠加法原理。

(4)图乘法原理。

3. 完成如下结构的位移计算

(1)运用叠加法计算静定单跨梁的挠度和转角。

图 10-2-13 所示简支梁同时受集中力和分布力作用，抗弯刚度 EI_z 为常数，试用叠加法计算梁跨中 C 截面的挠度 y_C 和 A 支座处的转角 θ_A。

(2)运用图乘法计算静定平面刚架的位移。

求图 10-2-14 所示结构中 C 点的竖向位移 Δ_{CV}。其中，EI 为常数。

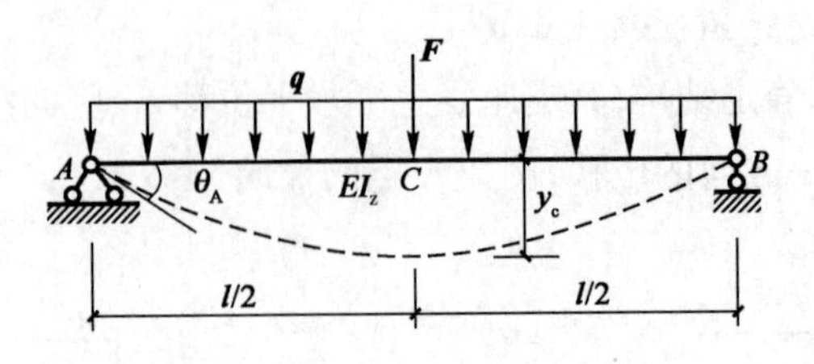

图 10-2-13

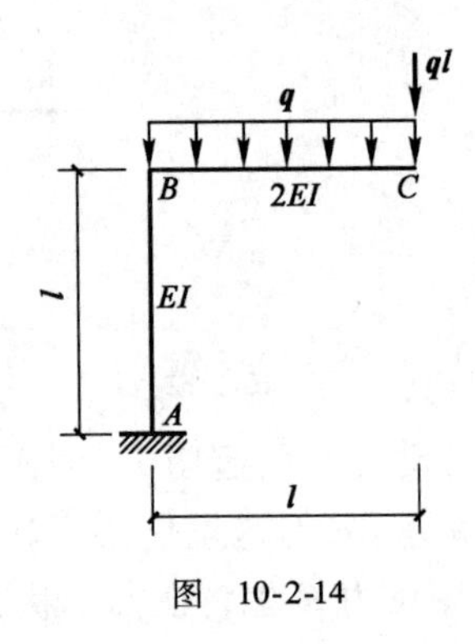

图 10-2-14

三、学习效果评价反馈

学生自评	1. 能否说明挠度和转角的概念?□ 2. 能否用叠加法计算梁的挠度?□ 3. 能否用图乘计算刚架结构的位移?□ (根据本人实际情况填写:A. 能够完成;B. 基本完成;C. 不能完成)
学习小组评价	团队合作□ 工作效率□ 交流沟通能力□ 获取信息能力□ 写作能力□ 表达能力□ (根据小组完成任务情况填写:A. 优秀;B. 良好;C. 合格;D. 有待改进)
教师评价	

学习任务三 力法计算超静定结构

学习目标

1. 能够解释力法的基本概念和力法的典型方程;
2. 能用力法解一般超静定问题,并作内力图;
3. 能够应用力法计算超静定结构;
4. 描述温度改变、支座移动等因素对超静定结构的影响。

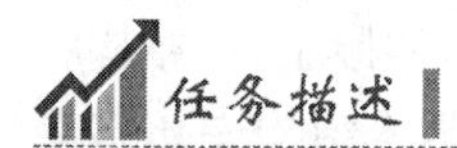

任务描述

熟悉力法基本思路，能对一个对称的超静定结构进行计算。

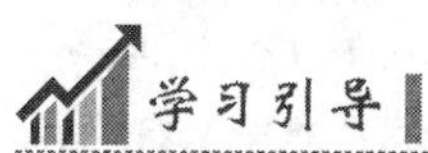

学习引导

本学习任务沿着以下脉络进行：

理解力法基本思路 → 熟悉力法计算基本步骤 → 分析结构对称的性质 → 运用力法计算超静定结构 → 分析支座移动、温度改变对超静定结构的影响

一、相关知识

1. 力法原理与力法典型方程

1）力法原理

由前可知，力法的基本结构是同时承受着已知荷载和多余未知力作用下的静定结构。显然，只要能设法求出多余未知力，其余一切计算与静定结构完全相同。

下面通过一个简单例子来讨论求多余未知力的基本方法。

如图 10-3-1a）所示一次超静定梁，去掉 B 支座，用多余未知力 X_1 代替，得如图 10-3-1b）所示的基本结构。

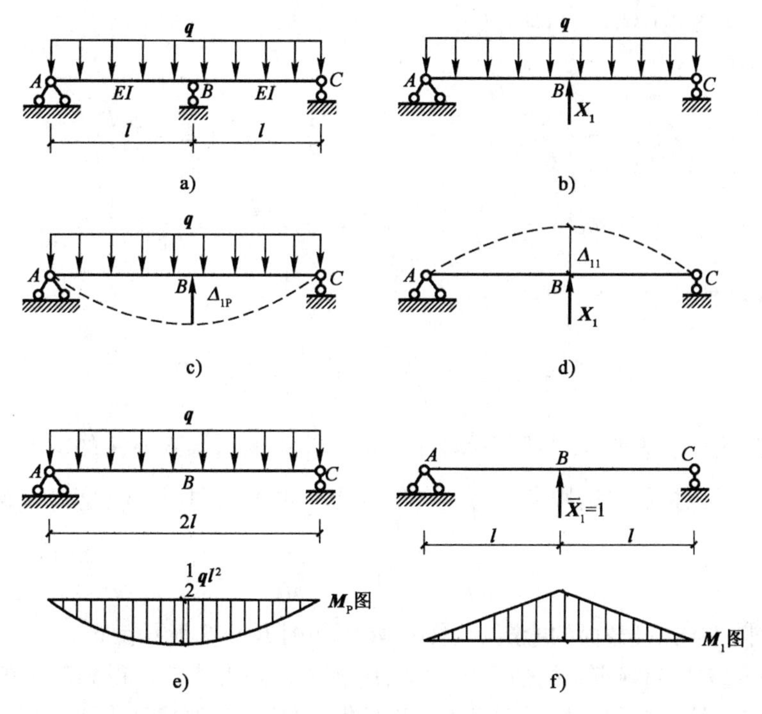

图 10-3-1

怎样求出 X_1？仅靠平衡条件是无法求出的，因为在基本结构中除 X_1 外还有三个支座反力，故平衡方程数少于未知力数，其解答是不定的。

若多余未知力 $\boldsymbol{X}_1$ 是任意数值,则 $\boldsymbol{X}_1$ 的作用点将发生相应的位移 Δ_1。实际上,原结构在支座 B 处由于受到竖向支座链杆的约束,B 点的竖向位移应为零。虽然基本结构中该多余约束已去掉,但 $\boldsymbol{X}_1$ 的数值恰与原结构 B 支座实际产生的反力相等时,基本结构在 $\boldsymbol{q}$ 和 $\boldsymbol{X}_1$ 共同作用下,B 点的竖向位移才能等于零。也就是基本结构的位移与原结构的位移应一致,为此多余未知力的数值应满足 B 点的竖向位移(即沿 $\boldsymbol{X}_1$ 方向上的位移)Δ_1 等于零的条件,即:

$$\Delta_1 = 0 \tag{10-3-1}$$

此条件称为位移协调条件。

设以 Δ_{11} 和 Δ_{1P} 分别表示多余未知力 $\boldsymbol{X}_1$ 和荷载 $\boldsymbol{q}$ 单独作用在基本结构上时,B 点沿 $\boldsymbol{X}_1$ 方向的位移[图 10-3-1c)、d)],其符号都以沿假定的 $\boldsymbol{X}_1$ 方向为正。根据叠加原理,式(10-3-1)可以写成:

$$\Delta_1 = \Delta_{11} + \Delta_{1P} = 0 \tag{10-3-2}$$

再令 $\boldsymbol{\delta}_{11}$ 和 $\boldsymbol{X}_1$ 为单位力($\overline{X}_1 = 1$)时 B 点沿 $\boldsymbol{X}_1$ 方向的位移,则有 $\Delta_{11} = \delta_{11}X_1$,于是上述位移条件式(10-3-2)可写为:

$$\delta_{11}X_1 + \Delta_{1P} = 0 \tag{10-3-3}$$

由于 δ_{11} 和 Δ_{1P} 都是静定结构在已知力作用下的位移,完全可用前面已学过的方法求得,于是多余未知力即可由式(10-3-3)求得。

为了计算 δ_{11} 和 Δ_{1P},分别作基本结构在荷载作用下的弯矩图 $\boldsymbol{M}_P$ 和单位力 $\overline{X}_1 = 1$ 作用下的弯矩图 $\overline{\boldsymbol{M}}_1$,如图 10-3-1e)、f)所示。

用图乘法可得:

$$\Delta_{1P} = \frac{2}{EI}\left[\frac{2}{3} \times \frac{1}{2}ql^2 \times l\left(-\frac{5}{8}\right) \times \frac{l}{2}\right] = -\frac{5ql^2}{24EI}$$

$$\delta_{11} = \frac{2}{EI}\left[\frac{1}{2} \times \frac{l}{2} \times l \times \frac{2}{3} \times \frac{l}{2}\right] = \frac{l^3}{6EI}$$

代入(10-3-3)得:

$$X_1 = -\frac{\Delta_{1P}}{\delta_{11}} = \frac{5ql^4}{24EI} \times \frac{6EI}{l^3} = \frac{5}{4}ql(\uparrow)$$

所得结果为正。表明 $\boldsymbol{X}_1$ 与原假设方向相同,$\boldsymbol{X}_1$ 是原结构 B 支座的反力,求得 $\boldsymbol{X}_1$ 后,原结构的内力图可以按静定结构求内力的方法求得。也可以利用已经绘出的 $\overline{\boldsymbol{M}}_1$ 图和 $\boldsymbol{M}_P$ 图相叠加绘制。

$$M_K = \overline{M}_1X_1 + M_P$$

用上式求得各控制截面的弯矩后,绘出 $\boldsymbol{M}$ 图如图 10-3-2 所示。

综上所述,去掉超静定结构的多余约束,用多余未知力代替而得到静定的基本结构,根据基本结构应与原结构位移相同而建立位移条件,以位移条件建立力法方程,首先求出多余未知力,然后由平衡条件计算其反力和内力的方法称为力法。这里,整个计算过程都是在基本结构上进行的,这就把超静定结构的计算问题,转化为静定结构的计算问题。所以,力法是分析超静定结构的最基本方法,应用很广,可以分析任何类型的超静定结构。

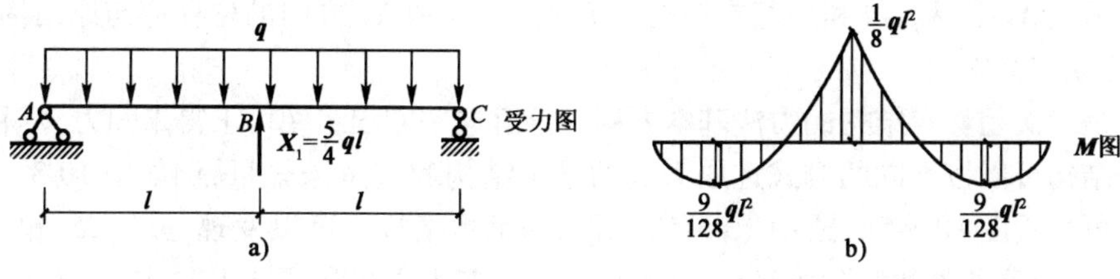

图 10-3-2

2)力法典型方程

以上我们以一次超静定结构的内力计算为例说明了力法的基本原理。可以看出,用力法计算的关键在于建立位移条件,求出多余未知力。对于多次超静定结构,其分析原理也完全相同。

图10-3-3a)所示为二次超静定刚架。如取B点两根支座链杆的反力$\boldsymbol{X}_1$和$\boldsymbol{X}_2$为基本未知量,则基本结构如图10-3-3b)所示。

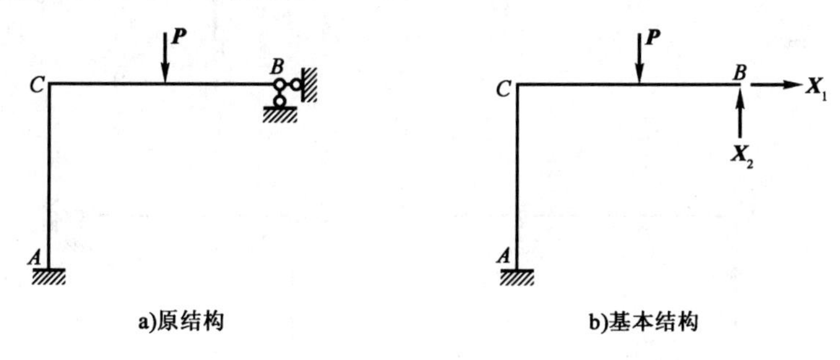

图 10-3-3

为了求出$\boldsymbol{X}_1$和$\boldsymbol{X}_2$,可利用基本结构在B点沿$\boldsymbol{X}_1$和$\boldsymbol{X}_2$方向的位移应与原结构相等的条件,来建立位移方程:

$$\Delta_1=0$$
$$\Delta_2=0$$

这里,Δ_1是基本结构沿$\boldsymbol{X}_1$方向的位移,即B点的水平位移;Δ_2是基本结构沿$\boldsymbol{X}_2$方向的位移,即B点的竖向位移。

为了计算Δ_1和Δ_2,可先分别计算基本结构在每种力单独作用下时的位移:

(1)单位力$\overline{X}_1=1$单独作用时,相应位移为δ_{11}、δ_{21}[图10-3-4a)]。

(2)单位力$\overline{X}_2=1$单独作用时,相应位移为δ_{22}、δ_{12}[图10-3-4b)]。

(3)荷载单独作用时,相应位移为Δ_{1P}、Δ_{2P}[图10-3-4c)]。

根据叠加原理,得:

$$\Delta_1=\delta_{11}X_1+\delta_{12}X_2+\Delta_{1P}$$
$$\Delta_2=\delta_{21}X_1+\delta_{22}X_2+\Delta_{2P}$$

因此,位移条件可写为:

$$\begin{aligned}\delta_{11}X_1+\delta_{12}X_2+\Delta_{1P}=0\\ \delta_{21}X_1+\delta_{22}X_2+\Delta_{2P}=0\end{aligned}\qquad(10\text{-}3\text{-}4)$$

为了求出 X_1 和 X_2,可利用基本结构在 B 点沿 X_1 和 X_2 方向的位移应与原结构相等的条件,来建立位移方程。

这就是二次超静定结构的力法基本方程。求解这一方程组便可求得未知力 X_1 和 X_2。

同一结构可以按不同的方式选取力法的基本结构和基本未知量,例如图 10-3-3a)所示的结构也可采用图 10-3-5a)或图 10-3-5b)所示的基本结构。可以发现,虽然 X_1 和 X_2 的实际含义不同,位移条件的实际含义也不同,但是力法基本方程在形式上与式(10-3-4)完全相同。即表明式(10-3-4)的形式不因基本结构的不同而有所改变,因此我们通常把它称为力法的典型方程。

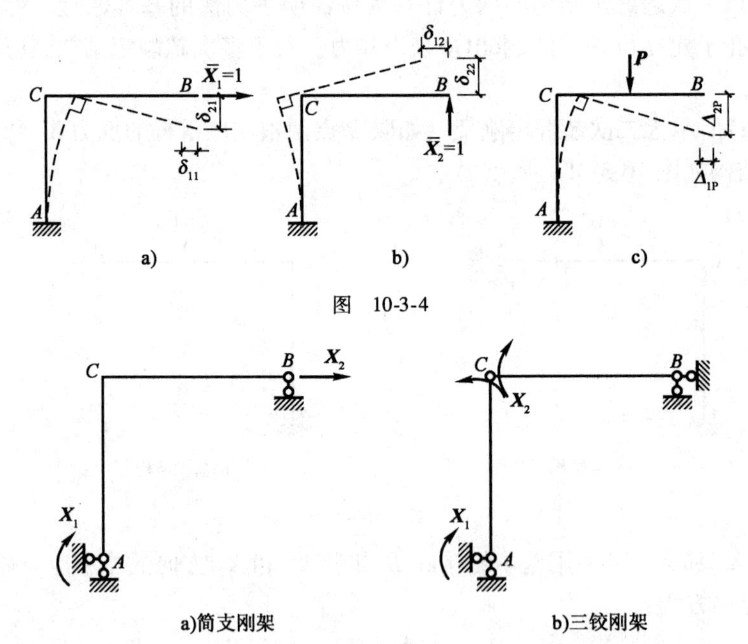

图 10-3-4

图 10-3-5

一般说来,对于一个具有 n 次超静定的结构,多余未知力也有 n 个,力法典型方程为:

$$\left.\begin{aligned}\delta_{11}X_1+\delta_{12}X_2+\cdots+\delta_{1n}X_n+\Delta_{1P}&=0\\\delta_{21}X_1+\delta_{22}X_2+\cdots+\delta_{2n}X_n+\Delta_{2P}&=0\\\cdots\cdots&\\\delta_{n1}X_1+\delta_{n2}X_2+\cdots+\delta_{nn}X_n+\Delta_{nP}&=0\end{aligned}\right\}\tag{10-3-5}$$

这一组方程的物理意义为:等号左边为基本结构在全部多余未知力和荷载的共同作用下,在解除各多余约束处沿多余未知力方向的位移,等号右边为原结构中相应的位移,两者相等。这里强调位移相等,体现变形协调条件,不一定为零,但大部分为零。

位移条件的个数与多余未知力的个数正好相等,因而可解出全部的多余未知力。哪里有多余约束,哪里就有相应的位移条件。

在上述方程组中,位于自左上方的 δ_{11} 至右下方的 δ_{nn} 上的一条主斜线上的系数称为主系数或主位移,是多余未知力 $\overline{X}_j=1$ 单独作用时,沿其本身方向上所引起的位移,恒为正,且永不为零;主斜线两侧的其他系数 δ_{ij} 称为副系数,它是多余未知力 X_i 方向上由于单位力

$\overline{X}_j = 1$ 单独作用时所引起的位移。根据位移互等定理可知 $\delta_{ij} = \delta_{ji}$。各式中最后一项 $\boldsymbol{\Delta}_{iP}$ 称为自由项,它是由于荷载单独作用时沿多余未知力 $\boldsymbol{X}_i$ 方向上所引起的位移。副系数和自由项的值可能为正、负或零。

因为基本结构是静定结构,所以力法典型方程中的系数和自由项均可按前面所得的求位移的方法求得。对于以弯曲变形为主的梁及刚架可按下列公式或图乘法计算:

$$\delta_{ii} = \sum\int\frac{\overline{M}_i^2 ds}{EI} = \sum\frac{1}{EI}\omega_i y_j$$

$$\delta_{ij} = \delta_{ji} = \sum\int\frac{\overline{M}_i\ \overline{M}_j ds}{EI} = \sum\frac{1}{EI}\omega_i y_j$$

$$\Delta_{iP} = \sum\int\frac{\overline{M}_i\ \overline{M}_P ds}{EI} = \sum\frac{1}{EI}\omega_P y_j$$

式中,$\overline{M}_i$、$\overline{M}_j$ 和 $\overline{M}_P$ 分别代表在 $\overline{X}_i = 1$、$\overline{X}_j = 1$ 和荷载单独作用下基本结构中的弯矩表达式。

从典型方程中解出多余未知力 $X_i(i=1,2,\cdots,n)$ 后,就可按照静定结构的分析方法求原结构的反力和内力。在绘制最后内力图时,常可利用基本结构的单位内力图和荷载内力图按叠加法求出,最后弯矩图用下式求得:

$$M = \overline{M}_1 X_1 + \overline{M}_2 X_2 + \cdots + \overline{M}_n X_n + M_P$$

再按平衡条件即可求其剪力和轴力。

2. 力法计算超静定结构

根据以上所述,用力法计算超静定结构的步骤可归纳如下:

(1)选取力法基本结构。去掉结构的多余约束,代之以相应的多余未知力。在选取基本结构时,应使计算尽可能简单。

(2)建立力法典型方程。根据基本结构在多余未知力和荷载共同作用下,在多余约束处的位移应与原结构相同的条件,建立力法典型方程。

(3)计算方程中的系数和自由项。作出基本结构的单位内力图和荷载内力图,用计算位移的相应方法计算系数和自由项。

(4)解方程求出多余未知力。如解得的多余未知力为负值,则表示其实际方向与所设的方向相反。

(5)作内力图。求出多余未知力后,可以利用静力平衡条件求出多余未知力和荷载共同作用下基本结构的内力,即原结构的内力。也可应用叠加公式(10-3-2)计算杆端弯矩,由平衡条件计算剪力和轴力。

例 10-3-1 用力法计算图 10-3-6a)所示连续梁,并绘出弯矩图。其中,EI = 常数。

解:①选取力法基本结构。

连续梁为一次超静定结构。在中间支座 B 处加铰(组合结点化为铰结点),得到图 10-3-6b)所示的两跨简支梁为力法基本结构,多余未知力 $\boldsymbol{X}_1$ 为中间支座处截面的弯矩。

②列出力法方程。

基本结构在荷载 $\boldsymbol{F}$ 和多余未知力 $\boldsymbol{X}_1$ 共同作用下,B 截面两侧的相对转角等于零,根据

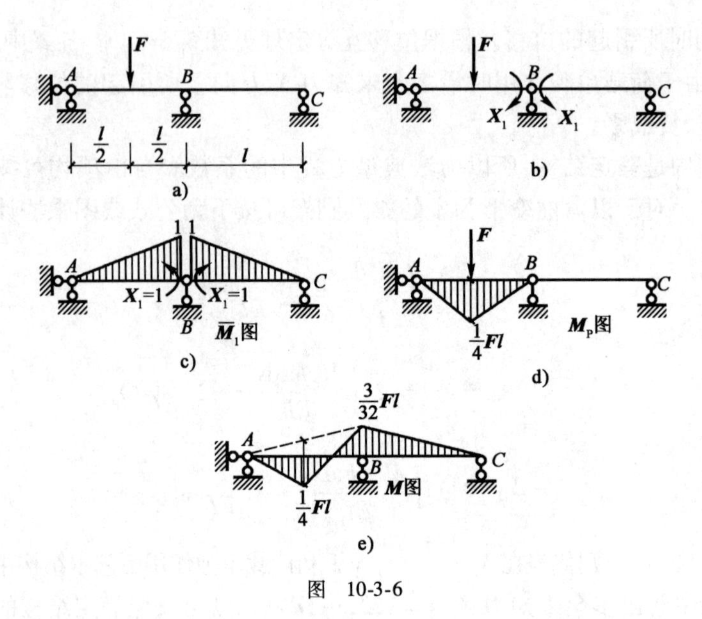

图　10-3-6

此位移条件可列出力法典型方程。

$$\delta_{11}X_1+\Delta_{1P}=0$$

③计算系数和自由项。

绘出基本结构的单位弯矩图和荷载弯矩图[图10-3-6c)、d)],应用图乘法得:

$$\delta_{11}=\frac{1}{EI}(\frac{1}{2}\times 1\times l)(\frac{2}{3}\times 1)\times 2=\frac{2l}{3EI}$$

$$\Delta_{1P}=-\frac{1}{EI}(\frac{1}{2}\times\frac{Fl}{4}\times l)\times(\frac{1}{2})=-\frac{Fl^2}{16EI}$$

④解力法典型方程,求多余未知力。

将求出的系数和自由项代入力法典型方程,解得:

$$X_1=\frac{3}{32}Fl$$

⑤作弯矩图。

由 $M=\overline{M}_1X_1+M_P$ 求出杆端弯矩,绘出最终弯矩如图10-3-6e)所示。

3.对称性的利用

用力法计算超静定结构时,其大量的工作是计算系数、自由项及解联立方程,若要使计算简化,则必须从简化典型方程入手,使力法方程中尽可能多的副系数为零,这样不仅减少了系数计算工作,也简化了联立方程组的求解工作。

在工程实际中,很多结构是对称的。所谓对称结构有两方面含义:

①结构的几何形状和支承情况关于某轴对称;

②杆件的截面及材料性质(EA、EI等)也关于该轴对称。

如图10-3-7a)所示刚架属对称结构,而图10-3-7b)及图10-3-7c)则不是对称结构。

作用于对称结构上的荷载常有两种情况,即对称荷载与反对称荷载,左右两部分的荷载绕对称轴对折后能够完全重合(大小相同、作用点相同、方向相同)的称为对称荷载;若绕对称轴对折

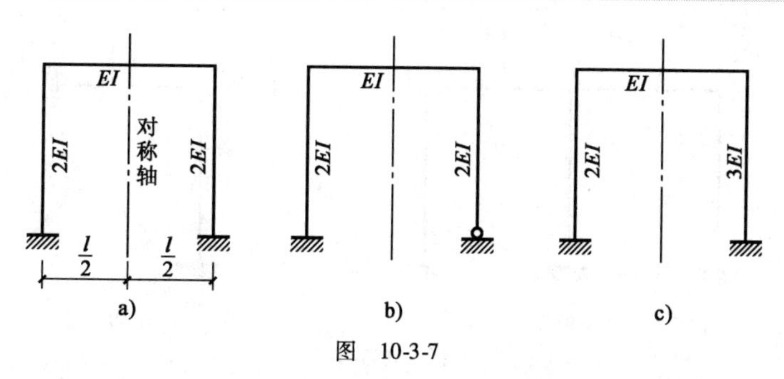

图 10-3-7

后正好反向(大小相同、作用点相同、方向相反),则称为反对称荷载。如图 10-3-8a)、b)所示。

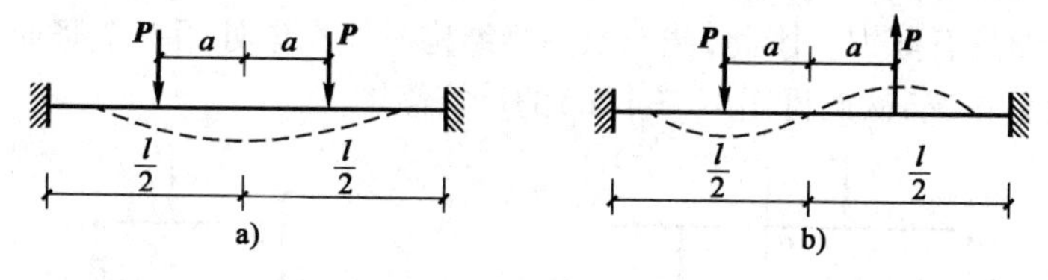

图 10-3-8

利用结构及荷载的对称性可以简化力法计算。

因对称结构具有以下性质:对称结构在对称荷载作用下,其内力与变形是对称的;在反对称荷载作用下,其内力与变形是反对称的。

因此,我们可以只取结构的一半,即半边结构进行计算(下面分单数跨和双数跨加以说明)。

(1)对称结构在对称荷载作用下。

①单数跨对称刚架。

如图 10-3-9a)所示对称刚架,在正对称荷载作用下,位于对称轴上的 C 截面,由于只有轴力和弯矩,故不会发生转角和水平位移,但可发生竖向位移。因此,截取刚架的一半时,在该处用一个定向支座来代替原有联系,采用图 10-3-9b)所示半个刚架的计算简图来代替原结构的计算简图后,在截面 C 处恰能反映上述关于该截面的内力和位移情况。

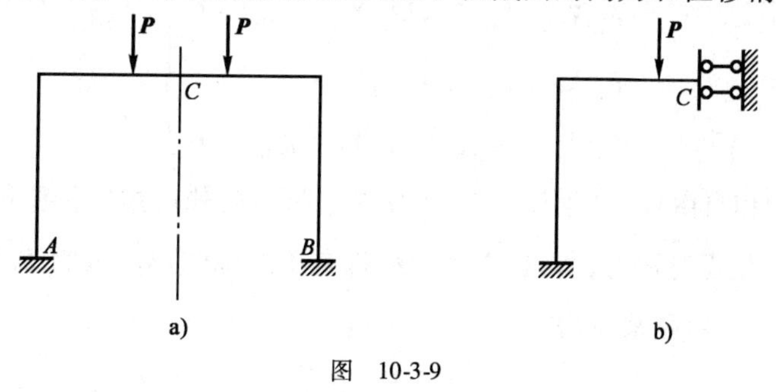

图 10-3-9

②双数跨对称刚架。

如图 10-3-10a)所示刚架,在对称荷载作用下,若忽略杆件的轴向变形,则在对称轴上的刚结点处将不可以产生任何位移,同时在该处的横梁杆端有弯矩、轴力和剪力存在,故在截取一半时,该处应用固定支座代替,从而得到图 10-3-10b)所示的计算简图。

(2)对称结构在反对称荷载作用下。

如图 10-3-11a)所示对称单跨刚架,在反对称荷载作用下,由于只有反对称未知力,故可

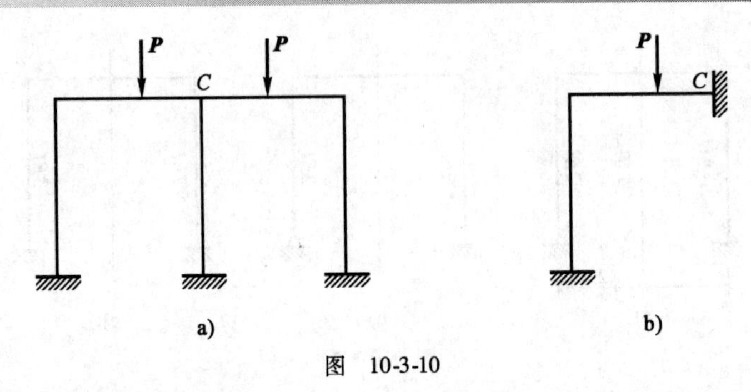

图 10-3-10

知在对称轴上的截面 C 处不可能发生竖向位移,但有水平位移和转角,同时该截面上的弯矩、轴力均为零,而只有剪力。因此,截面取一半结构时应在该处用一个竖向活动铰支座,反映 C 处受力和位移情况,从而得图 10-3-11b)的计算简图。

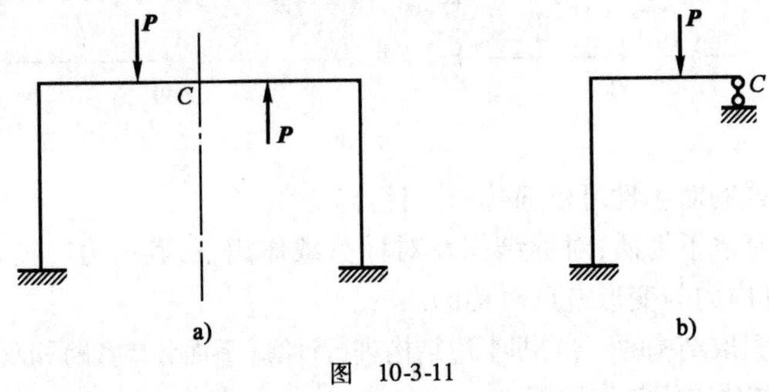

图 10-3-11

例 10-3-2 如图 10-3-12a)所示的对称刚架,在正对称荷载 $q=10\text{kN/m}$ 作用下,试利用结构的对称性分析其内力并绘出弯矩图。

解:将刚架从对称轴上的 K 点切开,并以多余未知力 $\boldsymbol{X}_1$、$\boldsymbol{X}_2$、$\boldsymbol{X}_3$ 代替,得图 10-3-12b)所示的对称基本结构。其中 $\boldsymbol{X}_1$ 和 $\boldsymbol{X}_2$ 是正对称未知力,$\boldsymbol{X}_3$ 是反对称未知力。据此位移条件,可写出力法典型方程如下:

$$\left.\begin{aligned}\delta_{11}X_1+\delta_{12}X_2+\delta_{13}X_3+\Delta_{1P}=0\\ \delta_{21}X_1+\delta_{22}X_2+\delta_{23}X_3+\Delta_{2P}=0\\ \delta_{31}X_1+\delta_{32}X_2+\delta_{33}X_3+\Delta_{3P}=0\end{aligned}\right\}\tag{10-3-6}$$

为了计算系数和自由项,分别绘出单位力弯矩图和荷载弯矩图[图 10-3-12c)、d)、e)、f)]。因为 $\boldsymbol{X}_1$ 和 $\boldsymbol{X}_2$ 是正对称力,所以 $\overline{\boldsymbol{M}}_1$ 和 $\overline{\boldsymbol{M}}_2$ 都是正对称图形。因为 $\boldsymbol{X}_3$ 是反对称力,所以 $\overline{\boldsymbol{M}}_3$ 图是反对称图形。由图乘可得:

$$\delta_{13}=\delta_{31}=0$$

$$\delta_{23}=\delta_{32}=0$$

$$\delta_{11}=\frac{2}{EI}\left(\frac{1}{2}\times4\times4\times\frac{2}{3}\times4\right)=\frac{128}{3EI}$$

$$\delta_{22}=\frac{2}{EI}(4\times1\times1+4\times1\times1)=\frac{16}{EI}$$

$$\delta_{12}=\delta_{21}=-\frac{2}{EI}\left(\frac{1}{2}\times4\times4\times1\right)=-\frac{16}{EI}$$

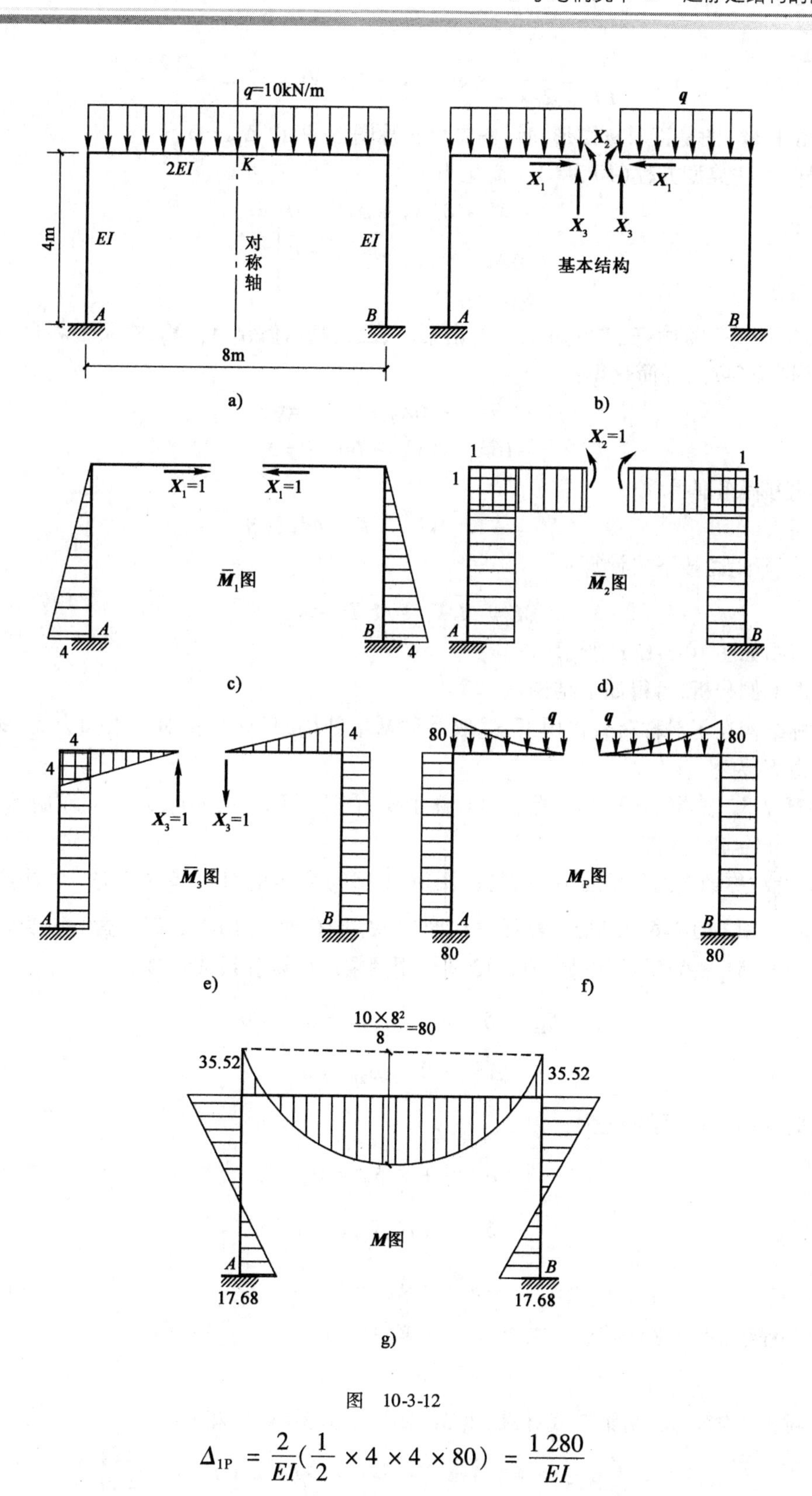

图 10-3-12

$$\Delta_{1P}=\frac{2}{EI}(\frac{1}{2}\times4\times4\times80)=\frac{1\ 280}{EI}$$

$$\Delta_{2P} = \frac{2}{EI}(-\frac{4}{2\times3}\times80\times1-4\times80\times1) = -\frac{2\,240}{3EI}$$

又由于 $\boldsymbol{M}_P$ 图是正对称图形,$\boldsymbol{M}_3$ 图是反对称图形,所以 $\Delta_{3P}=0$

这样,力法典型方程(10-3-6)可简化为:

$$\left.\begin{aligned}\delta_{11}X_1+\delta_{12}X_2+\Delta_{1P}&=0\\ \delta_{21}X_1+\delta_{22}X_2+\Delta_{2P}&=0\\ \delta_{33}X_3&=0\end{aligned}\right\}\qquad(10\text{-}3\text{-}7)$$

由式(10-3-7)的第三式可知 $X_3=0$,由第一、二式则可解出 $\boldsymbol{X}_1$、$\boldsymbol{X}_2$,将系数和自由项代入力法方程(10-3-7),经简化得:

$$42.7X_1-16X_2+1\,280=0$$

$$-16X_1+16X_2-746.7=0$$

由此方程组解得:

$$X_1=-13.3\text{kN},\quad X_2=44.8\text{kN}$$

最后,弯矩图按下式计算:

$$M=\overline{M}_1X_1+\overline{M}_2X_2+M_P$$

弯矩图如图 10-3-12g)所示。

根据上例分析,可得如下结论:

对称结构在正对称荷载作用下,选取对称基本结构,只计算正对称未知力 $\boldsymbol{X}_1$、$\boldsymbol{X}_2$,反对称未知力 $\boldsymbol{X}_3$ 为零。

例 10-3-3 如图 10-3-13a)所示的对称刚架,在反对称荷载 $q=10\text{kN/m}$ 作用下,用力法分析内力并绘制弯矩图。

解:沿对称轴上的 K 截面切开,得如图 10-3-13b)所示的对称基本结构。力法典型方程与例 10-3-2 式(10-3-6)相同。$\overline{\boldsymbol{M}}_1$ 图、$\overline{\boldsymbol{M}}_2$ 图和 $\overline{\boldsymbol{M}}_3$ 图仍与例 10-3-2 图一致。因为在反对称荷载作用下,$\boldsymbol{M}_P$ 图为反对称[图 10-3-13c)],用图乘法计算各系数和自由项,得:

$$\delta_{13}=\delta_{31}=0,\quad \delta_{23}=\delta_{32}=0$$

$$\Delta_{1P}=0,\quad \Delta_{2P}=0$$

因此式(10-36)可简化为:

$$\left.\begin{aligned}\delta_{11}X_1+\delta_{12}X_2&=0\\ \delta_{21}X_1+\delta_{22}X_2&=0\\ \delta_{33}X_3+\Delta_{3P}&=0\end{aligned}\right\}\qquad(10\text{-}3\text{-}8)$$

由方程组(10-3-8)的第一、二式,得正对称未知力:

$$X_1=0,\quad X_2=0$$

反对称未知力 $\boldsymbol{X}_3$ 由第三式计算,由 $\overline{\boldsymbol{M}}_3$ 图[图 10-3-13e)]得:

$$\delta_{33}=\frac{2}{2EI}(\frac{1}{2}\times4\times4\times\frac{2}{3}\times4)+\frac{2}{EI}(4\times4\times4)=\frac{448}{3EI}$$

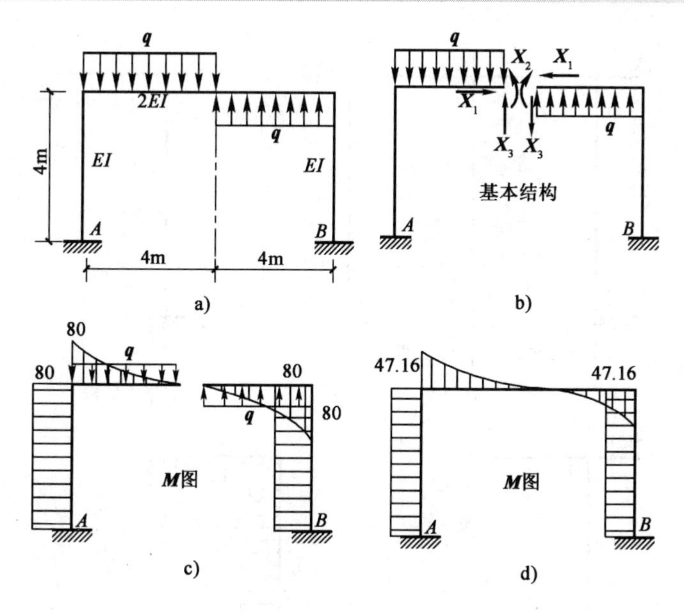

图 10-3-13

由 $\overline{M}_3$[图 10-3-12e)]和 $\overline{M}_P$[图 10-3-13c)]相乘得:

$$\Delta_{3P} = -\left[\frac{2}{2EI}\left(\frac{1}{3} \times 80 \times 4 \times \frac{3}{4} \times 6\right) + \frac{2}{EI}(80 \times 4 \times 4)\right] = -\frac{1\,600}{EI}$$

将 δ_{33} 和 Δ_{3P} 值代入式(10-3-8)第三式,得:

$$\frac{448}{3EI}X_3 - \frac{1\,600}{EI} = 0$$

$$X_3 = 10.71$$

最后由 $M = \overline{M}_{33}X_3 + M_P$ 求出截面弯矩,绘出刚架的弯矩图[图 10-3-13d)]。

分析此例,可得如下结论:

对称结构在反对称荷载作用下,选取对称基本结构,只计算反对称未知力 X_3,正对称未知力 X_1、X_2 为零。

如果是非对称荷载作用于对称结构,则可将其分解为对称荷载与反对称荷载分别计算,然后再叠加,如图 10-3-14 所示。对此也可直接利用原对称结构计算,两法相比较各有利弊。

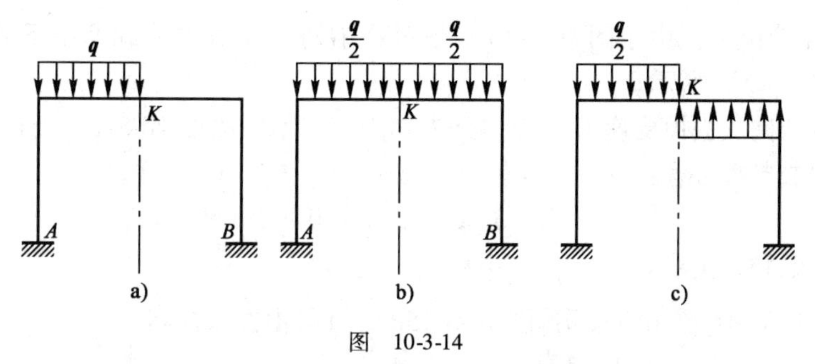

图 10-3-14

例 10-3-4 作图 10-3-15a)所示超静定刚架的弯矩图。刚架各杆的 EI 均为常数。

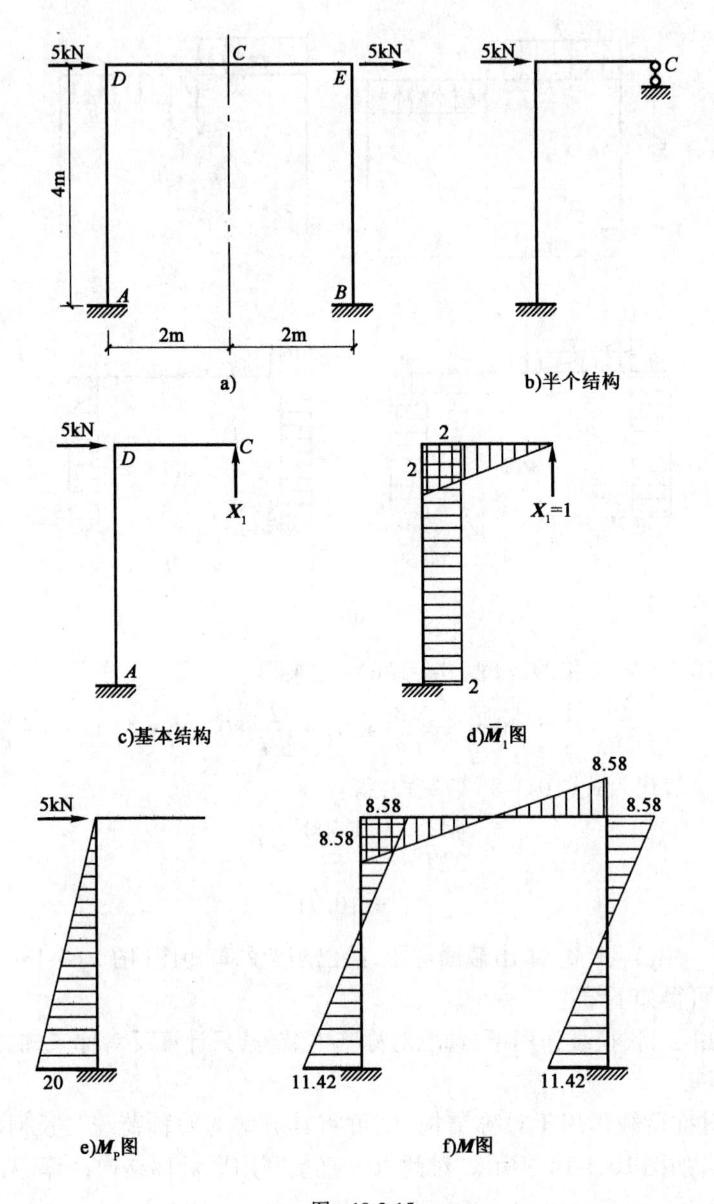

图 10-3-15

解:①取半个刚架。由于图 10-3-15a)是对称结构在反对称荷载作用下的情况,故取半个结构如图 10-3-15b)所示。

②取基本结构。去掉支座 C 并以多余未知力 X_1 代替,得图 10-3-15c)所示基本结构。

③建立力法典型方程:

$$\delta_{11}X_1 + \Delta_{1P} = 0$$

④计算系数和自由项。

作基本结构的 $\overline{M}_1$ 图和 M_P 图[图 10-3-15d)、e)],由图乘法得:

$$\delta_{11} = \frac{1}{EI}\left(\frac{1}{2} \times 2 \times 2 \times \frac{4}{3} + 2 \times 4 \times 2\right) = -\frac{56}{3EI}$$

$$\Delta_{1P} = -\frac{1}{EI}(\frac{1}{2} \times 4 \times 20 \times 2) = -\frac{80}{EI}$$

⑤求多余未知力，将 δ_{11}、Δ_{1P}代入力法方程得：

$$\frac{56}{3EI}X_1 - \frac{80}{EI} = 0 \text{ ，} X_1 = 4.29\text{kN}$$

⑥作弯矩图。

由公式 $M = \overline{M}_1 X_1 + M_P$ 作左半部刚架弯矩图［图 10-3-15f）］，根据反对称荷载特点，右半部刚架弯矩图应以反对称的关系绘出。

4. 支座移动及温度改变时超静定结构的计算

对于静定结构，温度改变和支座移动会使其产生变形和位移，但因结构可以自由伸缩和弯曲而不受到任何阻碍，故不引起内力。对于超静定结构则不然，当温度改变和支座移动时，结构的变形将受多余约束的限制［图 10-3-16a）、b）］，因此必将产生反力和内力。

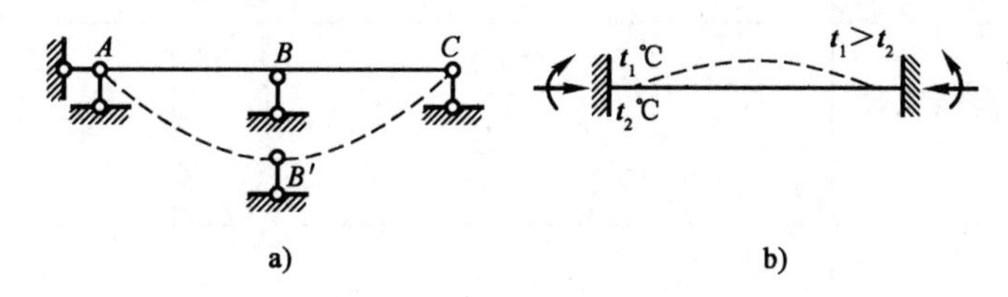

图 10-3-16

在用力法计算超静定结构，由于温度改变和支座移动所引起的内力时，计算原理与前述荷载作用下相同，仍是根据基本结构在外因（温度与支座移动）和多余未知力共同作用下，在所去掉多余约束处的位移，应与原结构的位移相等，建立力法典型方程，求解多余未知力的，不同之处仅为自由项的计算。

在温度改变的影响下，超静定结构的内力与杆件抗弯刚度 EI 的绝对值成正比，这是与荷载作用下的计算结果不同的。杆件的刚度越大，则由于温度改变而引起的内力也越大，所以增加截面的刚度，不能提高结构抵抗温度变化的能力。

在计算混凝土收缩的作用时，所用方程与上述情况完全相同。这时，自由项所表示的不是由于温度改变引起的，而是由于混凝土收缩引起的基本结构中的位移。实际上，从几何观点来看，收缩是一个引起杆件尺寸改变的因素，与温度改变是类似的。

二、任务实施

1. 任务布置

（1）学生预习力法基本思路。

（2）分组完成图 10-3-17 所示的对称刚架的弯矩图的绘制。

2. 收集资讯

（1）力法基本结构。

（2）力法基本未知量。

（3）力法典型方程。

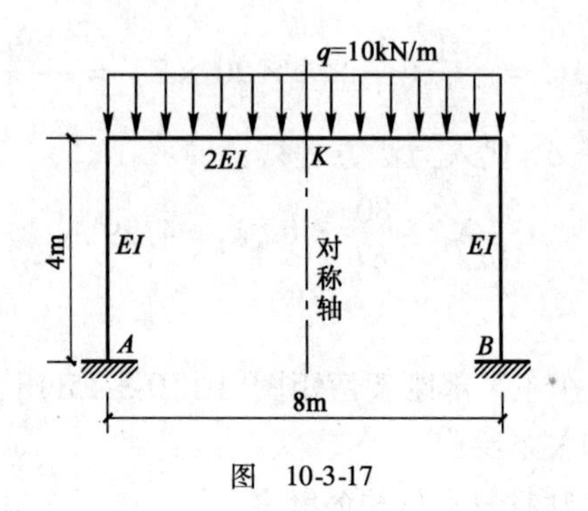

图 10-3-17

(4)对称性原理。

(5)力法计算步骤。

3. 完成任务

步 骤	书写过程
取对称结构,确定超静定次数,建立力法基本结构	
建立力法典型方程	
运用图乘法计算系数和自由项解方程求出多余未知力	
运用叠加法绘制结构的弯矩图	

三、学习效果评价反馈

学生自评	1. 能否阐述力法基本思路? □ 2. 能否运用力法计算超静定结构? □ 3. 能否说明支座移动和温度改变对超静定结构的影响? □ (根据本人实际情况填写:A. 能够完成;B. 基本完成;C. 不能完成)
学习小组评价	团队合作□ 工作效率□ 交流沟通能力□ 获取信息能力□ 写作能力□ 表达能力□ (根据小组完成任务情况填写:A. 优秀;B. 良好;C. 合格;D. 有待改进)
教师评价	

学习任务四 位移法计算超静定结构

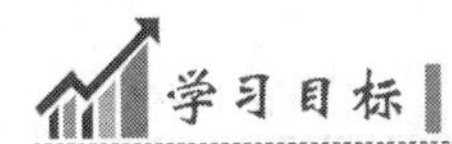

学习目标

1. 能够解释位移法的基本概念、基本未知量和基本结构；
2. 能够熟练写出单跨超静定梁的杆端力；
3. 能够快速建立转角位移方程。

任务描述

通过对单跨超静定梁杆端力的分析，快速准确地写出各种情况下的单跨超静定梁的杆端力以及计算转角位移方程。

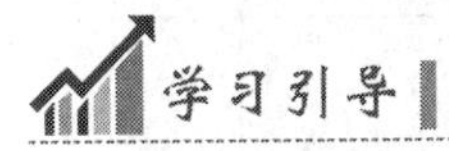

学习引导

本学习任务沿着以下脉络进行：

熟悉单跨超静定梁杆端力表格→熟悉位移法的基本思路→建立转角位移方程

一、相关知识

1. 单跨超静定梁的杆端内力

在工程实际中有不少单跨超静定梁，大多数超静定分析方法是先将较复杂的整体超静定结构分拆成多个单跨超静定梁逐个考虑。

单跨超静定梁可归纳为如下三种基本形式，如图 10-4-1 所示：a）为两端固定梁；b）为一端固定一端铰支；c）为一端固定一端定向。

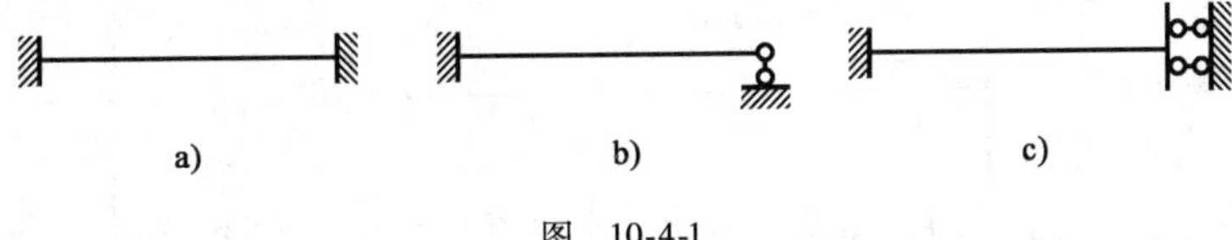

图 10-4-1

各种单跨超静定梁在各种外因影响下的杆端弯矩和剪力均可由力法求得，为方便使用，特列表给出，见表 10-4-1。表中 $i=\frac{EI}{l}$，称为杆件的线刚度。

说明：

（1）杆端弯矩和杆端剪力使用双下标，其中第一个下标表示该杆端弯矩（或杆端剪力）所在杆端的位置；第二个下标表示该杆端弯矩（或杆端剪力）所属杆件的另一端。

（2）表中杆端弯矩以对杆端顺时针转向为正，反之为负；杆端剪力以使杆件产生顺时针转动效果为正，反之为负。

（3）表中杆端弯矩和杆端剪力是按表中图示荷载方向或支座移动情况求得的，当荷载或支座位移方向相反时，其相应的杆端弯矩和杆端剪力亦应相应的改变正、负号。

（4）由于一端固定另一端为铰支座的梁，和一端固定另一端为链杆支座的梁，在垂直于梁轴的荷载作用下,两者的内力数值相等。因此,表中所列的一端固定另一端为链杆支座的梁,在垂直于梁轴荷载作用下的杆端弯矩和杆端剪力值,也适用于一端固定另一端为固定铰支座的梁。

单跨超静定梁杆端弯矩和杆端剪力 表 10-4-1

序号	梁的简图	弯矩图	杆端弯矩		杆端剪力	
			M_{AB}	M_{BA}	Q_{AB}	Q_{BA}
1	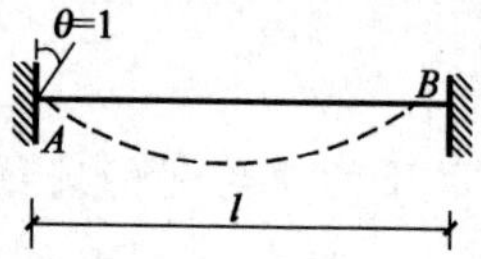	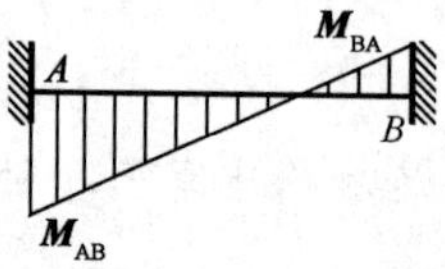	$\frac{4EI}{l}=4i$	$2i$ ($i=\frac{EI}{l}$,以下同)	$\frac{-6i}{l}$	$\frac{-6i}{l}$
2	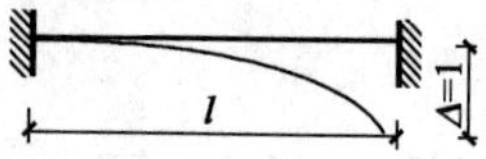	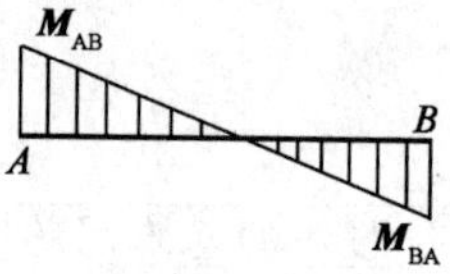	$\frac{-6i}{l}$	$\frac{-6i}{l}$	$\frac{12i}{l^2}$	$\frac{12i}{l^2}$
3	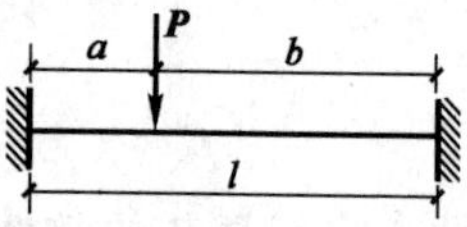	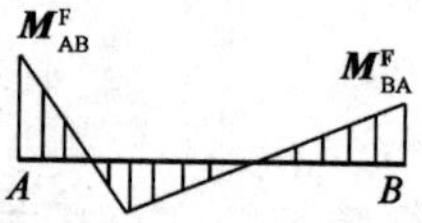	$-\frac{Pab^2}{l^2}$ 当 $a=b$ 时 $-Pl/8$	$\frac{Pa^2 l}{l^2}$ $\frac{Pl}{8}$	$\frac{Pb^2}{l^2}(1+\frac{2a}{l})$ $\frac{P}{2}$	$\frac{-Pb^2}{l^2}(1+\frac{2b}{l})$ $-\frac{P}{2}$
4	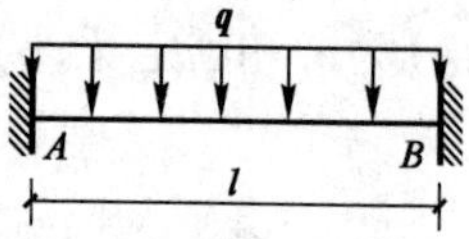	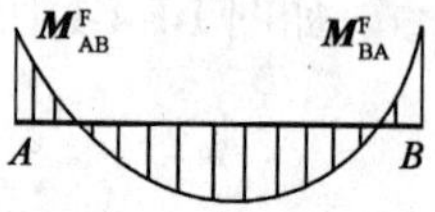	$\frac{-ql^2}{12}$	$\frac{ql^2}{12}$	$\frac{ql}{2}$	$-\frac{ql}{2}$
5	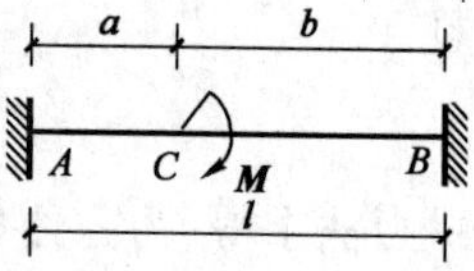	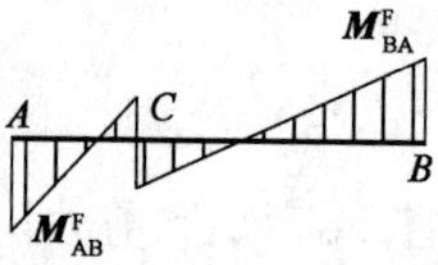	$\frac{Mb(3a-l)}{l^2}$	$\frac{Ma(3b-l)}{l^2}$	$\frac{-6ab}{l^2}M$	$\frac{-6ab}{l^2}M$
6	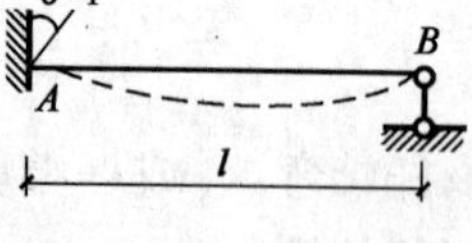	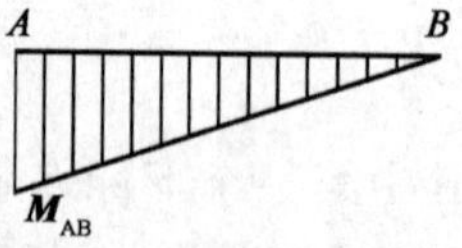	$3i$	0	$\frac{-3i}{l}$	$\frac{-3i}{l}$
7	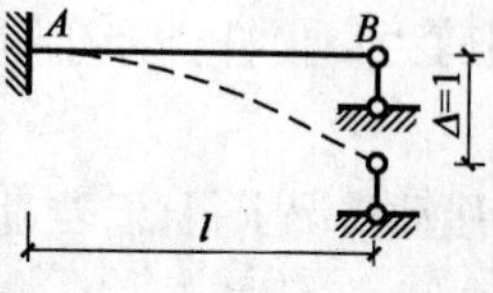	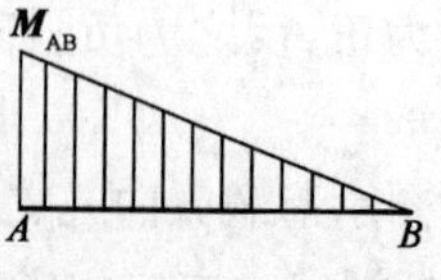	$\frac{-3i}{l}$	0	$\frac{3i}{l^2}$	$\frac{3i}{l^2}$

续上表

序号	梁的简图	弯矩图	杆端弯矩		杆端剪力	
			M_{AB}	M_{BA}	Q_{AB}	Q_{BA}
8	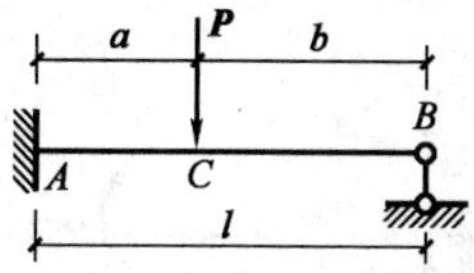	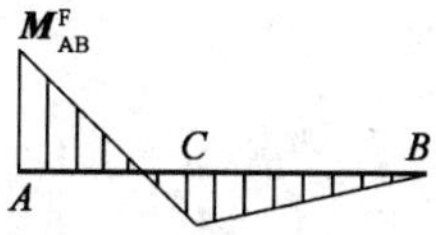	$\frac{-Pab(l+b)}{2l^2}$ 当 $a=b=\frac{l}{2}$ 时 $-3Pl/16$	0	$\frac{-Pb(3l^2-b^2)}{2l^3}$ $\frac{11}{16}P$	$\frac{-Pa^2(2l+b)}{2l^3}$ $-\frac{5}{16}=P$
9	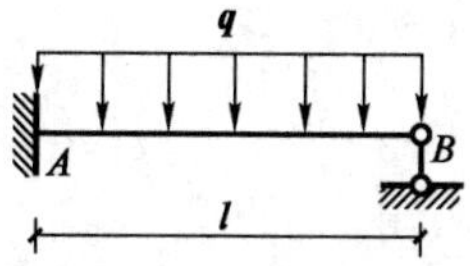	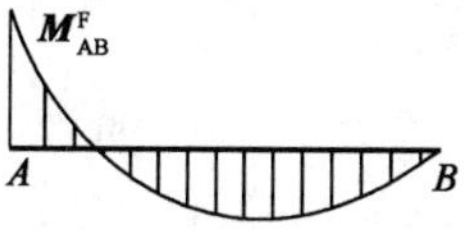	$-\frac{4ql^2}{8}$	0	$\frac{5}{8}ql$	$-\frac{3}{8}ql$
10	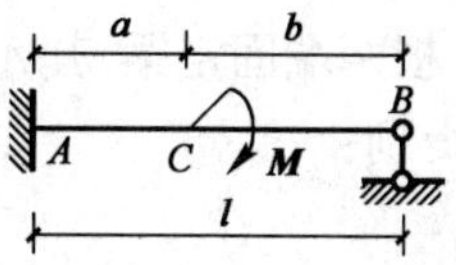	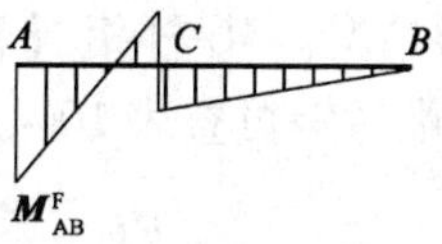	$\frac{M(l^2-3b^2)}{2l^2}$	0	$\frac{-3M(l^2-b^2)}{2l^3}$	$\frac{-3M(l^2-b^2)}{2l^3}$
11	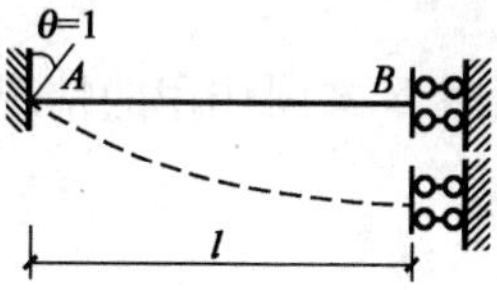	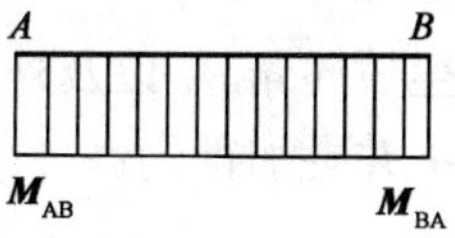	i	$-i$	0	0
12	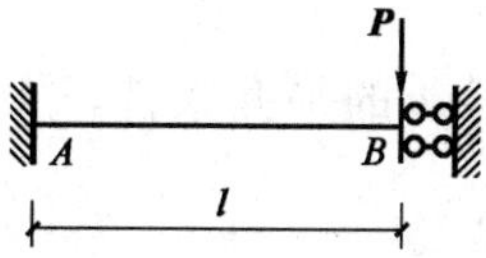	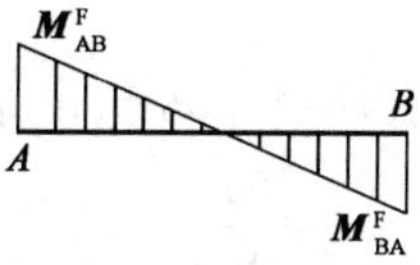	$\frac{-Pl}{2}$	$\frac{-Pl}{2}$	P	P
13	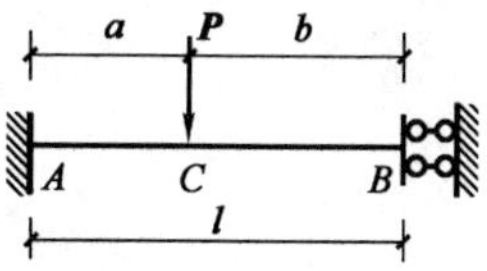	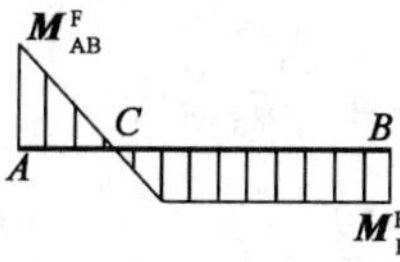	$\frac{-Pa(l+b)}{2l}$ 当 $a=b$ 时 $-\frac{3PI}{8}$	$-\frac{P}{2l}a^2$ $-\frac{pl}{8}$	P	0
14	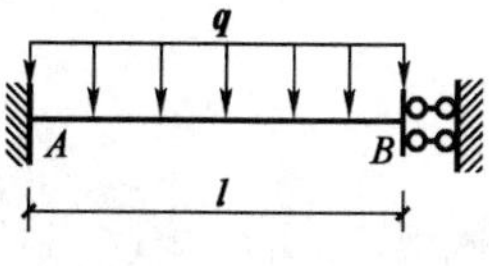	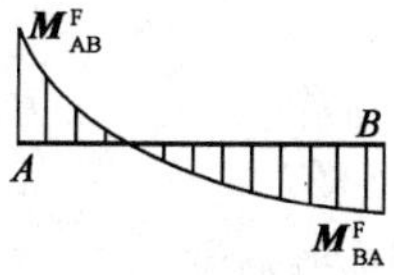	$\frac{-ql^2}{3}$	$-\frac{ql^2}{6}$	ql	0

2. 位移法

位移法同力法一样是求解超静定结构的基本方法，它与力法的主要区别在于所选取的基本未知量不同。力法是以多余约束力为基本未知量，而位移法则以结点位移作为基本未知量。

为说明位移法，我们来分析图 10-4-2a）所示刚架。

在荷载作用下,刚架将产生图10-4-2a)中虚线所示的变形,其中固定端B、C处无任何位移,结点A是刚性结点,根据变形连续条件可知,汇交于结点A处的AB、AC杆的杆端应具有相同的转角θ_A。如不计杆的轴向变形,则可认为两杆长度不变,结点A没有线位移,只有角位移θ_A。

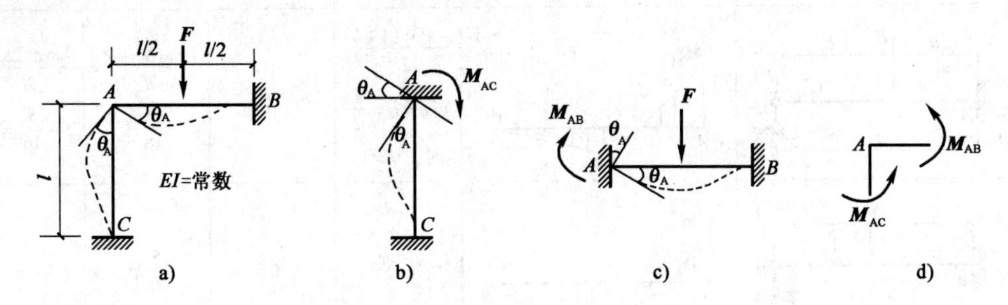

图 10-4-2

现分别研究AB杆和AC杆的受力和变形情况。AC杆相当于一根两端固定梁,其A端支座产生了转角θ_A,如图10-4-2b)所示。其杆端弯矩可查表10-4-1得到:

$$M_{AC}=4\frac{EI}{l}\theta_A,\quad M_{CA}=2\frac{EI}{l}\theta_A$$

AB杆相当于两端固定,梁在A端支座产生了转角θ_A以及外荷载$\boldsymbol{F}$共同作用的情况,如图10-4-2c)所示,其杆端弯矩也可查表10-4-1并叠加得到:

$$M_{AB}=4\frac{EI}{l}\theta_A-\frac{Fl}{8},\quad M_{BA}=2\frac{EI}{l}\theta_A+\frac{Fl}{8}$$

为了求得θ_A,可以取结点A为分离体[图10-4-2d)],由结点A的平衡条件$\sum M_A=0$得:

$$M_{AB}+M_{AC}=0$$

将$\boldsymbol{M}_{AB}$、$\boldsymbol{M}_{AC}$代入上式可得:

$$4\frac{EI}{l}\theta_A-\frac{Fl}{8}+4\frac{EI}{l}\theta_A=0$$

$$8\frac{EI}{l}\theta_A-\frac{Fl}{8}=0$$

这就是位移法方程,由此解得:

$$\theta_A=\frac{Fl^2}{64EI}$$

将θ_A代入$\boldsymbol{M}_{AB}$、$\boldsymbol{M}_{BA}$、$\boldsymbol{M}_{AC}$、$\boldsymbol{M}_{CA}$的表达式中,得:

$$M_{AB}=-\frac{Fl}{16},\quad M_{BA}=\frac{Fl}{32},\quad M_{AC}=\frac{Fl}{16},\quad M_{CA}=\frac{Fl}{32}$$

根据求出的杆端弯矩和荷载可画出刚架的弯矩图。

由上述计算过程可知运用位移法求解超静定结构的基本思路:根据结构在荷载作用下的变形情况,确定独立的结点位移作为基本未知量,将结构视为若干个单跨超静定梁,列出各单跨梁的杆端力(杆端弯矩和杆端剪力)与杆端位移及荷载间的关系式,再利用平衡条件,建立位移法方程,求出结点位移,而后由结点位移求出各杆的杆端力,进而画出内力图。

位移法的具体求解过程及举例此处不再详述。若要进一步学习,读者可参考相关的其他教材。

二、任务实施

1. 任务布置

(1)学生预习位移法基本思路。

(2)分组绘制图 10-1-9 所示工业厂房中平面刚架的受力图,判定超静定次数,并说明超静定结构的特性。

2. 收集资讯

(1)位移法基本未知量。

(2)位移法基本思路。

(3)单跨超静定梁的杆端力。

(4)转角位移方程。

3. 完成下表

结构简图	转角位移方程
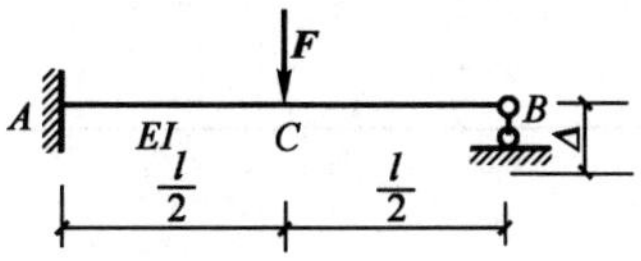 A EI C B F $\frac{l}{2}$ $\frac{l}{2}$ Δ	M_{AB} =
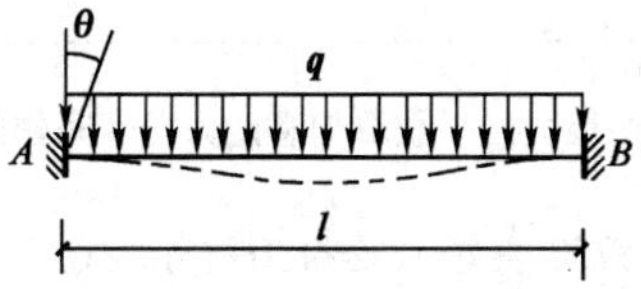 θ q A B l	M_{AB} =
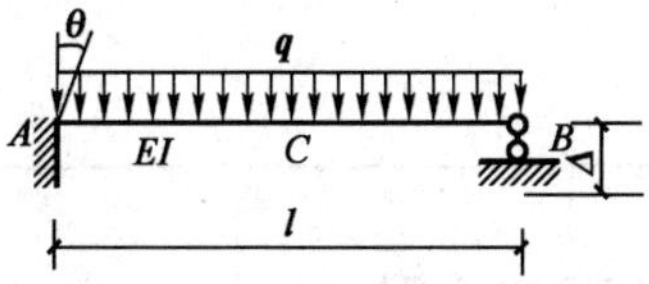 θ q A EI C B l Δ	M_{AB} =
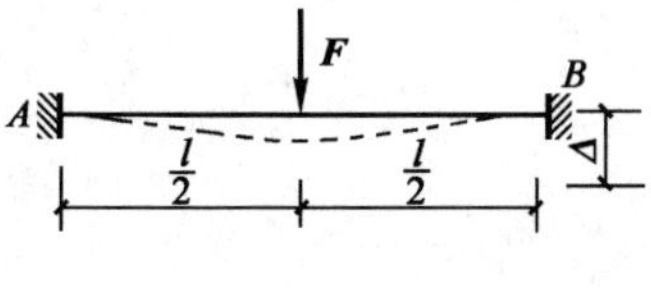 F A B $\frac{l}{2}$ $\frac{l}{2}$ Δ	M_{AB} =

续上表

结 构 简 图	转角位移方程
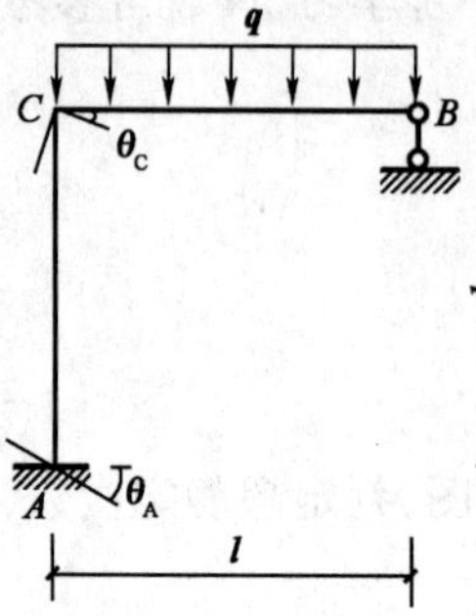	$M_{AC}=$ $M_{CB}=$
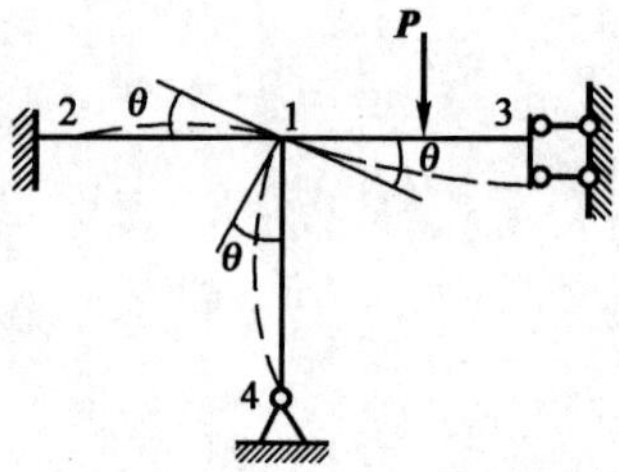	$M_{13}=$ $M_{12}=$

三、学习效果评价反馈

学生自评	1. 能否阐述位移法基本思路？□ 2. 能否建立单跨超静定梁位移转角方程？□ （根据本人实际情况填写：A. 能够完成；B. 基本完成；C. 不能完成）
学习小组评价	团队合作□　工作效率□　交流沟通能力□　获取信息能力□　写作能力□ 表达能力□ （根据小组完成任务情况填写：A. 优秀；B. 良好；C. 合格；D 有待改进）
教师评价	

学习任务五　力矩分配法计算连续梁

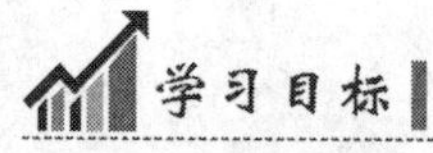

1. 能够叙述力矩分配法的基本概念；
2. 会计算分配系数；
3. 能够运用力矩分配法解连续梁。

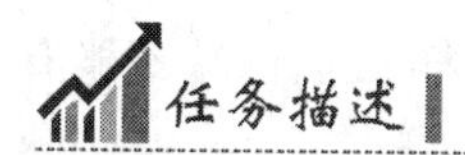

任务描述

通过学习力矩分配法的基本概念，运用力矩分配法计算连续梁。

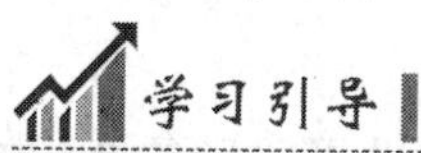

学习引导

本学习任务沿着以下脉络进行：

熟悉转动刚度、分配系数、分配弯矩、传递弯矩等概念 → 计算分配系数 → 计算固端弯矩 → 计算分配弯矩与传递弯矩 → 绘制连续梁的弯矩图

一、相关知识

1. 力矩分配法的基本概念

运用力法求解超静定结构的特点是要建立和求解联立方程，其运算过程较烦琐。下面介绍的力矩分配法则无须求解联立方程，而是直接对各杆端弯矩进行计算，且方法简单，适合手算，因此该方法在工程设计中得到了广泛的应用。

力矩分配法适用于无结点线位移的结构，主要是用来计算连续梁和无侧移刚架，它是一种近似的方法。其中各杆端弯矩的符号规定与前述相同。

1）转动刚度 S

转动刚度 S_{AB} 是使 AB 杆 A 端产生单位转角 $\theta_A=1$ 时，在 A 端所需施加的力矩。在力矩分配法中，通常将产生转角的一端称为近端，另一端称为远端。转动刚度表示杆端抵抗转动的能力，其值与杆件的线刚度 $\left(i=\frac{EI}{l}\right)$ 及远端的支承情况有关。图 10-5-1 给出了等截面直杆远端为不同支承时的转动刚度 S_{AB} 值。

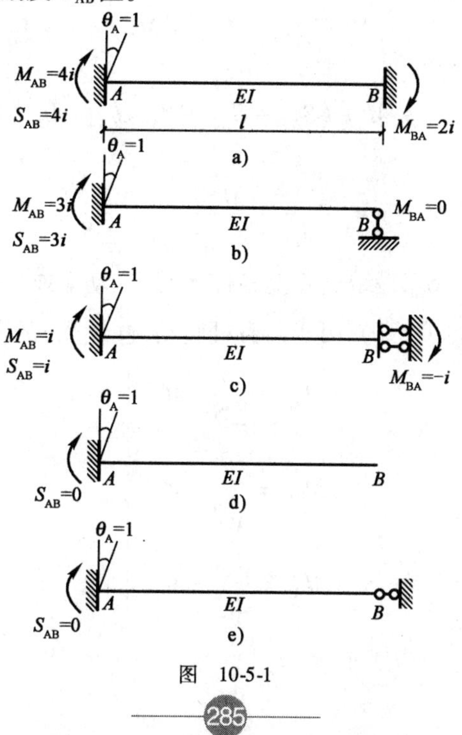

图 10-5-1

需要注意的是,转动刚度与近端的支承情况无关(铰支、固定等均一样),但近端不能有线位移。

2)分配系数、分配弯矩、传递系数、传递弯矩

(1)分配系数与分配弯矩。

如图 10-5-2a)所示刚架,结点 A 上作用有力偶矩为 $\boldsymbol{M}$ 的力偶,使结点 A 产生转角 θ_A,由于 AB、AC、AD 三个杆在 A 点为刚结,各杆在 A 端(近端)的转角均为 θ_A,由转动刚度的定义可知各杆转动端(近端)的弯矩为:

$$\left.\begin{aligned} M_{AB} &= S_{AB} \cdot \theta_A \\ M_{AC} &= S_{AC} \cdot \theta_A \\ M_{AD} &= S_{AD} \cdot \theta_A \end{aligned}\right\} \tag{10-5-1}$$

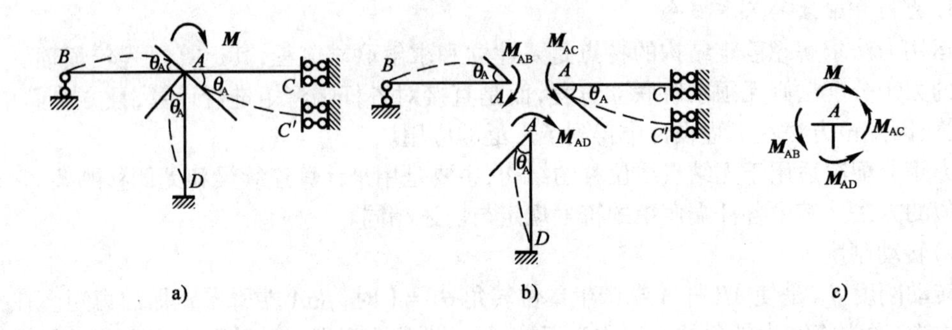

图 10-5-2

截取结点 A 为分离体[图 10-5-2c)],由 $\sum M_A = 0$ 得:

$$-M + M_{AB} + M_{AC} + M_{AD} = 0$$

将式(10-5-1)代入上式得:

$$-M + (S_{AB} + S_{AC} + S_{AD})\theta_A = 0$$

由此可得:

$$\theta_A = \frac{M}{S_{AB} + S_{AC} + S_{AD}} = \frac{M}{\sum_A S} \tag{10-5-2}$$

式中,$\sum_A S = S_{AB} + S_{AC} + S_{AD}$ 是结点 A 上各杆 A 端(转动端或近端)的转动刚度之和。

将式(10-5-2)代入式(10-5-1),可求得各杆转动端(近端)的弯矩分别为:

$$\left.\begin{aligned} M_{AB} &= \frac{S_{AB}}{\sum_A S} \cdot M \\ M_{AC} &= \frac{S_{AC}}{\sum_A S} \cdot M \\ M_{AD} &= \frac{S_{AD}}{\sum_A S} \cdot M \end{aligned}\right\} \tag{10-5-3}$$

令

$$\left.\begin{aligned}\mu_{AB}&=\frac{S_{AB}}{\sum_{A}S}\\ \mu_{AC}&=\frac{S_{AC}}{\sum_{A}S}\\ \mu_{AD}&=\frac{S_{AD}}{\sum_{A}S}\end{aligned}\right\}\qquad(10\text{-}5\text{-}4)$$

上述各式称为各杆在A端(转动端或近端)的分配系数,可统一写作:

$$\mu_{Aj}=\frac{S_{Aj}}{\sum_{A}S}$$

上式表明,杆Aj在A端的分配系数等于杆A端的转动刚度S_{Aj}除以结点A上各杆A端的转动刚度之和。因此,汇交于同一结点各杆端的分配系数之和应等于1,即:

$$\sum\mu_A=\mu_{AB}+\mu_{AC}+\mu_{AD}=1\qquad(10\text{-}5\text{-}5)$$

式(10-5-5)可以校核各杆端的分配系数。

将式(10-5-3)可改写为:

$$\left.\begin{aligned}M_{AB}&=\mu_{AB}\cdot M\\ M_{AC}&=\mu_{AC}\cdot M\\ M_{AD}&=\mu_{AD}\cdot M\end{aligned}\right\}\qquad(10\text{-}5\text{-}6)$$

式(10-5-6)表明,作用在结点上的外力偶矩,按分配系数分配给各杆的近端,结点力偶引起的近端弯矩称为分配弯矩。分配弯矩的表达式(10-5-6)可统一写作:

$$M_{Aj}=\mu_{Aj}\cdot M$$

式中,A代表转动端(近端),j代表远端,M_{Aj}代表Aj杆A端的分配弯矩。

(2)传递系数与传递弯矩。

图10-5-2a)中,外力偶矩$\boldsymbol{M}$作用于结点A,在使各杆的近端产生弯矩(分配弯矩)的同时,使各杆远端也产生弯矩。各杆远端弯矩与近端弯矩的比值称为传递系数,用C表示。对等截面杆而言,传递系数C的大小仅与杆件远端的支承情况有关。例如,图10-5-2a)中的AD杆,其远端固定,当近端产生转角θ_A时,近端弯矩$M_{AD}=4i\theta_A$,远端弯矩$M_{DA}=2i\theta_A$,所以AD杆由A端至D端的传递系数为:

$$C_{AD}=\frac{M_{DA}}{M_{AD}}=\frac{2i\theta_A}{4i\theta_A}=\frac{1}{2}$$

同理,可求出远端为其他支承情况时各杆的传递系数。为便于应用,将等截面直杆的传递系数和转动刚度列于表10-5-1中。

等截面直杆的转动刚度和传递系数 表10-5-1

远端支承情况	转动刚度S	传递系数C
固定	$4i$	1/2
铰支	$3i$	0
滑动	i	−1
自由或轴向支杆	0	

远端弯矩又称为传递弯矩,按传递系数的定义可得:

$$M_{jA} = C_{Aj} \cdot M_{Aj}$$

式中,C_{Aj}为Aj杆由A端向j端的传递系数,M_{jA}为远端的弯矩(传递弯矩)。该式表明,传递弯矩等于分配弯矩乘以传递系数。

这样就得到了在结点力偶作用下各杆近端弯矩(分配弯矩)和远端弯矩(传递弯矩)的计算公式,从而明确了分配系数、分配弯矩、传递系数和传递弯矩的物理意义。

2. 力矩分配法计算连续梁

1)单结点的力矩分配法

如图10-5-3a)所示梁,受荷载作用后,变形曲线如虚线所示,下面讨论连续梁的杆端弯矩的计算。

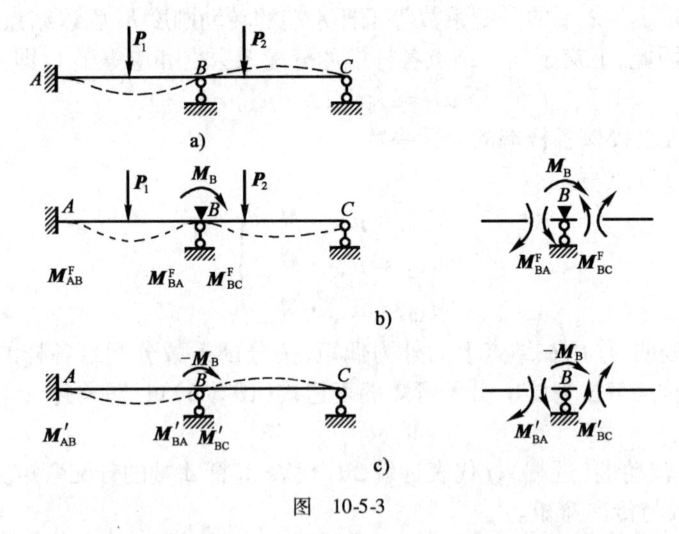

图 10-5-3

首先,设想在结点B加上一个控制其转动的约束——附加刚臂,用符号▼表示,以阻止结点发生转角(不控制结点线位移),于是得到一个由单跨超静定梁组成的基本结构[图10-5-3b)]。然后把荷载作用在基本结构上,于是各杆端产生固端弯矩。在结点B,各杆的固端弯矩一般是不能互相平衡的,这就必然会在刚臂上产生附加反力矩$\boldsymbol{M}_B$,其值可由图[图10-5-3b)]所示结点B的弯矩平衡条件求得:

$$M_B = M_{BA}^F + M_{BC}^F$$

附加反力矩$\boldsymbol{M}_B$称为结点上的不平衡力矩,它等于汇交于该结点各杆端的固端弯矩之代数和,以顺时针方向为正。

在连续梁的结点B,本来没有刚臂,也就没有附加反力矩$\boldsymbol{M}_B$。因此图10-5-3b)中的固端弯矩并不是原结构在实际状态下的杆端弯矩,必须对此加以修正。修正的办法是放松结点B,即在结点B施加一个与$\boldsymbol{M}_B$大小相等而方向相反的外力矩($-\boldsymbol{M}_B$),以抵消刚臂的作用。这个外力矩产生图10-5-3c)所示的变形,同时使结点B发生转动。据前面所述,在结点B的各杆近端得分配弯矩,各杆远端得传递弯矩。这里须注意,在计算分配弯矩时,所分配的是($-\boldsymbol{M}_B$)。也就是说,将结点的不平衡力矩反号后再乘以分配系数,即得到分配弯矩$\boldsymbol{M}'$,也即:

$$M'_{BA} = \mu_{BA} \cdot (-M_B), M'_{BC} = \mu_{BC} \cdot (-M_B)$$

将图10-5-3b)、c)两种情况相叠加,就消去了刚臂的作用,使结构回复到原来[图10-5-3a)]的状态。

因此,把图 10-5-3b)、c)所得的杆端弯矩叠加,就是欲求的连续梁杆端弯矩。例如:

$$M_{BA} = M^{F}_{BA} + M'_{BA}$$

例 10-5-1 如图 10-5-4a)所示的两跨连续梁,用同一材料制成(E = 常数),AB 跨的截面惯性矩为 $2I$,BC 跨的截面惯性矩为 I,荷载作用如图所示,求各杆端弯矩,绘出 $\boldsymbol{M}$、$\boldsymbol{Q}$ 图,并计算支座反力。

解:连续梁只在结点 B 有转角,可利用单结点力矩分配法进行计算。计算过程常在梁的下方列表进行。为了便于掌握,现把表中各栏的计算程序说明如下。

①计算结点 B 处各杆的分配系数。

各杆转动刚度:

$$S_{BA} = 3i_{BA} = 3 \times \frac{2EI}{12} = 0.5EI$$

$$S_{BC} = 4i_{BC} = 4 \times \frac{EI}{8} = 0.5EI$$

分配系数:

$$\mu_{BA} = \frac{S_{BA}}{S_{BA} + S_{BC}} = \frac{0.5}{0.5 + 0.5} = 0.5$$

$$\mu_{BC} = \frac{S_{BC}}{S_{BA} + S_{BC}} = 0.5$$

汇交于同一结点的各杆分配系数之和应等于 1,据此可进行校核。

$$\mu_{BA} + \mu_{BC} = 0.5 + 0.5 = 1$$

把分配系数记在图 10-5-4a)下方表中第(1)栏内。

②按表 10-4-1 计算固端弯矩。

$$M^{F}_{AB} = 0$$

$$M^{F}_{AB} = +\frac{ql^2}{8} = +180\text{kN}\cdot\text{m}$$

$$M^{F}_{BC} = -\frac{Pl}{8} = -100\text{kN}\cdot\text{m}$$

$$M^{F}_{CB} = +\frac{Pl}{8} = +100\text{kN}\cdot\text{m}$$

把各固端弯矩记在图 10-5-4a)下方表中第(2)栏内。

结点 B 的不平衡力矩为:

$$M_{B} = M^{F}_{BA} + M^{F}_{BC} = 180 - 100 = 80\text{kN}\cdot\text{m}$$

③计算分配弯矩和传递弯矩。

$$M'_{BA} = \mu_{BA}(-M_{B}) = 0.5 \times (-80) = -40\text{kN}\cdot\text{m}$$

$$M'_{BC} = \mu_{BC}(-M_{B}) = 0.5 \times (-80) = -40\text{kN}\cdot\text{m}$$

$$M'_{CB} = C_{BC}M'_{BC} = 0.5 \times (-40) = -20\text{kN}\cdot\text{m}$$

把它们记在图 10-5-4a)下方表中的第(3)栏内,并在结点 B 的分配弯矩下画一横线,表示该结点已达平衡。在分配弯矩与传递弯矩之间画一水平方向箭头,表示弯矩传递方向。

10kN/m　10kN　A　B　D　C　2EI　EI　12m　4m　4m

		A		B			C
(1)	分配系数	铰支		0.5	0.5		固定
(2)	固端弯矩	0		+180	-100		+100
(3)	分配与传递	0	←	-40	-40	→	-20
(4)	最后弯矩	0		+140	-140		+80

a)

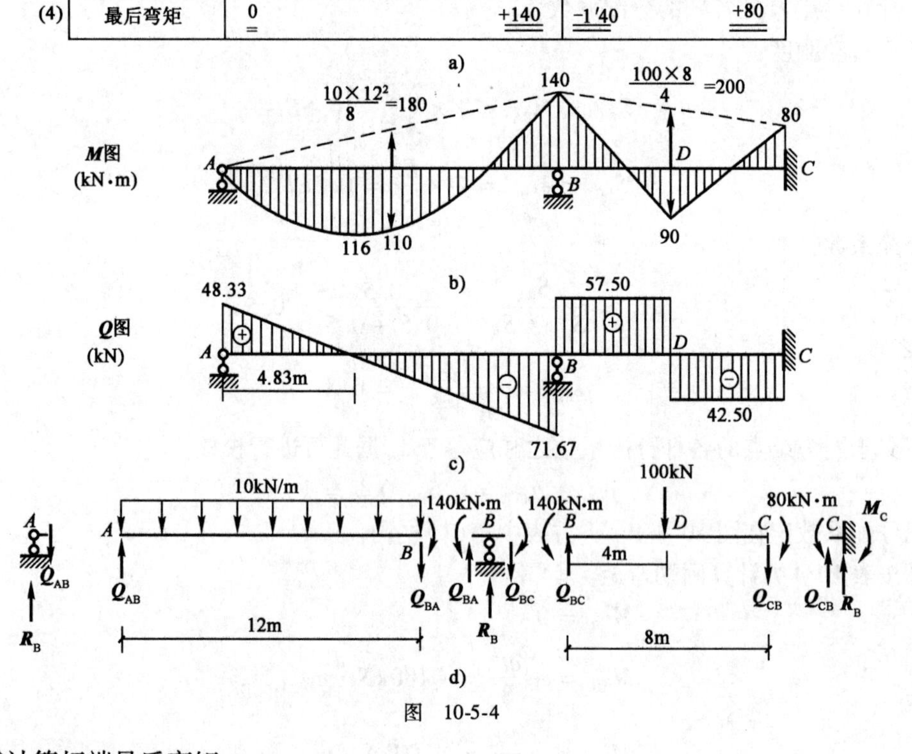

图 10-5-4

④计算杆端最后弯矩。

将以上结果代数相加,即得最后弯矩,记在图 10-5-4a)下方表中第(4)栏内,并画上双横线表示杆端最后弯矩。

由 $\sum M_B = (+140) + (-140) = 0$ 可知满足结点 B 的弯矩平衡条件。

⑤根据最后弯矩,利用区段叠加法绘出弯矩图,如图 10-5-4b)所示。

⑥取各杆和结点为隔离体(弯矩按真实方向画出,剪力暂设为正方向),由力矩平衡方程求剪力,由竖向投影平衡方程求支座反力如下[图 10-5-4d)]:

$$Q_{AB} = 48.33\text{kN}$$

$$Q_{BA} = -71.67\text{kN}$$

$$Q_{BC} = 57.50\text{kN}$$

$$Q_{CB} = -42.50\text{kN}$$

$$R_A = Q_{AB} = 48.33\text{kN}$$
$$R_B = Q_{BC} - Q_{BA} = 57.50 + 71.67 = 129.17\text{kN}$$
$$R_C = -Q_{CB} = 42.50\text{kN}$$
$$M_C = 80\text{kN} \cdot \text{m}$$

剪力图如图 10-5-4c)所示。

2)多结点的力矩分配法

对于多结点的连续梁和无侧移刚架,力矩分配法是依次放松各结点以消除其上的不平衡力矩,但每次只能放松不相邻的各个结点,这时其他结点仍是处于锁住状态。这样就形成对各结点轮流放松,也即对各结点轮流进行弯矩的分配与传递,直到不平衡弯矩小到可忽略不计为止。最后将各杆端得到的所有弯矩相叠加,便得到最后弯矩。

例 10-5-2 试作图 10-5-5a)所示梁的弯矩图和剪力图。

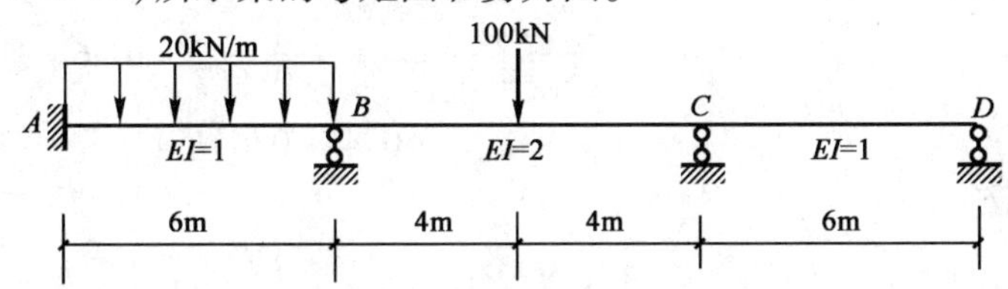

分配系数	固定端	0.400	0.600	0.667	0.333	铰支
固端弯矩	-60	+60	-100	+100		0
C一次分、传			-33.4 ←	-66.7	33.3 →	0
B一次分、传	14.7 ←	29.4	44.0 →	22.0		
C二次分、传			-7.3 ←	-14.7	7.3 →	0
B二次分、传	1.5 ←	2.9	4.4 →	2.2		
C三次分、传			-0.7 ←	-1.5	-0.7 →	0
B三次分		0.3	0.4			
最后弯矩	-43.8	92.6	-92.6	41.3	-41.3	0

a)

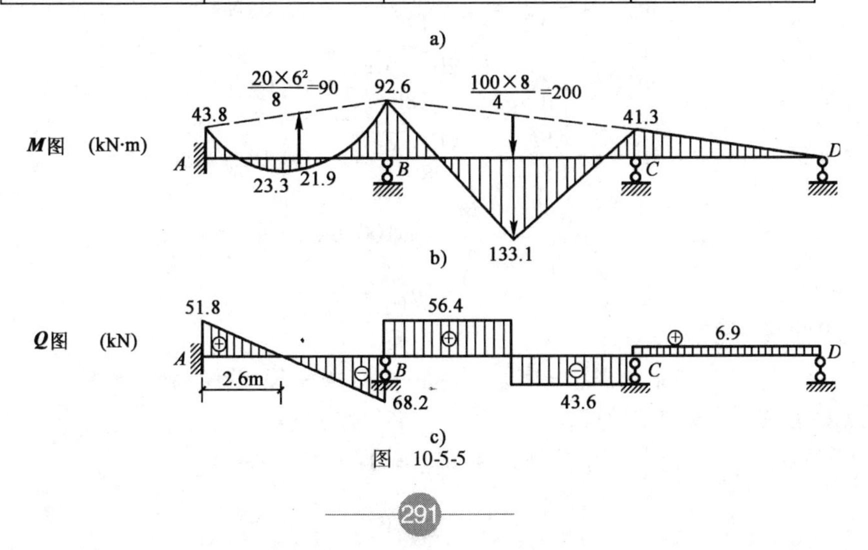

图 10-5-5

解:通过此例给出多结点力矩分配法的演算格式。对于连续梁,在其下方列表运算较为方便。现按演算程序说明如下:

①求各结点的分配系数。

结点 B:

$$S_{BA} = 4i_{BA} = 4 \times \frac{EI}{l} = \frac{2}{3} = 0.667$$

$$S_{BC} = 4i_{BC} = 4 \times \frac{EI}{l} = 1$$

所以

$$\mu_{BA} = \frac{S_{BA}}{S_{BA} + S_{BC}} = \frac{0.667}{0.667 + 1} = 0.4$$

$$\mu_{BC} = \frac{S_{BC}}{S_{BC} + S_{BA}} = \frac{1}{1 + 0.667} = 0.6$$

校核:

$$\mu_{BA} + \mu_{BC} = 0.4 + 0.6 = 1$$

结点 C:

$$S_{CB} = 4i_{CB} = 4 \times \frac{EI}{l} = 1$$

$$S_{CD} = 3i_{CD} = 3 \times \frac{EI}{l} = 0.5$$

所以

$$\mu_{CB} = \frac{S_{CB}}{S_{CB} + S_{CD}} = \frac{1}{1 + 0.5} = 0.667$$

$$\mu_{CD} = \frac{S_{CD}}{S_{CD} + S_{CB}} = \frac{0.5}{0.5 + 1} = 0.333$$

校核:

$$\mu_{CB} + \mu_{CD} = 0.667 + 0.333 = 1$$

将分配系数写在表中各结点下方的方格内。

②计算固端弯矩。

$$M^F_{AB} = -\frac{ql^2}{12} = -\frac{20 \times 6^2}{12} = -60.0\text{kN} \cdot \text{m}$$

$$M^F_{BA} = +\frac{ql^2}{12} = +\frac{20 \times 6^2}{12} = +60.0\text{kN} \cdot \text{m}$$

$$M^F_{BC} = -\frac{Pl}{8} = -\frac{100 \times 8}{8} = -100.0\text{kN} \cdot \text{m}$$

$$M^F_{CB} = +\frac{Pl}{8} = +100.0\text{kN} \cdot \text{m}$$

$$M^F_{CD} = M^F_{DC} = 0$$

结点 B 上的不平衡力矩为:

$$M_B = M^F_{BA} + M^F_{BC} = 60 - 100 = -40.0\text{kN} \cdot \text{m}$$

结点 C 上的不平衡力矩为:

$$M_C = M^F_{CB} + M^F_{CD} = 100.0\text{kN} \cdot \text{m}$$

③放松结点 C(此时结点 B 仍被固定),按单结点进行分配和传递。再放松结点 B,这样完成第一轮循环,而后按相同步骤进行第二、第三……轮循环,全部计算过程列于图 10-5-5a)下方的表格中。

④将固端弯矩、历次的分配弯矩和传递弯矩相加,即得各杆端最后弯矩,见表格中的最后一行。

⑤按结点弯矩平衡条件进行校核。

结点 B:

$$\sum M_{B} = 92.6 - 92.6 = 0$$

结点 C:

$$\sum M_{C} = 41.3 - 41.3 = 0$$

可见,满足结点平衡条件。

⑥根据杆端弯矩和杆段上的荷载,用区段叠加法绘出 **M** 图,如图 10-5-5b)所示。

⑦用例 10-5-1 中同样的方法可求出各杆两端剪力,并画出 **Q** 图,如图 10-5-5c)所示。

例 10-5-3 图 10-5-6a)所示为一带悬臂的等截面连续梁,试作 **M** 图。其中,EI = 常数。

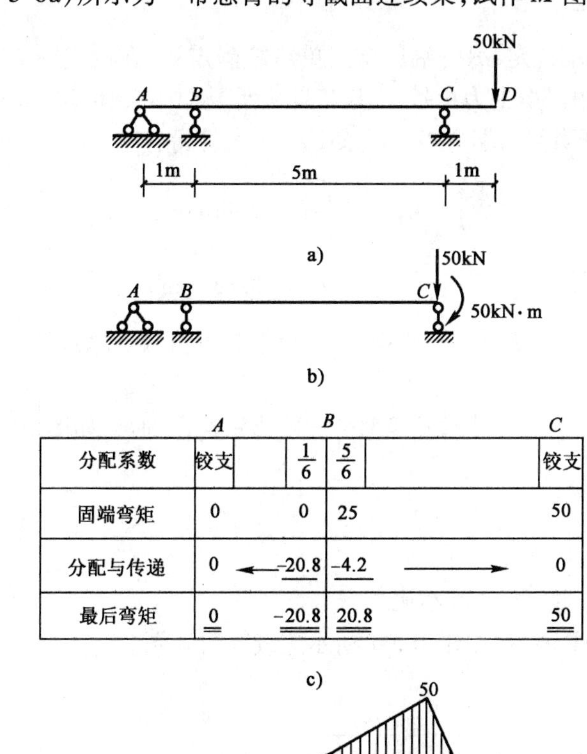

	A	B		C
分配系数	铰支	$\frac{1}{6}$	$\frac{5}{6}$	铰支
固端弯矩	0	0	25	50
分配与传递	0 ←	−20.8	−4.2 →	0
最后弯矩	0	−20.8	20.8	50

c)

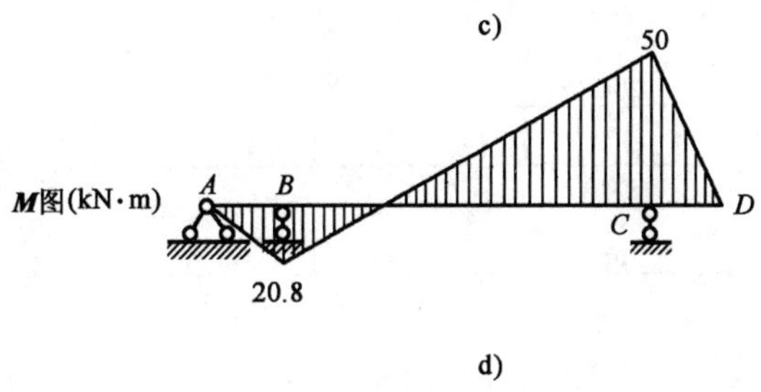

d)

图 10-5-6

解:此梁的悬臂部分 CD 是静定的,这部分内力根据静力平衡条件可求出。若将悬臂部分去掉,而以相应的弯矩和剪力作为外力作用在结点 C 处[图 10-5-6b)],则 C 便为铰支座,整个计算可按只有一个刚结点 B 来进行。

①计算分配系数。

$$\mu_{BA}=\frac{S_{BA}}{S_{BA}+S_{BC}}=\frac{3\dfrac{EI}{1}}{3\dfrac{EI}{1}+3\dfrac{EI}{5}}=\frac{15}{18}=\frac{5}{6}$$

$$\mu_{BC}=\frac{S_{BC}}{S_{BC}+S_{BA}}=\frac{3}{18}=\frac{1}{6}$$

校核:

$$\mu_{BA}+\mu_{BC}=\frac{5}{6}+\frac{1}{6}=1$$

②计算固端弯矩。

BC 杆相当于一端固定,另一端铰支的单跨超静定梁,在铰支座 C 处受一集中力和一顺时针方向的力偶作用。集中力由铰支座 C 直接承受而不会使梁产生弯矩,故可不予考虑。而力偶则将使 BC 杆引起固端弯矩。由表 10-5-1 可算得:

$$M_{BC}^{F}=\frac{1}{2}m=25\text{kN}\cdot\text{m}$$

$$M_{CB}^{F}=m=50\text{kN}\cdot\text{m}$$

③一次放松结点 B 进行分配即平衡了。求出杆端弯矩,所有计算可列于表格中[图 10-5-6c)]。

④根据杆端弯矩绘出 $\boldsymbol{M}$ 图,悬臂部分按静力法绘出即可,如图 10-5-6d)所示。

二、任务实施

1.任务布置

(1)学生预习力矩分配法基本概念。

(2)运用力矩分配法绘制图 10-5-7 所示连续梁弯矩图。

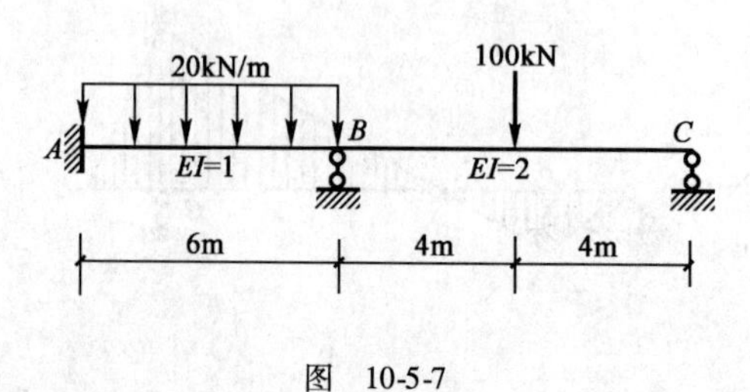

图 10-5-7

2. 收集资讯并填写下表

结点	A	B	C
分配系数			
固端弯矩			
分配弯矩与传递弯矩			
最后弯矩			

3. 完成弯矩图和剪力图

M 图：

Q 图：

三、学习效果评价反馈

学生自评	1. 能否说明超静定结构的特性？□ 2. 能否判定超静定结构的超静定次数？□ 3. 会列力法方程。□ 4. 会计算分配系数。□ （根据本人实际情况填写：A. 能够完成；B. 基本完成；C. 不能完成）
学习小组评价	团队合作□ 工作效率□ 交流沟通能力□ 获取信息能力□ 写作能力□ 表达能力□ （根据小组完成任务情况填写：A. 优秀；B. 良好；C. 合格；D. 有待改进）
教师评价	

小结

(1)构件和结构上各截面的位移,用线位移(挠度)和角位移(转角)两个基本量来描述。

(2)图乘法是求解线性弹性结构位移的基本方法。图乘公式为:

$$\Delta_{KP} = \sum \frac{\omega y_C}{EI}$$

式中:Δ_{KP}——在荷载作用下某截面 K 点的待求位移(线位移、角位移等);

ω——$\boldsymbol{M}_P$(或$\overline{\boldsymbol{M}}$)图形的面积;

y_C——图形 $\boldsymbol{M}_P$(或$\overline{\boldsymbol{M}}$)形心所对应的$\overline{\boldsymbol{M}}$(或 $\boldsymbol{M}_P$)图形的纵标。

(3)工程设计中,构件和结构不仅要满足强度条件,还应满足刚度条件,把位移控制在允许的范围内。

(4)超静定结构特性

①几何组成特性:它是具有多余约束的几何不变体系。

②静力学特性:单用静力平衡方程无法解出其全部约束反力和内力,还必须考虑其他条件。

③支座移动或温度改变也能引起超静定结构的内力,但对静定结构的内力无影响。

④超静定结构的内力与结构的材料性质及杆件的截面尺寸有关(EI、EA),但静定结构内力只与对外荷载有关。

(5)力法计算原理

①力法的基本思路:去掉多余约束,并以相应的多余未知力代替,得到静定的基本结构,然后设法解出多余未知力,这样就把超静定结构转化为静定结构来计算。

②选取基本结构的原则:

a. 要去掉全部多余约束,且注意保证几何不变。

b. 尽量使计算简便。力法中可以用不同方式去掉多余约束,得到不同的基本结构,若选择适当,便可使计算过程得到很大简化。

③建立力法典型方程,并由此求解出多余未知力。计算多余未知力不能用静力平衡方程,只能根据位移条件,即比较基本结构与原结构在去掉多余约束处的位移,建立与多余未知力数目相等的力法方程。

④计算最后内力。用典型方程求出多余未知力后,原超静定结构就变成了在已知荷载及已求出的多余约束力共同作用下的静定结构问题;用静力平衡方程或叠加法可较容易地计算内力及画内力图。

(6)力法的计算

①一般结构按照力法原理的一般步骤便可计算。

②对于对称性结构可利用简化计算。

a. 选取对称的基本结构;

b. 在对称荷载作用下只有对称的多余未知力;

c. 在反对称荷载作用下只有反对称的多余未知力;

d. 可选取半边结构计算。

③支座移动及温度改变时的超静定计算。其计算方法与荷载作用时类似,只是自由项的计算公式不同。

(7)超静定结构计算方法比较

①基本未知量:

力法——多余约束力;

位移法——结点位移;

力矩分配法——无。

②基本思路:

力法——设法求出多余未知力,使它变成静定结构问题。

位移法——设法求出结点位移,再利用结点位移来计算各杆端力。

力矩分配法——设法直接计算各杆端力。

③基本方程:

力法——利用基本结构各多余未知力处的位移应与原结构相应位移相等的条件建立力法典型方程。

位移法——利用位移所在处的相应平衡条件建立位移法方程。

力矩分配法——无须建立方程。

④主要计算:

力法——需要计算大量的系数与自由项(均是结构位移),并且需求解联立方程。

位移法——利用位移法方程求解出结点位移,再利用结点位移与外荷载可直接计算各杆端力。

力矩分配法——需计算出各结点处的各杆端的分配系数及固端弯矩,再进行逐个结点处力矩分配与传递的计算。最后叠加求得各杆端最终弯矩。

⑤适宜计算的主要结构:

力法——各类超静定结构,应用难度与超静定次数有关。

位移法——以连续梁及刚架为主,应用难度与结点位移数目有关。

力矩分配法——连续梁及无侧移刚架,应用难度与刚结点数目有关。

(8)各种方法的联合应用

对于某些较复杂的结构,若单独采用某一种方法很难计算或不能计算,因此可根据该结构各部分的不同特点而采取多种方法的联合应用来解决,使问题变得相对简单。通常可采用:力法与位移法联合应用,力法与力矩分配法联合应用,位移法与力矩分配法联合应用等。

复习思考题

10-1 何谓挠度?何谓转角?何谓挠曲线?它们之间有何关系?

10-2 对于静定结构,有变形是否一定有内力?有位移是否一定有变形?

10-3 若 δ_{12} 表示点 2 加单位力引起点 1 的转角,那么 δ_{21} 应代表什么含义?

10-4 试述静定结构与超静定结构的主要区别,多余约束与绝对必要约束的区别。

10-5 何谓超静定次数?解除多余约束有哪几种方法?

10-6 用力法求解超静定结构的基本思路是什么?

10-7 叙述力法计算超静定的一般步骤。

10-8 结构对称力及反对称力的含义是什么？

10-9 没有内力,这个结论在什么情况下适用,什么情况下不适用？

10-10 什么叫转动刚度？分配系数与转动刚度有何关系？

10-11 如何确定转动刚度及传递系数？

10-12 什么叫固端弯矩？力矩分配法中,如何确定结点的不平衡力矩？分配时为什么要变符号？

10-13 力矩分配法适用于什么样的结构？

10-14 位移法的基本思路是什么？

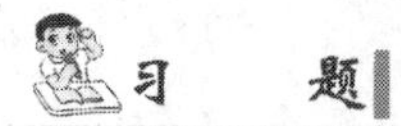

习 题

10-1 用叠加法求题 10-1 图所示简支梁的最大挠度 y_{max}。

10-2 用图乘法求题 10-2 图所示指定截面 C 的位移。

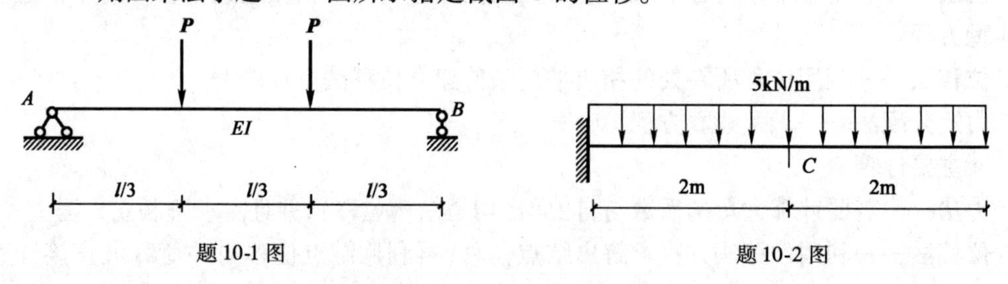

题 10-1 图　　题 10-2 图

10-3 用解除约束法确定题 10-3 图所示结构的超静定次数,并选取基本结构。

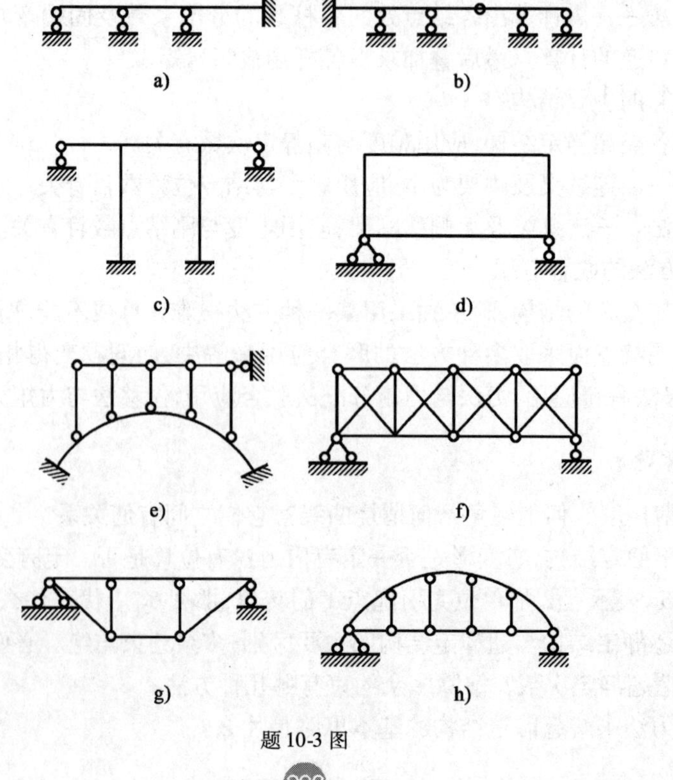

题 10-3 图

10-4　试用力法作题 10-4 图所示各超静定梁的内力图，设 EI = 常数。

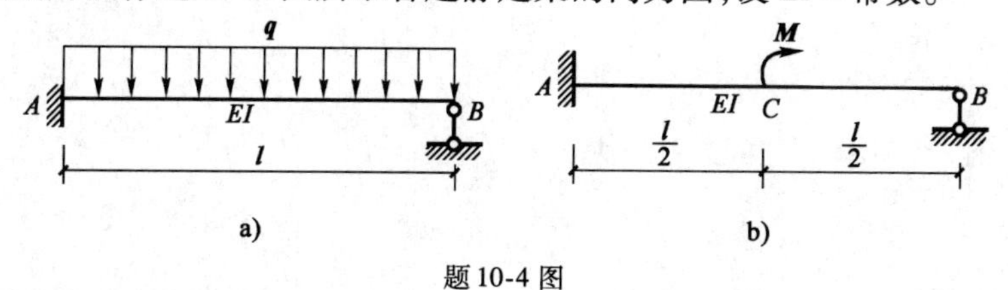

题 10-4 图

10-5　试用力法作题 10-5 图所示刚架的内力图，EI = 常数。

10-6　如题 10-6 图所示两端固定梁的 B 端下沉 Δ，试绘出梁的 $\boldsymbol{M}$ 图。

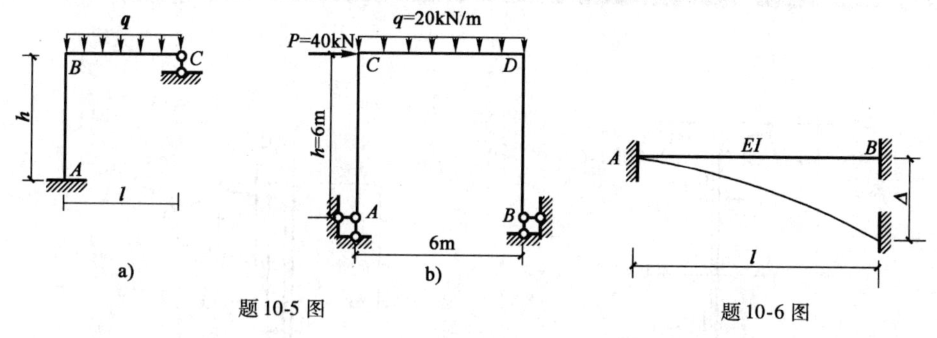

题 10-5 图

题 10-6 图

10-7　用力矩分配法求题 10-7 图所示两跨连续梁的杆端弯矩，并作弯矩图。

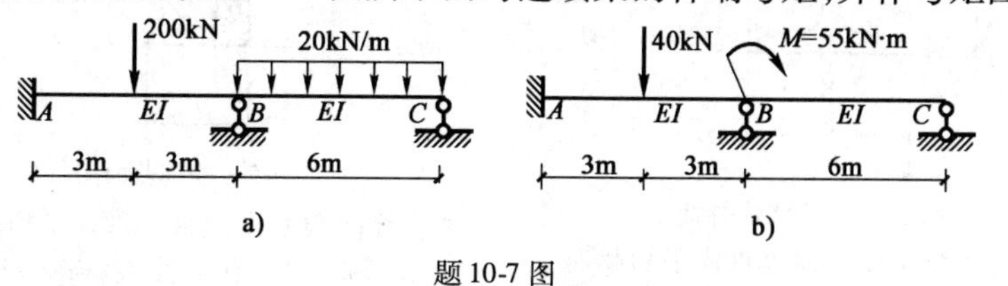

题 10-7 图

10-8　用力矩分配法求题 10-8 图所示两跨连续梁的杆端弯矩，并作弯矩图。

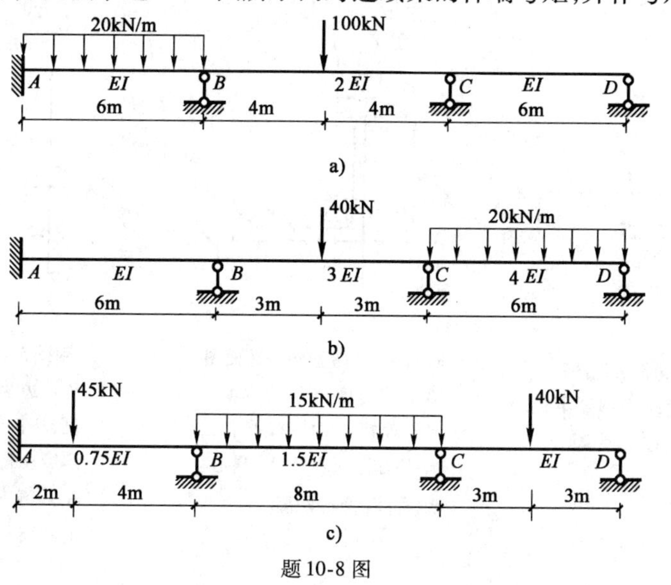

题 10-8 图

附录一 热轧型钢（GB/T 706—2008）

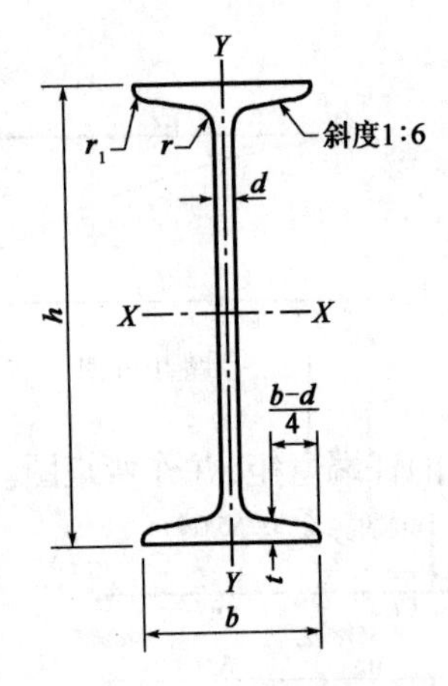

附图1 工字钢截面图

h-高度；b-腿宽度；d-腰厚度；t-平均腿厚度；r-内圆弧半径；r_1-腿端圆弧半径

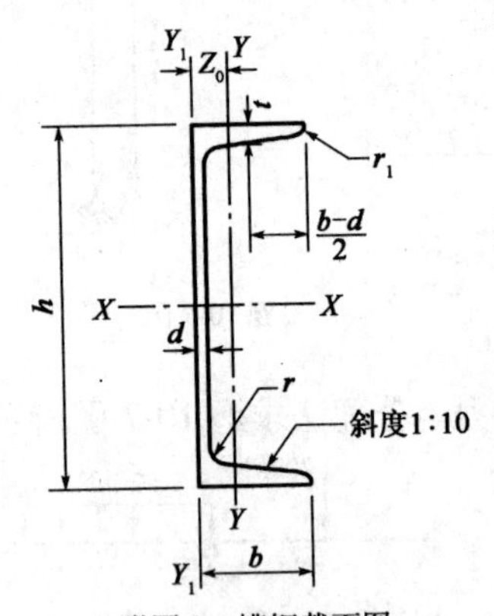

附图2 槽钢截面图

h-高度；b-腿宽度；d-腰厚度；t-平均腿厚度；r-内圆弧半径；r_1-腿端圆弧半径；Z_0-YY轴与Y_1Y_1轴间距

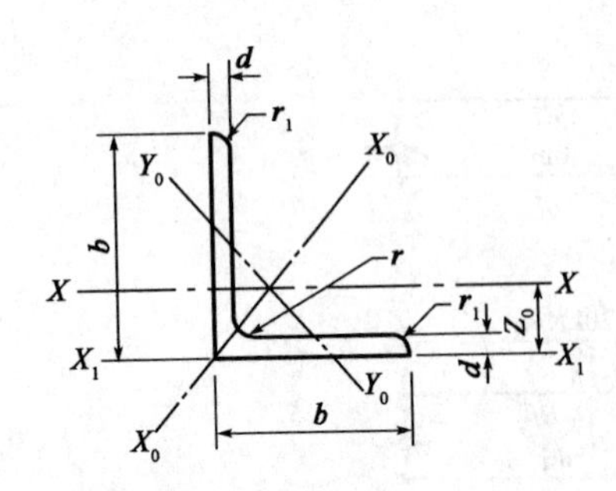

附图3 等边角钢截面图

b-边宽度；d-边厚度；r-内圆弧半径；r_1-边端圆弧半径；Z_0-重心距离

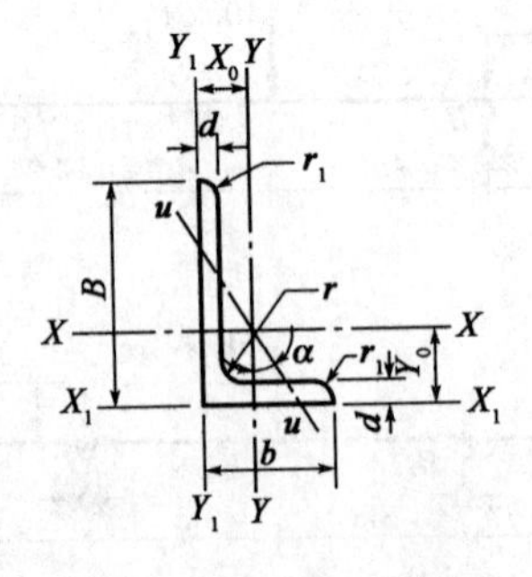

附图4 不等边角钢截面图

B-长边宽度；b-短边宽度；d-边厚度；r-内圆弧半径；r_1-边端圆弧半径；X_0-重心距离；Y_0-重心距离

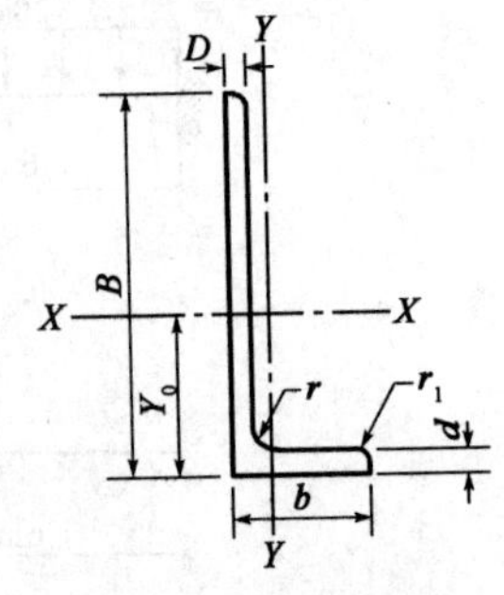

附图5 L型钢截面图

B-长边宽度；b-短边宽度；D-长边厚度；d-短边厚度；r-内圆弧半径；r_1-边端圆弧半径；Y_0-重心距离

附表 1

工字钢截面尺寸、截面面积、理论质量及截面特性

型号	截面尺寸(mm)						截面面积	理论质量	惯性矩(cm^4)		惯性半径(cm)		截面模数(cm^3)	
	h	b	d	t	r	r_1	(cm^2)	(kg/m)	I_x	I_y	i_x	i_y	W_x	W_y
10	100	68	4.5	7.6	6.5	3.3	14.345	11.261	245	33.0	4.14	1.52	49.0	9.72
12	120	74	5.0	8.4	7.0	3.5	17.818	13.987	436	46.9	4.95	1.62	72.7	12.7
12.6	126	74	5.0	8.4	7.0	3.5	18.118	14.223	488	46.9	5.20	1.61	77.5	12.7
14	140	80	5.5	9.1	7.5	3.8	21.516	16.890	712	64.4	5.76	1.73	102	16.1
16	160	88	6.0	9.9	8.0	4.0	26.131	20.513	1 130	93.1	6.58	1.89	141	21.2
18	180	94	6.5	10.7	8.5	4.3	30.756	24.143	1 660	122	7.36	2.00	185	26.0
20a	200	100	7.0	11.4	9.0	4.5	35.578	27.929	2 370	168	8.16	2.12	237	31.5
20b		102	9.0				39.578	31.069	2 500	169	7.96	2.06	250	33.1
22a	220	110	7.5	12.3	9.5	4.8	42.128	33.070	3 400	225	8.99	2.31	309	40.9
22b		112	9.5				46.528	36.524	3 570	239	8.78	2.27	325	42.7
24a	240	116	8.0	13.0	10.0	5.0	47.741	37.477	4 570	280	9.77	2.42	381	48.4
24b		118	10.0				52.541	41.245	4 800	297	9.57	2.38	400	50.4
25a	250	116	8.0				48.541	38.105	5 020	280	10.2	2.40	402	48.3
25b		118	10.0				53.541	42.030	5 280	309	9.94	2.40	423	52.4
27a	270	122	8.5	13.7	10.5	5.3	54.554	42.825	6 550	345	10.9	2.51	485	56.6
27b		124	10.5				59.954	47.064	6 870	366	10.7	2.47	509	58.9
28a	280	122	8.5				55.404	43.492	7 110	345	11.3	2.50	508	56.6
28b		124	10.5				61.004	47.888	7 480	379	11.1	2.49	534	61.2
30a	300	126	9.0	14.4	11.0	5.5	61.254	48.084	8.950	400	12.1	2.55	597	63.5
30b		128	11.0				67.254	52.794	9 400	422	11.8	2.50	627	65.9
30c		130	13.0				73.254	57.504	9 850	445	11.6	2.46	657	68.5

续上表

型号	截面尺寸(mm)						截面面积	理论质量	惯性矩(cm^4)		惯性半径(cm)		截面模数(cm^3)	
	h	b	d	t	r	r_1	(cm^2)	(kg/m)	I_x	I_y	i_x	i_y	W_x	W_y
32a	320	130	9.5	15.0	11.5	5.8	67.156	52.717	11 100	450	12.8	2.62	692	70.8
32b		132	11.5				73.556	57.741	11 600	502	12.6	2.61	726	76.0
32c		134	13.5				79.956	62.765	12 200	544	12.3	2.61	760	81.2
36a	360	136	10.0	15.8	12.0	6.0	76.480	60.037	15 800	552	14.4	2.69	875	81.2
36b		138	12.0				83.680	65.689	16 500	582	14.1	2.64	919	84.3
36c		140	14.0				90.880	71.341	17 300	612	13.8	2.60	962	87.4
40a	400	142	10.5	16.5	12.5	6.3	86.112	67.598	21 700	660	15.9	2.77	1 090	93.2
40b		144	12.5				94.112	73.878	22 800	692	15.6	2.71	1 140	96.2
40c		145	14.5				102.112	80.158	23 900	727	15.2	2.65	1 190	99.6
45a	450	150	11.5	18.0	13.5	6.8	102.446	80.420	32 200	855	17.7	2.89	1 430	114
45b		152	13.5				111.446	87.485	33 800	894	17.4	2.84	1 500	118
45c		154	15.5				120.446	94.550	35 300	938	17.1	2.79	1 570	122
50a	500	158	12.0	20.0	14.0	7.0	119.304	93.654	46 500	1 120	19.7	3.07	1 860	142
50b		160	14.0				129.304	101.504	48 600	1 170	19.4	3.01	1 940	146
50c		162	16.0				139.304	109.354	50 600	1 220	19.0	2.96	2 080	151
55a	550	166	12.5	21.0	14.5	7.3	134.185	105.335	62 900	1370	21.6	3.19	2 290	164
55b		168	14.5				145.185	113.970	65 600	1 420	21.2	3.14	2 390	170
55c		170	16.5				156.185	122.605	68 400	1 480	20.9	3.08	2 490	175
56a	560	166	12.5				135.435	106.316	65 600	1 370	22.0	3.18	2 340	165
56b		168	14.5				146.635	115.108	68 500	1 490	21.6	31.6	2 450	174
56c		170	16.5				157.835	123.900	71 400	1 560	21.3	3.16	2 550	183
63a	630	176	13.0	22.0	15.0	7.5	154.658	121.407	93 900	1 700	24.5	3.31	2 980	193
63b		178	15.0				167.258	131.298	98 100	1 810	24.2	3.29	3 160	204
63c		180	17.0				179.858	141.189	102 000	1 920	23.8	3.27	3 300	214

注:表中 r、r_1 的数据用于孔型设计,不作交货条件。

槽钢截面尺寸、截面面积、理论质量及截面特性

附表 2

型号	截面尺寸(mm)						截面面积(cm^2)	理论质量(kg/m)	惯性矩(cm^4)			惯性半径(cm)		截面模数(cm^3)		重心距离(cm)
	h	b	d	t	r	r_1			I_x	I_y	I_{y1}	i_x	i_y	W_x	W_y	Z_0
5	50	37	4.5	7.0	7.0	3.5	6.928	5.438	26.0	8.30	20.9	1.94	1.10	10.4	3.55	1.35
6.3	63	40	4.8	7.5	7.5	3.8	8.451	6.634	50.8	11.9	28.4	2.45	1.19	16.1	4.50	1.36
6.5	65	40	4.3	7.5	7.5	3.8	8.547	6.709	55.2	12.0	28.3	2.54	1.19	17.0	4.59	1.38
8	80	43	5.0	8.0	8.0	4.0	10.248	8.045	101	16.6	37.4	3.15	1.27	25.3	5.79	1.43
10	100	48	5.3	8.5	8.5	4.2	12.748	10.007	198	25.6	54.9	3.95	1.41	39.7	7,80	1.52
12	120	53	5.5	9.0	9.0	4.5	15.362	12.059	346	37.4	77.7	4.75	1.56	57.7	10.2	1.62
12.6	126	53	5.5	9.0	9.0	4.5	15.692	12.318	391	38.0	77.1	4.95	1.57	62.1	10.2	1.59
14a	140	58	6.0	9.5	9.5	4.8	18.516	14.535	564	53.2	107	5.52	1.70	80.5	13.0	1.71
14b		60	8.0				21.316	16.733	609	61.1	121	5.35	1.69	87.1	14.1	1.67
16a	160	63	6.5	10.0	10.0	5.0	21.962	17.24	866	73.3	144	6.28	1.83	108	16.3	1.80
16b		65	8.5				25.162	19.752	935	83.4	161	6.10	1.82	117	17.6	1.75
18a	180	68	7.0	10.5	10.5	5.2	25.699	20.174	1 270	98.6	190	7.04	1.96	141	20.0	1.88
18b		70	9.0				29.299	23.000	1 370	111	210	6.84	1.95	152	21.5	1.84
20a	200	73	7.0	11.0	11.0	5.5	28.837	22.637	1 780	128	244	7.86	2.11	178	24.2	2.01
20b		75	9.0				32.837	25.777	1 910	144	268	7.64	2.09	191	25.9	1.95
22a	220	77	7.0	11.5	11.5	5.8	31.846	24.999	2 390	158	298	8.67	2.23	218	28.2	2.10
22b		79	9.0				36.246	28.453	2 570	176	326	8.42	2.21	234	30.1	2.03
24a	240	78	7.0	12.0	12.0	6.0	34.217	26.860	3 050	174	325	9.45	2.25	254	30.5	2.10
24b		80	9.0				39.017	30.628	3 280	194	355	9.17	2.23	274	32.5	2.03
24c		82	11.0				43.817	34.396	3 510	213	388	8.96	2.21	293	34.4	2.00
25a	250	78	7.0				34.917	27.410	3 370	176	322	9.82	2.24	270	30.6	2.07
25b		80	9.0				39.917	31.335	3 530	196	353	9.41	2.22	282	32.7	1.98
25c		82	11.0				44.917	35.250	3 690	218	384	9.07	2.21	295	35.9	1.92

续上表

型号	截面尺寸(mm)						截面面积(cm^2)	理论质量(kg/m)	惯性矩(cm^4)			惯性半径(cm)		截面模数(cm^3)		重心距离(cm)
	h	b	d	t	r	r_1			I_x	I_y	I_{y1}	i_x	i_y	W_x	W_y	Z_0
27a		82	7.5				39.284	30.838	4 360	215	393	10.5	2.34	323	35.5	2.13
27b	270	84	9.5				44.684	35.077	4 690	239	428	10.3	2.31	347	37.7	2.06
27c		86	11.5	12.5	12.5	6.2	50.084	39.316	5 020	261	467	10.1	2.28	372	39.8	2.03
28a		82	7.5				40.034	31.427	4 760	218	388	10.9	2.33	340	35.7	2.10
28b	280	84	9.5				45.634	35.823	5 130	242	428	10.6	2.20	366	37.9	2.02
28c		86	11.5				51.234	40.219	5 500	268	463	10.4	2.29	393	40.3	1.95
30a		85	7.5				43.902	34.463	6 050	260	467	11.7	2.43	403	41.1	2.17
30b	300	87	9.5	13.5	13.5	6.8	49.902	39.173	6 500	289	515	11.4	2.41	433	44.0	2.13
30c		89	11.5				55.902	43.883	6 950	316	560	11.2	2.38	463	46.4	2.09
32a		88	8.0				48.513	38.083	7 600	305	552	12.5	2.50	475	46.5	2.24
32b	320	90	10.0	14.0	14.0	7.0	54.913	43.107	8 140	336	593	12.2	2.47	509	49.2	2.16
32c		92	12.0				61.313	48.131	8 690	374	643	11.9	2.47	543	52.6	2.09
36a		96	9.0				60.910	47.814	11 900	455	818	14.0	2.73	660	63.5	2.44
36b	360	98	11.0	16.0	16.0	8.0	68.110	53.466	12 700	497	880	13.6	2.70	703	66.9	2.37
36c		100	13.0				75.310	59.118	13 400	536	948	13.4	2.67	746	70.0	2.34
40a		100	10.5				75.068	58.928	17 600	592	1070	15.3	2.81	879	78.8	2.49
40b	400	102	12.5	18.0	18.0	9.0	83.068	65.208	18 600	640	114	15.0	2.78	932	82.5	2.44
40c		104	14.5				91.068	71.488	19 700	688	1 220	14.7	2.75	986	86.2	2.42

注:表中 r、r_1 的数据用于孔型设计,不作交货条件。

附表 3

等边角钢截面尺寸、截面面积、理论质量及截面特性

型号	截面尺寸(mm)			截面面积(cm^2)	理论质量(kg/m)	外表面积(m^2/m)	惯性矩(cm^4)				惯性半径(cm)			截面模数(cm^3)			重心距离(cm)
	b	d	r				I_x	I_{x1}	I_{x0}	I_{y0}	i_x	i_{x0}	i_{y0}	W_x	W_{x0}	W_{y0}	Z_0
2	20	3	3.5	1.132	0.889	0.078	0.40	0.81	0.63	0.17	0.59	0.75	0.39	0.29	0.45	0.20	0.60
		4		1.459	1.145	0.077	0.50	1.09	0.78	0.22	0.58	0.73	0.38	0.36	0.55	0.24	0.64
2.5	25	3		1.432	1.124	0.098	0.82	1.57	1.29	0.34	0.76	0.95	0.49	0.46	0.73	0.33	0.73
		4		1.859	1.459	0.097	1.03	2.11	1.62	0.43	0.74	0.93	0.48	0.59	0.92	0.40	0.76
3.0	30	3	4.5	1.749	1.373	0.117	1.46	2.71	2.31	0.61	0.91	1.15	0.59	0.68	1.09	0.51	0.85
		4		2.276	1.786	0.117	1.84	3.63	2.92	0.77	0.90	1.13	0.58	0.87	1.37	0.62	0.89
3.6	36	3		2.109	1.656	0.141	2.58	4.68	4.09	1.07	1.11	1.39	0.71	0.99	1.61	0.76	1.00
		4		2.756	2.163	0.141	3.29	6.25	5.22	1.37	1.09	1.38	0.70	1.28	2.05	0.93	1.04
		5		3.382	2.654	0.141	3.95	7.84	6.24	1.65	1.08	1.36	0.70	1.56	2.45	1.00	1.07
4	40	3	5	2.359	1.852	0.157	3.59	6.41	5.69	1.49	1.23	1.55	0.79	1.23	2.01	0.96	1.09
		4		3.086	2.422	0.157	4.60	8.56	7.29	1.91	1.22	1.54	0.79	1.60	2.58	1.19	1.13
		5		3.791	2.976	0.156	5.53	10.74	8.76	2.30	1.21	1.52	0.78	1.96	3.10	1.39	1.17
4.5	45	3		2.659	2.088	0.177	5.17	9.12	8.20	2.14	1.40	1.76	0.89	1.58	2.58	1.24	1.22
		4		3.486	2.736	0.177	6.65	12.18	10.56	2.75	1.38	1.74	0.89	2.05	3.32	1.54	1.26
		5		4.292	3.369	0.176	8.04	15.2	12.74	3.33	1.37	1.72	0.88	2.51	4.00	1.81	1.30
		6		5.076	3.985	0.176	9.33	18.36	14.76	3.89	1.36	1.70	0.8	2.95	4.64	2.06	1.33
5	50	3	5.5	2.971	2.332	0.197	7.18	12.5	11.37	2.98	1.55	1.96	1.00	1.96	3.22	1.57	1.34
		4		3.897	3.059	0.197	9.26	16.69	14.70	3.82	1.54	1.94	0.99	2.56	4.16	1.96	1.38
		5		4.803	3.770	0.196	11.21	20.90	17.79	4.54	1.53	1.92	0.98	3.13	5.03	2.31	1.42
		6		5.688	4.465	0.196	13.05	25.14	20.68	5.42	1.52	1.91	0.98	3.68	5.85	2.63	1.46

续上表

型号	截面尺寸(mm)			截面面积(cm^2)	理论质量(kg/m)	外表面积(m^2/m)	惯性矩(cm^4)				惯性半径(cm)			截面模数(cm^3)			重心距离(cm)
	b	d	r				I_x	I_{x1}	I_{x0}	I_{y0}	i_x	i_{x0}	i_{y0}	W_x	W_{x0}	W_{y0}	Z_0
5.6	56	3	6	3.343	2.624	0.221	10.19	17.56	16.14	4.24	1.75	2.20	1.13	2.48	4.08	2.02	1.48
		4		4.390	3.446	0.220	13.18	23.43	20.92	5.46	1.73	2.18	1.11	3.24	5.28	2.52	1.53
		5		5.415	4.251	0.220	16.02	29.33	25.42	6.61	1.72	2.17	1.10	3.97	6.42	2.98	1.57
		6		6.420	5.040	0.220	18.69	35.25	29.66	7.73	1.71	2.15	1.10	4.68	7.49	3.40	1.61
		7		7.404	5.812	0.219	21.23	41.23	33.63	8.82	1.69	2.13	1.09	5.36	8.49	3.80	1.64
		8		8.367	6.568	0.219	23.63	47.24	37.37	9.89	1.68	2.11	1.09	6.03	9.44	4.16	1.68
6	60	5	6.5	5.829	4.576	0.236	19.89	36.05	31.57	8.21	1.85	2.33	1.19	4.59	7.44	3.48	1.67
		6		6.914	5.427	0.235	23.25	43.33	36.89	9.60	1.83	2.31	1.18	5.41	8.70	3.98	1.70
		7		7.977	6.262	0.235	26.44	50.65	41.92	10.96	1.82	2.29	1.17	6.21	9.88	4.45	1.74
		8		9.020	7.081	0.235	29.47	58.02	46.66	12.28	1.81	2.27	1.17	6.98	11.00	4.88	1.78
6.3	63	4	7	4.978	3.907	0.248	19.03	33.35	30.17	7.89	1.96	2.46	1.26	4.13	6.78	3.29	1.70
		5		6.143	4.822	0.248	23.17	41.73	36.77	9.57	1.94	2.45	1.25	5.08	8.25	3.90	1.74
		6		7.288	5.721	0.247	27.12	50.14	43.03	11.20	1.93	2.43	1.24	6.00	9.66	4.46	1.78
		7		8.412	6.603	0.247	30.87	58.60	48.96	12.79	1.92	2.41	1.23	6.88	10.99	4.98	1.82
		8		9.515	7.469	0.247	34.46	67.11	54.56	14.33	1.90	2.40	1.23	7.75	12.25	5.47	1.85
		10		11.657	9.151	0.246	41.09	84.31	54.85	17.33	1.88	2.36	1.22	9.39	14.56	6.36	1.93
7	70	4	8	5.570	4.372	0.275	26.39	45.74	41.80	10.99	2.18	2.74	1.40	5.14	8.44	4.17	1.86
		5		6.875	5.397	0.275	32.21	57.21	51.08	13.31	2.16	2.73	1.39	6.32	10.32	4.95	1.91
		6		8.150	6.406	0.275	37.77	68.73	59.93	15.61	2.15	2.71	1.38	7.48	12.11	5.67	1.95
		7		9.424	7.398	0.275	43.09	80.29	68.35	17.82	2.14	2.69	1.38	8.59	13.81	6.34	1.99
		8		10.667	8.373	0.274	48.17	91.92	76.37	19.98	2.12	2.68	1.37	9.58	15.43	6.98	2.03

续上表

型号	截面尺寸(mm)			截面面积(cm^2)	理论质量(kg/m)	外表面积(m^2/m)	惯性矩(cm^4)				惯性半径(cm)			截面模数(cm^3)			重心距离(cm)
	b	d	r				I_x	I_{x1}	I_{x0}	I_{y0}	i_x	i_{x0}	i_{y0}	W_x	W_{x0}	W_{y0}	Z_0
7.5	75	5	9	7.412	5.818	0.295	39.97	70.56	63.30	16.63	2.33	2.92	1.50	7.32	11.94	5.77	2.04
		6		8.797	6.905	0.294	46.95	84.55	74.38	19.51	2.31	2.90	1.49	8.64	14.02	6.67	2.07
		7		10.160	7.976	0.294	53.57	98.71	84.96	22.18	2.30	2.89	1.48	9.93	16.02	7.44	2.11
		8		11.503	9.030	0.294	59.96	112.97	95.07	24.86	2.28	2.88	1.47	11.20	17.93	8.19	2.15
		9		12.825	10.068	0.294	66.10	127.30	104.71	27.48	2.27	2.86	1.46	12.43	19.75	8.89	2.18
		10		14.126	11.089	0.293	71.98	141.71	113.92	30.05	2.26	2.84	1.46	13.64	21.48	9.56	2.22
8	80	5		7.912	6.211	0.315	48.79	85.36	77.33	20.25	2.48	3.13	1.60	8.34	13.67	6.66	2.15
		6		9.397	7.376	0.314	57.35	102.50	90.98	23.72	2.47	3.11	1.59	9.87	16.08	7.65	2.19
		7		10.860	8.525	0.314	65.58	119.70	104.07	27.09	2.46	3.10	1.58	11.37	18.40	8.58	2.23
		8		12.303	9.658	0.314	73.49	136.97	116.60	30.39	2.44	3.08	1.57	12.83	20.61	9.46	2.27
		9		13.725	10.774	0.314	81.11	154.31	128.60	33.61	2.43	3.06	1.56	14.25	22.73	10.29	2.31
		10		15.126	11.874	0.313	88.43	171.74	140.09	36.77	2.42	3.04	1.56	15.64	24.76	11.08	2.35
9	90	6	10	10.637	8.350	0.354	82.77	145.87	131.26	34.28	2.79	3.51	1.80	12.61	20.63	9.95	2.44
		7		12.301	9.656	0.354	94.83	170.30	150.47	39.18	2.78	3.50	1.78	14.54	23.64	11.19	2.48
		8		13.944	10.946	0.353	106.47	194.80	168.97	43.97	2.76	3.48	1.78	16.42	26.55	12.35	2.52
		9		15.566	12.219	0.353	117.72	219.39	186.77	48.66	2.75	3.46	1.77	18.27	29.35	13.46	2.56
		10		17.167	13.476	0.353	128.58	244.07	203.90	53.26	2.74	3.45	1.76	20.07	32.04	14.52	2.59
		12		20.306	15.940	0.352	149.22	293.76	236.21	62.22	2.71	3.41	1.75	23.57	37.12	16.49	2.67

续上表

型号	截面尺寸(mm)			截面面积 (cm²)	理论质量 (kg/m)	外表面积 (m²/m)	惯性矩(cm⁴)				惯性半径(cm)			截面模数(cm³)			重心距离 (cm)
	b	d	r				I_x	I_{x1}	I_{x0}	I_{y0}	i_x	i_{x0}	i_{y0}	W_x	W_{x0}	W_{y0}	Z_0
10	100	6	12	11.932	9.366	0.393	114.95	200.07	181.98	47.92	3.10	3.90	2.00	15.68	25.74	12.69	2.67
		7		13.796	10.830	0.393	131.85	233.54	208.97	54.74	3.09	3.89	1.99	18.10	29.55	14.26	2.71
		8		15.638	12.276	0.393	148.24	267.09	235.07	61.41	3.08	3.88	1.98	20.47	33.24	15.75	2.76
		9		17.462	13.708	0.392	164.12	300.73	260.30	67.95	3.07	3.86	1.97	22.79	35.81	17.18	2.80
		10		19.261	15.120	0.392	179.51	334.48	284.68	74.35	3.05	3.84	1.96	25.06	40.26	18.54	2.84
		12		22.800	17.898	0.391	208.90	402.34	330.95	86.84	3.03	3.81	1.95	29.48	46.80	21.08	2.91
		14		26.256	20.611	0.391	236.53	470.75	374.06	99.00	3.00	3.77	1.94	33.73	52.90	23.44	2.99
		16		29.627	23.257	0.390	262.53	539.80	414.16	110.89	2.98	3.74	1.94	37.82	58.57	25.63	3.06
11	110	7	12	15.196	11.928	0.433	177.16	310.64	280.94	73.38	3.41	4.30	2.20	22.05	36.12	17.51	2.96
		8		17.238	13.535	0.433	399.46	355.20	316.49	82.42	3.40	4.28	2.19	24.95	40.69	19.39	3.01
		10		21.261	16.690	0.432	242.19	444.65	384.39	59.58	3.38	4.25	2.17	30.60	49.42	22.91	3.09
		12		25.200	19.782	0.431	282.55	534.60	448.17	116.93	3.35	4.22	2.15	36.06	57.62	26.15	3.16
		14		29.056	22.809	0.431	320.71	625.16	508.01	133.40	3.32	4.18	2.14	41.31	65.31	29.14	3.24
12.5	125	8	14	19.750	15.504	0.492	297.03	521.01	470.89	123.16	3.88	4.88	2.50	32.52	53.28	25.86	3.37
		10		24.373	19.133	0.491	351.67	651.93	573.89	149.46	3.85	4.85	2.48	39.97	64.93	30.62	3.45
		12		28.912	22.696	0.491	423.16	783.42	671.44	174.88	3.83	4.82	2.46	41.17	75.96	35.03	3.53
		14		33.367	25.193	0.490	481.65	915.61	763.73	199.57	3.80	4.78	2.45	54.16	86.41	39.13	3.61
		16		37.739	29.625	0.489	537.31	1 048.62	850.98	223.65	3.77	4.75	2.43	60.93	96.28	42.95	3.68

续上表

型号	截面尺寸(mm)			截面面积(cm^2)	理论质量(kg/m)	外表面积(m^2/m)	惯性矩(cm^4)				惯性半径(cm)			截面模数(cm^3)			重心距离(cm)
	b	d	r				I_x	I_{x1}	I_{x0}	I_{y0}	i_x	i_{x0}	i_{y0}	W_x	W_{x0}	W_{y0}	Z_0
14	140	10	14	27.373	21.488	0.551	514.65	915.11	817.27	212.04	4.34	5.46	2.78	50.58	82.56	39.20	3.82
		12		32.512	25.522	0.551	603.68	1 099.28	958.79	248.57	4.31	5.43	2.76	59.80	96.85	45.02	3.90
		14		37.557	29.490	0.550	688.81	1 284.22	1 093.55	284.06	4.28	5.40	2.75	68.75	110.47	50.45	3.98
		16		42.539	33.393	0.549	770.24	1 470.07	1 221.81	318.67	4.26	5.36	2.74	77.46	123.42	55.55	4.06
15	150	8		23.750	18.644	0.592	521.37	899.55	827.49	215.25	4.69	5.90	3.01	47.35	78.02	38.14	3.99
		10		29.373	23.058	0.591	637.50	1 125.09	1 012.79	262.21	4.66	5.87	2.99	58.35	95.49	45.51	4.08
		12		34.912	27.405	0.591	748.85	1 351.26	1 189.97	307.73	4.63	5.84	2.97	69.04	112.19	52.38	4.15
		14		40.367	31.688	0.590	855.64	1 578.25	1 359.30	351.98	4.60	5.80	2.95	79.45	128.16	58.83	4.23
		15		43.063	33.804	0.590	907.39	1 692.10	1 441.09	373.69	4.59	5.78	2.95	84.56	135.87	61.90	4.27
		16		45.739	35.905	0.589	958.08	1 806.21	1 521.02	395.14	4.58	5.77	2.94	89.59	143.40	64.89	4.31
16	160	10	16	31.502	24.729	0.630	779.53	1 365.33	1 237.30	321.76	4.98	5.27	3.20	66.70	109.36	52.76	4.31
		12		37.441	29.391	0.630	915.58	1 639.57	1 455.68	377.49	4.95	6.24	3.18	78.98	128.67	60.74	4.39
		14		43.296	33.987	0.629	1 048.36	1 914.68	1 555.02	431.70	4.92	6.20	3.16	90.95	147.17	68.24	4.47
		16		49.057	38.518	0.629	1 175.09	2 190.82	1 855.57	484.59	4.89	6.17	3.14	102.63	164.89	75.31	4.55
18	180	12		42.241	33.159	0.710	1 321.35	2 332.80	2 100.10	542.61	5.59	7.05	3.58	100.82	165.00	78.41	4.89
		14		48.896	38.383	0.709	1 514.48	2 723.48	2 407.42	621.53	5.56	7.02	3.56	116.25	189.14	88.38	4.97
		16		55.467	43.542	0.709	1 700.99	3 115.29	2 703.37	698.60	5.54	6.98	3.55	131.13	212.40	97.83	5.05
		18		61.055	48.634	0.708	1 875.12	3 502.43	2 988.24	762.01	5.50	6.94	3.51	145.64	234.78	105.14	5.13

续上表

型号	截面尺寸(mm)			截面面积(cm^2)	理论质量(kg/m)	外表面积(m^2/m)	惯性矩(cm^4)				惯性半径(cm)			截面模数(cm^3)			重心距离(cm)
	b	d	r				I_x	I_{x1}	I_{x0}	I_{y0}	i_x	i_{x0}	i_{y0}	W_x	W_{x0}	W_{y0}	Z_0
20	200	14	18	54.642	42.894	0.788	2 103.55	3 734.10	3 343.26	863.83	6.20	7.82	3.98	144.70	236.40	111.82	5.45
		16		62.013	48.680	0.788	2 366.15	4 270.39	3 760.89	971.41	6.18	7.79	3.56	163.65	265.93	123.96	5.54
		18		69.301	54.401	0.787	2 620.64	4 808.13	4 164.54	1 076.74	6.15	7.75	3.94	182.22	294.48	135.52	5.62
		20		76.505	60.056	0.787	2 867.30	5 347.51	4 554.55	1 180.04	6.12	7.72	3.93	200.42	322.06	146.55	5.69
		24		90.661	71.168	0.785	3 338.25	6 457.16	6 294.97	1 381.53	6.07	7.64	3.90	236.17	374.41	165.65	5.87
22	220	16	21	68.564	53.901	0.866	3 187.36	5 581.62	5 063.73	1 310.99	6.81	8.59	4.37	199.55	325.51	153.81	6.03
		18		75.752	60.250	0.866	3 534.30	6 395.93	5 615.32	1 453.27	6.79	8.55	4.35	222.37	350.97	168.29	6.11
		20		84.756	65.533	0.855	3 871.49	7 112.04	6 150.08	1 592.90	6.76	8.52	4.34	244.77	356.34	182.15	6.18
		22		92.676	72.751	0.855	4 199.23	7 830.19	6 668.37	1 730.10	6.73	8.48	4.32	266.78	428.60	195.45	6.25
		24		100.512	78.902	0.864	4 517.83	8 550.57	7 170.55	1 865.11	6.70	8.45	4.31	288.39	460.94	208.21	6.33
		26		108.264	84.987	0.864	4 827.58	9 273.39	7 656.98	1 998.17	6.68	8.41	4.30	300.62	492.21	220.49	6.41
25	250	18	24	87.842	68.565	0.985	5 268.22	9 379.11	8 369.04	2 167.41	7.74	9.76	4.97	290.12	473.42	224.03	6.84
		20		97.045	76.180	0.984	5 779.34	10 426.97	9 181.94	2 376.74	7.72	9.73	4.95	319.66	519.41	242.85	6.92
		24		115.201	90.433	0.983	6 763.93	12 529.74	10 742.67	2 785.19	7.65	9.66	4.92	377.34	607.70	278.38	7.07
		26		124.154	97.461	0.982	7 238.08	13 586.18	11 491.83	2 984.84	7.53	9.62	4.90	406.50	650.05	295.19	7.15
		28		133.022	104.422	0.982	7 700.60	14 643.62	12 219.39	3 181.81	7.61	9.58	4.89	433.22	691.23	311.42	7.22
		30		141.807	111.318	0.981	8 151.80	15 706.30	12 927.26	3 376.34	7.58	9.55	4.88	460.51	731.28	327.12	7.30
		32		150.508	118.149	0.981	8 592.01	15 770.41	13 615.32	3568.71	7.56	9.51	4.87	487.39	770.20	342.33	7.37
		35		163.402	128.271	0.980	9 232.44	18 374.96	14 611.15	3 853.72	7.52	9.45	4.85	526.97	826.53	354.30	7.48

注：截面图中的 $r_1 = 1/3d$ 及表中 r 的数据用于孔型设计，不作交货条件。

不等边角钢截面尺寸、截面面积、理论质量及截面特性

附表4

型号	截面尺寸(mm)				截面面积(cm^2)	理论质量(kg/m)	外表面积(m^2/m)	惯性矩(cm^4)					惯性半径(cm)			截面模数(cm^3)			$\tan\alpha$	重心距离(cm)	
	B	b	d	r				I_x	I_{x1}	I_y	I_{y1}	I_z	i_x	i_y	i_z	W_x	W_y	W_z		X_0	Y_0
2.5/1.6	25	16	3	3.5	1.162	0.912	0.080	0.70	1.56	0.22	0.43	0.14	0.78	0.44	0.34	0.43	0.19	0.16	0.392	0.42	0.86
			4		1.499	1.176	0.079	0.88	2.09	0.27	0.59	0.17	0.77	0.43	0.34	0.55	0.24	0.20	0.381	0.46	1.86
3.2/2	32	20	3		1.492	1.171	0.102	1.53	3.27	0.46	0.82	0.28	1.01	0.55	0.43	0.72	0.30	0.25	0.382	0.49	0.90
			4		1.939	1.522	0.101	1.93	4.37	0.57	1.12	0.35	1.00	0.54	0.42	0.93	0.39	0.32	0.374	0.53	1.08
4/2.5	40	25	3	4	1.890	1.484	0.127	3.08	5.39	0.93	1.59	0.56	1.28	0.70	0.54	1.15	0.49	0.40	0.385	0.59	1.12
			4		2.467	1.936	0.127	3.93	8.53	1.18	2.14	0.71	1.36	0.69	0.54	1.49	0.63	0.52	0.381	0.63	1.32
4.5/2.8	45	28	3	5	2.149	1.687	0.143	445	9.10	1.34	2.23	0.80	1.44	0.79	0.61	1.47	0.62	0.51	0.383	0.64	1.37
			4		2.806	2.203	0.143	5.69	12.13	1.70	3.00	1.02	1.42	0.78	0.60	1.91	0.80	0.66	0.380	0.68	1.47
5/3.2	50	32	3	5.5	2.431	1.908	0.161	6.24	12.49	2.02	3.31	1.20	1.60	0.91	0.70	1.84	0.82	0.68	0.404	0.73	1.51
			4		3.177	2.494	0.160	8.02	16.65	2.58	4.45	1.53	1.59	0.90	0.69	2.39	1.06	0.87	0.402	0.77	1.60
5.6/3.6	56	35	3	6	2.743	2.153	0.181	8.88	17.54	2.92	4.70	1.73	1.80	1.03	0.79	2.32	1.05	0.87	0.408	0.80	1.65
			4		3.590	2.818	0.180	11.45	23.39	3.76	6.33	2.23	1.79	1.02	0.79	3.03	1.37	1.13	0.408	0.85	1.78
			5		4.415	3.466	0.180	13.86	29.25	4.49	7.94	2.67	1.77	1.01	0.78	3.71	1.65	1.36	0.404	0.88	1.82
6.3/4	63	40	4	7	4.058	3.185	0.202	16.49	33.30	5.23	8.53	3.12	2.02	1.14	0.88	3.87	1.70	1.40	0.398	0.92	1.87
			5		4.993	3.920	0.202	20.02	41.63	6.31	10.85	3.76	2.00	1.12	0.87	4.74	2.07	1.71	0.395	0.95	2.04
			6		5.908	4.638	0.201	23.36	49.98	7.29	13.12	4.34	1.96	1.11	0.86	5.59	2.43	1.99	0.393	0.99	2.08
			7		6.802	5.339	0.201	26.53	58.07	8.24	15.47	4.97	1.98	1.10	0.86	6.40	2.78	2.29	0.389	1.03	2.12
7/4.5	70	45	4	7.5	4.547	3.570	0.226	23.17	45.92	7.55	12.26	4.40	2.26	1.29	0.98	4.86	2.17	1.77	0.410	1.02	2.15
			5		5.609	4.403	0.225	27.95	57.10	9.13	15.39	5.40	2.23	1.28	0.98	5.92	2.65	2.19	0.407	1.06	2.24
			6		6.647	5.218	0.225	32.54	58.35	10.62	18.58	6.35	2.21	1.26	0.98	6.95	3.12	2.59	0.404	1.09	2.28
			7		7.657	6.011	0.225	37.22	79.99	12.01	21.84	7.16	2.20	1.25	0.97	8.03	3.57	2.94	0.402	1.13	2.32

续上表

型号	截面尺寸(mm)				截面面积(cm^2)	理论质量(kg/m)	外表面积(m^2/m)	惯性矩(cm^4)					惯性半径(cm)			截面模数(cm^3)			tanα	重心距离(cm)	
	B	b	d	r				I_x	I_{x1}	I_y	I_{y1}	I_z	i_x	i_y	i_z	W_x	W_y	W_z		X_0	Y_0
7.5/5	75	50	5	8	6.125	4.808	0.245	34.86	70.00	12.61	21.04	7.41	2.39	1.44	1.10	6.83	3.30	2.74	0.435	1.17	2.35
			6		7.250	5.699	0.245	41.12	84.30	14.70	25.37	8.54	2.38	1.42	1.08	8.12	3.88	3.19	0.435	1.21	2.40
			8		9.467	7.431	0.244	52.39	112.50	18.53	34.23	10.87	2.35	1.40	1.07	10.52	4.99	4.10	0.429	1.29	2.44
			10		11.590	9.098	0.244	62.71	140.80	21.96	43.43	13.10	2.33	1.38	1.05	12.79	6.04	4.99	0.423	1.36	2.52
8/5	80	50	5		6.375	5.005	0.255	41.96	85.21	12.82	21.06	7.66	2.56	1.42	1.10	7.78	3.32	2.74	0.388	1.14	2.60
			6		7.560	5.935	0.255	49.49	102.53	14.95	25.41	8.85	2.56	1.41	1.08	9.25	3.91	3.20	0.387	1.18	2.55
			7		8.724	6.848	0.255	56.16	119.33	46.96	29.82	10.18	2.54	1.39	1.08	10.58	4.48	3.70	0.384	1.21	2.69
			8		9.867	7.745	0.254	62.83	136.41	18.85	34.32	11.38	2.52	1.38	1.07	11.92	5.03	4.16	0.381	1.25	2.73
9/5.6	90	56	5	9	7.212	5.661	0.287	60.45	121.32	18.32	29.53	10.98	2.90	1.59	1.23	9.92	4.21	3.49	0.385	1.25	2.91
			6		8.557	6.717	0.286	71.03	145.59	21.42	35.58	12.90	2.88	1.58	1.23	11.74	4.95	4.13	0.384	1.29	2.95
			7		9.880	7.756	0.286	81.01	169.60	24.36	41.71	14.67	2.86	1.57	1.22	13.49	5.70	4.72	0.382	1.33	3.00
			8		11.183	8.779	0.286	91.03	194.17	27.15	47.93	16.34	2.85	1.56	1.21	15.27	6.41	5.29	0.380	1.36	3.04
10/6.3	100	63	6	10	9.617	7.550	0.320	99.06	199.71	30.94	50.50	18.42	3.21	1.79	1.38	14.64	6.35	5.25	0.394	1.43	3.24
			7		11.111	8.722	0.320	113.45	233.00	35.26	59.14	21.00	3.20	1.78	1.38	16.88	7.29	6.02	0.394	1.47	3.28
			8		12.534	9.878	0.319	127.37	266.32	39.39	67.88	23.50	3.18	1.77	1.37	19.08	8.21	6.78	0.391	1.50	3.32
			10		15.467	12.142	0.319	153.81	333.06	47.12	85.73	28.33	3.15	1.74	1.35	23.32	9.98	8.24	0.387	1.58	3.40
10/8	100	80	6		10.637	8.350	0.354	107.04	199.83	61.24	102.58	31.65	3.17	2.40	1.72	15.19	10.16	8.37	0.627	1.97	2.95
			7		12.301	9.656	0.354	122.73	233.20	70.08	119.98	35.17	3.16	2.39	1.72	17.52	11.71	9.60	0.626	2.01	3.0
			8		13.944	10.946	0.353	137.92	266.61	78.58	137.37	40.58	3.14	2.37	1.71	19.81	13.21	10.80	0.625	2.05	3.04
			10		17.167	13.476	0.353	166.87	333.63	94.65	172.48	49.10	3.12	2.35	1.69	24.24	16.12	13.12	0.622	2.13	3.12

续上表

型号	截面尺寸(mm)				截面面积(cm^2)	理论质量(kg/m)	外表面积(m^2/m)	惯性矩(cm^4)					惯性半径(cm)			截面模数(cm^3)			tanα	重心距离(cm)	
	B	b	d	r				I_x	I_{x1}	I_y	I_{y1}	I_z	i_x	i_y	i_z	W_x	W_y	W_z		X_0	Y_0
11/7	110	70	6	10	10.637	8.350	0.354	133.37	265.78	42.92	69.08	25.36	3.54	2.01	1.54	17.85	7.90	6.53	0.403	1.57	3.53
			7		12.301	9.656	0.354	153.00	310.07	49.01	80.82	28.95	3.53	2.00	1.53	20.60	9.09	7.50	0.402	1.61	3.57
			8		13.944	10.945	0.353	172.04	354.39	54.87	92.70	32.45	3.51	1.98	1.53	23.30	10.25	8.45	0.401	1.65	3.62
			10		17.167	13.476	0.353	208.39	443.13	65.88	116.83	39.20	3.48	1.96	1.51	28.54	12.48	10.29	0.397	1.72	3.70
12.5/8	125	8	7	11	14.096	11.066	0.403	227.98	454.99	74.42	120.32	43.81	4.02	2.30	1.76	26.86	12.01	9.92	0.408	1.80	4.01
			8		15.989	12.551	0.403	256.77	519.99	83.49	137.85	49.15	4.01	2.28	1.75	30.41	13.56	11.18	0.407	1.84	4.06
			10		19.712	15.474	0.402	312.04	650.09	100.67	173.40	59.45	3.98	2.26	1.74	37.33	16.56	13.64	0.404	1.92	4.14
			12		23.351	18.330	0.402	364.41	780.39	116.67	209.67	69.35	3.95	2.24	1.72	44.01	19.43	16.01	0.400	2.00	4.22
14/9	140	90	8	12	18.038	14.160	0.453	365.64	730.53	120.69	195.79	70.83	4.50	2.59	1.98	38.48	17.34	14.31	0.411	2.04	4.50
			10		22.261	17.475	0.452	445.50	913.20	140.03	245.92	85.82	4.47	2.56	1.96	47.31	21.22	17.48	0.409	2.12	4.58
			12		26.400	20.724	0.451	521.59	1 096.09	169.79	296.89	100.21	4.44	2.54	1.95	55.87	24.95	20.54	0.406	2.19	4.66
			14		30.456	23.908	0.451	594.10	1 279.26	192.10	348.82	114.13	4.42	2.51	1.94	64.18	28.54	23.52	0.403	2.27	4.74
15/9	150	90	8		18.839	14.788	0.473	442.05	898.35	122.80	195.96	74.14	4.84	2.55	1.98	43.85	17.47	14.48	0.364	1.97	4.92
			10		23.261	18.260	0.472	539.24	1 122.85	148.62	246.25	89.86	4.81	2.53	1.97	53.97	21.38	17.69	0.362	2.05	5.01
			12		27.600	21.666	0.471	632.08	1 347.50	172.85	297.46	104.95	4.79	2.50	1.95	63.79	25.14	20.80	0.359	2.12	5.09
			14		31.856	25.007	0.471	720.77	1 572.38	195.62	349.74	119.53	4.75	2.48	1.94	73.33	28.77	23.84	0.356	2.20	5.17
			15		33.952	26.652	0.471	763.62	1 684.93	205.50	376.33	125.67	4.74	2.47	1.93	77.99	30.53	25.33	0.354	2.24	5.21
			16		36.027	28.281	0.470	805.51	1 797.55	217.07	403.24	133.72	4.73	2.45	1.93	82.60	32.27	26.82	0.352	2.27	5.25

续上表

型号	截面尺寸(mm)				截面面积 (cm^2)	理论质量 (kg/m)	外表面积 (m^2/m)	惯性矩(cm^4)					惯性半径(cm)			截面模数(cm^3)			tanα	重心距离 (cm)	
	B	b	d	r				I_x	I_{x1}	I_y	I_{y1}	I_z	i_x	i_y	i_z	W_x	W_y	W_z		X_0	Y_0
16/10	160	100	10	13	25.315	19.872	0.512	668.69	1 362.89	205.03	336.59	121.74	5.14	2.85	2.19	62.13	26.56	21.92	0.390	2.28	5.24
			12		30.054	23.592	0.511	784.91	1 635.56	239.05	405.94	142.33	5.11	2.82	2.17	73.49	31.28	25.79	0.388	2.35	5.32
			14		34.709	27.247	0.510	896.30	1 908.50	271.20	476.42	162.23	5.08	2.80	2.16	84.56	35.83	29.56	0.385	0.43	5.40
			16		29.281	30.835	0.510	1 003.04	2 181.79	301.60	548.22	182.57	5.05	2.77	2.16	95.33	40.24	33.44	0.382	2.51	5.48
18/11	180	110	10	14	28.373	22.273	0.571	956.25	1 940.40	278.11	447.22	166.50	5.80	3.13	2.42	78.96	32.49	26.88	0.376	2.44	5.89
			12		33.712	26.440	0.571	1 124.72	2 328.38	325.03	538.94	194.87	5.78	3.10	2.40	93.53	38.32	31.66	0.374	2.52	5.98
			14		38.567	30.589	0.570	1 285.91	2 716.60	369.55	631.95	222.30	5.75	3.08	2.39	107.76	43.97	36.32	0.372	2.59	6.06
			16		44.139	34.649	0.569	1 443.06	3 105.15	411.85	725.46	248.94	5.72	3.06	2.38	121.64	49.44	40.87	0.369	2.67	6.14
20/12.5	200	125	12		37.912	29.761	0.641	1 570.90	3 193.85	483.16	787.74	285.79	6.44	3.57	2.74	116.73	49.99	41.23	0.392	2.83	6.54
			14		43.687	34.436	0.640	1 800.97	3 726.17	550.83	922.47	326.58	6.41	3.54	2.73	134.65	57.44	47.34	0.390	2.91	6.62
			16		49.739	39.045	0.639	2 023.35	4 258.88	615.44	1 058.86	355.21	6.38	3.52	2.71	152.18	64.89	53.32	0.388	2.99	6.70
			18		55.526	43.588	0.639	2 238.30	4 792.00	677.19	1 197.13	404.83	6.35	3.49	2.70	169.22	71.74	59.18	0.385	3.06	6.78

注:截面图中的 $r_1 = 1/3d$ 及表中 r 的数据用于孔形设计,不作交货条件。

附表 5

L 型钢截面尺寸、截面面积、理论质量及截面特性

型号	截面尺寸(mm)						截面面积 (cm^2)	理论质量 (kg/m)	惯性矩 I_a (cm^4)	重心距离 Y_0 (cm)
	B	b	D	d	r	r_1				
L250×90×9×13	250	90	9	13	15	7.5	33.4	26.2	2 190	8.64
L250×90×10.5×15			10.5	15			38.5	30.3	2 510	8.76
L250×90×11.5×15			11.5	16			41.7	32.7	2 710	8.90
L300×100×10.5×15	300	100	10.5	15			45.3	35.6	4 290	10.6
L300×100×11.5×16			11.5	16			49.0	38.5	4 630	10.7
L350×120×10.5×16	350	120	10.5	16	20	10	54.9	43.1	7 110	12.0
L350×120×11.5×18			11.5	18			60.4	47.4	7 780	12.0
L400×120×11.5×23	400	120	11.5	23			71.6	56.2	11 900	13.3
L450×120×11.5×25	450	120	11.5	25			79.5	62.4	16 800	15.1
L500×120×12.5×32	500	120	12.5	33			98.6	77.4	25 500	16.5
L500×120×13.5×35			13.5	35			105.0	82.8	27 100	16.6

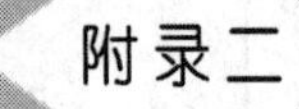

附录二 应用力学课程资源网站注册操作指南

1. 点击网址:http://www. icourses. cn/home/或利用百度搜索“爱课程网站”,进入爱课程网站首页。

2. 在爱课程网站首页右上角点击“注册”按钮进入注册账号页面。

3. 用本人已经注册并使用的“邮箱用户名和密码”注册账号,点击立即注册。

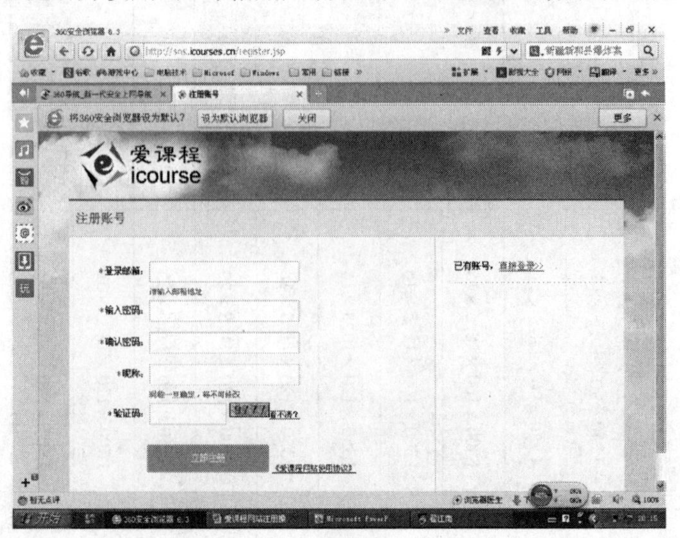

4. 注册成功,请到您的注册邮箱××××××@×××.com 激活您的账号。

5. 点击网址:http://www. icourses. cn/home/ 进入爱课程网站首页。在网页的右上角点击“登录”按钮,进入登录菜单。

6. 在登录菜单上输入注册时的“登录邮箱用户名和密码”,登录个人学习社区。

7. 在个人的学习社区网页点击“开放课堂”按钮,进入课程搜索网页。

8. 点击“发现课程”框,进入资源共享课程网页。

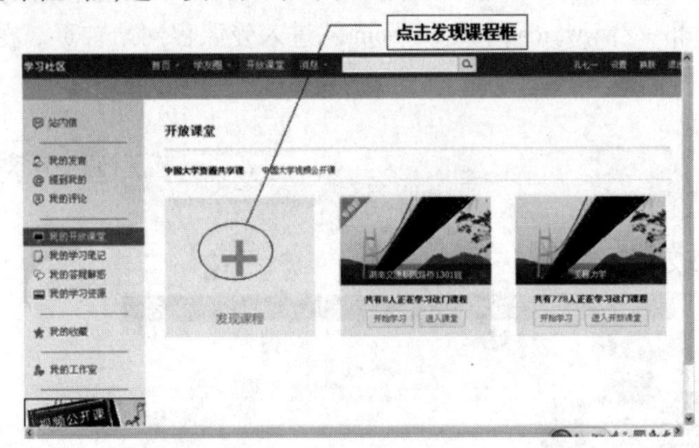

9. 点击第一行的第三项资源共享课后进入全部课程网页。在“按课程”空格内输入“工程力学”;在“按教师”空格内输入“孔七一”;在“按学校”空格内输入“湖南交通职业技术学院”。最后点击“确定”进入个人开放课堂。

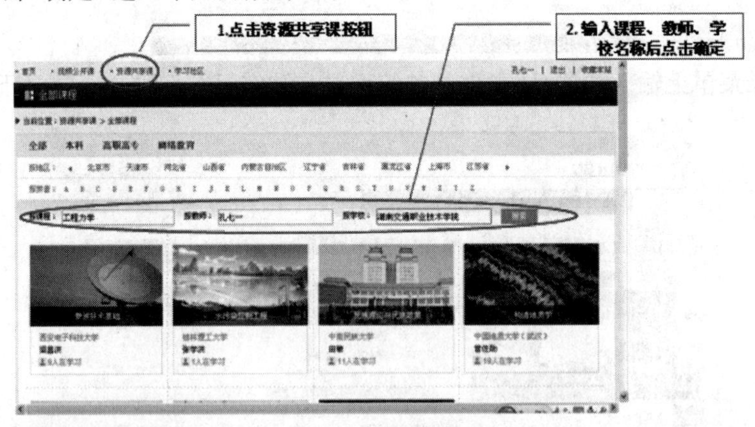

10. 在开放课堂网页点击“开始学习”进入课程资源。

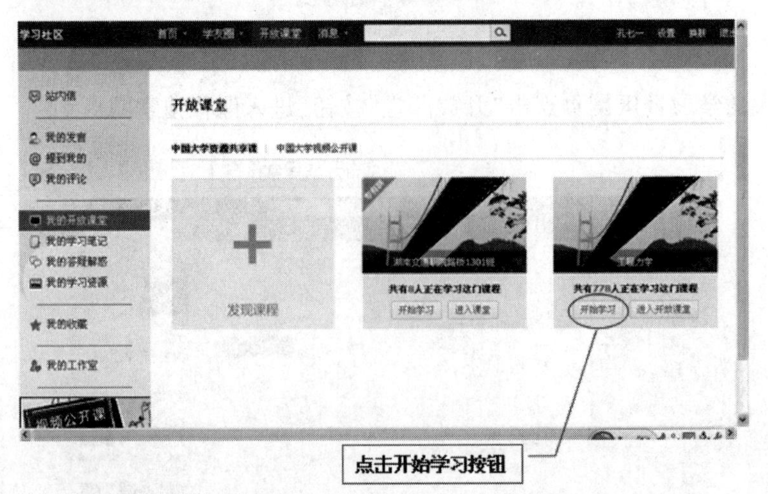

11. 在课程资源网站左侧菜单内的“课程概要”下,点击“模块一、模块二、模块三”即可进入任一单元自主学习。

首页
视频公开课
资源共享课
学习社区
孔七一
退出
收藏本站
工程力学
教学团队
课程概要
模块一：工程力学基础
第1单元：力学基本概念
第2单元：绘制受力图
第3单元：平衡计算
模块二：工程典型构件分析
第1单元：拉（压）构件受力分析
第2单元：剪切构件受力分析
第3单元：扭转构件受力分析
第4单元：弯曲构件受力分析
第5单元：组合变形构件受力分析
课程概要
开始学习
课程名称：工程力学
所属学校：湖南交通职业技术学院
负责人：孔七一
课程类型：理论课（含实践/实验）
课程属性：专业基础课/技术基础课
课程学时：54.0
学科门类：交通运输大类
专业大类：公路运输类
专业类：道路桥梁工程技术
适用专业：道路桥梁工程...
参与课堂互动
收藏课程
站内分享
分享到：

参 考 文 献

[1] 范钦珊.工程力学[M].北京:高等教育出版社,2002.

[2] 李廉锟.结构力学[M].3版.北京:高等教育出版社,1996.

[3] 孙训芳,方孝淑.材料力学[M].北京:高等教育出版社,1996.

[4] 孔七一.工程力学[M].北京:人民交通出版社,2002.

[5] 教育部高等教育司.工程力学[M].北京:高等教育出版社,2000.

[6] 沈养中.工程力学(第一分册)[M].北京:高等教育出版社,2000.

[7] 和兴锁.理论力学[M].西安:西北工业大学出版社,2001.

[8] 龚志钰,李章政.材料力学[M].北京:科学出版社,1999.

[9] 李前程,安学敏.建筑力学[M].北京:高等教育出版社,2003.

[10] 张友全.建筑力学与结构[M].北京:中国电力出版社,2002.

[11] 龙驭球,包世华.结构力学[M].北京:高等教育出版社,1979.

[12] 邓学钧.路基路面工程[M].北京:人民交通出版社,2001.

[13] 毛瑞祥,黄平明.结构设计原理[M].北京:人民交通出版社,2001.

[14] 姚玲森.桥梁工程[M].北京:人民交通出版社,2001.

[15] 孔七一.应用力学[M].北京:人民交通出版社,2005.

公路工程现行标准、规范、规程、指南一览表

（2015年7月版）

序号	类别		编　　号	书名（书号）	定价（元）
1	基础		JTG A02—2013	公路工程行业标准制修订管理导则（10544）	15.00
2			JTG A04—2013	公路工程标准编写导则（10538）	20.00
3			JTJ 002—87	公路工程名词术语（0346）	22.00
4			JTJ 003—86	公路自然区划标准（0348）	16.00
5			JTG B01—2014	公路工程技术标准（活页夹版，11814）	98.00
6			JTG B01—2014	公路工程技术标准（平装版，11829）	68.00
7			JTG B02—2013	公路工程抗震规范（11120）	45.00
8			JTG/T B02-01—2008	公路桥梁抗震设计细则（1228）	35.00
9			JTG B03—2006	公路建设项目环境影响评价规范（0927）	26.00
10			JTG B04—2010	公路环境保护设计规范（08473）	28.00
11			JTG/T B05—2004	公路项目安全性评价指南（0784）	18.00
12			JTG B05-01—2013	公路护栏安全性能评价标准（10992）	30.00
13			JTG B06—2007	公路工程基本建设项目概算预算编制办法（06903）	26.00
14			JTG/T B06-01—2007	★公路工程概算定额（06901）	110.00
15			JTG/T B06-02—2007	★公路工程预算定额（06902）	138.00
16			JTG/T B06-03—2007	★公路工程机械台班费用定额（06900）	24.00
17			交通部定额站2009版	公路工程施工定额（07864）	78.00
18			JTG/T B07-01—2006	公路工程混凝土结构防腐蚀技术规范（0973）	16.00
19			交通部2007年第30号	国家高速公路网相关标志更换工作实施技术指南（1124）	58.00
20			交通部2007年第35号	收费公路联网收费技术要求（1126）	62.00
21			JTG B10-01—2014	公路电子不停车收费联网运营和服务规范（11566）	30.00
22			交通运输部2011年	公路工程项目建设用地指标（09402）	36.00
23	勘测		JTG C10—2007	★公路勘测规范（06570）	28.00
24			JTG/T C10—2007	★公路勘测细则（06572）	42.00
25			JTG C20—2011	公路工程地质勘察规范（09507）	65.00
26			JTG/T C21-01—2005	公路工程地质遥感勘察规范（0839）	17.00
27			JTG/T C21-02—2014	公路工程卫星图像测绘技术规程（11540）	25.00
28			JTG/T C22—2009	公路工程物探规程（1311）	28.00
29			JTG C30—2015	公路工程水文勘测设计规范（12063）	70.00
30	设计	公路	JTG D20—2006	★公路路线设计规范（0996）	38.00
31			JTG/T D21—2014	公路立体交叉设计细则（11761）	60.00
32			JTG D30—2015	公路路基设计规范（12147）	98.00
33			JTG/T D31—2008	沙漠地区公路设计与施工指南（1206）	32.00
34			JTG/T D31-02—2013	公路软土地基路堤设计与施工技术细则（10449）	40.00
35			JTG/T D31-03—2011	★采空区公路设计与施工技术细则（09181）	40.00
36			JTG/T D31-04—2012	多年冻土地区公路设计与施工技术细则（10260）	40.00
37			JTG/T D32—2012	公路土工合成材料应用技术规范（09908）	42.00
38			JTG D40—2011	★公路水泥混凝土路面设计规范（09463）	40.00
39			JTG D50—2006	★公路沥青路面设计规范（06248）	36.00
40			JTG/T D33—2012	公路排水设计规范（10337）	40.00
41		桥隧	JTG D60—2004	公路桥涵设计通用规范（05068）	24.00
42			JTG/T D60-01—2004	公路桥梁抗风设计规范（0814）	28.00
43			JTG D61—2005	公路圬工桥涵设计规范（0887）	19.00
44			JTG D62—2004	公路钢筋混凝土及预应力混凝土桥涵设计规范（05052）	48.00
45			JTG D63—2007	公路桥涵地基与基础设计规范（06892）	48.00
46			JTJ 025—86	公路桥涵钢结构及木结构设计规范（0176）	20.00
47			JTG/T D65-01—2007	公路斜拉桥设计细则（1125）	28.00
48			JTG/T D65-04—2007	公路涵洞设计细则（06628）	26.00
49			JTG D70—2004	公路隧道设计规范（05180）	50.00
50			JTG/T D70—2010	★公路隧道设计细则（08478）	66.00
51			JTG D70/2—2014	公路隧道设计规范　第二册　交通工程与附属设施（11543）	50.00
52			JTG/T D70/2-01—2014	公路隧道照明设计细则（11541）	35.00
53			JTG/T D70/2-02—2014	公路隧道通风设计细则（11546）	70.00
54		交通工程	JTG D80—2006	高速公路交通工程及沿线设施设计通用规范（0998）	25.00
55			JTG D81—2006	★公路交通安全设施设计规范（0977）	25.00
56			JTG/T D81—2006	★公路交通安全设施设计细则（0997）	35.00
57			JTG D82—2009	公路交通标志和标线设置规范（07947）	116.00
58		综合	交公路发〔2007〕358号	公路工程基本建设项目设计文件编制办法（06746）	26.00
59			交公路发〔2007〕358号	公路工程基本建设项目设计文件图表示例（06770）	600.00

续上表

序号	类别		编　号	书名(书号)	定价(元)
60	检测		JTG E20—2011	公路工程沥青及沥青混合料试验规程(09468)	106.00
61			JTG E30—2005	公路工程水泥及水泥混凝土试验规程(0830)	32.00
62			JTG E40—2007	★公路土工试验规程(06794)	79.00
63			JTG E41—2005	公路工程岩石试验规程(0828)	18.00
64			JTG E42—2005	公路工程集料试验规程(0829)	30.00
65			JTG E50—2006	★公路工程土工合成材料试验规程(0982)	28.00
66			JTG E51—2009	公路工程无机结合料稳定材料试验规程(08046)	48.00
67			JTG E60—2008	公路路基路面现场测试规程(07296)	38.00
68			JTG/T E61—2014	公路路面技术状况自动化检测规程(11830)	25.00
69	施工	公路	JTG F10—2006	公路路基施工技术规范(06221)	40.00
70			JTG/T F20—2015	公路路面基层施工技术细则(12367)	45.00
71			JTG/T F30—2014	公路水泥混凝土路面施工技术细则(11244)	60.00
72			JTG/T F31—2014	公路水泥混凝土路面再生利用技术细则(11360)	30.00
73			JTG F40—2004	公路沥青路面施工技术规范(05328)	38.00
74			JTG F41—2008	公路沥青路面再生技术规范(07105)	25.00
75		桥隧	JTG/T F50—2011	★公路桥涵施工技术规范(09224)	110.00
76			JTG/T F81-01—2004	公路工程基桩动测技术规程(0783)	20.00
77			JTG F60—2009	公路隧道施工技术规范(07992)	42.00
78			JTG/T F60—2009	公路隧道施工技术细则(07991)	58.00
79		交通	JTG F71—2006	★公路交通安全设施施工技术规范(0976)	20.00
80			JTG/T F72—2011	公路隧道交通工程与附属设施施工技术规范(09509)	35.00
81	质检安全		JTG F80/1—2004	公路工程质量检验评定标准　第一册　土建工程(05327)	46.00
82			JTG F80/2—2004	公路工程质量检验评定标准　第二册　机电工程(05325)	26.00
83			JTG G10—2006	公路工程施工监理规范(06267)	20.00
84			JTG F90—2015	公路工程施工安全技术规程(12138)	68.00
85	养护管理		JTG H10—2009	公路养护技术规范(08071)	49.00
86			JTJ 073.1—2001	公路水泥混凝土路面养护技术规范(0520)	12.00
87			JTJ 073.2—2001	公路沥青路面养护技术规范(0551)	13.00
88			JTG H11—2004	公路桥涵养护规范(05025)	30.00
89			JTG H12—2015	公路隧道养护技术规范(12062)	60.00
90			JTG H20—2007	公路技术状况评定标准(1140)	15.00
91			JTG/T H21—2011	★公路桥梁技术状况评定标准(09324)	46.00
92			JTG H30—2015	公路养护安全作业规程(12234)	90.00
93			JTG H40—2002	公路养护工程预算编制导则(0641)	9.00
94	加固设计与施工		JTG/T J21—2011	公路桥梁承载能力检测评定规程(09480)	20.00
95			JTG/T J22—2008	公路桥梁加固设计规范(07380)	52.00
96			JTG/T J23—2008	公路桥梁加固施工技术规范(07378)	30.00
97	改扩建		JTG/T L11—2014	高速公路改扩建设计细则(11998)	45.00
98			JTG/T L80—2014	高速公路改扩建交通工程及沿线设施设计细则(11999)	30.00
99	造价		JTG M20—2011	公路工程基本建设项目投资估算编制办法(09557)	30.00
100			JTG/T M21—2011	公路工程估算指标(09531)	110.00
1	技术指南		交公便字〔2006〕02 号	公路工程水泥混凝土外加剂与掺合料应用技术指南(0925)	50.00
2			交公便字〔2006〕02 号	公路工程抗冻设计与施工技术指南(0926)	26.00
3			厅公路字〔2006〕418 号	公路安全保障工程实施技术指南(1034)	40.00
4			交公便字〔2009〕145 号	公路交通标志和标线设置手册(07990)	165.00

注:JTG——公路工程行业标准体系;JTG/T——公路工程行业推荐性标准体系;JTJ——仍在执行的公路工程原行业标准体系。

带“★”的表示有勘误,详见中国交通运输标准服务平台 www.yuetong.cn/bzfw。